注：为便于读者检索，此处保留了正文中图片的编号。

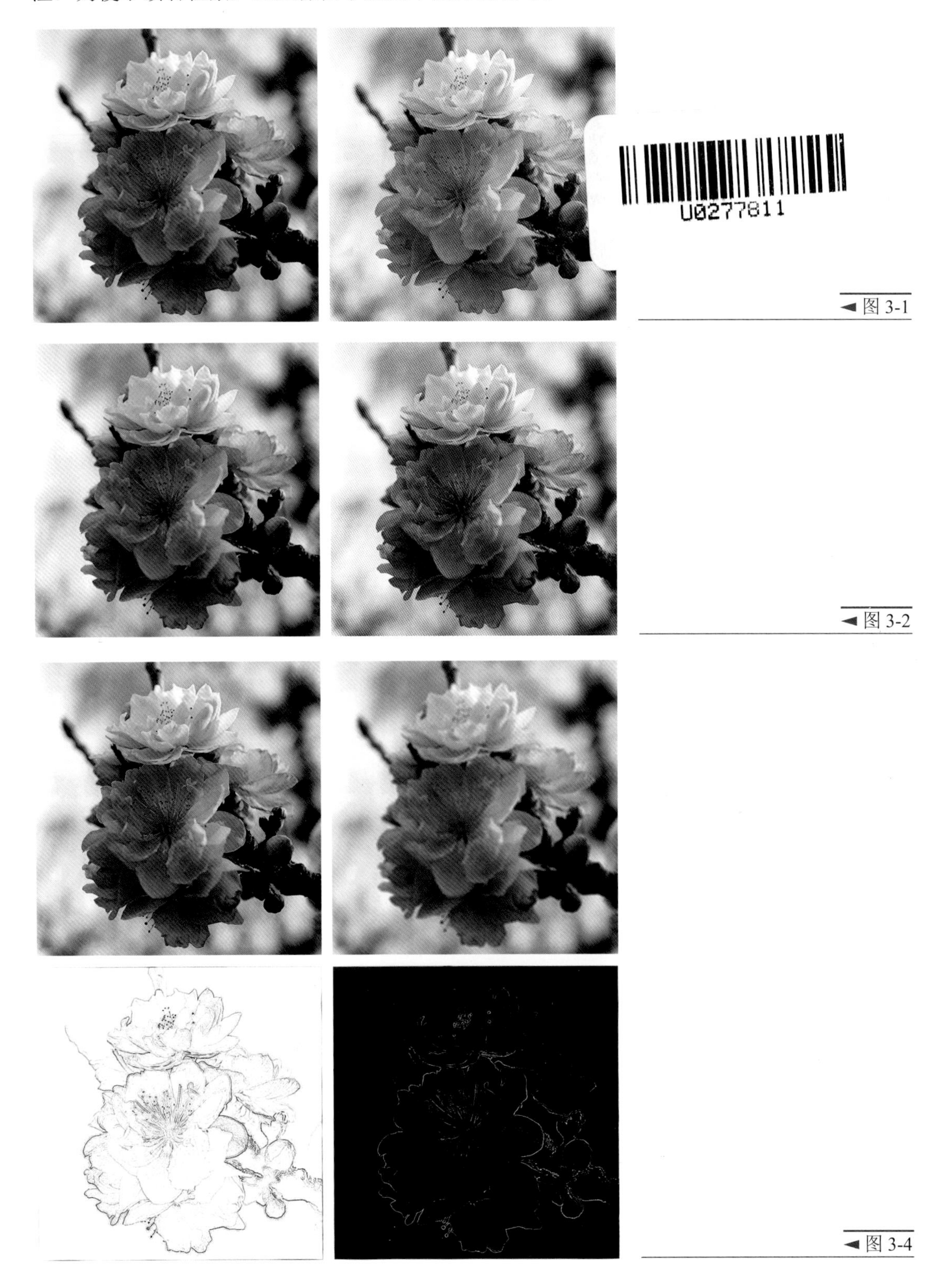

◄图 3-1

◄图 3-2

◄图 3-4

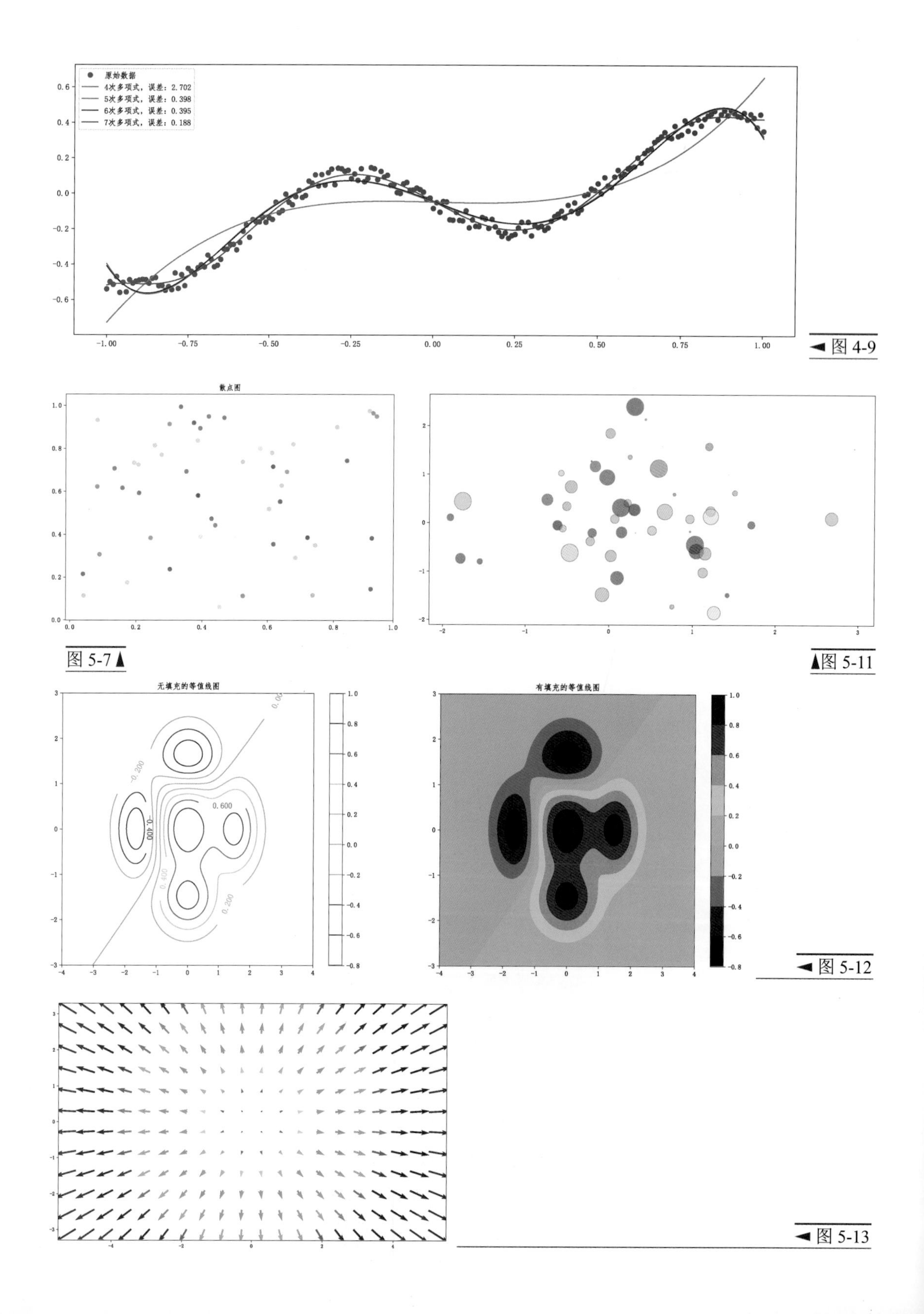

图 4-9

图 5-7

图 5-11

图 5-12

图 5-13

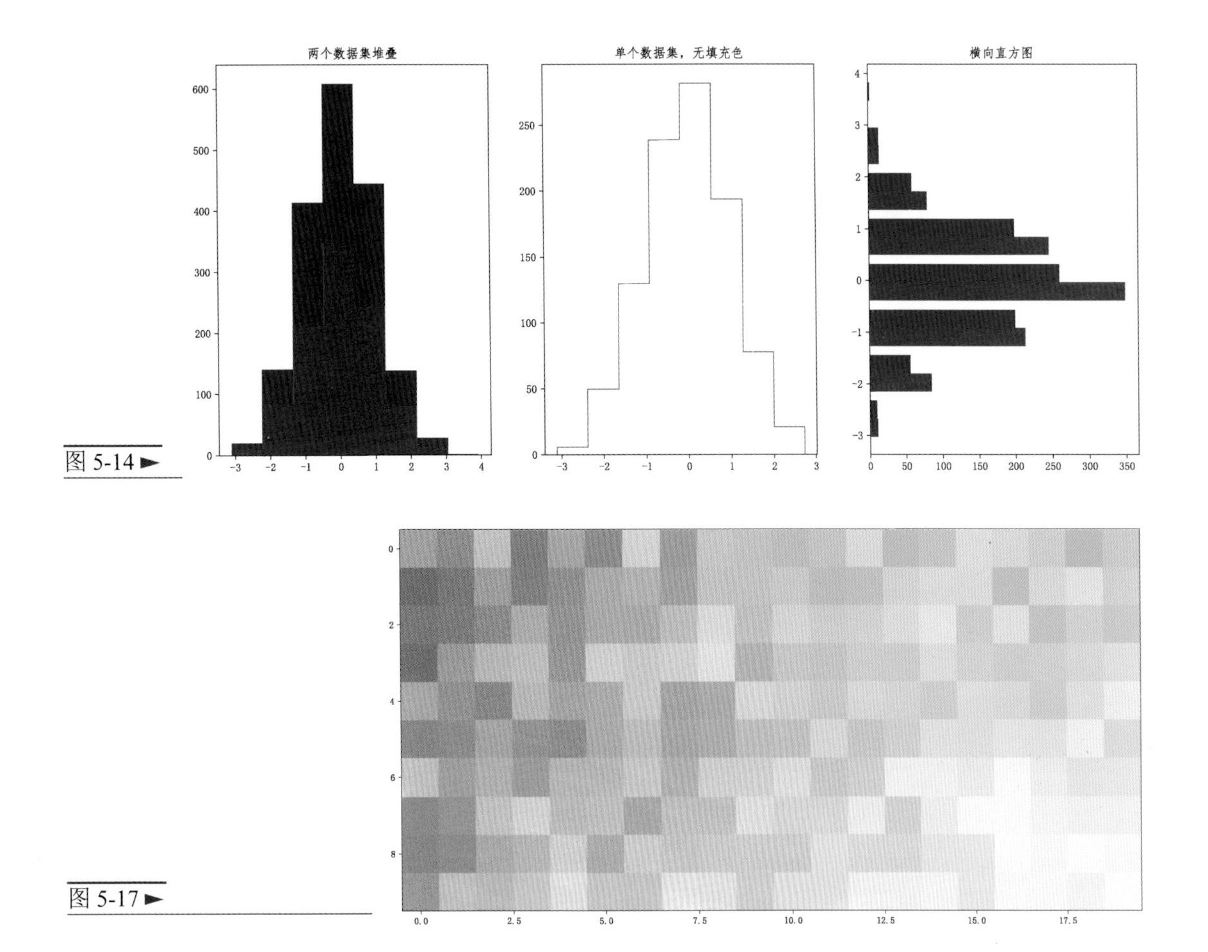

图 5-14 ►

图 5-17 ►

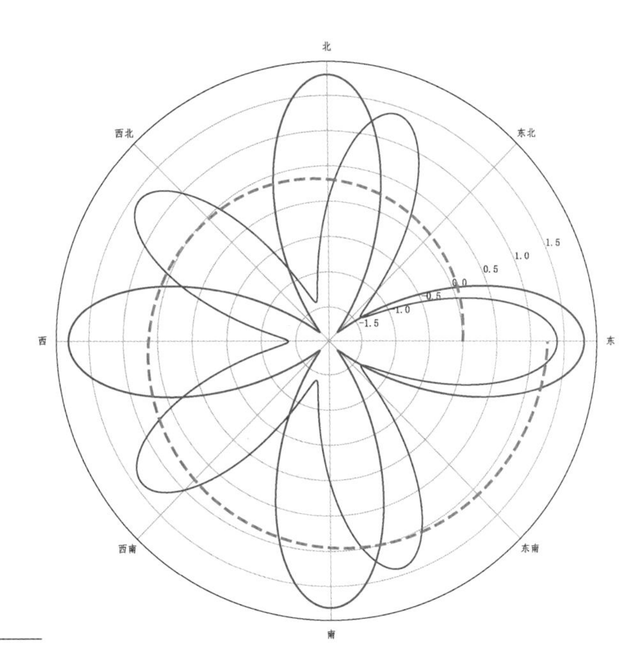

图 5-18 ►

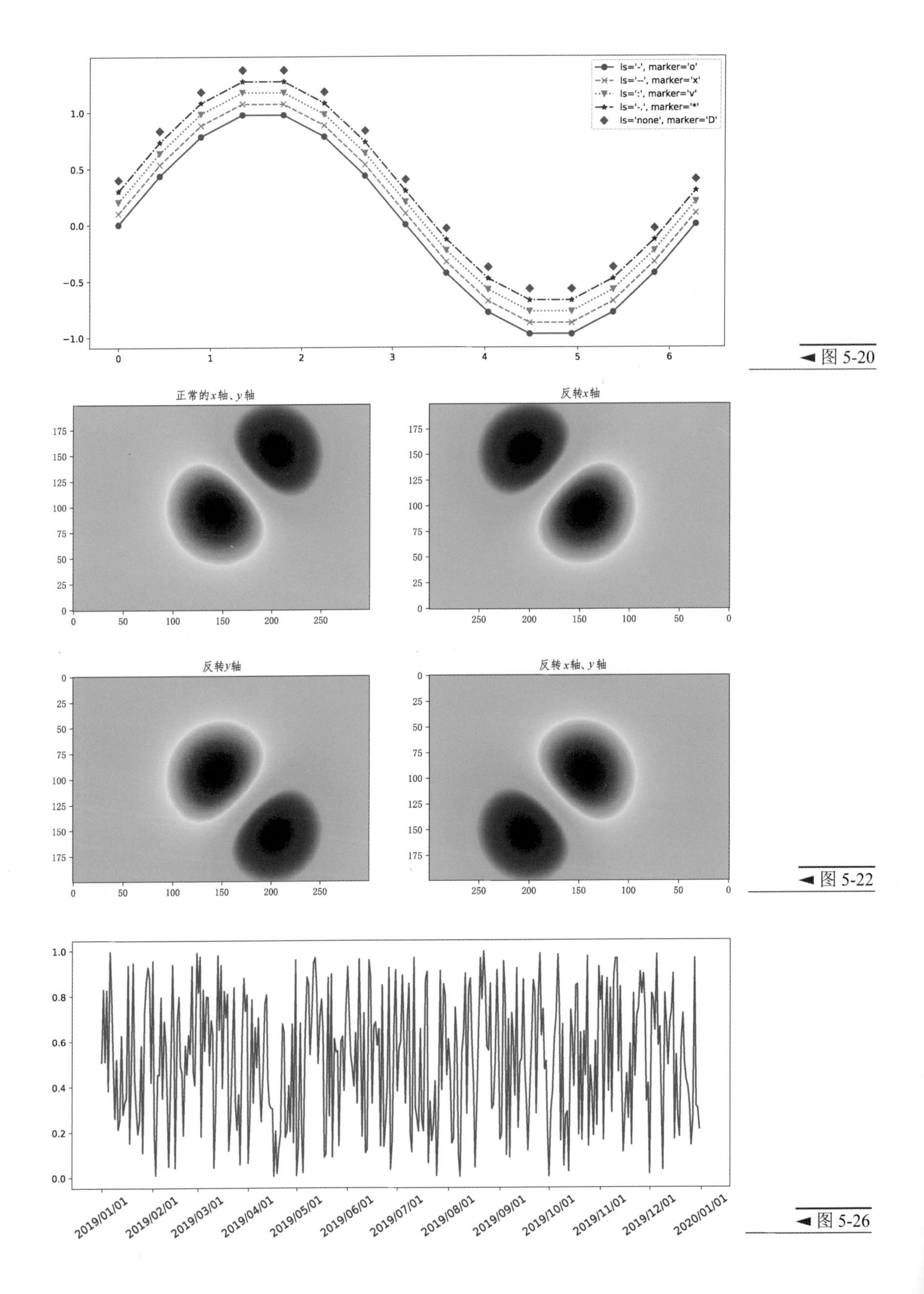

◄图 5-20

◄图 5-22

◄图 5-26

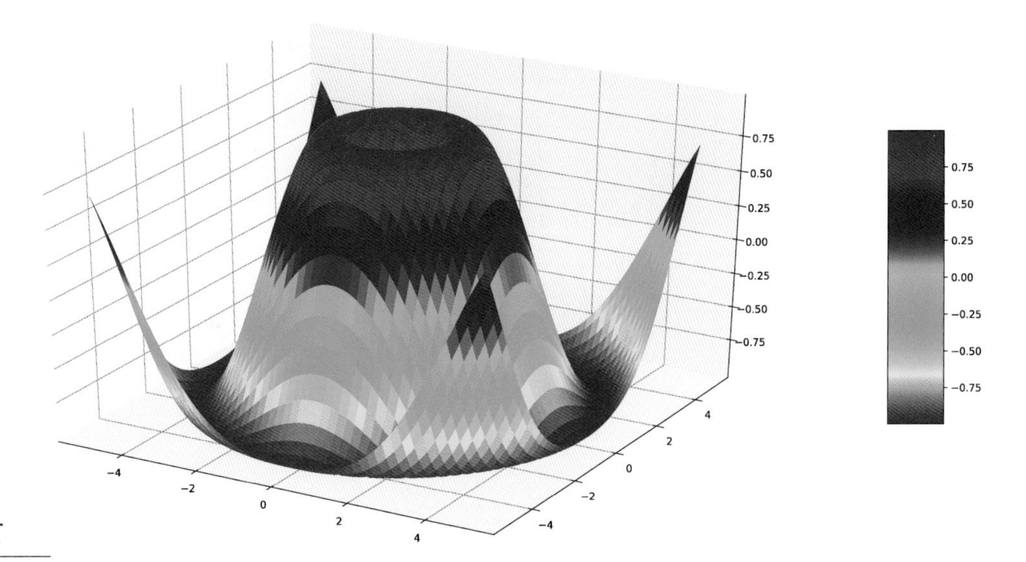
0.75
0.50
0.25
0.00
−0.25
−0.50
−0.75
−4
−2
0
2
4
4
2
0
−2
−4

图 5-29 ►

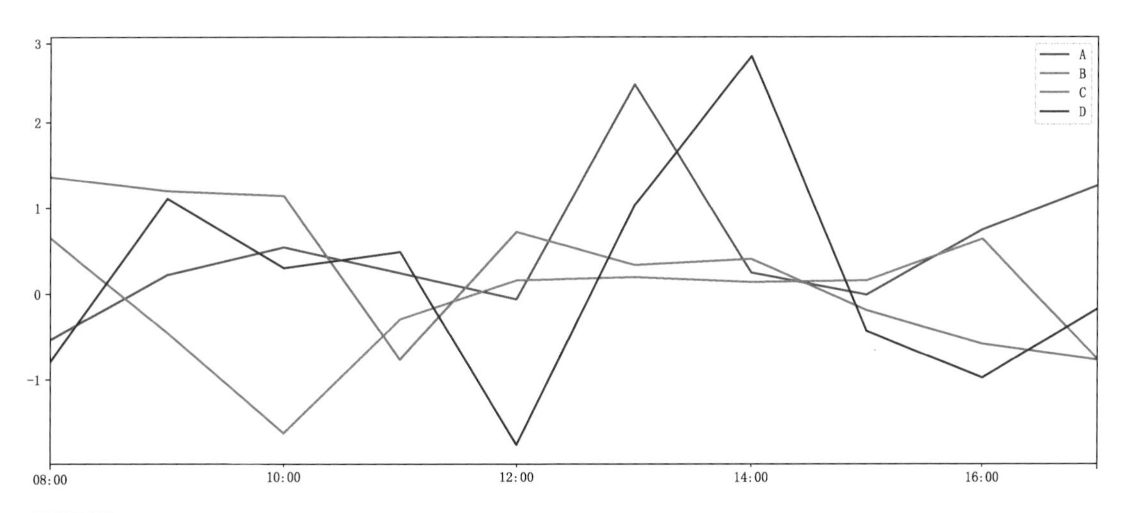
A
B
C
D
3
2
1
0
−1
08:00
10:00
12:00
14:00
16:00

图 6-2 ▲

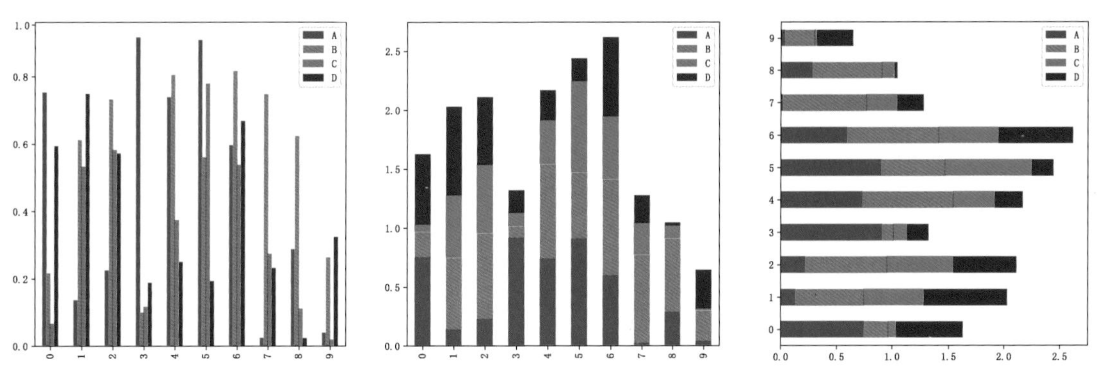
A
B
C
D
1.0
0.8
0.6
0.4
0.2
0.0
2.5
2.0
1.5
1.0
0.5
0.0
0
1
2
3
4
5
6
7
8
9

图 6-3 ▲

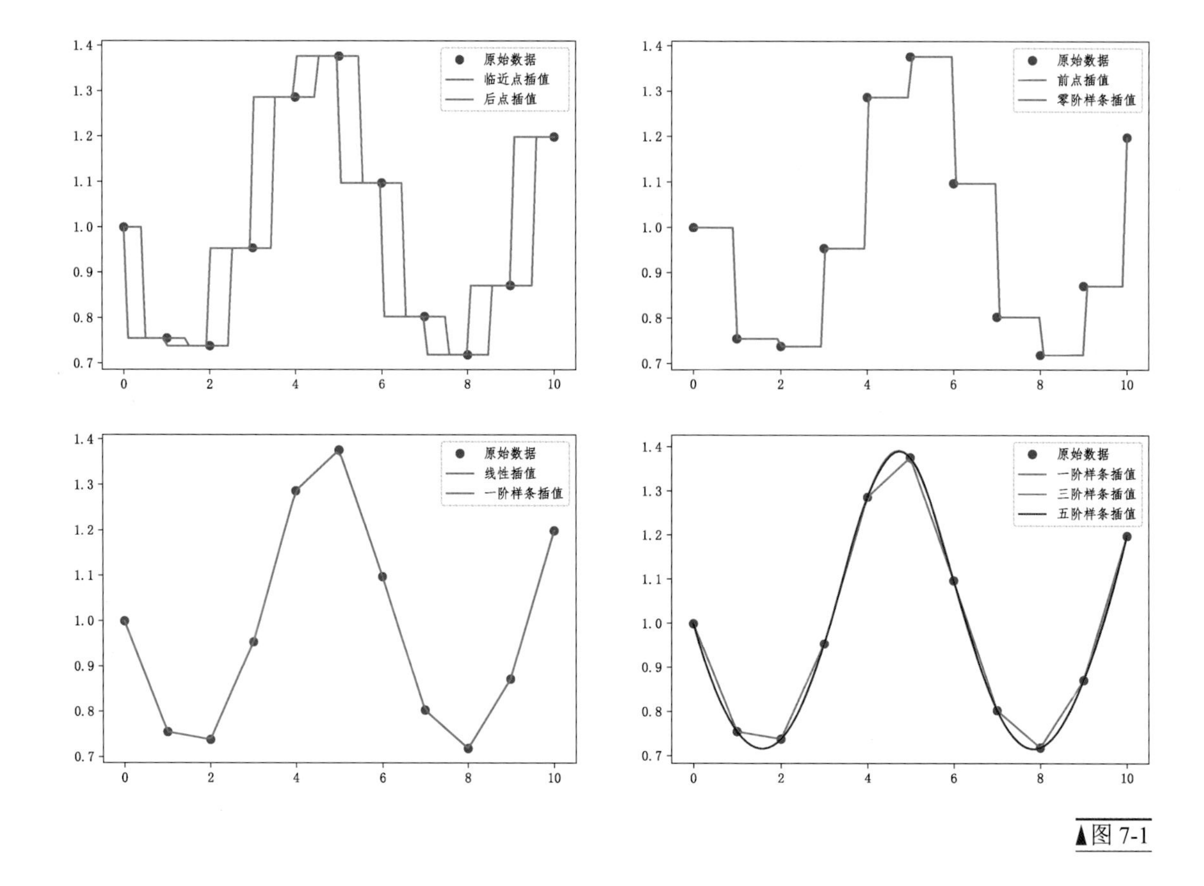
原始数据
临近点插值
后点插值
原始数据
前点插值
零阶样条插值
原始数据
线性插值
一阶样条插值
原始数据
一阶样条插值
三阶样条插值
五阶样条插值

▲图 7-1

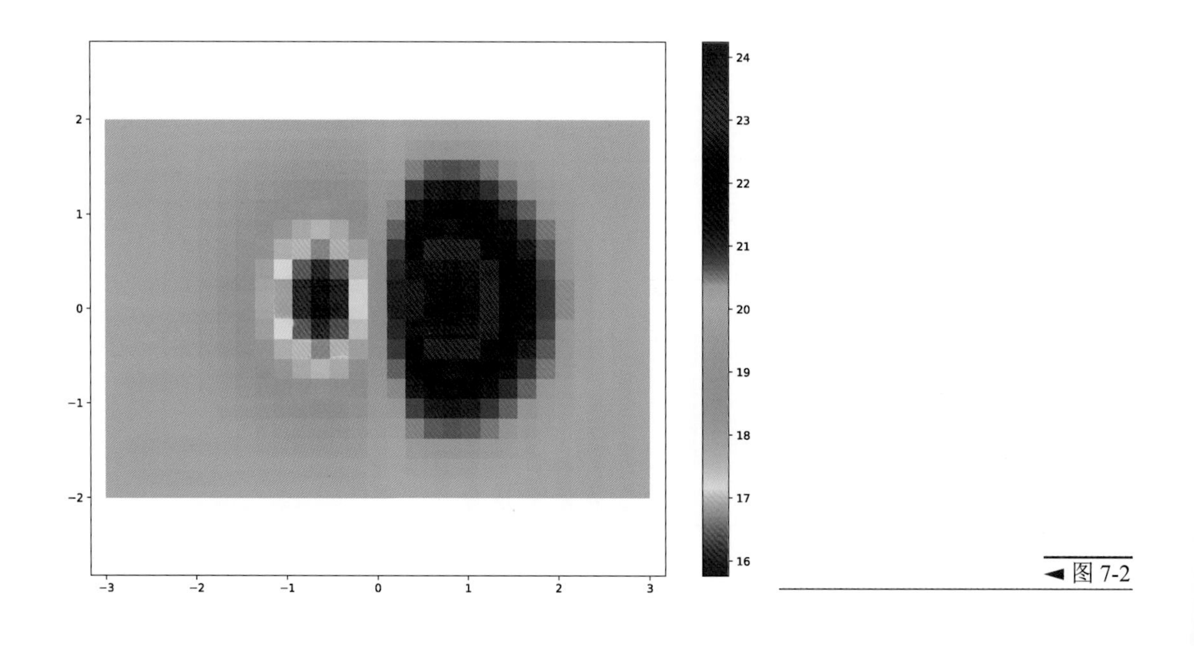

◀图 7-2

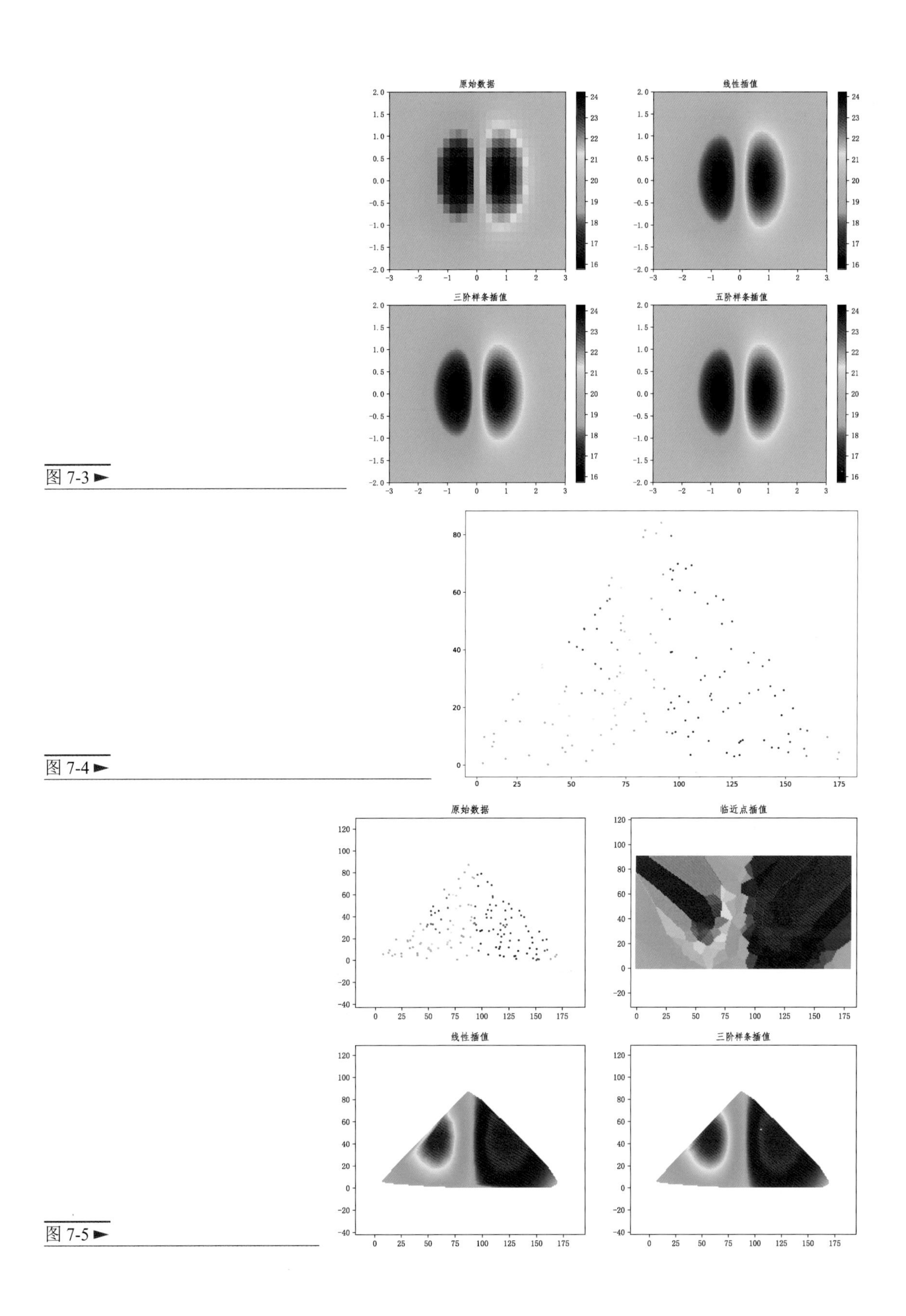

图 7-3 ►

图 7-4 ►

图 7-5 ►

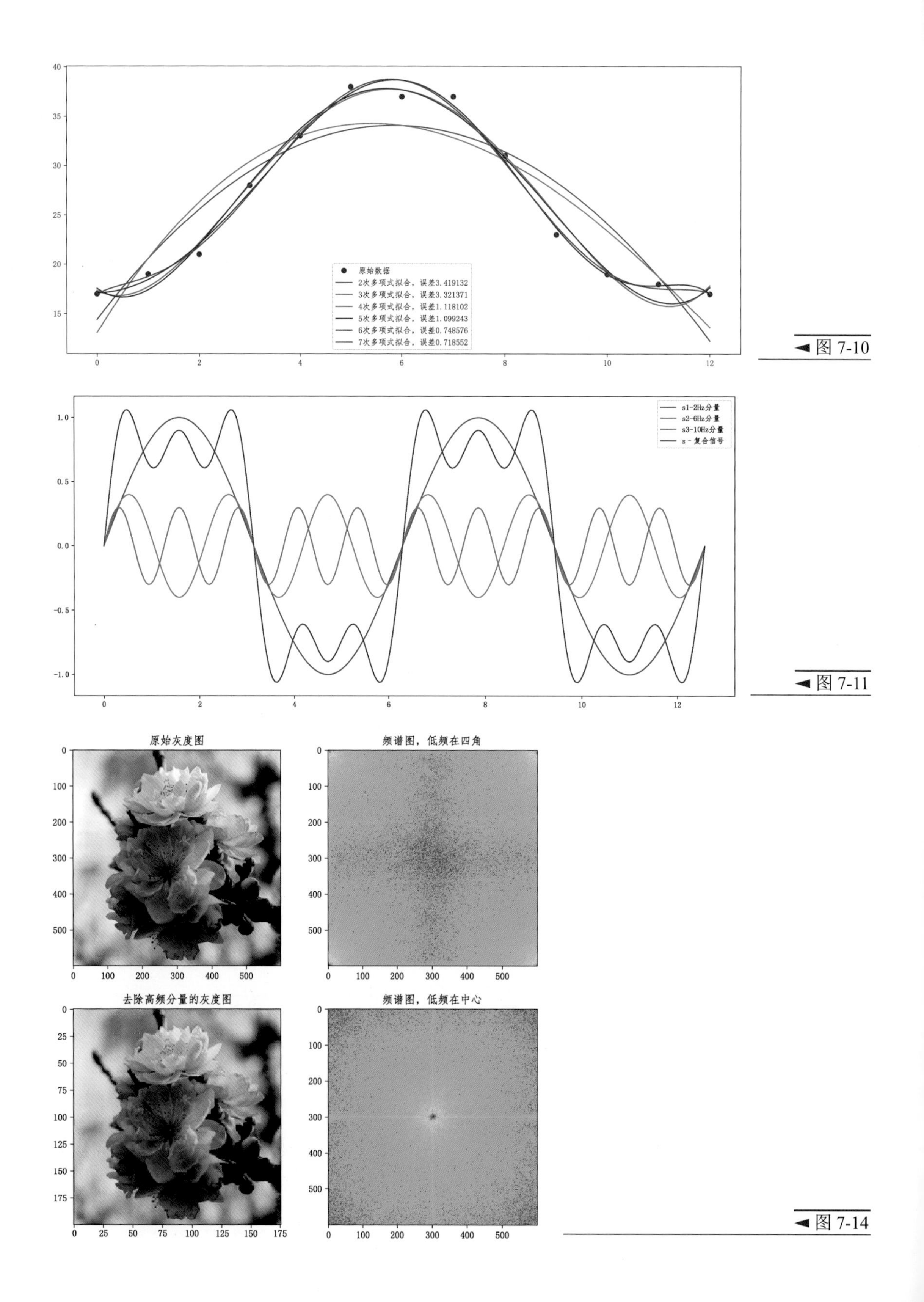

◄图 7-10

◄图 7-11

◄图 7-14

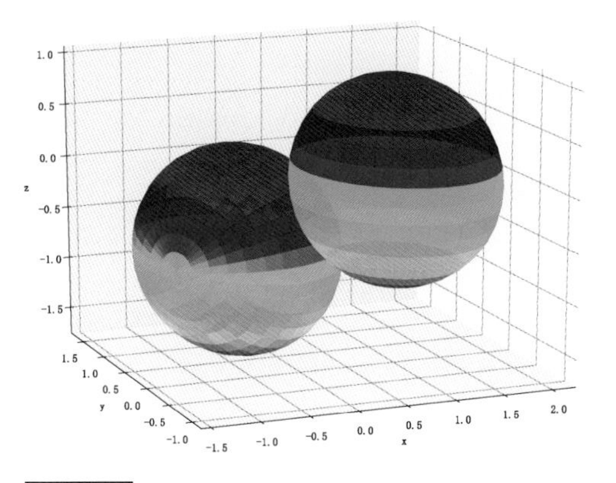

图 7-23▲

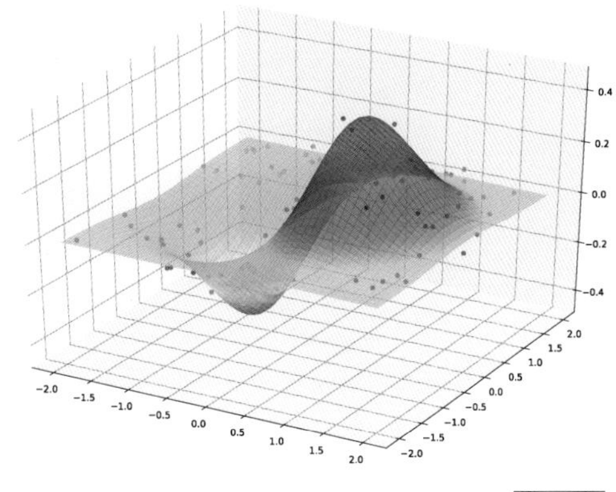

▲图 8-5

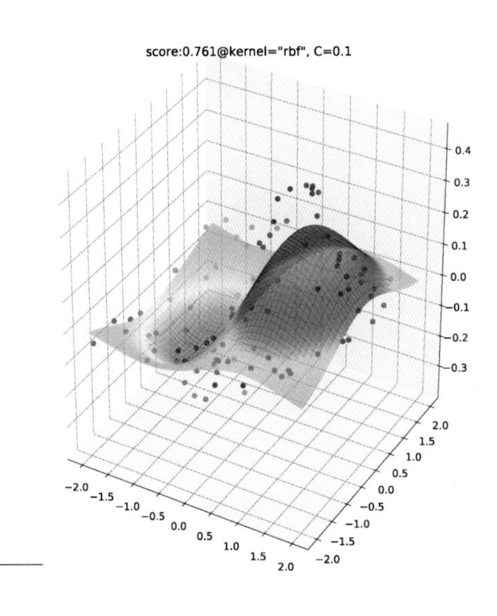

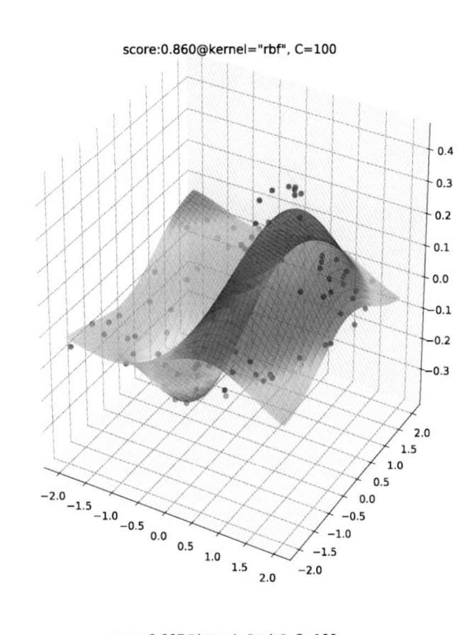

图 8-6►

score:0.245@kernel="linear", C=100

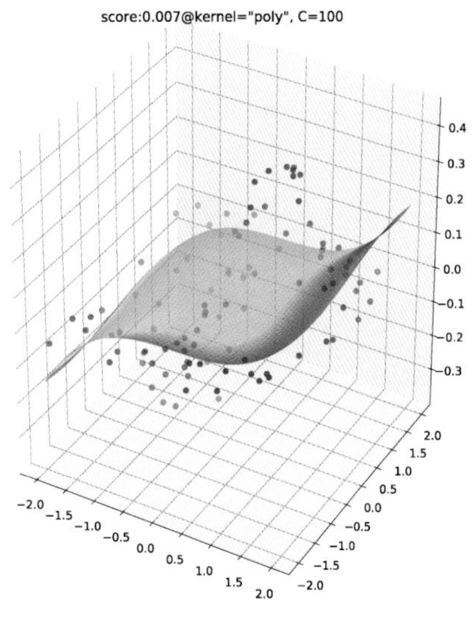

图 8-7►

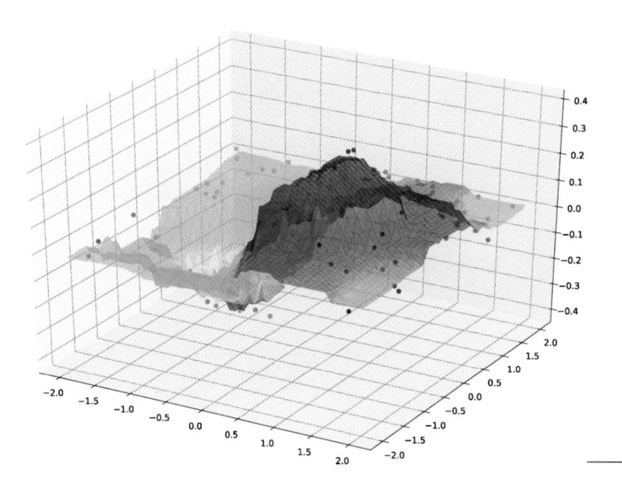

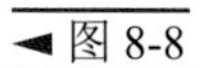

◄图 8-8

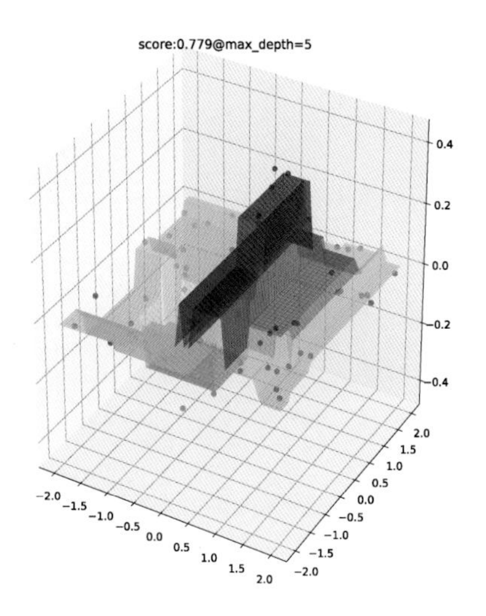
score:0.779@max_depth=5

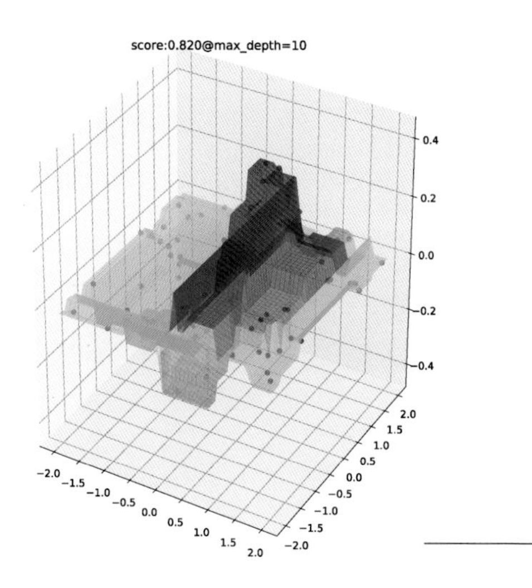
score:0.820@max_depth=10

◄图 8-9

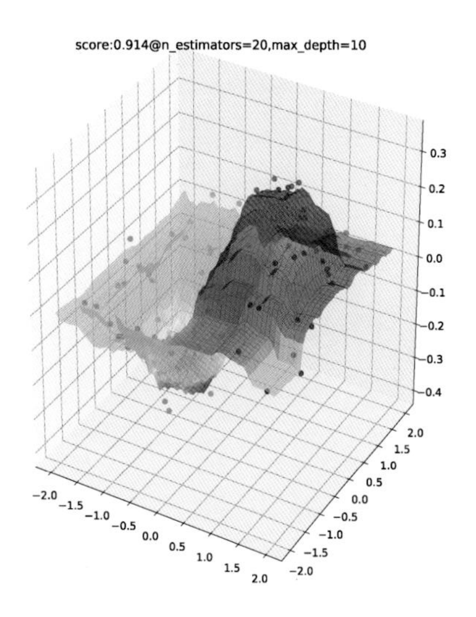
score:0.914@n_estimators=20,max_depth=10

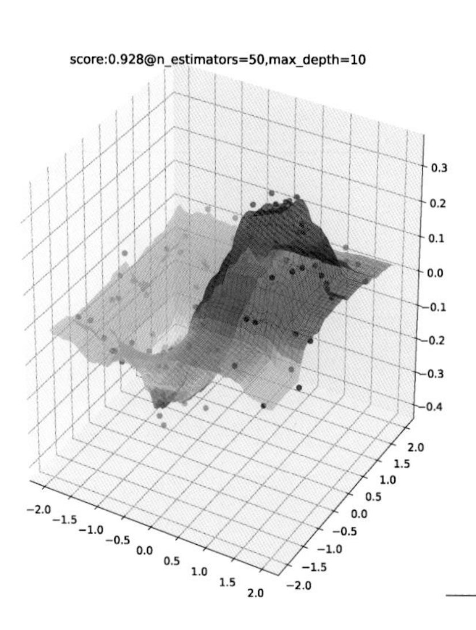
score:0.928@n_estimators=50,max_depth=10

◄图 8-10

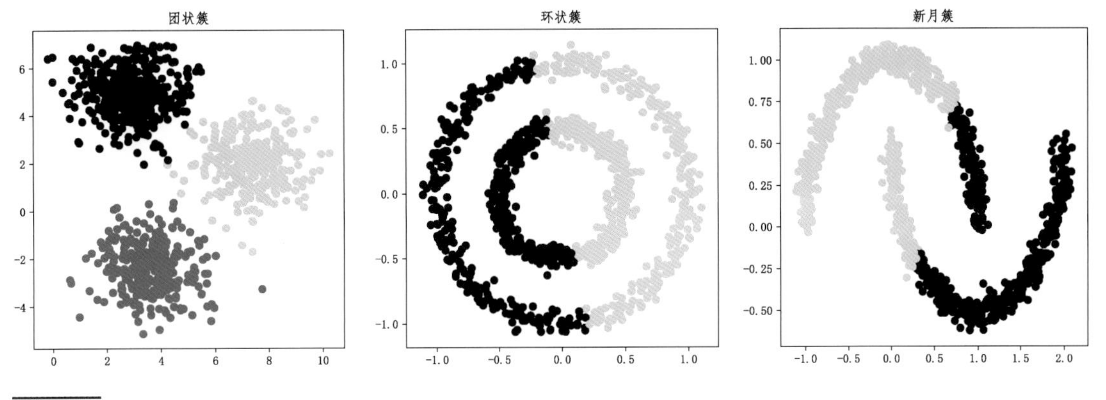

图 8-11

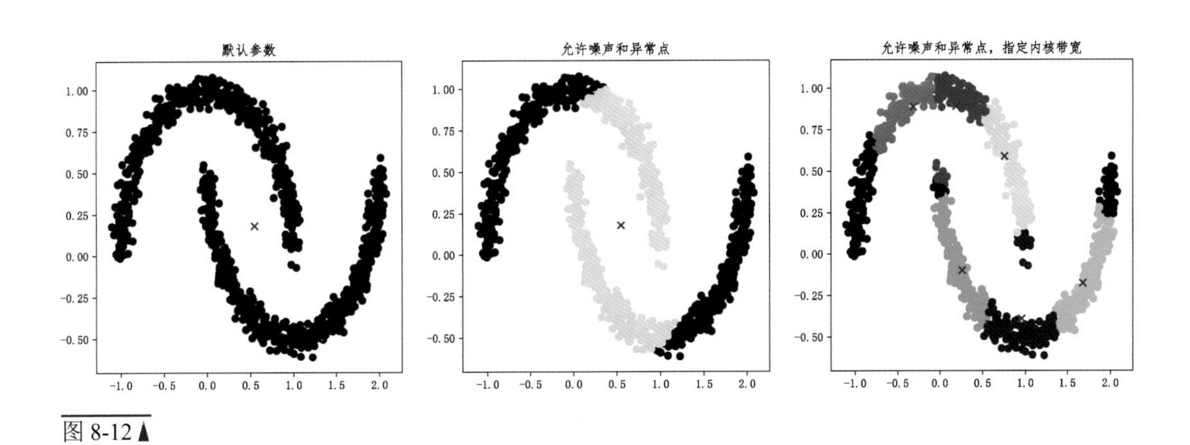

图 8-12

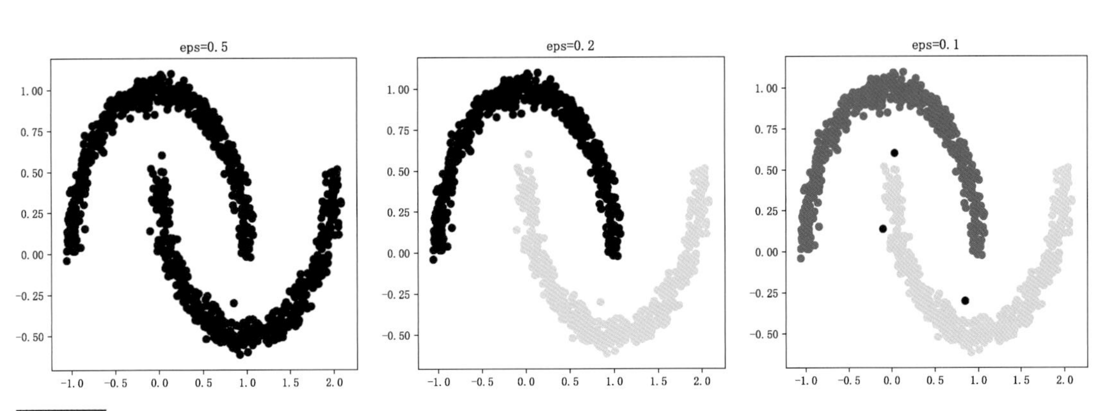

图 8-13

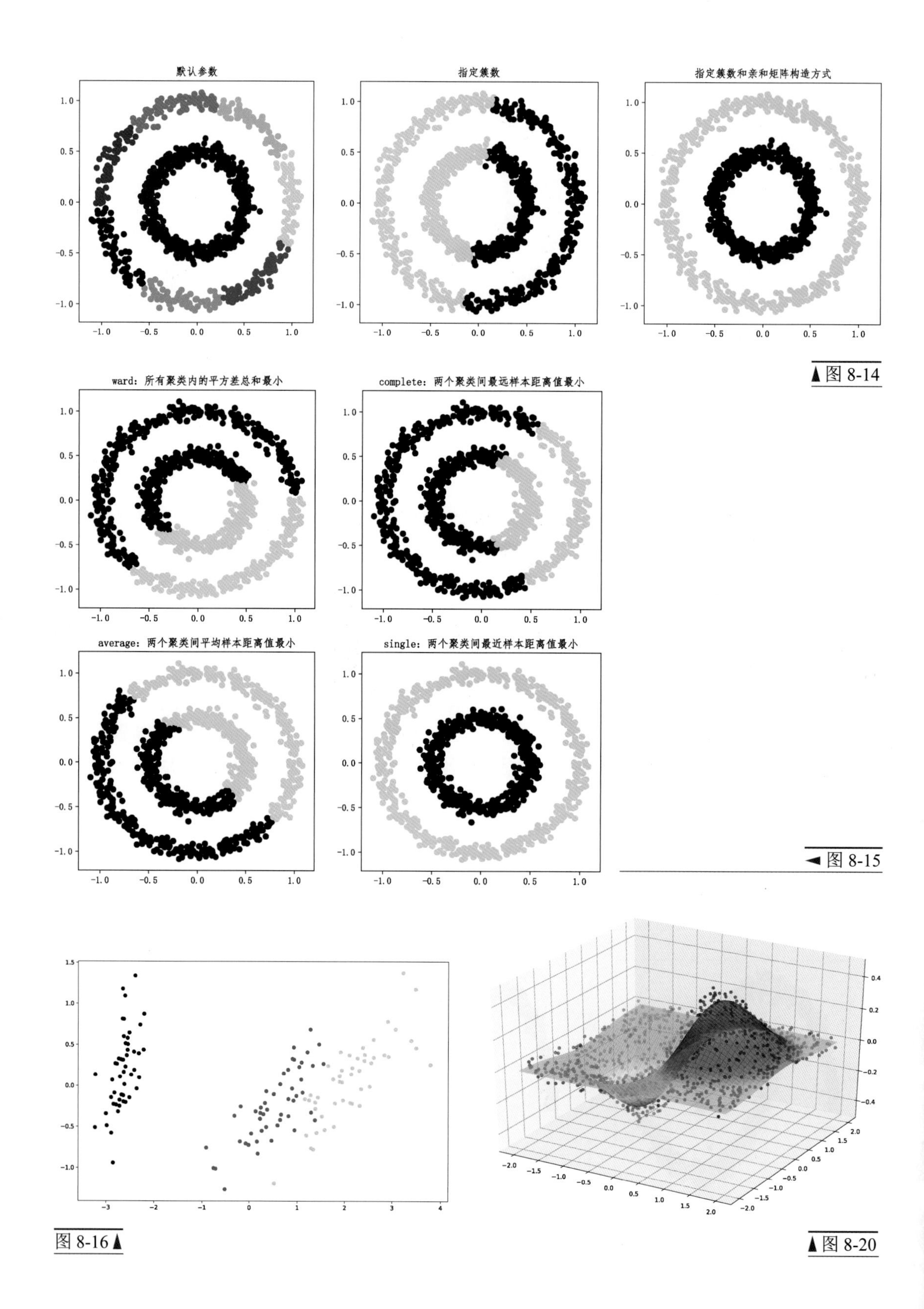

▲图 8-14

◄图 8-15

图 8-16▲

▲图 8-20

从初级到高级的编程技能提升路线

Python 高手修炼之道

数据处理与机器学习实战

许向武 著

人民邮电出版社
北京

图书在版编目（CIP）数据

Python高手修炼之道 ： 数据处理与机器学习实战 / 许向武著. -- 北京 ： 人民邮电出版社，2020.11
ISBN 978-7-115-54806-1

Ⅰ. ①P… Ⅱ. ①许… Ⅲ. ①软件工具－程序设计 Ⅳ. ①TP311.561

中国版本图书馆CIP数据核字(2020)第169505号

内 容 提 要

本书系统介绍了如何入门Python，以及利用Python进行数据处理与机器学习的方法。本书从Python的基础安装开始介绍，系统梳理了Python的入门语法知识，归纳介绍了图像处理、数据文件读写、数据库操作等Python基本技能；然后详细讲解了NumPy、Matplotlib、Pandas、SciPy、Scikit-learn等在数据处理、机器学习领域的应用。代码实例涵盖网络爬虫、数据处理、视觉识别、机器学习等应用领域。作者还精心创作了语感训练100题、Python内置函数（类）手册、从新手到高手的100个模块等内容，以帮助读者更好地学习并掌握Python这一工具。

任何有兴趣学习Python语言的人都可以将本书作为入门读物。有一定基础但不知如何提高编程技能的初级程序员，可以从本书的第3章开始阅读。对于有志于从事数据处理、机器学习的程序员来说，本书更是非常重要的参考读物。

◆ 著　　　　许向武
　责任编辑　张天怡
　责任印制　王　郁　马振武
◆ 人民邮电出版社出版发行　　北京市丰台区成寿寺路11号
　邮编　100164　　电子邮件　315@ptpress.com.cn
　网址　https://www.ptpress.com.cn
　北京鑫正大印刷有限公司印刷
◆ 开本：800×1000　1/16
　印张：24.5　　　　彩插：6
　字数：560千字　　　2020年11月第1版
　印数：1－2 500册　　2020年11月北京第1次印刷

定价：79.00元

读者服务热线：(010)81055410　印装质量热线：(010)81055316
反盗版热线：(010)81055315
广告经营许可证：京东市监广登字20170147号

序 1
术至极致，几近于道

20 世纪 90 年代，我在美国国家大气研究中心（National Center for Atmospheric Research，NCAR）访学期间，每天都要处理海量的大气和空间天气数据，深切感受到科学研究对于计算机工具的严重依赖。如果把科学研究比作“悟道”，那么各种研究手段、方法则可称为“术”。求道无术，道不可得。正是因为这个原因，我在攻读物理学博士学位期间，兼修了计算机硕士学位。遗憾的是，那个时候的 Python 还是默默无闻的“草根”，我可以选择的只有 Fortran、C、C++ 等工具。

后来在工作中结识了许向武君——一位资深的 Python 专家。多年来他和他的团队一直以 Python 为工具从事数据处理工作，并在我们合作的多个项目上展示了 Python 令人叹为观止的数据处理能力和效率。古人说，“有术无道，止于术”，向武君却将 Python 应用做到了“术至极致，几近于道”的境界。

由此，我开始尝试使用 Python，并很快将它作为首选的数据处理工具。Python 简洁而犀利的语法、以实用为导向的理念，使我得以专心于学术研究而无须花费更多的时间处理数据。可以说，自从有了 Python 这个有利工具，我的多项研究工作进展迅速。

日前，听闻向武君系统整理自己十余年应用 Python 的心得，以《Python 高手修炼之道　数据处理与机器学习实战》之名结集出版。相信这本书一定会让更多的读者体会到 Python 的精妙之处，也一定能让 Python 成为每位读者的工作利器。向武君在本书即将付梓刊印之时，嘱予为序，我欣然接受。是为序。

张效信

2020 年 10 月

专 家 简 介

张效信，博士生导师，研究员，服务于中国气象局国家卫星气象中心/国家空间天气监测预警中心，担任国家空间天气预报台台长，主要负责推动中国气象局天地一体化的空间天气业务发展。承担多项国家/部委级项目，多次参与国内重大空间学术活动和计划，包括中国双星计划、夸父计划、子午工程、风云卫星工程以及中国气象局气象灾害与监测预警工程等。目前担任世界气象组织（World Meteorological Organization，WMO）国际空间天气计划协调组联合主席，以及国际民航组织（International Civil Aviation Organization，ICAO）航空气象工作组专家顾问，在WMO和ICAO框架下组织协调空间天气方面的国际活动和合作交流，助力中国空间天气走向国际舞台。

序 2

2018 年的某一天，有位用户找到我，希望我帮他联系一位博主——天元浪子。他说，“天元浪子关于 Python 的博文不仅浅显易懂，还生动有趣，让他收获颇多”。而作为 CSDN 博客平台的运营，这也让我对天元浪子有了更多的关注。

单从文章数量来看，天元浪子不是一位高产的博主，迄今为止总共发表了大约一百篇原创文章。不过，他的每一篇文章都是“用心之作”，深受读者追捧。他的博客除了展示他对 IT 技术的理解和应用，还有他对生活的感悟和热爱。不难看出，他有武侠情结，喜欢诗词、书法和各种棋类项目，对于东西方文化也有自己独特的见解。他会在讲述等角螺线的时候，随口说出“暗梁闻语燕，夜烛见飞蛾”的诗句；他会在第一场雪落下的时候，用代码画出“雪落断桥”的意境；他会在除夕日用代码为读者献上祝福的春联；他会在分析代码时用围棋的“愚形”映射代码的臃肿。

在 2019 年的 CSDN 博客之星评选活动中，天元浪子摘得桂冠。同时他也热心参与 CSDN 主办的线上公益活动，更是为我和同事们所熟悉。现实生活中的天元浪子，本名许向武，是一家科技公司的 CEO，擅长 Python 语言，长期服务于多家科研机构和多个科研项目，参与过子午工程、风云气象卫星等项目的数据处理，拥有丰富的数据处理经验。

近闻天元浪子的新书《Python 高手修炼之道　数据处理与机器学习实战》即将出版，在书中，他延续博客文章中浅显易懂和生动有趣的风格，总结分享了自己多年使用 Python 的经验。对于他的粉丝与正在学习或使用 Python 的读者来说，这着实是一件让大家欢欣鼓舞的事，同时也希望更多的 IT 读者能从书中有所收获。

张红月　CSDN 博客平台资深运营

2020 年 10 月

前　　言

这既不是一本通常意义上的Python编程语言的教科书，也不是各种工具包和模块的文档集合，而是一位老程序员十余年Python使用经验的总结。我从2007年开始接触Python这门编程语言，从2009年至今单一使用Python应对所有的开发工作。回顾这一段历程，遇到过无数困难，我也曾经迷茫过、困惑过。写作本书正是为了帮助像当年的我一样困惑的Python初学者走出困境、快速成长。

正如你所了解的，Python已经成为最火热的开发工具之一，主要应用于全栈开发、大数据和机器学习三大领域。对于新手来说，如何选择正确的路线快速成长为优秀的Python程序员，是一个非常现实而急迫的问题。

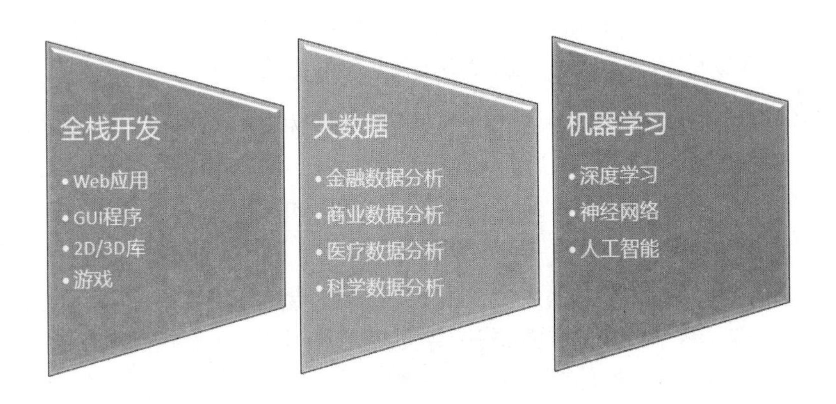

当下是一个快节奏生活的时代，我们总是被生活中大量涌现的热点所吸引，几乎没有深度阅读和思考的机会。我始终认为，学习是需要沉下心来慢慢钻研的，是长期的、持续的；同时，学习不应该被赋予太多的功利色彩。一个Python程序员的成长路线应该是从入门到中级再到高级，在每个阶段掌握必备的知识技能后才顺利过渡到下一阶段。

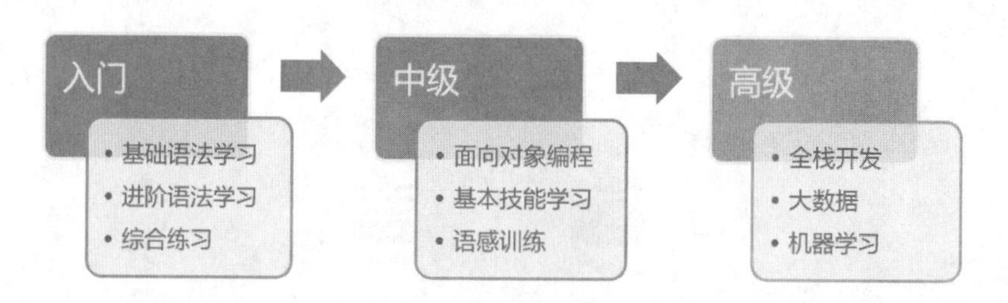

然而，很多新手的学习路线却是这样的：学完基础语法之后，还没有搞清楚 HTTP 协议和 Ajax 异步请求，就兴冲冲地研究网络爬虫了；或者，学完基础语法就去实践视觉识别，连 OpenCV 的数据结构都看不懂；甚至，学完基础语法就直接研究神经网络，结果就是不断地重演从入门到放弃。

我给初学者的建议是，不急于求成，不好高骛远，一步一步，稳扎稳打，功到自然成。不急于求成，可以避免走弯路，非但不会延缓成长速度，反而会节省学习时间。不好高骛远，达成一个目标，再制定下一个目标，在连续的成功和进步中，初学者才能建立起自信心，激发出更强的学习兴趣。

本书的读者对象

对于从未接触过 Python 语言，但多少了解一点编程知识（如果熟悉或精通其他编程语言更好）的读者来说，这本书无疑是非常适合的入门读物。本书对基础知识做了高度的提炼和概括，以避免初学者陷入低级且冗长的细节知识点而心生懈怠；同时，本书又为初学者规划了从初级到高级的编程技能提升路线图，确保他们始终走在正确的道路上。

即使是对编程一无所知的新手，本书也非常值得阅读和参考。不同于一般的基础语法讲解教程，本书并未将 Python 开发限定于某个集成开发工具（IDE）中，而是采用交互式编程的方式来强化读者对语言特性的理解，帮助读者真正理解 Python 语言和 Python 编程，而不是成为某个开发工具的重度依赖者。

对于有一定基础的 Python 程序员来说，本书可以作为案头工具书来使用。本书从基础语法、基本技能讲起，涵盖了科学计算、数据处理、机器学习等领域，示例代码涉及 30 余个模块的使用。程序员在工作中遇到的很多问题，都可以在本书中找到解决方案。

代码和命令的排版约定

本书大量引用了在 Python IDLE 中以交互式方式运行的代码，部分不适于交互式运行的内容则直接给出了源代码。另外，在讲解模块安装方法以及使用 Python 解释器运行代码时，引用了命令行窗口的运行命令和运行结果。

为了便于读者理解和复现代码，对本书中出现的代码和命令做如下排版约定。

在 Python IDLE 中以交互方式运行的代码，排版使用带边框的浅灰色背景和黑色文字。

```
>>> import time
>>> time.time()
1586698966.554822
```

在代码编辑器中完成的源代码，排版使用带边框的白色背景。

```
# -*- encoding: utf8 -*-

import time
import threading

def hello(name):
    """线程函数"""

    for i in range(5):
        time.sleep(1)
        print('Hello, 我是%s'%name)
```

在命令行窗口或 PowerShell 中运行的命令、返回的结果等，排版使用不带边框的浅灰色背景和黑色文字。

```
D:\NumPyFamily\code> pip install numpy
D:\NumPyFamily\code>python sys_demo.py 3 5
['sys_demo.py', '3', '5']
即使异常终止，这一句仍会被执行
3.000000 + 5.000000 = 8.000000
```

阅读和学习的方法

编程既是一项工作，也是一门艺术，而且是实践性很强的艺术——从某些方面来讲，编程和雕塑艺术有很多共通之处。编程理论的学习固然重要，但一味地看书、看教学视频而不动手操作，是不可能真正掌握编程技术的。正所谓，“纸上得来终觉浅，绝知此事要躬行。”

阅读本书时，建议初学者一定要打开计算机，启动 IDLE 或其他熟悉的开发工具，一行一行输入代码，动手验证书中的例子，反复揣摩、练习，强化理解和记忆。唯有如此，才能真正理解 Python，并将其理念融进思维中，使之成为自己得心应手的工具。

资源下载与技术交流

读者可以从 https://github.com/xufive/ways2grow 下载本书使用的数据文件、图像文件、源码文件等。如果有技术性问题需要探讨，请发邮件至 xufive@outlook.com，我会在第一时间进行回复。

致谢

如果没有本书编辑赵祥妮女士的建议，我可能不会想起来写这本书。在本书的构思和写作过程中，大到内容取舍，小到标点符号，赵女士都给出了很多专业的建议。她一以贯之的认真和敬业态度鼓励了我，使我得以坚持下来。

同样给我鼓励的，还有我的同事们。他们分担了很多原本应该由我承担的工作，使我得以专心写作。我的同事们还从专业的角度，对本书的内容提出了许多修改意见。

还有一位必须要提及的年轻人，我的女儿。此前我一直认为她还没有长大，直到她从统计学的角度对本书与机器学习相关的内容提出了若干建设性的意见，我才意识到，她的思想和见解值得尊重。

我的爱人 Irene Chen，虽然不懂编程，但懂得爱。她默默无闻地为我创造了一个舒心的工作和生活环境。她拥有神奇的能力，不仅可以缓解我颈肩的酸痛，还能化解我精神的焦虑和紧张。

本书内容繁杂，写作过程历时数月。没有以上这些朋友和家人的鼓励与帮助，仅凭我一个人的努力，很难走过这一段艰难的历程。因此，我由衷地感谢他们！

目　　录

第 1 章

零基础必读

Now is better than never,

Although never is often better than right now.

这是“Python 之禅”中的一句话，意思是做也许好过不做，但不假思索就动手，还不如不做。的确，在开始学习 Python 之前，初学者需要先了解一些关于这门编程语言的背景知识，并在计算机上做好准备工作。

关于 Python，很多教科书都把它定义为动态的、强类型的编程语言。作为初学者，大可不必深究什么是动态语言，什么是强类型语言，但必须知道的是，Python 是支持面向对象编程的脚本语言，同时也原生支持面向过程式编程的范式。

这里，我绝非有意搬出面向对象和面向过程式编程的概念来给初学者一个下马威，而是因为这两个概念对于程序员来说非常重要，即便是新手也要有所了解。所谓面向过程式编程，就是根据解决问题所需要的步骤，用函数一步一步实现，最后依次调用这些函数。面向过程式编程符合人类的思维特点，容易理解，而面向对象编程就要比它抽象复杂得多。如果初学者理解面向对象编程有困难，也不用急于求成。很多概念都是在长期的编程实践中逐步建立起来的，一切都是自然而然的。

此外，初学者还需要知道，Python 是脚本语言。与脚本语言相对的是编译型语言，如 C 语言和 C++ 语言都属于编译型语言。编译型语言需要经过编译器编译连接之后才能运行，而脚本语言的运行则需要一个解释器而非编译器。我们常说在计算机上安装了某一个版本的 Python，指的就是 Python 的解释器。初学者往往搞不清楚解释器和编译器分别是什么，甚至把集成开发工具理解为解释器或编译器。请务必记住，Python 解释器就是一个可执行程序，运行 Python 代码就是在运行 Python 解释器，这个解释器将逐行解释、执行代码。

1.1 安装Python

1.1.1 Python的各种发行版

Python 有多种发行版，其中最有影响力的是官方的 CPython 版本。我们平时所说的 Python，如果没有特别说明，就是指 CPython。CPython 利用 C 语言编写而成，是最具广泛兼容性与标准化的 Python 实现方案。

值得一提的是，CPython 解释器有一个替代品 PyPy，其可以利用即时编译（JIT）来加速 Python 程序的执行。PyPy JIT 将 Python 代码编译为机器语言，从而带来平均 7.7 倍于 CPython 的运行速度。在某些特定任务中，其提速效果可达 50 倍。一般情况下，Python 代码都可以不加修改地在 PyPy 环境下运行，但不能保证和 CPython 环境下的运行结果完全一致。毕竟，PyPy 在垃圾回收机制等方面完全不同于 CPython。

Anaconda 是影响力仅次于 CPython 的另一个发行版。Anaconda 基于 CPython，集成了大量常用的 Python 模块，尤其是数据科学类的模块。Anaconda 还提供了一套模块管理工具，可以构建多个相互独立的开发环境。

早期的 Python 语言一直缺少一个方便易用的模块安装及管理工具，模块资源也极为匮乏，模块的安装和升级曾经是非常令人头疼的大问题。在这个背景下，以提供模块管理服务为特点的 Anaconda 得以大行其道。现在，Python 有了 pip 这样的模块安装和管理利器，Anaconda 的优势自然就不存在了。我个人认为 Anaconda 的模块管理和开发环境管理，非但没有让事情变得简单，反而给初学者带来了更多的困惑。当然，这只是我的个人观点，如果你确实喜欢使用 Anaconda，我也完全认同并尊重你的选择。

除了 Anaconda，其他的 Python 发行版基本上都是针对某一种编程语言设计的运行时（Runtime），如基于 JVM 的 Jython、基于 .net 的 IronPython 等。不过，Jython 和 IronPython 目前都没有推出 Py3 的版本。

1.1.2 安装与运行

首先从 Python 的官方网站下载安装程序。下载时，读者需要根据自己的操作系统类型、硬件参数等信息选择合适的版本。如果是出于学习的目的，下载任何一个版本都没有问题；如果是用于工作项目，则需要考虑项目所依赖的第三方模块是否支持最新版本的 Python。

以在 Windows 平台安装 Python 为例，下载完安装程序，运行时会出现图 1-1 所示的安装提示。推荐使用默认方式安装，同时不要忘记勾选界面最下面的两个复选框，否则可能会给后续的使用和模块维护带来一些麻烦。

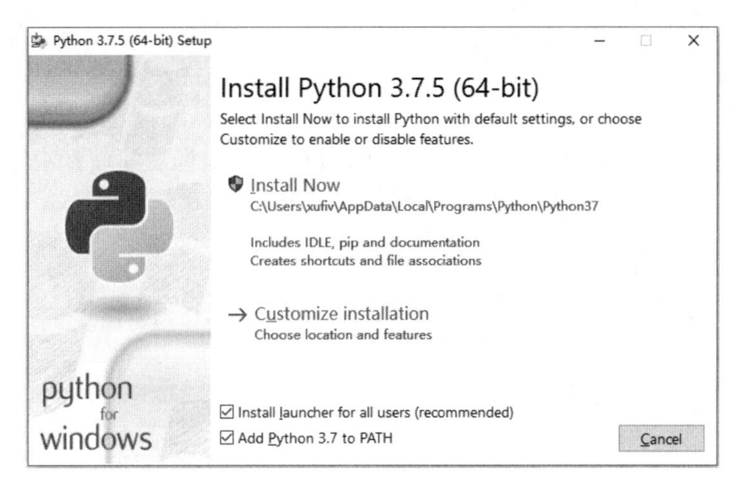

图 1-1　安装 Python

安装完成后，可以在 Windows 开始菜单的 Python 程序组中看到 IDLE 应用程序。这是 Python 内置的集成开发工具，既可以交互式运行代码，也可以编辑、运行 Python 的脚本文件。本书的大部分代码都是以交互方式在 IDLE 上运行的。IDLE 的运行界面如图 1-2 所示。

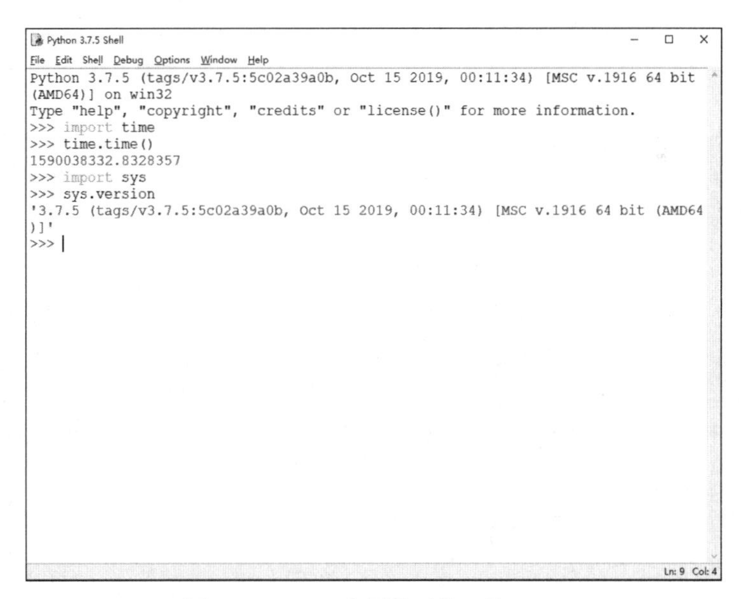

图 1-2　Python 内置的开发工具 IDLE

在 Python 的程序组中还有一个工具（工具名为 Python），它可以直接运行 Python 解释器，类似于在一个命令行窗口中运行 python.exe 程序。在这个工具的窗口中，只能以交互方式运行

Python 语句，不能运行脚本文件。我习惯把这个工具叫作 Shell，不过，Python 的开发者们把 Shell 这个名字写在了 IDLE 程序界面的标题栏上。

1.1.3　重新安装

如果 Python 解释器损坏或需要一个更高版本的解释器，就需要卸载当前版本的 Python，安装新版本的 Python，而不是像大多数软件那样可以直接升级到最新版本。这是因为 Python 的第三方模块大多都依赖特定版本的 Python 解释器，如果升级 Python 解释器，将会导致所有依赖当前版本 Python 解释器的第三方模块不可用。

1.2　以交互方式运行Python代码

解释型语言的优势是可以写一句，执行一句，想到哪儿，写到哪儿，而不必像编译型语言那样，需要把程序全部写完、编译成功后才能运行。在以交互方式运行 Python 代码的过程中，可以随时查看各个对象的类型和属性，以便判断当前编写的代码是否在正确的方向上。

1.2.1　使用Python IDLE交互操作

我特别喜欢使用 Python 的 IDLE 这个交互式工具，经常在 IDLE 中验证代码的写法是否正确，甚至在 IDLE 中对项目的设计思路做原型验证。

IDLE 支持 Tab 键自动补齐，这个功能可以用来学习一个新的模块，查看模块里面对象的方法和属性。还有两个技巧，有助于使用 IDLE：将光标移动到执行过的语句上按回车键，可以重复这个语句；使用下划线（_）可以代替最后一次执行结果。

下面的代码演示了在 IDLE 中以交互方式连接数据库、查询数据的例子。对于初学者来说，这几行代码读起来会比较吃力。没有关系，这里仅仅是一个演示，后面会对这些代码进行详细讲解。

```
>>> import pymysql
>>> import pymysql.cursors as cursors
>>> db = pymysql.connect(host='localhost', port=3306, db='photo', user='xufive',
passwd='123')
>>> cursor = db.cursor()
>>> cursor.execute('select * from album')
1
>>> cursor.fetchall()
((1, 0, '烟花三月江浙行', datetime.date(2018, 4, 22), '', '2018年4月15日-20日，
陪同友人游历扬苏杭宁，全程自驾'),)
```

实际上，IDLE 也是一个集成开发工具，可以用来创建或打开 .py 脚本文件，并对脚本进

行编辑、运行和调试。IDLE 的 Run 和 Debug 菜单包含运行和调试脚本的相关功能；另外，在 Options 菜单中还可以设置 IDLE 的配色方案、字体字号等，如图 1-3 所示。

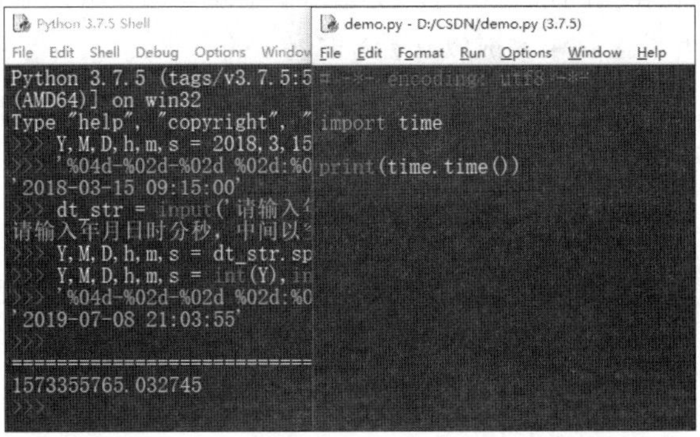

图 1-3　使用 IDLE 编辑、运行脚本文件

1.2.2　使用IPython交互操作

IPython 是一个 Python 的交互式 Shell，比默认的 Python Shell 功能更强大，支持变量自动补全、自动缩进，以及 bash shell 命令，内置了许多很有用的功能和函数。不过，IPython 没有被包含在 Python 内，而是作为 Python 的第三方模块，需要单独安装。在一个命令行窗口中执行下面的模块安装命令，即可安装 IPython 模块。pip 命令在本书的 1.4 节有详细讲解。

```
PS C:\Users\xufive> pip install ipython
```

安装完成后，在命令行窗口运行 ipython.exe，即可启动 IPython。和 Python IDLE 相比，IPython 更注重显示格式的美观，还显式地标识出了输入和输出代码。

```
In [1]: import time

In [2]: time.time()
Out[2]: 1590045124.9188404

In [3]: time.ctime()
Out[3]: 'Thu May 21 15:12:14 2020'

In [4]: import numpy as np

In [5]: np.random.random((3,5))
Out[5]:
array([[0.23292967, 0.38575244, 0.46754979, 0.98790885, 0.56897344],
       [0.82938645, 0.78006211, 0.56846771, 0.33283862, 0.04979372],
       [0.82451171, 0.02402506, 0.93307935, 0.49472482, 0.44523031]])
```

为代码提供美观的格式，不是 IPython 唯一的优点，让 IPython 名扬天下的是依赖 IPython 运行的 Jupyter。Jupyter 是一个可以编写漂亮的交互式文档的强大工具。

1.3 以脚本方式运行Python程序

以交互方式运行 Python 代码是低效的，仅适用于语法学习或代码验证。大多数情况下，程序员是在编辑器或集成开发工具中完成以 .py 为扩展名的脚本文件，然后调用解释器逐行解释、执行这个脚本文件。

1.3.1 运行

如果你习惯使用纯粹的编辑器（如 Vim 或 Notepad++ 等）写代码，那就需要手工运行和调试代码。以 Windows 平台为例，运行代码分成两步。

第一步，打开一个命令行窗口，将路径切换到脚本文件所在的文件夹。我习惯在脚本文件所在窗口的空白位置（确保没有选中任何对象），按下 Shift 键并单击鼠标右键，在弹出的菜单中选择“在此处打开 Powershell 窗口”，如图 1-4 所示。

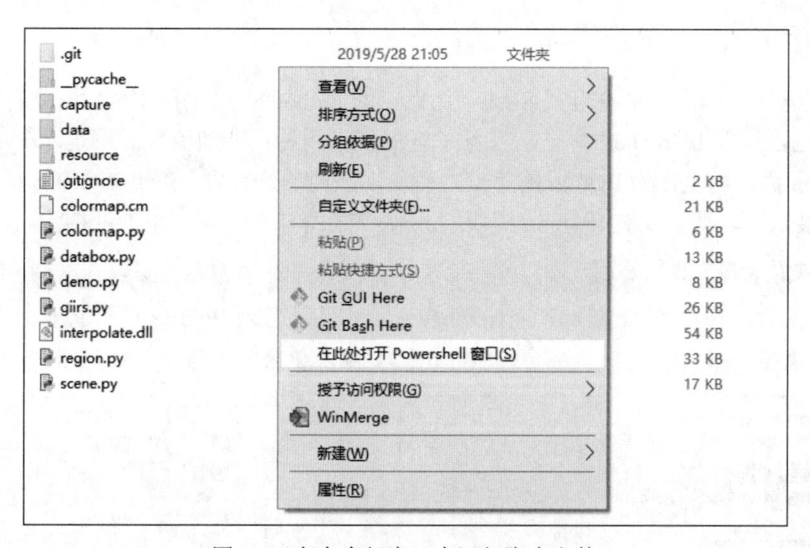

图 1-4 在命令行窗口中运行脚本文件

第二步，在打开的 Powershell 窗口中输入 python+ 空格 + 脚本文件名，按回车键即可运行代码。输入脚本文件名时，按 Tab 键可以自动补齐。脚本的运行信息、错误信息、运行结果等都显示在这个窗口中。这些信息都是最原始的信息。在其他开发工具中看到的脚本的信息，都是对这些信息的再加工。

实际上，很多编辑器都支持自定义运行命令，可以实现一键运行 Python 脚本。如果你习惯使用 PyCharm 或 VSCode 等集成开发工具，运行脚本就更简单了，甚至可以在开发工具中配置多个 Python 运行环境。

1.3.2　调试

通常集成开发工具会提供强大的调试工具，熟练运用该工具，很容易定位到错误的代码，可以极大地提高调试效率。如果习惯使用编辑器做开发，或不熟悉集成开发工具的调试工具，手工调试代码的手段不多，大概只能用 print( ) 函数查看调试信息。好在 Python 有一个内置的调试模块 pdb，它可以提供包括设置断点、单步调试、进入函数调试、查看当前代码、查看栈片段、动态赋值等多种调试手段。

1.4　使用pip安装和管理模块

pip 是 Python 目前最流行、最方便的包管理工具。早期的 Python 使用 setup.py 安装模块，比较麻烦。很多程序员都曾经用过把模块文件直接放进 Python 安装路径下的 Lib\site-packages 文件夹的“暴力”安装法。后来稍微进步了一点，使用 easy_install 工具，模块文件的扩展名是 .egg。再后来，终于进化到了 pip 时代，对应的模块文件变成 whl 文件，甚至 GitHub 上的 zip 文件也可以直接安装。

1.4.1　使用pip的两种方式

使用 pip 工具有两种方式：一种是运行 pip.exe 可执行程序；另一种是调用 Python 解释器，把 pip 模块当成脚本来运行。以安装 NumPy 模块为例，两种使用方式的命令如下。

```
pip install numpy
python -m pip install numpy
```

第一种方式的命令里，pip 指的是 pip.exe 程序。如果尝试在计算机上安装多个版本的 Python，安装程序一般会自动（也可以手动）将 pip.exe 程序复制并在文件名中加入版本信息。图 1-5 是我的计算机上 Python3.7 默认安装路径下的 pip.exe 程序和两个副本的名字。无论使用 pip 还是 pip3，又或者是 pip3.7，都能正确安装模块。

和第一种方式相比，第二种方式的安装命令前面多了 python -m。这里的 python 指的是 python.exe 程序，也就是 Python 解释器；-m 是 Python 解释器的参数，用来说明解释器运行的不是脚本文件，而是把 pip 模块当作脚本来运行。pip 模块位于 Python 的安装路径下，Python 解释器会找到它。

在安装了多个 Python 版本的系统中，以第二种方式使用 pip 工具，只要能正确调用解释器，就不容易出错。如果用第一种方式安装模块失败，不妨试试第二种方式。

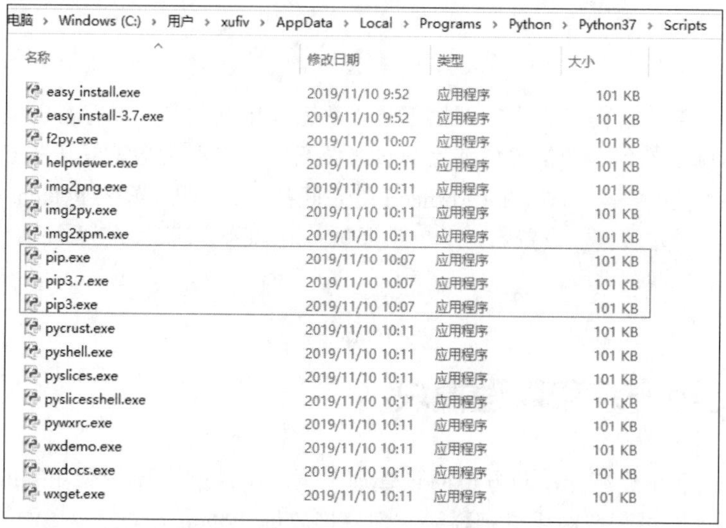

电脑 › Windows (C:) › 用户 › xufiv › AppData › Local › Programs › Python › Python37 › Scripts

名称	修改日期	类型	大小
easy_install.exe	2019/11/10 9:52	应用程序	101 KB
easy_install-3.7.exe	2019/11/10 9:52	应用程序	101 KB
f2py.exe	2019/11/10 10:07	应用程序	101 KB
helpviewer.exe	2019/11/10 10:11	应用程序	101 KB
img2png.exe	2019/11/10 10:11	应用程序	101 KB
img2py.exe	2019/11/10 10:11	应用程序	101 KB
img2xpm.exe	2019/11/10 10:11	应用程序	101 KB
pip.exe	2019/11/10 10:07	应用程序	101 KB
pip3.7.exe	2019/11/10 10:07	应用程序	101 KB
pip3.exe	2019/11/10 10:07	应用程序	101 KB
pycrust.exe	2019/11/10 10:11	应用程序	101 KB
pyshell.exe	2019/11/10 10:11	应用程序	101 KB
pyslices.exe	2019/11/10 10:11	应用程序	101 KB
pyslicesshell.exe	2019/11/10 10:11	应用程序	101 KB
pywxrc.exe	2019/11/10 10:11	应用程序	101 KB
wxdemo.exe	2019/11/10 10:11	应用程序	101 KB
wxdocs.exe	2019/11/10 10:11	应用程序	101 KB
wxget.exe	2019/11/10 10:11	应用程序	101 KB

图 1-5　安装工具 pip.exe 在默认安装路径下的名字

1.4.2　安装模块

安装模块使用 install 子命令。这个子命令支持很多的选项，其中最常用的参数是 -U，它表示将指定的模块升级到最新的可用版本。

```
pip install numpy -U
```

安装子命令默认从 https://pypi.org/simple 下载模块文件，使用 -i 参数可以指定下载的镜像源。下面的安装命令分别使用了清华大学资源站、阿里云资源站、中科大资源站作为下载的镜像源地址。

```
pip install numpy -i https://pypi.tuna.tsinghua.edu.cn/simple/
pip install numpy -i https://mirrors.aliyun.com/pypi/simple/
pip install numpy -i https://pypi.mirrors.ustc.edu.cn/simple/
```

安装模块时，还可以使用两个等号（==）指定模块的版本。

```
pip install numpy==1.15.0
```

使用 install 子命令还可以安装本地 whl 文件，甚至是 GitHub 上的 zip 文件。下面两个命令分别安装了 basemap 模块和 pyinstaller 模块的开发版。

```
pip install basemap-1.2.0-cp37-cp37m-win_amd64.whl
pip install https://github.com/pyinstaller/pyinstaller/archive/develop.zip
```

1.4.3　卸载模块

卸载模块使用 uninstall 子命令。这个子命令比较简单，只有 -r 和 -y 两个选项，前者指定卸载依赖包，后者跳过卸载确认。请谨慎使用这两个选项。

```
pip uninstall numpy
```

1.4.4　查看模块列表和模块信息

查看模块列使用 list 子命令。这个子命令支持的选项较多，如使用 -o 参数可以列出过时的模块，使用 -u 参数可以列出最新的模块。下面是使用 -o 参数的显示结果。

```
PS C:\Users\xufive> pip list -o
Package            Version     Latest      Type
------------------ ----------- ----------- -----
altgraph           0.16.1      0.17        wheel
arch               4.13        4.14        wheel
beautifulsoup4     4.8.2       4.9.1       wheel
......
```

使用 show 子命令可以查看指定模块的信息。下面是以 NumPy 模块为例显示的信息。

```
PS C:\Users\xufive> pip show numpy
Name: numpy
Version: 1.18.2
Summary: NumPy is the fundamental package for array computing with Python.
Home-page: https://www.numpy.org
Author: Travis E. Oliphant et al.
Author-email: None
License: BSD
Location: c:\users\xufive\appdata\local\programs\python\python37\lib\site-packages
Requires:
Required-by: xgboost, wxPython, tables, statsmodels, seaborn, scipy, scikit-learn,
pyamg, patsy, pandas, opencv-python, numexpr, netCDF4, matplotlib, imageio, h5py,
cftime, basemap, arch
```

第 2 章

Python 入门

Beautiful is better than ugly（优美胜于丑陋）

Explicit is better than implicit（明了胜于晦涩）

Simple is better than complex（简洁胜于复杂）

Complex is better than complicated（复杂胜于凌乱）

Flat is better than nested（扁平胜于嵌套）

Sparse is better than dense（间隔胜于紧凑）

……

这是 1989 年 Python 创始人吉多·范罗苏姆（龟叔）开立山门之时，暗藏在内置模块 this 中的一首诗歌，表明了他赋予 Python 的哲学理念。

2.1 基础语法

简单和优雅是 Python 的追求，因此相对其他语言来说，Python 的语法非常简洁明了，可以用“一二三四五”和一个“十”来概括 Python 的基础语法。初学者只要理解并掌握了这“一五一十”，就可以入门 Python 了。

2.1.1 一条绝对原则——缩进

每种编程语言，都有其鲜明且独一无二的特点。例如，说起 C 语言，就会想到指针——虽然 C++ 语言也用指针，但并非原创；说起 C++ 语言，就会想到封装——虽然 Java 语言也支持面向对象编程，却是拾人牙慧；说起 Java 语言，就会想起 JVM；说起 Python 语言，程序员一定会说：缩进！

没错，缩进是 Python 语言特有的语言特色，是 Python 语言的 DNA。缩进是语法规则，而不仅仅是编码规范。如果视缩进为规范，也是绝对遵从的规范。缩进一旦被破坏，如在某行代码增加或减少了缩进，就无法保证可以恢复为原样。而使用花括号的语言源码，即使写成一行，也能恢复成规范的写法。

缩进既可以使用空格，也可以使用制表位，但二者不能混合使用。建议使用 4 个空格作为一个缩进。也许有人会说，使用制表位只需按 Tab 键，而使用空格需要按 4 次空格键，为什么不建议使用制表位缩进呢？

首先，大多数开发工具的缩进都可以定制，且支持自动缩进，不存在按几次键盘的问题；其次，不同的编辑器或开发工具，对于制表位的解释不同，有的解释为 4 个空格宽度，有的解释为 8 个空格宽度，使用空格缩进可以避免发生这样的问题；最后，使用空格缩进是所有 Python 程序员都遵循的惯例。

2.1.2　两个顶级定义——函数和类

Python 是面向对象编程（OOP）的语言，当然也可以很好地支持面向过程式编程。Python 有两个顶级的结构定义：函数和类。初学者如果理解 OOP 存在困难，那么只关注 def（函数定义）和 class（类定义）这两个关键字即可。

1. 函数定义（def）

和所有的编程语言一样，Python 的函数既可以有参数，也可以无参数；既可以有返回值，也可以无返回值。关键字 def 用来定义一个函数，使用关键字 return 返回函数结果（如果需要）。以下是两个函数定义的示例。

```
>>> def say_hello(): # 函数可以没有参数
        print('Hello')

>>> say_hello() # 调用函数say_hello
Hello
>>> def adder(x, y): # 函数有两个参数
        return x + y # 使用关键字return返回结果

>>> adder(3, 4) # 调用函数adder
7
```

以上代码定义了两个函数，say_hello( ) 函数没有参数，也没有返回值；adder( ) 函数有两个参数，返回值是两个参数的和。需要注意的是，定义和调用函数时，即使没有参数，函数名后面的圆括号也不能省略。

Python 的函数参数非常有特色，除了常规的参数之外，还支持默认参数、可变参数和关键字参数。关于函数参数的更多知识，详见本书 2.2.1 小节。

2. 类定义（class）

说到类，自然离不开面向对象，类是面向对象编程思想的载体。关于面向对象编程，本书 2.3 节有详细讲解。Python 的面向对象编程提供了丰富的封装手段，类定义的规则非常灵活，既有强制性的，也有建议性的。如果不想深入研究那些令人头疼的概念，只需要了解以下这几点就可以从容应对类的各种需求。

- 使用关键字 class 定义类。
- 如果没有基类，类名之后不需要圆括号。
- 构造函数 __init__() 在类实例化时自动运行，类的属性要在这里定义或声明。
- self 不是关键词，虽然可以换成其他的写法，但不建议这样做。
- 类是属性和方法的混合体。
- 同一个类，可以生成很多实例（单实例模式除外），这叫类的实例化。
- 类的各个实例之间是相互隔离的。

```
>>> class GameServer:
        def __init__(self, port): # 构造函数
            self.port = port # 类属性：服务使用的端口
            self.running = False # 类属性：服务运行标志
        def start(self): # 定义类方法：启动服务
            self.running = True
        def stop(self): # 定义类方法：停止服务
            self.running = False
        def status(self): # 定义类方法：查看服务状态
            if self.running:
                print('服务运行于%d端口上。'%self.port)
            else:
                print('服务已停止。')

>>> gs = GameServer(3721) # 类实例化，生成一个服务器对象
>>> gs.port # 对象属性：服务端口
3721
>>> gs.status() # 对象方法：查看服务状态
服务已停止。
>>> gs.start() # 对象方法：启动服务
>>> gs.status() # 对象方法：查看服务状态
服务运行于3721端口上。
>>> gs.stop() # 对象方法：停止服务
>>> gs.status() # 对象方法：查看服务状态
服务已停止。
```

以上代码定义了一个游戏服务类，包括两个属性和三个方法。生成实例时，需要传入游戏端口作为参数。

2.1.3　三种语句结构——顺序、分支和循环

几乎所有支持面向过程式编程的语言都把程序分为顺序、分支和循环这三种语句结构，Python 语言自然也不例外。

1. 顺序结构

Python 语言把缩进作为语法的一部分，缩进层次相同且连续的一段代码就是一个顺序结构的代码块。运行时，代码块内的代码从上到下，依次被解释执行。

2. 分支结构

代码运行过程中，会根据条件选择不同的分支继续运行，这就是程序的分支结构。Python 语言使用 if-else 描述分支结构，支持嵌套，并将 else if 简写为 elif。

```
>>> a, b, c = 3, 4, 5
>>> if a > b: # 最简单的if-else分支结构
        print(a)
    else:
        print(b)

4
>>> if a > b and a > c: # 类似switch结构的分支结构
        print(a)
    elif b > c:
        print(b)
    else:
        print(c)

5
>>> if a > b: # 嵌套的if-else分支结构
        if a > c:
            print(a)
        else:
            print(c)
    else:
        if b > c:
            print(b)
        else:
            print(c)

    5
```

以上代码演示了三种最常见的分支结构。第一种是最简单的 if-else 分支结构，即使没有 else 分支也是合乎规则的；第二种是类似 switch 结构的分支结构；第三种是嵌套的 if-else 分支结构。

3. 循环结构

Python 语言的循环结构有两种：for 循环和 while 循环。 for 循环一般用于循环次数确定的场合，如遍历列表、字典等。while 循环一般用于循环次数不确定的场合，每次循环之前都要对循环条件做判断。为了避免"死循环"，在 while 循环体内通常都会存在影响循环条件的代码，除非希望 while 循环永不停止。

循环体内有两个特殊语句会影响到 for 循环和 while 循环，这就是 continue 和 break 语句。continue 语句可以立即结束本次循环，开始下一个循环；break 语句则是立即跳出循环，继续执行 for 或 while 循环后面的语句。

```
>>> for i in range(3): # 这是for循环最经典的用法
        print(i)

0
1
2
>>> for i in [3,4,5,6,7,8,9,10]: # 遍历数组是for循环最频繁的应用形式
        if i%2 == 0:
            continue
        if i > 8:
            break
        print(i*'*')

***
*****
*******

>>> d = {'a':1, 'b':2}
>>> for key in d: # 遍历字典的标准写法
        print(key, d[key])

a 1
b 2
```

以上代码是 for 循环的几种应用形式。for 循环常被用来遍历列表、字典，如果用来计数循环，一般使用 range( ) 函数返回一个计数范围。关于 range( ) 函数，本书 2.1.6 节会有详细讲解。

```
>>> a = 3
>>> while a > 0: # 判断循环条件
        print(a*'*')
        a -= 1 # 影响循环条件

***
**
*

>>> a = 0
```

```
>>> while True: # 死循环
        a += 1 # 影响循环出口条件
        if a > 3: # 设置循环出口条件
            break
        print(a*'*')

*
**
***
```

以上代码是 while 循环的两种应用形式，第一种方式设置了循环条件，如果条件不满足则退出循环；第二种方式的循环条件永远为真，只能通过 break 语句终止循环。

2.1.4　四种数据类型——整型、浮点型、布尔型、字符串

有人说 Python 是强类型语言，也有人不认同这个观点。关于这一点，我们姑且不论。但在逻辑层面和操作层面上，还是很有必要讲一讲数据类型的，因为 Python 要处理的数据是分类型的。Python 将数据分为整型、浮点型、布尔型和字符串这四种类型，并提供了 int 类、float 类、bool 类和 str 类这四个内置类与之相对应。这也体现了 Python“万物皆对象”的特点。下面的代码生成了四种类型的数据对象，使用 type( ) 函数可以看到它们各自的类名。

```
>>> i, f, b, s = 5, 3.14, True, 'xyz'
>>> type(i), type(f), type(b), type(s)
(<class 'int'>, <class 'float'>, <class 'bool'>, <class 'str'>)
```

1. 整型

整型数据就是数学上的整数，包括正整数、负整数和零。Python 的整型不像 C 语言和 C++ 语言那样分了长短很多种，几乎不用担心整数超过系统限制。下面这个计算阶乘的函数，很容易就算出了 100 的阶乘，其结果位数长达 158 位。

```
>>> def factorial(n):
        if n == 0:
            return 1
        return n*factorial(n-1)

>>> factorial(100)
933262154439441526816992388562667004907159682643816214685929638952175999932299156089
41463976156518286253697920827223758251185210916864000000000000000000000000
```

2. 浮点型

天地茫茫，宇宙无限，星际距离动辄以万亿公里计；然而若专注于微观世界，人类认知已经进入了纳米范围。如果使用定点数表示如此巨大的动态范围，势必耗费大量的存储资源，因

此浮点数就应运而生了。所谓浮点数，简单理解就是科学记数法。

浮点型数据既可以表示很大的数，也可以表示很小的数。精度是浮点型数据最重要的指标，也最容易出问题。Python 的浮点数为双精度浮点数，使用 8 字节、共 64 位表示一个浮点数，其中符号占 1 位，指数占 11 位，尾数占 52 位。Python 的浮点型数据精度很高，足以满足一般需求。如果对精度有要求，decimal 模块可以提供更高的计算精度。

```
>>> 0.1 + 0.2
0.30000000000000004
>>> 0.1 + 0.2 == 0.3 # 判断浮点数是否相等，需要留心此类意外情况
False
```

以上代码演示了因为精度问题导致浮点数计算出现的意外情况。不只 Python 如此，所有浮点数规范遵从 IEEE754 二进制浮点数算术标准（ANSI/IEEE Std 754-1985）的编程语言，如 C 语言，都会如此。如果想在 C 语言环境中验证，需要使用 double 类型。

3. 布尔型

Python 语言定义了两个常量 True 和 False，用来表示布尔型的真和假。True 表示真、非空、非零等概念，False 表示假、空、零等概念。

```
>>> bool(0)
False
>>> bool(None)
False
>>> bool('')
False
>>> bool([])
False
>>> bool(5)
True
>>> bool('x')
True
>>> bool([False])
True
```

4. 字符串

字符串是 Python 语言的处理对象之一。Python 将单引号（'）、双引号（"）、三引号（''' 或 """）前后封闭起来的字符集视为字符串对象，并提供了一系列处理方法。以下这 4 种写法都是 Python 合法的字符串。

```
>>> '人生苦短，我用Python'
'人生苦短，我用Python'
>>> "人生苦短，我用Python"
'人生苦短，我用Python'
```

```
>>> '''人生苦短，我用Python'''
'人生苦短，我用Python'
>>> """人生苦短，我用Python"""
'人生苦短，我用Python'
```

2.1.5　五大内置类——列表、字典、元组、集合、字符串

Python 语言内置了列表、字典、元组、集合和字符串等多种数据结构，每种数据结构都封装成为一个类。Python 语言之所以能够风行于世，与其多个便捷高效的内置类，尤其是列表，有很大关系。一旦习惯了 Python 语言的列表，再去用 C 语言或 C++ 语言写数组的时候，感觉像是回到了刀耕火种的原始社会（当然前提是不考虑运行效率，只考虑开发效率）。

1. 列表

列表（list）是元素的有序集合，列表的元素可以是 Python 语言支持的任意类型。初学者一般习惯用一对方括号（[ ]）来创建列表，标准的写法是用 list( ) 来实例化 list 类。列表的方法有很多，可以实现列表末尾追加元素、指定位置插入元素、删除指定元素或指定索引位置的元素、返回元素索引、排序等操作。此外，列表的索引、切片也非常灵活，很多操作都能给人惊喜。

```
>>> a = list() # 创建一个空列表，可以传入列表、元组、字符串等迭代对象
>>> a.append(3) # 列表尾部追加元素3
>>> a.extend([4,5,7,4,9]) # 列表后接列表[4,5,7,4,9]
>>> a
[3, 4, 5, 7, 4, 9]
>>> a.insert(1,9) # 在索引序号为1的位置插入元素9
>>> a
[3, 9, 4, 5, 7, 4, 9]
>>> a.index(9)
1
>>> a.count(4) # 返回列表中值为4的元素个数
2
>>> a.pop(1) # 删除并返回索引序号为1的元素，如果不指定索引，则删除最后一个元素
9
>>> a
[3, 4, 5, 7, 4, 9]
>>> a.remove(4) # 删除列表中最靠前的元素4（无返回）
>>> a
[3, 5, 7, 4, 9]
>>> a.sort() # 排序
>>> a
[3, 4, 5, 7, 9]
>>> a[-1] # Python引入-1做末尾元素的索引
9
>>> a[1:-1] # “掐头去尾”切片
[4, 5, 7]
>>> a[::2] # 从头开始，隔一个取一个元素
[3, 5, 9]
>>> a[::-1] # 逆序
[9, 7, 5, 4, 3]
```

2. 字典

字典（dict）也是 Python 语言最强大的工具之一。字典的本质是无序的键值对，字典类封装了很多有用的方法，用起来非常顺手。

```
>>> d = dict() # 虽然可以写成 d = {}，但我更喜欢这样写
>>> d = dict(a=1,b=2)
>>> d
{'a': 1, 'b': 2}
>>> d = dict([('a',1),('b',2)])
>>> d
{'a': 1, 'b': 2}
>>> d.update({'c':3}) # 用赋值语句也可以插入和更新字典，但不如这样写优雅
>>> d
{'a': 1, 'b': 2, 'c': 3}
>>> d.pop('c') # 删除元素
3
>>> d
{'a': 1, 'b': 2}
>>> list(d.items())
[('a', 1), ('b', 2)]
>>> list(d.keys())
['a', 'b']
>>> list(d.values())
[1, 2]
>>> for key in d: # 遍历字典的标准写法
        print(key, d[key])

a 1
b 2
>>> dict.fromkeys('xyz',0) # fromkeys是字典类的静态方法，实例也可以调用
{'x': 0, 'y': 0, 'z': 0}
```

3. 元组

元组（tuple）可以理解为限制版的列表，也是元素的有序集合，但这个集合一旦创建，就不允许增加、删除和修改元素。通常，元组用于表示特定的概念，如坐标、矩形区域等。

```
>>> a = (3,4)
>>> a = tuple([3,4])
>>> a.count(3)
1
>>> a.index(3)
0
```

4. 集合

集合（set）有两个特点，一是集合内元素具有唯一性，二是集合内元素无序排列。在学习

的初级阶段使用集合的机会不多，但有一个经常使用的经典用法，它最能体现集合的价值，那就是去除列表内重复的元素。

```
>>> a = set()
>>> a.update({'x','y','z'})
>>> a
{'x', 'y', 'z'}
>>> a.remove('z')
>>> a
{'x', 'y'}
>>> a.add('w')
>>> a
{'x', 'y', 'w'}
>>> a = {'A','D','B'}
>>> b = {'D','E','C'}
>>> a.difference(b) # 返回a有b没有的元素集合
{'B', 'A'}
>>> a - b # 记不住的话，这样写也行
{'B', 'A'}
>>> a.union(b) # 返回a和b的并集。虽然差集可以用a-b替代，但并集不能用a+b表示
{'C', 'B', 'A', 'D', 'E'}
>>> a.intersection(b) # 返回a和b重复元素的集合
{'D'}
>>> a.symmetric_difference(b) # 返回a和b非重复元素的集合
{'C', 'B', 'A', 'E'}
>>> list(set([1,2,5,2,3,4,5,'x',4,'x'])) # 去除数组 [1,2,5,2,3,4,5,'x',4,'x'] 中的重复元素
[1, 2, 3, 4, 5, 'x']
```

5. 字符串

Python 语言的文本处理功能非常强大，仅仅依赖字符串类的方法，就可以实现几乎所有的字符串操作。字符串对象还可以像列表那样索引和切片，但无法改变字符串对象的内容，这有点类似元组不可以增加、删除和修改元素。

```
>>> str(3.14) # 数字转字符串
'3.14'
>>> str(['a',1]) # 列表转字符串
"['a', 1]"
>>> str({'a':1, 'b':2}) # 字典转字符串
"{'a': 1, 'b': 2}"
>>> s = 'python真好用，very good.'
>>> s[1:-1] # 掐头去尾
'ython真好用，very good'
>>> s[::2] # 隔一个取一个元素
'pto真用 vr od'
>>> s[::-1] # 反转字符串
```

```
'.doog yrev，用好真nohtyp'
>>> s.upper() # 全部大写
'PYTHON真好用，VERY GOOD.'
>>> s.lower() # 全部小写
'python真好用，very good.'
>>> s.capitalize() # 字符串首字母大写
'Python真好用，very good.'
>>> s.title()
'Python真好用，Very Good.' # 单词首字母大写
>>> s.startswith('python') # 判断是否以指定的子串开头
True
>>> s.endswith('good.') # 判断是否以指定的子串结尾
True
>>> s.find('very') # 首次出现的索引，未找到则返回-1
10
>>> s.split() # 分割字符串，还可以指定分隔符
['python真好用，very', 'good.']
>>> s.replace('very', 'veryvery') # 替换子串
'python真好用，veryvery good.'
>>> '2345.6'.isdigit() # 判断是否是数字
False
>>> 'adS12K56'.isalpha() # 判断是否是字母
False
>>> 'adS12K56'.isalnum() # 判断是否是字母和数字
True
>>> '\t adS12K56 \n'.strip() # 去除首尾空格（包括制表位和换行符）
'adS12K56'
```

2.1.6　十组最常用的内置函数

Python 语言的内置函数超过 70 个（习惯上把内置类也统称为内置函数），覆盖面广，功能强大。不过，对于初学者而言，有些函数晦涩难懂，在初级阶段完全可以忽略；有些函数则必须深刻理解、熟练应用。以下十组、共计 21 个函数是最常用的，也是无可替代的，自然也是初学者“应知应会”的函数。

1. 标准输出函数 print( )

print( ) 函数应该是每一位 Python 语言初学者首先接触到的函数，也应该是用得非常熟练的一个函数。众所周知，print( ) 函数一次可以打印多个对象，打印对象可以是任意类型。此外，print( ) 函数还有四个默认参数，学会灵活运用这些参数，方能在使用 print( ) 函数时得心应手。

- sep：间隔多个输出对象，默认值是一个空格。
- end：设定结尾，默认值是换行符（\n）。
- file：要写入的文件对象，默认是标准输出控制台（sys.stdout）。
- flush：是否立即输出缓存，默认内容不会立即被输出（False）。

```
>>> print(3, [1,2,3], {'name':'David'}) # 一次可以打印多个对象，对象可以是任意类型
3 [1, 2, 3] {'name': 'David'}
>>> print(1, 2, 'x','y', sep='*') # 多个打印对象之间使用星号分隔
1*2*x*y
>>> for item in [1, 2, 'x','y']:
        print(item, end=',') # 不换行打印

1,2,x,y,
>>> with open(r'd:\print_out.txt', 'w') as fp: # 打印到文件d:\print_out.txt
        print(1, 2, 'x','y', sep='*', file=fp)
```

以上代码以交互方式演示了 print( ) 函数的几个使用技巧。鉴于在 Python 的 IDLE 上无法体验 flush 参数的效果，下面以源码的形式给出三个例子。这三个例子巧妙利用 print( ) 函数的多个参数，实现打字机效果、旋转式进度指示、覆盖式打印效果等特殊效果。

```python
# -*- coding: utf-8 -*-

import time

def printer(text, delay=0.2):
    """打字机效果"""

    for ch in text:
        print(ch, end='', flush=True)
        time.sleep(delay)
    print()

def waiting(cycle=20, delay=0.1):
    """旋转式进度指示"""
    for i in range(cycle):
        for ch in ['-', '\\', '|', '/']:
            print('\b%s'%ch, end='', flush=True)
            time.sleep(delay)
    print()

def cover(cycle=100, delay=0.2):
    """覆盖式打印效果"""

    for i in range(cycle):
        s = '\r%d'%i
        print(s.ljust(3), end='', flush=True)
        time.sleep(delay)
    print()

if __name__ == '__main__':
    printer('玄铁重剑，是金庸小说笔下第一神剑，持之则无敌于天下。')
    waiting(cycle=20)
    cover(cycle=20)
```

2. 标准输入函数 input( )

input( ) 函数用于程序执行过程中接收键盘输入。按回车键，input( ) 函数即返回从键盘输入的字符串，但不包括回车符。因为 input( ) 函数本身具备 IO 阻塞的功能，所以也可以在程序中作为调试断点来使用。input( ) 函数没有默认参数，接受一个字符串作为输入提示信息。

以下代码演示了 input( ) 函数的用法。

```
>>> nums = input('请输入3个整数，中间以空格分隔，按回车键结束输入：')
请输入3个整数，中间以空格分隔，按回车键结束输入：3 4 5
>>> print(nums) # 请注意，nums是一个字符串，不是整数
3 4 5
>>> [int(item) for item in nums.split()] # 这样才可以把输入的字符串变成三个整数
[3, 4, 5]
```

3. 可迭代对象长度函数 len( )

len( ) 函数也是初学者接触最早、最容易记住的函数之一，len 是 length 的缩写。该函数用于返回列表、元组、字典、字符串等可迭代对象的长度（或称为元素数量）。至于什么是可迭代对象，初学者暂时可以不用深究，随着学习的深入会逐步理解的。

以下代码演示了 len( ) 函数的用法。

```
>>> len('asdf34g')
7
>>> len([3,4,5])
3
>>> len({'x':1, 'y':2})
2
>>> len({True, False, None})
3
>>> len(range(5))
5
```

4. 序列生成器函数 range( )

很多人是在学习 for 循环时认识 range( ) 函数的。range( ) 函数可以返回一个整数序列，只是无法看到这个序列的全貌，也不能访问其中的某个元素，只能从头开始依次遍历每一个元素。range( ) 函数可以接受一个、两个或三个整型参数。

以下代码演示了 range( ) 函数的用法。

```
>>> type(range(5))
<class 'range'>
>>> for i in range(5): # 默认从0开始，步长为1
        print(i, end=',')
```

```
0,1,2,3,4,
>>> for i in range(5,10): # 在[5,10)区间内生成序列，步长为1
        print(i, end=',')

5,6,7,8,9,
>>> for i in range(5,10,2): # 在[5,10)区间内生成序列，步长为2
        print(i, end=',')

5,7,9,
>>> list(range(5)) # 将range类转成list类
[0, 1, 2, 3, 4]
```

5. 格式化输出函数 format( )

虽然这里讲解的是 format( ) 函数，但大多数情况下，我更喜欢使用 % 来实现 C 语言风格的格式化输出。读者可以通过下面的例子体会一下这两种格式化方法的差异。

```
>>> Y,M,D,h,m,s = 2019,5,1,8,0,0 # 2019年5月1日8时0分0秒
>>> '{:04d}-{:02d}-{:02d} {:02d}:{:02d}:{:02d}'.format(Y,M,D,h,m,s) # 格式化
'2019-05-01 08:00:00'
>>> '%04d-%02d-%02d %02d:%02d:%02d'%(Y,M,D,h,m,s) # 用%格式化
'2019-05-01 08:00:00'
```

表 2-1 列出的是 format( ) 函数的常用格式化符号。

表 2-1　format( ) 函数的常用格式化符号

符　　号	说　　明
{:.2f}	四舍五入，保留小数点后两位
{:+.2f}	四舍五入，保留小数点后两位，带符号
{:0>2d}	整数左侧补 0，总长度为 2
{:X<4d}	整数右侧补 X，总长度为 4
{:,}	为整数增加逗号分隔符
{:.2%}	百分比格式化，保留小数点后两位
{:.2e}	科学记数法，保留小数点后两位
{:>10d}	长度 10 以内右对齐
{:<10d}	长度 10 以内左对齐
{:^10d}	长度 10 以内居中对齐
{:b}	转为二进制
{:#b}	转为带前缀 0b 的二进制
{:o}	转为八进制

续表

符　　号	说　　明
{:#o}	转为带前缀 0o 的八进制
{:x}	转为十六进制
{:#x}	转为带前缀 0x 的十六进制
{:#X}	转为带前缀 0X 的十六进制

表 2-2 列出的是用 % 实现格式化字符串输出的常用符号。

表 2-2　格式化字符串常用符号

符　　号	说　　明
%d 或 %i	转为带符号的十进制形式的整数
%o	转为带符号的八进制形式的整数
%x 或 %X	转为带符号的十六进制形式的整数
%e 或 %E	转为科学记数法表示的浮点数
%f 或 %F	转为十进制形式的浮点数
%g 或 %G	智能选择使用 %f/%F 或 %e/%E 格式
%c	格式化字符及其 ASCII 码
%r	使用 repr( ) 将变量或表达式转为字符串
%s	使用 str( ) 将变量或表达式转为字符串

6. 排序函数 sorted( )

排序是比较常见的需求。排序函数 sorted( ) 不会改变被排序列表的数据结构，而是返回一个新的排序结果。这一点和列表对象的 sort( ) 方法不同。列表对象的 sort( ) 方法改变了列表自身，且无返回值。

以下代码演示了 sorted( ) 函数的用法，其中用到了 lambda 函数。关于 lambda 函数，本书 2.2.7 小节会有详细讲解。

```
>>> sorted([3,2,7,1,5]) # 一维列表排序
[1, 2, 3, 5, 7]
>>> sorted([3,2,7,1,5], reverse=True) # 一维列表排序，逆序输出
[7, 5, 3, 2, 1]
>>> a = [[6, 5], [3, 7], [2, 8]]
>>> sorted(a, key=lambda x:x[0]) # 根据每一行的首元素排序
[[2, 8], [3, 7], [6, 5]]
>>> sorted(a, key=lambda x:x[-1]) # 根据每一行的尾元素排序
[[6, 5], [3, 7], [2, 8]]
>>> a = [{'name':'C', 'age':18},{'name':'A', 'age':20}, {'name':'B', 'age':19}]
```

```
>>> sorted(a, key=lambda x:x['name']) # 根据name键排序
[{'name': 'A', 'age': 20}, {'name': 'B', 'age': 19}, {'name': 'C', 'age': 18}]
>>> sorted(a, key=lambda x:x['age']) # 根据age键排序
[{'name': 'C', 'age': 18}, {'name': 'B', 'age': 19}, {'name': 'A', 'age': 20}]
```

7. 文件读写函数 open( )

文件读写是程序员最基本的技能之一。好在 Python 的文件读写非常简单，很容易上手。读写文件时，不管正常结束还是非正常结束，一定要关闭文件——通常需要捕获异常并进行处理。为了简化代码，使之更加“优雅”，建议使用 with-as 的语法结构来读写文件。关于 with-as，在本书 2.2.6 小节有详细讲解。

下面的例子演示了如何将数据写入 csv 文件，以及如何读出 csv 文件中的数据并解析。

```
>>> data = [[0.468,0.975,0.446],[0.718,0.826,0.359]]
>>> with open(r'd:\csv_data.csv', 'w') as fp: # 写入csv文件
        for line in data:
            ok = fp.write('%s\n'%','.join([str(item) for item in line]))

>>> result = list()
>>> with open(r'd:\csv_data.csv', 'r') as fp: # 读出csv文件并解析
        for line in fp.readlines():
            result.append([float(f) for f in line.strip().split(',')])

>>> result
[[0.468, 0.975, 0.446], [0.718, 0.826, 0.359]]
```

8. 类型相关函数 type( )/isinstance( )

对于初学者来说，运行代码时出现问题是最头疼的事情，因为根本不知道发生了什么，又该从何处入手来解决问题。如果不是缩进或找不到模块这类初级错误，那么查看变量的类型，也许是最值得一试的调试方法。type( ) 函数是用于查看对象类型的函数。

```
>>> type(5)
<class 'int'>
>>> type('ssdf')
<class 'str'>
>>> type([])
<class 'list'>
>>> type(print)
<class 'builtin_function_or_method'>
>>> type(range(5))
<class 'range'>
```

很多初学者在了解了 type( ) 函数后，喜欢用它来做类型判断，这是不正确的。用于类型判断的是 isinstance( ) 函数。

```
>>> a = [3,4,5]
>>> b = ('x', 'y')
>>> c = dict()
>>> d = 'python'
>>> isinstance(a, list)
True
>>> isinstance(b, list)
False
>>> isinstance(c, (dict,str))
True
>>> isinstance(d, (dict,str))
True
>>> isinstance(b, (dict,str))
False
```

9. 特殊功能函数 enumerate( )/zip( )/map( )/chr( )/ord( )

遍历列表、字符串等可迭代对象时，如果想同时得到元素的索引序号，enumerate( ) 函数就可以派上用场了。因为 enumerate( ) 函数会返回可迭代对象的索引和元素组成的元组的迭代对象，所以不用担心该函数的效率和资源消耗情况。

```
>>> for index, item in enumerate([True, False, None]):
        print(index, item, sep='->')

0->True
1->False
2->None
>>> for index, item in enumerate('xyz'):
        print(index, item, sep='->')

0->x
1->y
2->z
```

zip( ) 函数可以将两个等长列表的对应元素组合成元组后返回一个迭代器。zip( ) 函数的典型应用场景是同时遍历多个列表。

```
>>> a = ['x','y','z']
>>> b = [3,4,5]
>>> for k, v in zip(a,b):
        print(k, v, sep='->')

x->3
y->4
z->5
```

map( ) 函数可以对列表中的每一个元素做一次计算，这个计算由函数参数指定。这个作为参数的函数既可以是普通的函数，也可以是 lambda 匿名函数。下面以对列表中各元素开 3 次方为例演示 map( ) 函数的用法。

```
>>> def extract(x): # 开3次方
        return pow(x, 1/3)

>>> result = map(extract, [7,8,9]) #  extract()函数对列表元素逐一运算，返回迭代对象
>>> list(result) # 将迭代对象转为list
[1.912931182772389, 2.0, 2.080083823051904]
>>> list(map(lambda x:pow(x, 1/3), [7,8,9])) # 使用lambda匿名函数更简洁
[1.912931182772389, 2.0, 2.080083823051904]
```

chr( ) 函数返回 ASCII 编码值对应的字符，ord( ) 函数返回字符对应的 ASCII 编码值，二者是互逆的操作。

```
>>> chr(65)
'A'
>>> ord('Z')
90
>>> for i in range(26):
        print(chr(65+i), sep='', end='')

ABCDEFGHIJKLMNOPQRSTUVWXYZ
```

10. 数学函数 sum( )/max( )/min( )/abs( )/pow( )/divmod( )/round( )

Python 内置的数学计算与统计函数不多，但基本够用。不过，如果要用对数函数和三角函数，还需要导入内置的 math 模块，或使用其他模块，如科学计算模块 NumPy 等。有人说，做开方运算就得导入 math 模块，其实内置函数 pow( ) 既可以做乘方运算，也可以做开方运算。

```
>>> sum([3,4,5])
12
>>> min(3,4,5), max(3,4,5) # min()/max()函数可以接受多个参数
(3, 5)
>>> min([3,4,5]), max((3,4,5)) # min()/max()函数也可以接受列表或元组作参数
(3, 5)
>>> abs(-3.14)
>>> pow(2,3) # 计算2的3次方
8
>>> pow(2,1/2) # 开平方
1.4142135623730951
>>> divmod(5,2) # 以元组形式返回5/2的商和余数。这在某些场合用起来非常高效、优雅
(2, 1)
>>> round(3.1415926) # 取整
3
>>> round(3.1415926,5) # 精确到小数点后5位
3.14159
```

2.2 进阶语法

Python 是一种代表简单思想的语言，其语法相对简单，很容易上手。不过，如果就此小视 Python 语法的精妙和深邃，那就大错特错了。事实上，Python 几乎具备高级语言的所有特性，还有很多独特精妙的语法结构。深入了解 Python 语言的高级特性，熟练应用那些独特精妙的语法结构，是每一位 Python 程序员的必修课。

2.2.1 函数的参数

在学习函数的参数前，我们先来设计一个计算体重指数（BMI）的函数。体重指数就是体重与身高的平方之比，其中体重以千克为单位，身高以米为单位。

```
>>> def bmi(height, weight, name):
        i = weight/height**2
        print('%s的体重指数为%0.1f'%(name, i))


>>> bmi(1.75, 75, 'Xufive')
Xufive的体重指数为24.5
```

自定义函数 bmi( ) 有三个参数，每个参数都有明确的含义。调用这个函数时，必须按照定义的顺序传入这三个参数，缺一不可。这也是 Python 函数最基本的参数传递规则。

接下来把 bmi( ) 函数稍微改造一下，给 name 参数指定一个默认值。

```
>>> def bmi(height, weight, name='您'):
        i = weight/height**2
        print('%s的体重指数为%0.1f'%(name, i))

>>> bmi(1.75,75) # 可以不传递name参数，使用默认值
您的体重指数为24.5
>>> bmi(1.75,75,'Xufive') # 也可以传递name参数
Xufive的体重指数为24.5
```

现在 bmi( ) 函数就有了两种类型的参数：weight 和 height，它们是函数调用时必不可少的参数，且顺序必须与函数定义的保持一致，这样的参数称为位置参数；name 是函数调用时可有可无的参数，如果没有则使用默认值，这样的参数称为默认参数。默认参数可以有多个。

为了使结果更准确，可以考虑使用体重均值来计算体重指数。这样函数除了接受一个 weight 参数外，还需要接受不确定个数的体重参数。

```
>>> def bmi(height, weight, *args, name='您'):
        weight = (weight+sum(args))/(1+len(args))
```

```
        i = weight/height**2
        print('%s的体重指数为%0.1f'%(name, i))

>>> bmi(1.75, 75, name='xufive')
xufive的体重指数为24.5
>>> bmi(1.75, 75, 74)
您的体重指数为24.3
>>> bmi(1.75, 75, 74, 75.5, 74.7)
您的体重指数为24.4
>>> bmi(1.75, 75, 74, 75.5, 74.7, name='xufive')
xufive的体重指数为24.4
```

这下就有点复杂了，bmi( ) 函数有了三种类型的参数。除了位置参数和默认参数，又多了一种可变参数，即 bmi( ) 函数可以接受不限数量的参数。在函数定义时，可变参数名前面冠以“*”号；在函数体内，可变参数相当于一个元组。

如此一来，就产生了一个新的问题：三种类型的参数应该以怎样的顺序被定义呢？位置参数排在首位，这一点没有异议。默认参数可以放在最后，但调用时必须加上参数名（如上面的例子），否则函数无法区分究竟是可变参数的继续输入值，还是默认参数。同时，默认参数也可以放在可变参数之前，但调用时不能使用参数名，即便使用默认值也不能省略参数，否则函数会用后面的可变参数（如果有）强制为其赋值。

下面说一说更复杂的情况。除了上面介绍的三种类型的参数外，Python 函数还支持第四种类型的参数：关键字参数。关键字参数由不限数量的键值对组成。在函数定义时，关键字参数名前面冠以“**”号；在函数体内，关键字参数相当于一个字典。

```
>>> def bmi(height, weight, *args, name='您', **kwds):
        weight = (weight+sum(args))/(1+len(args))
        i = weight/height**2
        print('%s的体重指数为%0.1f'%(name, i))
        for key in kwds:
            print('%s的%s是%s'%(name, key, str(kwds[key])))

>>> bmi(1.75, 75, 74, 75.5, 74.7, name='Xufive')
Xufive的体重指数为24.4
>>> bmi(1.75, 75, 74, name='Xufive', 性别='男', 爱好='摄影')
Xufive的体重指数为24.3
Xufive的性别是男
Xufive的爱好是摄影
>>> bmi(1.75, 75, 74, 性别='男', 爱好='摄影', name='Xufive')
Xufive的体重指数为24.3
Xufive的性别是男
Xufive的爱好是摄影
>>> bmi(1.75, 75, 74, 75.5, 74.7, 性别='男', 爱好='摄影')
您的体重指数为24.4
您的性别是男
您的爱好是摄影
```

如果一个函数同时具备了上述四种类型的参数，参数正确的顺序应该是位置参数排在首位，关键字参数排在末尾，可变参数和默认参数则没有严格限定。不过，如果默认参数排在可变参数之前，则默认参数不能使用参数名传参。

2.2.2 异常捕获与处理

Python 具备完整而强大的异常处理能力。初学者也许不认同这个说法，因为他们在使用 Python 的过程中可能经常会遇到解释器弹出一大堆提示信息后程序被迫终止的情况，但这恰恰是 Python 异常处理能力强大的一种体现。如果程序终止却没有给出任何提示信息，那才是真正的麻烦。

Python 的内置类 Exception 预定义了 18 类、50 余种错误和警告类型，其中语法错误（SyntaxError）、模块导入错误（ImportError）、类型错误（TypeError）、索引错误（IndexError）、键错误（KeyError）、缩进错误（IndentationError）等都是最常见的错误类型。

若程序在运行过程中发生了 Exception 预定义的错误，程序的执行过程就会发生改变，抛出 Exception 异常对象，进入异常处理。如果 Exception 异常对象没有被捕获，程序就会执行回溯（Traceback）来终止程序。除了程序运行抛出异常，还可以使用 raise 关键字来触发异常。

```
>>> def try_error(n=0):
        try:
            if n == 0:
                raise Warning('这是警告信息')
            if n == 1:
                raise SyntaxError('这是语法错误')
            if n == 2:
                raise IndentationError('这是缩进错误')
            if n == 3:
                raise FileNotFoundError('请求不存在的文件或目录')
        except Warning as e:
            print(e)
        except (SyntaxError, IndentationError) as e:
            print(e)
        except FileNotFoundError as e:
            print(e)
        finally:
            print('善后工作')

>>> try_error()
这是警告信息
善后工作
>>> try_error(1)
这是语法错误
善后工作
>>> try_error(2)
这是缩进错误
善后工作
>>> try_error(3)
请求不存在的文件或目录
善后工作
```

上面的例子使用 raise 关键字模拟代码中可能出现的常见错误和警告，捕获并分类处理不同的错误和警告异常，最后不管是否捕获到异常都会执行 finally 语句。实际应用时，一个异常捕获与处理的代码结构中，finally 语句是可选的，except 语句至少有一个。except 语句也可以不指定任何异常类型，或指定 Excpetion 类。所有的常规异常和警告都是由 Excpetion 类派生的。

2.2.3　三元表达式

熟悉 C 语言和 C++ 语言的程序员，在初次上手 Python 语言时，一定会怀念经典的三元操作符，因为想表达同样的思想，用 Python 语言写起来似乎更麻烦。

```
>>> y = 5
>>> if y < 0:
        print('y是一个负数')
    else:
        print('y是一个非负数')

y是一个非负数
```

其实，Python 语言是支持三元表达式的，只是稍微怪异了一点，类似倒装句。如：打球去吧，要是不下雨；下雨，咱就去自习室。上面的例子写成三元表达式的写法如下。

```
>>> y = 5
>>> print('y是一个负数' if y < 0 else 'y是一个非负数')
y是一个非负数
```

三元表达式也常用来赋值，举例如下。

```
>>> y = 5
>>> x = -1 if y < 0 else 1
>>> x
1
```

2.2.4　列表推导式

列表推导式是 Python 语言独有的语法特色，可以让代码更加简练。列表推导式在中高级 Python 程序员的代码中出现频率非常高。例如，求列表各元素的平方，初级程序员的写法一般如下（当然也有其他写法，如使用 map( ) 函数）。

```
>>> a = [1, 2, 3, 4, 5]
>>> result = list()
>>> for i in a:
        result.append(i*i)

>>> result
[1, 4, 9, 16, 25]
```

如果使用列表推导式，看起来就简洁多了，代码如下。

```
>>> a = [1, 2, 3, 4, 5]
>>> [i*i for i in a]
[1, 4, 9, 16, 25]
```

列表推导式还可以配合条件语句，实现更复杂的功能。不过请注意，如果条件只有 if，必须放在 for 循环之后。如果条件类似于三元表达式，则必须置于 for 循环之前。

```
>>> [i for i in range(10) if i%2==0]
[0, 2, 4, 6, 8]
>>> [i if i%2==0 else -1*i for i in range(10)]
[0, -1, 2, -3, 4, -5, 6, -7, 8, -9]
```

2.2.5　断言

断言就是声明表达式的布尔值必须为真的判定，否则将触发 AssertionError 异常。严格来讲，assert 是调试手段，不宜使用在生产环境中，但这不影响用断言来实现一些特定功能，如输入参数的格式、类型验证等。

```
>>> def i_want_to_sleep(delay):
        assert(isinstance(delay, (int,float))), '函数参数必须为整数或浮点数'
        print('开始睡觉')
        time.sleep(delay)
        print('睡醒了')


>>> i_want_to_sleep(1.1)
开始睡觉
睡醒了
>>> i_want_to_sleep(2)
开始睡觉
睡醒了
>>> i_want_to_sleep('2')
Traceback (most recent call last):
  File "<pyshell#247>", line 1, in <module>
    i_want_to_sleep('2')
  File "<pyshell#244>", line 2, in i_want_to_sleep
    assert(isinstance(delay, (int,float))), '函数参数必须为整数或浮点数'
AssertionError: 函数参数必须为整数或浮点数
```

以上代码使用断言对函数的输入参数 delay 做类型检查，如果 delay 既不是整数，又不是浮点数，就会抛出异常，其异常类型是断言错误。

2.2.6　with-as

with-as 是和上下文管理协议相关的语法，适用于对资源进行访问的场合，确保无论使用过程中是否发生异常，都会事先执行必要的准备工作，事后执行必要的善后操作。例如，连接和关闭连接、打开和关闭文件、获取和释放资源锁等。以文件读写为例，如果不使用 with-as 语法结构，代码通常如下。

```
fp = open('data.txt', 'r')
try:
    contents = fp.readlines()
finally:
    fp.close()
```

如果使用 with-as 语法结构，那就“优雅”多了。

```
>>> with open('data.txt', 'r') as fp:
        contents = fp.readlines()
```

2.2.7 lambda函数

lambda 函数听起来很高级，但其实指的就是匿名函数。如果一个函数非常简单，且仅在定义这个函数的地方使用，那就最适合使用匿名函数了。下面是一个求和的匿名函数，有两个输入参数 x 和 y，函数体就是 x+y，省略了 return 关键字。

```
>>> lambda x,y: x+y
<function <lambda> at 0x000001C248EC6678>
>>> (lambda x,y: x+y)(3,4) # 因为匿名函数没有名字，使用的时候要用括号把它括起来
7
>>> f = lambda x,y: x+y # 也可以给匿名函数取个名字，像普通函数那样进行调用
>>> f(3, 4)
7
```

一般情况下，以函数为参数的函数，如过滤函数 filter( )、映射函数 map( )、排序函数 sorted( ) 等，多使用匿名函数做参数。下面的例子使用排序函数 sorted( ) 对元素类型为字典的列表进行排序，就使用了 lambda 函数指定排序规则。

```
>>> a = [{'name':'B','age':50},{'name':'A','age':30},{'name':'C','age':40}]
>>> sorted(a, key=lambda x:x['name']) # 按姓名排序
[{'name':'A', 'age':30}, {'name':'B', 'age':50}, {'name':'C', 'age':40}]
>>> sorted(a, key=lambda x:x['age']) # 按年龄排序
[{'name':'A', 'age':30}, {'name':'C', 'age':40}, {'name':'B', 'age':50}]
```

2.2.8 迭代器和生成器

迭代器（iterator）是一种可遍历元素的对象，这样遍历只能从第一个元素开始，逐一向后直至结束，不能后退，也不能跳过未遍历的元素。Python 的内置函数 iter( ) 可以将列表、字典等可迭代对象转为迭代器。内置函数 next( ) 可以取得迭代器的下一个元素，每调用一次，就会

返回下一个元素；若迭代器已空，则返回一个 StopIteration 类型的异常，其代码如下。

```
>>> it = iter([1,2])
>>> next(it)
1
>>> next(it)
2
>>> next(it)
Traceback (most recent call last):
  File "<pyshell#164>", line 1, in <module>
    next(it)
StopIteration
```

生成器（generator）是一种特殊的迭代器，通过生成器函数产生。生成器函数看上去类似普通函数，但是用 yield 代替了 return。和 return 返回结果后结束函数不同，yield 返回一个结果，但不会结束函数，而是将函数挂起，等待下一次的迭代。

下面用一个简单的例子演示一个生成器的应用场景。假如要写一个函数，返回从 0 到正整数 n 的所有整数的平方，一般情况下代码写法如下。

```
>>> def get_square(n):
        result = list()
        for i in range(n):
            result.append(pow(i,2))
        return result

>>> print(get_square(5))
[0, 1, 4, 9, 16]
```

但是，如果计算 1 亿以内的所有整数的平方，这个函数将返回长度为 1 亿的数组，且后面元素的数值接近 10 的 16 次方，内存消耗巨大。这种情况下，生成器就可以“大显身手”了。

```
>>> def get_square(n):
        for i in range(n):
            yield(pow(i,2))

>>> grator = get_square(5)
>>> for i in grator:
        print(i, end=', ')

0, 1, 4, 9, 16,
```

2.2.9 装饰器

装饰器本质上是一个函数，用来对另一个函数（被装饰的函数对象）在不改动代码的前提下做功能上的补充，如增加身份或权限验证、插入日志等。装饰器以被装饰的函数对象为输入参数，返回一个新的对象。装饰器的概念本身不难理解，可能令初学者最感到困惑的是，如何在装饰器函数和被装饰的函数对象之间建立联系。简单来说，如果想对某个函数使用装饰器，需要在定义这个函数时，使用 @ 符号为其指定装饰器。

下面的例子很好地展示了这一点。假如我们需要定义很多个函数，在每个函数运行时要显示这个函数的运行时长。这一问题的解决方案有很多，例如，可以在调用每个函数之前读一下时间戳，每个函数运行结束后再读一下时间戳，求差即可；也可以在每个函数体内的开始和结束位置上读时间戳，最后求差。不过，这两个方法都没有使用装饰器来得简单。

```
>>> import time
>>> def timer(func): # 定义装饰器timer，func是被装饰的函数对象
        def wrapper(*args, **kwds):
            t0 = time.time()
            func(*args, **kwds)
            t1 = time.time()
            print('耗时%0.3f秒'%(t1-t0,))
        return wrapper

>>> @timer
def do_something(delay):
        print('函数do_something开始')
        time.sleep(delay)
        print('函数do_something结束')

>>> do_something(3)
函数do_something开始
函数do_something结束
耗时3.034秒
```

2.2.10　闭包

作为一种编程语言特性，闭包得到了很多编程语言的支持，Python 语言也不例外。在 Python 语言中，闭包指的是携带一个或多个自由量的函数。闭包函数的自由量不是函数的参数，而是生成这个函数时的环境变量。闭包一旦生成，自由量会绑定在函数上，即使离开创造它的环境，自由量依旧有效。总结一下，闭包的概念有以下三个要点。

- 闭包是一个函数。
- 闭包函数是由其他代码生成的。
- 闭包函数携带了生成环境的信息。

有一个很好的例子可以帮助初学者理解闭包。我们知道，几乎所有的计算模块（如 math）提供的对数函数只能计算以 2 为底、以 e 为底和以 10 为底的三种对数。

```
>>> import math
>>> math.log(math.e) # 返回以e为底e的对数
1.0
>>> math.log2(4) # 返回以2为底4的对数
```

```
2.0
>>> math.log10(1000) # 返回以10为底1000的对数
3.0
>>> def glog(b, a): # 返回以a为底b的对数
        return math.log(b)/math.log(a)

>>> glog(25, 5) # 返回以5为底25的对数
2.0
```

如果想要计算以 a 为底 b 的对数，则需要使用如下对数换底公式：

$$\log_a b = \frac{\log_e b}{\log_e a}$$

我们固然可以像上面的例子那样定义一个函数 glog( )，来计算以任意数为底的对数，但每次总要输入两个参数，这和 math 模块的 log( )、log2( )、log10( ) 函数风格不一致。如果使用闭包，就能制造出和 math 模块风格一致的对数函数，其代码如下。

```
>>> def log_factory(n): # 定义一个对数函数生成器
        def log_n(x): # 生成闭包
            return math.log(x)/math.log(n) # 闭包中携带了环境参数n
        return log_n # 返回闭包

>>> log5 = log_factory(5) # 用闭包生成器生成闭包函数
>>> log7 = log_factory(7) # 用闭包生成器生成闭包函数
>>> log5(25) # 该闭包携带的自由量是5
2.0
>>> log7(49) # 该闭包携带的自由量是7
2.0
```

以上代码首先设计一个对数函数生成器 log_factory( )，每输入一个整数 n 就返回一个以 n 为底的对数函数。继而用这个生成器生成了两个闭包函数，一个名为 log5，一个名为 log7。最后验证一下，一切都和前面所讲的完全一样。

2.3　面向对象编程

面向对象编程，英文全称为 Object Oriented Programming，简称 OOP。说起面向对象，就不得不提及类、对象、继承、封装、静态函数、实例方法等概念。不过，作为 Python 语言的初学者，大可不必把精力花费在令人费解的概念上，只需要掌握使用类的基本要素就可以了。随着经验的积累，OOP 会自然而然地成为你的思维习惯。

2.3.1　类和对象

学习面向对象编程，首先需要明白类和对象的基本概念，以及类实例化的含义。类是对要

处理的客观事物的抽象，用来描述具有相同属性和方法的对象的集合，它定义了该集合中每个对象共有的属性和方法。一个类可以实例化为多个对象，对象是类在内存的实例。类是抽象的，不占用存储空间；而对象是具体的，占用存储空间。类、对象和实例化之间的关系如图 2-1 所示。

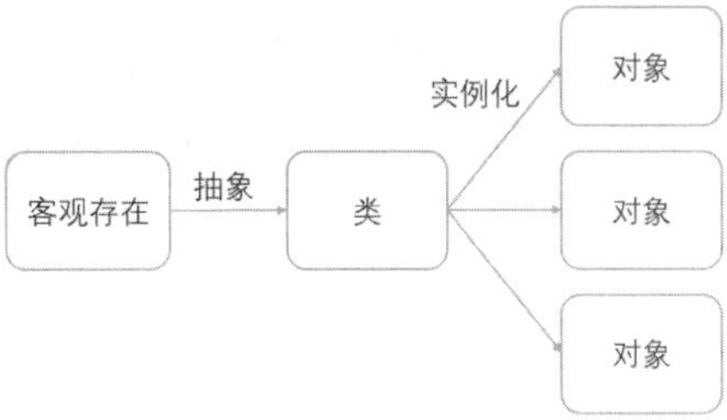

图 2-1　类、对象和实例化之间的关系

2.3.2　类的成员

所有的 Python 类都有构造函数和析构函数。除了这两个成员，类还可以包含成员函数和成员变量，也有很多人喜欢把成员函数称为类的方法，把成员变量称为类的属性。

定义类时，即便没有显式地定义构造函数和析构函数，这两个成员也照样存在（析构函数稍微有点特殊，除非是显式定义的，否则不能在类的成员中直接看到它）。如果在类定义时显式地定义了构造函数和析构函数，则它们将会取代系统自动赋予的这两个成员。下面的例子清晰地说明了其中的奥秘：类 A 既没有构造函数，也没有析构函数，类 B 只有析构函数。两个类都可以生成类实例，也都可以销毁。当销毁类 B 的实例时，首先调用了自定义的析构函数，尽管这个析构函数仅仅执行了一个 print( ) 函数，并没有销毁操作，但实例仍然被销毁了。

```
>>> class A:
        pass

>>> a = A()
>>> del a
>>> a
Traceback (most recent call last):
  File "<pyshell#70>", line 1, in <module>
    a
NameError: name 'a' is not defined
>>> class B:
        def __del__(self):
            print('执行析构函数，清理现场')


>>> b = B()
>>> del b
执行析构函数，清理现场
>>> b
Traceback (most recent call last):
  File "<pyshell#75>", line 1, in <module>
    b
NameError: name 'b' is not defined
```

下面的例子演示了如何定义成员函数和成员变量。

```
>>> class A:
        def __init__(self): # 定义构造函数
            self.a = 10 # 定义一个成员变量a
        def getA(self): # 定义成员函数
            print("a=%d" % self.a)


>>> a = A() # 实例化
>>> a.getA()
a=10
```

2.3.3　静态变量和实例变量

类的成员变量分为两种：静态变量和实例变量。

静态变量一般定义在类的开始位置，独立于构造函数。静态变量既可以用 <对象名.变量名> 的方式访问，也可以用 <类名.变量名> 的方式访问。通常，类的静态变量用于保存类的静态属性，该属性可被类的方法使用，但不应该被类的方法修改。

在构造函数中定义的变量称为实例变量。实例变量只能在实例化后使用 <对象名.变量名> 的方式访问，不能使用 <类名.变量名> 的方式访问。

```
>>> class A:
        static_x = 10 # 静态变量
        def __init__(self):
            self.instance_y = 5 # 实例变量

>>> a = A()
>>> a.static_x # 使用实例名a访问静态变量
10
>>> a.instance_y # 使用实例名a访问实例变量
5
>>> A.static_x # 使用类名A访问静态变量
10
>>> A.instance_y # 使用类名A访问实例变量
Traceback (most recent call last):
  File "<pyshell#89>", line 1, in <module>
    A.instance_y
AttributeError: type object 'A' has no attribute 'instance_y'
```

2.3.4　面向对象三要素

面向对象有三大要素：继承、封装和多态。这里面概念非常多，往往越讲读者越糊涂。为了不误导读者，此处尽可能不做解释，只给出例子，请读者自行揣摩。

1. 继承

如果派生类只有一个父类，就是单继承；如果派生类有多个父类，就是多继承。如果父类的构造函数需要参数，则应该显式地调用父类的构造函数，或使用 super( ) 函数，其代码如下。

```
>>> class Animal:
        def eat(self):
            print('我能吃东西')

>>> class Fash(Animal): # 单继承
        def __init__(self, name):
            self.name = name
        def swim(self):
            print('我会游泳')

>>> class Bird(Animal): # 单继承
        def __init__(self, name):
            self.name = name
        def who(self):
            print('我是%s'%self.name)
        def fly(self):
            print('我会飞')

>>> class Batman(Bird): # 单继承，显式地调用父类的构造函数
        def __init__(self, name, color):
            Bird.__init__(self, name)
            self.color = color
        def say(self):
            print('我会说话，喜欢%s'%self.color)

>>> class Ultraman(Fash, Batman): # 多继承
        def __init__(self, name, color, region):
            super(Ultraman, self).__init__(name)
            super(Fash, self).__init__(name, color)
            self.region=region
        def where(self):
            print('我来自%s'%self.region)

>>> uman = Ultraman('奥特曼', '红色', '火星')
>>> uman.who()
我是奥特曼
>>> uman.where()
我来自火星
>>> uman.say()
我会说话，喜欢红色
>>> uman.eat()
我能吃东西
>>> uman.fly()
我会飞
>>> uman.swim()
我会游泳
```

2. 封装

封装就是将类的成员变量、成员函数整合在一起，并对关键的信息进行保护或隐藏。Python 的信息保护或隐藏分为公有、保护和私有三个级别，下面分别对这三个级别进行讲解。

- 以英文字母开头的成员为公有成员，对类外部的代码均可见。
- 以一个下划线开头的成员为保护成员，对类外部的代码均不可见，但对派生类可见。
- 以两个下划线开头的成员为私有成员，对类外部及派生类都不可见。

```
>>> class A:
        def __init__(self, a, b, c):
            self.a = a # 公有属性
            self._b = b # 保护属性
            self.__c = c # 私有属性
        def x(self):
            print('公有方法')
        def _y(self):
            print('保护方法')
        def __z(self):
            print('私有方法')

>>> a = A(1, 2, 3)
>>> a.a
1
>>> a._b
2
>>> a.__c
Traceback (most recent call last):
  File "<pyshell#209>", line 1, in <module>
    a.__c
AttributeError: 'A' object has no attribute '__c'
>>> a.x()
公有方法
>>> a._y()
保护方法
>>> a.__z()
Traceback (most recent call last):
  File "<pyshell#212>", line 1, in <module>
    a.__z()
AttributeError: 'A' object has no attribute '__z'
```

以上代码在类 A 中分别定义了三个级别的属性和方法。测试发现，私有成员的访问受到了限制，但是保护成员在类外部依然可以访问。原来，在 Python 的 OOP 中，保护成员和公有成员没有任何区别，保护规则仅在使用星号（*）导入模块的特殊情况下有效。

3. 多态

当父类有多个派生类，且派生类都实现了同一个成员函数时，可以实现多态，其代码如下。

```
>>> class H2O:
        def who(self):
            print("I'm H2O")

>>> class Water(H2O):
        def who(self):
            print("I'm water")

>>> class Ice(H2O):
        def who(self):
            print("I'm ice")

>>> class Vapor(H2O):
        def who(self):
            print("I'm vapor")

>>> def who(obj):
        obj.who()

>>> objs = [H2O(), Water(), Ice(), Vapor()]
>>> for obj in objs:
        who(obj)

I'm H2O
I'm water
I'm ice
I'm vapor
```

2.3.5 抽象类

抽象类不能被实例化，只能作为父类被其他类继承，且派生类必须实现抽象类中所有的成员函数。抽象类的应用场景是什么呢？我曾经做过很多下载数据的脚本插件，针对不同的数据源使用不同的脚本，而这些脚本的使用必须保持相同的 API（Application Programming Interface，应用程序接口），即每个脚本定义的下载类的成员必须使用相同的名字，此时抽象类就派上用场了。

Python 的内置模块 abc 是专门用来定义抽象类的，该模块提供了名为 abstractmethod 的装饰器函数，绑定在抽象类的每一个成员函数上。如果派生类没有重写抽象类的成员函数，实例化派生类时将会抛出异常。

```
>>> import abc
>>> class A(object, metaclass=abc.ABCMeta): # 定义抽象类，定义了两个成员函数
        @abc.abstractmethod
        def f1(self):
            pass
        @abc.abstractmethod
        def f2(self):
```

```
            pass

>>> class B(A): # 继承抽象类，重写了两个成员函数
        def f1(self):
            print('重写f1')
        def f2(self):
            print('重写f2')

>>> class C(A): # 继承抽象类，只重写了一个成员函数
        def f1(self):
            print('重写f1')

>>> b = B()
>>> c = C()
Traceback (most recent call last):
  File "<pyshell#47>", line 1, in <module>
    c = C()
TypeError: Can't instantiate abstract class C with abstract methods f2
```

以上代码定义了一个抽象类 A，并以 A 为基类，派生了 B 类和 C 类。其中 B 类重写了 A 类的全部方法，C 类仅重写了 A 类的一个方法。实例化 B 类时没有问题，但实例化 C 类时抛出了异常。

2.3.6　单实例模式

单实例模式（Singleton Pattern）是一种常用的软件设计模式，其主要目的是确保某一个类只有一个实例存在。当需要在整个系统中确保某个类只能出现一个实例时，单实例模式就能派上用场。例如，一般应用程序中的配置类，Python 日志模块中的日志对象，异步通信框架 twisted 里面的反应堆（reactor），都是典型的单实例模式。

单实例模式有很多种实现方式，其中使用装饰器的方法是最容易理解的。

```
>>> def Singleton(cls): # 定义单实例模式装饰器
        _instance = {}
        def _singleton(*args, **kargs):
            if cls not in _instance:
                _instance[cls] = cls(*args, **kargs)
            return _instance[cls]
        return _singleton

>>> @Singleton
    class Config(object): # 定义单实例类
        pass


>>> cfg1 = Config() # 实例化
>>> cfg2 = Config() # 实例化
>>> print(cfg1 is cfg2) # 两次实例化得到的实例是同一个对象
True
```

以上代码定义了一个单实例模式装饰器，用来管理所有开启单实例保护的类的实例化。当一个类实例化时，装饰器函数首先检查该类是否已有实例存在。若有，则直接返回已存在实例；若没有，则创建实例并做好记录后返回新的实例。

2.4 编码规范

说起编码规范，大多数人都会提到 PEP8。PEP 是 Python Enhancement Proposal（Python 增强建议书）的简写。PEP8 整个文档引用了很多其他的标准，很难在实践中付诸行动。好在龟叔说过，“A Foolish Consistency is the Hobgoblin of Little Minds（尽信书，不如无书）”，文档只要保持一致性、可读性，就是一个好的规范。

在 Linux 平台上，一个规范的 Python 源码文件应该包含以下部分：解释器声明、编码格式声明、模块注释（文档字符串）、模块导入、常量和全局变量定义、函数或类定义、当前脚本代码执行等 7 项。在 Windows 平台上，可以省略第一项。下面这个 Python 源码文件清晰展示了这 7 项，各项之间使用一个或两个空行进行分隔。

```
#!/usr/bin/env python
# -*- coding: utf-8 -*-

"""通常这里是关于本文档的说明（docstring），需要以半角的句号、问号或叹号结尾！

本行之前应当空一行，继续完成关于本文档的说明
如果文档说明可以在一行内结束，结尾的三个双引号不需要换行；否则，就要像下面这样
"""

import os, time
import datetime

BASE_PATH = r»d:\YouthGit»
LOG_FILE = u»运行日志.txt"

class GameRoom(object):
    """对局室"""

    def __init__(self, name, limit=100, **kwds):
        """构造函数！

        name        对局室名字
        limit       人数上限
        kwds        参数字典
        """

        pass

def craete_and_start():
    """创建并启动对局室"""
```

```
    pass


if __name__ == '__main__':
    # 开启游戏服务
    create_and_start()
```

2.4.1 编码格式声明

通常，一个 Python 源码文件中必须有编码格式声明。在 Windows 平台上，编码格式声明必须位于 Python 源码文件的第一行；在 Linux 平台上，编码格式声明通常位于 Python 源码文件的第二行，第一行是 Python 解释器的路径声明。

如果 Python 源码文件没有声明编码格式，解释器会使用默认的编码格式解释脚本，一旦源码文件的编码格式和解释器默认的编码格式不一致，解释器就会报错。Py3 解释器默认使用 UTF-8 编码，如果源码文件也使用 UTF-8 编码，则可以省略编码格式声明；如果源码文件使用 UTF-8 编码之外的编码格式，且在 Py3 解释器上运行，则编码格式声明不能省略。

以使用 UTF-8 编码为例，除了上面例子中的写法，以下的编码格式声明也是合乎规则的。

```
# coding = utf-8
```

2.4.2 文档字符串

文档字符串（DocString）是包、模块、类或函数里的第一个语句。这些字符串可以通过对象的 __doc__ 成员被自动提取，并且被 Python 自带的文档生成工具 pydoc 使用。文档字符串需要使用三重双引号（"""）封闭。如果文档字符串的内容不能在一行内写完，首行须以句号、问号或叹号结尾，后接一个空行，结束的三重双引号必须独占一行。

如果将上面的例子另存为“编码规范 .py”，并将该文件作为一个模块导入后，就可以查看这个模块以及模块里面定义的类或函数的文档字符串了。

```
>>> import sys # 运行本行和下一行是为了能够导入“编码规范.py”
>>> sys.path.append(r'D:\NumPyFamily\code')
>>> import 编码规范
>>> 编码规范.__doc__
'通常这里是关于本文档的说明（docstring），须以半角的句号、问号或叹号结尾!\n\n本行之前应当空一行，继续完成关于本文档的说明\n如果文档说明可以在一行内结束，结尾的三重双引号不需要换行；否则，就要像下面这样\n'
>>> 编码规范.GameRoom.__doc__
'对局室'
>>> 编码规范.craete_and_start.__doc__
'创建并启动对局室'
```

2.4.3　导入模块

虽然可以在任意位置导入模块，但一般会将导入模块写在源码文件顶部，位于文档字符串之后，常量和全局变量之前。导入应该按照标准（内置）模块、第三方模块、自定义模块的顺序分组，组与组之间以一个空行分隔。

```
import os, time # 导入标准模块
import datetime # 导入标准模块

import numpy as np # 导入第三方模块
from twisted.internet import reactor, main # 导入第三方模块

import youth_mongodb # 导入自定义模块
import youth_curl # 导入自定义模块
```

2.4.4　常量和全局变量定义

在语法规范上，并没有强制要求常量和全局变量在何处定义。作为编码规范，将常量和全局变量统一置于模块导入之后，是为了提高代码的可读性。对于常量和全局变量的注释应当尽可能详尽完备。

需要说明的是，关于常量和变量，Python 语法并没有严格的限定，没有机制可以保护常量不被改变，这仅能依赖编码规范的约束。通常约定常量命名使用大写字母，变量命名使用小写字母。

2.4.5　当前脚本代码执行

当前脚本就是被解释器直接解释执行的脚本。如果一个脚本是被其他脚本以模块形式导入的，该脚本就不是当前脚本。判断脚本是否是当前脚本的条件是 __name__=='__main__' 是否为真。强烈建议将脚本的执行部分置于这个条件的保护之下，而将全局变量、常量、函数和类定义置于该条件的保护之外。对于一个简单的应用来说，这样做并没有特别的意义；但如果一个项目由很多脚本组成，那么这样做几乎就是必然的选择了。

2.4.6　命名规范

命名规范对于提高代码的可读性非常重要。好的变量、函数或类名几乎可以代替注释。对于模块、类、函数、变量、常量的命名，建议遵循如下原则。

- 名字要尽可能精准表达所代表的对象的含义。
- 名字不要和已有的模块、类、函数或变量名重复。

- 模块名字使用小写字母命名，或首字母小写，不要用下划线。
- 类名使用驼峰（CamelCase）命名风格，首字母大写。
- 类的成员名小写，私有成员以两个下划线开头，保护成员以一个下划线开头。
- 函数名小写，如有多个单词，以下划线分隔。
- 变量名小写 , 如有多个单词，以下划线分隔。
- 常量名大写，如有多个单词，以下划线分隔。

2.4.7 缩进

强烈建议使用 4 个空格进行缩进，不要使用 Tab 键进行缩进，更不要将 Tab 键和空格混用。对于行连接的情况，建议使用 4 个空格的悬挂式缩进。

```
forms = {
    "account": "xufive",
    "redirect_uri": "download.html",
    "datatime": "2020-05-18 15:00:00",
    "token": "3e119d5ee907c3c1a3c22eca3c7cbfa8"
}

snow_list = [
    ([(0,0), (0.5,0.8660254), (1,0)], 5),
    ([(1.1,0.4), (1.35,0.8330127), (1.6,0.4)], 4),
    ([(1.1,-0.1), (1.25,0.15980761), (1.4,-0.1)], 3)
]
```

2.4.8 注释

注释是代码不可或缺的一部分，准确精练的注释是提高代码可读性的重要手段。对于代码注释，建议遵循如下原则。

- 行末注释至少使用一个空格和代码语句分开。
- # 号和注释内容之间保留一个空格。
- 使用 # 号注释多行时，中间的空行同样需要使用 # 号。
- 重要的注释段 , 使用多个等号隔开可以更加醒目。
- 谨慎使用三引号（无论是单引号还是双引号）注释多行代码。

2.4.9 引号

Python 语言支持单引号、双引号，以及三引号（单引号或双引号）。考虑到引号存在嵌套可能性，编码规范对引号使用几乎没有限制，但是建议遵循如下原则。

- 机器标识符（作为名字的有效字符串集合）使用单引号。

- 自然语言使用双引号。
- 正则表达式使用双引号。
- 文档字符串（DocString）使用三重双引号。

2.4.10 空行和空格

合理地使用空行和空格，会让代码产生节奏感，可以显著提高代码的可读性。不用担心额外的空格和空行会给解释器带来负担，解释器会自动忽略多余的空行和空格。对于空行和空格的使用，建议遵循如下原则。

- 编码格式声明、模块导入、常量和全局变量声明、顶级定义和执行代码之间空两行。
- 顶级定义之间空两行，方法定义之间空一行。
- 在函数或方法内部必要的地方可以空一行以增强节奏感，但应避免连续空行。
- 在二元运算符两边各空一格，算术操作符两边的空格可灵活使用，但两侧务必要保持一致。
- 不要在逗号、分号、冒号前面加空格，但应该在它们后面加（除非在行尾）。
- 函数的参数列表中，逗号之后要有空格。
- 函数的参数列表中，默认值等号两边不要添加空格。
- 左括号之后和右括号之前不要添加空格。
- 参数列表、索引或切片的左括号前不应加空格。

2.5 语感训练100题

编程语言虽然不是自然语言，但是细细琢磨，编程语言其实在很多方面也是符合自然语言规律的。例如，编程语言也讲究词汇学（关键字），结构学（程序结构），句法（语法），语义（代码功能）等；在语言的学习方法上，编程语言和自然语言也高度相似。

回想一下学习英语的过程，大多数人都有这样一个阶段：语法都学明白了，词汇量也够了，可就是说不出来，听不明白，急得捶胸顿足。再来看看初学者学习 Python 语言的情况，是不是也有这样一个阶段呢？基础语法都学完了，可是读别人的代码特别吃力，自己写也不知从何处着手。

为什么会这样呢？因为缺乏语感！语感是比较直接、迅速地感悟语言的能力，是语言水平的重要组成部分，是对语言分析、理解、体会、吸收全过程的高度浓缩，是一种经验色彩很浓的能力。其中涉及学习经验、生活经验、心理经验、情感经验，包含理解能力、判断能力、联想能力等诸多因素。

以上就是编程也要讲“语感训练”的理论基础。语感训练并不等同于语法学习，也不是完整的小项目、小课题练习；而是针对编程实践中经常遇到的字符串处理，文件读写，列表、字典、元组、集合、对象操作等基本技能进行训练，以帮助初学者建立语感。一旦建立起了语感，我们就可以专注于功能的实现，而不会频繁地被一些小问题中断思维。

此处整理的 Python 语感训练题涵盖了列表、字典、元组、集合、字符串、类型转换、文件读写、综合应用等类型，共 100 道练习题。

（1）将元组 (1, 2, 3) 和集合 {4, 5, 6} 合并成一个列表。

```
>>> list((1,2,3)) + list({4,5,6})
[1, 2, 3, 4, 5, 6]
```

（2）在列表 [1, 2, 3, 4, 5, 6] 首尾分别添加整型元素 7 和 0。

```
>>> a = [1,2,3,4,5,6]
>>> a.insert(0,7)
>>> a.append(0)
>>> a
[7, 1, 2, 3, 4, 5, 6, 0]
```

（3）反转列表 [0, 1, 2, 3, 4, 5, 6, 7] 。

```
>>> a = [0,1,2,3,4,5,6,7]
>>> a.reverse()
>>> a
[7, 6, 5, 4, 3, 2, 1, 0]
>>> a[::-1]
[0, 1, 2, 3, 4, 5, 6, 7]
```

（4）反转列表 [0, 1, 2, 3, 4, 5, 6, 7] 后给出其中元素 5 的索引号。

```
>>> [0,1,2,3,4,5,6,7][::-1].index(5)
2
```

（5）分别统计列表 [True, False, 0, 1, 2] 中 True、False、0、1、2 的元素个数，发现了什么？

```
>>> a = [True,False,0,1,2]
>>> a.count(True),a.count(False),a.count(0),a.count(1),a.count(2)
(2, 2, 2, 2, 1) # count()不区分True和1、False和0，但None、''不会被视为False
```

（6）从列表 [True, 1, 0, 'x', None, 'x', False, 2, True] 中删除元素 'x'。

```
>>> a = [True,1,0,'x',None,'x',False,2,True]
>>> for i in range(a.count('x')):
        a.remove('x')

>>> a
[True, 1, 0, None, False, 2, True]
```

（7）从列表 [True, 1, 0, 'x', None, 'x', False, 2, True] 中删除索引号为 4 的元素。

```
>>> a = [True,1,0,'x',None,'x',False,2,True]
>>> a.pop(4)
>>> a
[True, 1, 0, 'x', 'x', False, 2, True]
```

（8）删除列表中索引号为奇数（或偶数）的元素。

```
>>> a = list(range(10))
>>> a
[0, 1, 2, 3, 4, 5, 6, 7, 8, 9]
>>> del a[::2]
>>> a
[1, 3, 5, 7, 9]
>>> a = list(range(10))
>>> del a[1::2]
>>> a
[0, 2, 4, 6, 8]
```

（9）清空列表中的所有元素。

```
>>> a = list(range(10))
>>> a
[0, 1, 2, 3, 4, 5, 6, 7, 8, 9]
>>> a.clear()
>>> a
[]
```

（10）对列表 [3, 0, 8, 5, 7] 分别进行升序和降序排列。

```
>>> a = [3,0,8,5,7]
>>> a.sort()
>>> a
[0, 3, 5, 7, 8]
>>> a.sort(reverse=True)
>>> a
[8, 7, 5, 3, 0]
```

（11）将列表 [3, 0, 8, 5, 7] 中大于 5 的元素置 1，其余元素置 0。

```
>>> [1 if item>5 else 0 for item in[3,0,8,5,7]]
[0, 0, 1, 0, 1]
```

（12）遍历列表 ['x', 'y', 'z'] 并打印每一个元素及其对应的索引号。

```
>>> for index, value in enumerate(['x','y','z']):
        print('index={}, value={}'.format(index,value))

index=0, value=x
index=1, value=y
index=2, value=z
```

（13）将列表 [0, 1, 2, 3, 4, 5, 6, 7, 8, 9] 拆分为奇数组和偶数组两个列表。

```
>>> a = [0, 1, 2, 3, 4, 5, 6, 7, 8, 9]
>>> b = a[::2]
>>> c = a[1::2]
>>> b
[0, 2, 4, 6, 8]
>>> c
[1, 3, 5, 7, 9]
```

（14）分别根据每一行的首元素和尾元素大小对二维列表 [[6, 5], [3, 7] , [2, 8]] 排序。

```
>>> a = [[6, 5], [3, 7], [2, 8]]
>>> sorted(a, key=lambda x:x[0]) # 根据每一行的首元素排序，默认reverse=False
[[2, 8], [3, 7], [6, 5]]
>>> sorted(a, key=lambda x:x[-1]) # 根据每一行的尾元素排序，设置reverse=True实现逆序
[[6, 5], [3, 7], [2, 8]]
```

（15）从列表 [1, 4, 7, 2, 5, 8] 中索引号为 3 的位置开始，依次插入列表 ['x', 'y', 'z'] 的所有元素。

```
>>> a = [1,4,7,2,5,8]
>>> a[3:3] = ['x','y','z'] # 如果写成a[3:4]，索引为3的元素2被替换成'x','y','z'
>>> a
[1, 4, 7, 'x', 'y', 'z', 2, 5, 8]
```

（16）快速生成由 [5, 50) 区间内的整数组成的列表。

```
# 和py2不同，py3的range()函数返回的是<class 'range'>，而不是<class 'list'>
>>> list(range(5,50))
[5, 6, 7, 8, 9, 10, 11, 12, 13, 14, 15, 16, 17, 18, 19, 20, 21, 22, 23, 24, 25, 26,
27, 28, 29, 30, 31, 32, 33, 34, 35, 36, 37, 38, 39, 40, 41, 42, 43, 44, 45, 46, 47,
48, 49]
```

（17）若 a = [1, 2, 3]，令 b = a，执行 b[0] = 9，a[0] 也被改变。为什么，如何避免？

```
>>> a = [1,2,3]
>>> b = a
>>> id(a) == id(b) # 对象a和对象b在内存中是同一个，所以会出现关联
True
>>> b = a.copy() # 正确的做法是复制一个新的对象
>>> id(a) == id(b)
False
```

（18）将列表 ['x', 'y', 'z'] 和 [1, 2, 3] 转成 [('x', 1), ('y', 2), ('z', 3)] 的形式。

```
>>> [(a,b) for a,b in zip(['x','y','z'],[1,2,3])]
[('x', 1), ('y', 2), ('z', 3)]
```

（19）以列表形式返回字典 { 'Alice' : 20, 'Beth' : 18, 'Cecil' : 21} 中所有的键。

```
>>> d = {'Alice': 20, 'Beth': 18, 'Cecil': 21}
>>> [key for key in d.keys()] # d.keys()返回的类型是<class 'dict_keys'>
['Alice', 'Beth', 'Cecil']
```

（20）以列表形式返回字典 { 'Alice' : 20, 'Beth' : 18, 'Cecil' : 21} 中所有的值。

```
>>> d = {'Alice': 20, 'Beth': 18, 'Cecil': 21}
>>> [key for key in d.values()] # d.keys()返回的类型是<class 'dict_values'>
[20, 18, 21]
```

（21）以列表形式返回字典 { 'Alice' : 20, 'Beth' : 18, 'Cecil' : 21} 中所有键值对组成的元组。

```
>>> d = {'Alice': 20, 'Beth': 18, 'Cecil': 21}
>>> [key for key in d.items()] # d.items()返回的类型是<class 'dict_items'>
[('Alice', 20), ('Beth', 18), ('Cecil', 21)]
```

（22）向字典 { 'Alice' : 20, 'Beth' : 18, 'Cecil' : 21} 中追加 'David' : 19 键值对，更新 Cecil 键的值为 17。

```
>>> d = {'Alice': 20, 'Beth': 18, 'Cecil': 21}
>>> d.update({'David':19})
>>> d.update({'Cecil':17})
>>> d
{'Alice': 20, 'Beth': 18, 'Cecil': 17, 'David': 19}
```

（23）删除字典 { 'Alice' : 20, 'Beth' : 18, 'Cecil' : 21} 中的 Beth 键后，清空该字典。

```
>>> d = {'Alice': 20, 'Beth': 18, 'Cecil': 21}
>>> d.pop('Beth')
18
>>> d
{'Alice': 20, 'Cecil': 21}
>>> d.clear()
>>> d
{}
```

（24）判断 David 和 Alice 是否在字典 { 'Alice' : 20, 'Beth' : 18, 'Cecil' : 21} 中。

```
>>> d = {'Alice': 20, 'Beth': 18, 'Cecil': 21}
>>> 'David' in d
False
>>> 'Alice' in d
True
```

（25）遍历字典 { 'Alice' : 20, 'Beth' : 18, 'Cecil' : 21}，打印键值对。

```
>>> d = {'Alice': 20, 'Beth': 18, 'Cecil': 21}
>>> for key in d:
        print(key, d[key])

Alice 20
Beth 18
Cecil 21
```

（26）若 a = dict( )，令 b = a，执行 b.update({ 'x' : 1})，a 也被改变。为什么，如何避免？

```
>>> a = dict()
>>> b = a
>>> id(a) == id(b) # 对象a和对象b在内存中是同一个，所以会出现关联
True
>>> b = a.copy() # 正确的做法是复制一个新的对象
>>> id(a) == id(b)
False
```

（27）以列表 ['A', 'B', 'C', 'D', 'E', 'F', 'G', 'H'] 中的每一个元素为键，值默认都是 0，创建一个字典。

```
>>> dict.fromkeys(['A','B','C','D','E','F','G','H'], 0)
{'A': 0, 'B': 0, 'C': 0, 'D': 0, 'E': 0, 'F': 0, 'G': 0, 'H': 0}
```

（28）将二维结构 [['a', 1], ['b', 2]] 和 (('x', 3), ('y', 4)) 转成字典。

```
>>> dict([['a',1],['b',2]])
{'a': 1, 'b': 2}
>>> dict((('x',3),('y',4)))
{'x': 3, 'y': 4}
```

（29）将元组 (1, 2) 和 (3, 4) 合并成一个元组。

```
>>> (1,2) + (3,4)
(1, 2, 3, 4)
```

（30）将空间坐标元组 (1, 2, 3) 的三个元素解包（unpacking）对应到变量 x, y, z。

```
>>> x,y,z = (1,2,3)
>>> x
1
>>> y
2
>>> z
3
```

（31）返回元组 ('Alice', 'Beth', 'Cecil') 中 'Cecil' 元素的索引号。

```
>>> ('Alice','Beth','Cecil').index('Cecil')
2
```

（32）返回元组 (2, 5, 3, 2, 4) 中元素 2 的个数。

```
>>> (2,5,3,2,4).count(2)
2
```

（33）判断 'Cecil' 是否在元组 ('Alice', 'Beth', 'Cecil') 中。

```
>>> 'Cecil' in ('Alice','Beth','Cecil')
True
```

（34）返回在元组 (2, 5, 3, 7) 中索引号为 2 的位置插入元素 9 之后的新元组。

```
>>> (*(2,5,3,7)[:2], 9, *(2,5,3,7)[2:])
(2, 5, 9, 3, 7)
```

（35）创建一个空集合，增加 { 'x', 'y', 'z' } 三个元素。

```
>>> a = set()
>>> a.update({'x','y','z'})
```

（36）删除集合 { 'x', 'y','z '} 中的元素 'z'，增加元素 'w'，然后清空整个集合。

```
>>> a = {'x','y','z'}
>>> a.remove('z')
>>> a.add('w')
>>> a
{'w', 'y', 'x'}
>>> a.clear()
>>> a
set()
```

（37）返回集合 { 'A', 'D', 'B' } 中未出现在集合 { 'D', 'E', 'C' } 中的元素（差集）。

```
>>> a = {'A','D','B'}
>>> b = {'D','E','C'}
>>> a.difference(b) # 返回a有b没有的元素集合
{'B', 'A'}
>>> a - b # 记不住的话，这样也行
{'B', 'A'}
```

（38）返回两个集合 { 'A', 'D', 'B' } 和 { 'D', 'E', 'C' } 的并集。

```
>>> a = {'A','D','B'}
>>> b = {'D','E','C'}
>>> a.union(b) # 返回a和b的并集。虽然差集可以用a-b替代，但并集不能用a+b表示
{'C', 'B', 'A', 'D', 'E'}
```

（39）返回两个集合 { 'A', 'D', 'B' } 和 { 'D', 'E', 'C' } 的交集。

```
>>> a = {'A','D','B'}
>>> b = {'D','E','C'}
>>> a.intersection(b) # 返回a和b重复元素的集合
{'D'}
```

（40）返回两个集合 { 'A', 'D', 'B' } 和 { 'D', 'E', 'C' } 中未重复的元素的集合。

```
>>> a = {'A','D','B'}
>>> b = {'D','E','C'}
>>> a.symmetric_difference(b) # 返回a和b中未重复元素的集合
{'C', 'B', 'A', 'E'}
```

（41）判断两个集合 { 'A', 'D', 'B' } 和 { 'D', 'E', 'C' } 中是否有重复元素。

```
>>> a = {'A','D','B'}
>>> b = {'D','E','C'}
>>> a.isdisjoint(b) # 判断a和b是否不包含相同的元素，无则返回True，有则返回False
False
>>> not a.isdisjoint(b) # 取反才是本题的正确答案！
True
```

（42）判断集合 { 'A', 'C' } 是否是集合 { 'D', 'C', 'E', 'A' } 的子集。

```
>>> a = {'A','C'}
>>> b = {'D','C','E','A'}
>>> a.issubset(b)
True
```

（43）去除数组 [1, 2, 5, 2, 3, 4, 5, 'x', 4, 'x'] 中的重复元素。

```
>>> list(set([1,2,5,2,3,4,5,'x',4,'x']))
[1, 2, 3, 4, 5, 'x']
```

（44）返回字符串 'abCdEfg' 的全部大写、全部小写和大小互换形式。

```
>>> s = 'abCdEfg'
>>> s.upper()
'ABCDEFG'
>>> s.lower()
'abcdefg'
>>> s.swapcase()
'ABcDeFG'
```

（45）判断字符串 'abCdEfg' 首字母是否大写，字母是否全部小写，字母是否全部大写。

```
>>> s = 'abCdEfg'
>>> s.istitle()
False
>>> s.islower()
False
>>> s.isupper()
False
```

（46）返回字符串 'this is python' 首字母大写以及字符串内每个单词首字母大写的形式。

```
>>> s = 'this is python'
>>> s.capitalize()
'This is python'
>>> s.title()
'This Is Python'
```

（47）判断字符串 'this is python' 是否以 'this' 开头，又是否以 'python' 结尾。

```
>>> s = 'this is python'
>>> s.startswith('this')
True
>>> s.endswith('python')
True
```

（48）返回字符串 'this is python' 中 'is' 的出现次数。

```
>>> s = 'this is python'
>>> s.count('is')
2
```

（49）返回字符串 'this is python' 中 'is' 首次出现和最后出现的位置。

```
>>> s = 'this is python'
>>> s.find('is') # 首次出现的索引号，未找到则返回-1
2
>>> s.rfind('is') # 最后出现的索引号，未找到则返回-1
5
```

（50）将字符串 'this is python' 切片成 3 个单词。

```
>>> s = 'this   is    python'
>>> s.split() # 无参数，则默认使用空格切片，且自动忽略多余空格
['this', 'is', 'python']
```

（51）返回字符串 'blog.csdn.net/xufive/article/details/102946961' 按路径分隔符切片的结果。

```
>>> s = 'blog.csdn.net/xufive/article/details/102946961'
>>> s.split('/')
['blog.csdn.net', 'xufive', 'article', 'details', '102946961']
```

（52）将字符串 '2.72, 5, 7, 3.14' 以半角逗号切片后，再将各个元素转成浮点型或整型。

```
>>> s = '2.72, 5, 7, 3.14'
>>> [float(item) if '.'in item else int(item) for item in s.split(',')]
[2.72, 5, 7, 3.14]
```

（53）判断字符串 'adS12K56' 是否全为字母或数字，是否全为数字，是否全为字母，是否全为 ASCII 码。

```
>>> s = 'adS12K56'
>>> s.isalnum()
True
>>> s.isdigit()
False
>>> s.isalpha()
False
>>> s.isascii()
True
```

（54）将字符串 'there is python' 中的 'is' 替换为 'are'。

```
>>> 'there is python'.replace('is', 'are')
'there are python'
```

（55）清除字符串 '\t python \n' 左侧、右侧以及左右两侧的空白字符。

```
>>> s = '\t python \n'
>>> s.lstrip()
'python \n'
>>> s.rstrip()
'\t python'
>>> s.strip()
'python'
```

（56）将三个全英文字符串（例如，'ok', 'hello', 'thank you'）分行打印，实现左对齐、右对齐和居中对齐的效果。

```
>>> a = ['ok', 'hello', 'thank you']
>>> len_max = max([len(item) for item in a]) # len_max为最长字符串的长度
>>> for item in a:
        print('"%s"'%item.ljust(len_max))

"ok       "
"hello    "
"thank you"
>>> for item in a:
        print(‹»%s»›%item.rjust(len_max))

"       ok"
"    hello"
```

```
"thank you"
>>> for item in a:
        print(‹»%s»›%item.center(len_max))

"    ok   "
"  hello  "
"thank you"
```

（57）将三个字符串（例如，'Hello, 我是 David' , 'OK, 好 ' , ' 很高兴认识你 '）分行打印，实现左对齐、右对齐和居中对齐的效果。

```
>>> a = ['Hello, 我是David', 'OK, 好', '很高兴认识你']
>>> a_len = [len(item) for item in a] # 各字符串长度
>>> a_len_gbk = [len(item.encode('gbk')) for item in a] # gbk编码的字节码长度
>>> c_num = [a-b for a,b in zip(a_len_gbk, a_len)] # 各字符串包含的中文符号个数
>>> len_max = max(a_len_gbk) # 最大字符串占位长度
>>> for s, c in zip(a, c_num):
        print('"%s"'%s.ljust(len_max-c))

"Hello, 我是David"
"OK, 好          "
"很高兴认识你    "
>>> for s, c in zip(a, c_num):
        print('"%s"'%s.rjust(len_max-c))

"Hello, 我是David"
"          OK, 好"
"    很高兴认识你"
>>> for s, c in zip(a, c_num):
        print('"%s"'%s.center(len_max-c))

"Hello, 我是David"
"     OK, 好     "
"  很高兴认识你  "
```

（58）将三个字符串 '15', '127', '65535' 左侧补 0 成同样长度。

```
>>> a = ['15', '127', '65535']
>>> len_max = max([len(item) for item in a])
>>> for item in a:
        print(item.zfill(len_max))

00015
00127
65535
```

（59）提取 url 字符串 'https://blog.csdn.net/xufivearticle/details/102993570' 中的协议名。

```
>>> 'https://blog.csdn.net/ xufivearticle/details/102993570'.split('/',2)[0][:-1]
'https'
```

（60）将列表 ['a' , 'b' , 'c'] 中各个元素用 '|' 连接成一个字符串。

```
>>> '|'.join(['a','b','c'])
'a|b|c'
```

（61）在字符串 'abc' 相邻的两个字母之间加上半角逗号，生成新的字符串。

```
>>> ','.join('abc')
'a,b,c'
```

（62）从键盘输入手机号码，输出形如 'Mobile: 186 6677 7788' 的字符串。

```
>>> def print_mobile():
        num = input('请输入手机号码：')
        print('Mobile: %s %s %s'%(num[:3], num[3:7], num[7:]))

>>> print_mobile()
请输入手机号码：18666778899
Mobile: 186 6677 8899
```

（63）从键盘输入六组数，分别表示年、月、日、时、分、秒，中间以空格分隔，输出形如 '2019-05-01 12:00:00' 的字符串。

```
>>> def print_datetime():
        dt = input('请输入年月日时分秒，中间以空格分隔：')
        Y,M,D,h,m,s = dt.split()
        Y,M,D,h,m,s = int(Y),int(M),int(D),int(h),int(m),int(s)
        print('%04d-%02d-%02d %02d:%02d:%02d'%(Y,M,D,h,m,s))

>>> print_datetime()
请输入年月日时分秒，中间以空格分隔：2019 10 28 8 30 0
2019-10-28 08:30:00
```

（64）给定两个浮点数 3.1415926 和 2.7182818，格式化输出字符串 'pi = 3.1416, e = 2.7183'。

```
>>> 'pi = %0.4f, e = %0.4f'%(3.1415926, 2.7182818)
'pi = 3.1416, e = 2.7183'
```

（65）将 0.00774592 和 356800000 格式化输出为科学记数法表示的字符串。

```
>>> '%E, %e'%(0.00774592, 356800000)
'7.745920E-03, 3.568000e+08'
```

（66）将十进制整数 240 格式化为八进制和十六进制的字符串。

```
>>> '%o'%240
'360'
>>> '%x'%240
'f0'
```

（67）将十进制整数 240 转为二进制、八进制、十六进制的字符串。

```
>>> bin(240)
'0b11110000'
>>> oct(240)
'0o360'
>>> hex(240)
'0xf0'
```

（68）将字符串 '10100' 按照二进制、八进制、十进制、十六进制转为整数。

```
>>> int('10100', base=2)
20
>>> int('10100', base=8)
4160
>>> int('10100', base=10)
10100
>>> int('10100', base=16)
65792
```

（69）求二进制整数 1010、八进制整数 65、十进制整数 52、十六进制整数 b4 的和。

```
>>> 0b1010 + 0o65 + 52 + 0xb4
295
```

（70）将列表 [0, 1, 2, 3.14, 'x', None, ' ', list( ), {5}] 中的各个元素转为布尔型。

```
>>> [bool(item) for item in [0,1,2,3.14,'x',None,'',list(),{5}]]
[False, True, True, True, True, False, False, False, True]
```

（71）返回字符 'a' 和 'A' 的 ASCII 编码值。

```
>>> ord('a'), ord('A')
(97, 65)
```

（72）返回 ASCII 编码值为 57 和 122 的字符。

```
>>> chr(57), chr(122)
('9', 'z')
```

（73）将二维列表 [[0.468, 0.975, 0.446], [0.718, 0.826, 0.359]] 写成名为 csv_data 的 .csv 格式的文件，并尝试用 Excel 打开它。

```
>>> with open(r'D:\NumPyFamily\data\csv_data.csv','w') as fp:
        for row in [[0.468,0.975,0.446],[0.718,0.826,0.359]]:
            line_len = fp.write('%s\n'%(','.join([str(col) for col in row])))

>>>
```

（74）从 csv_data.csv 文件中读出二维列表。

```
>>> data = list()
>>> with open(r'D:\NumPyFamily\data\csv_data.csv','r') as fp:
    for line in fp.readlines():
        data.append([float(item) for item in line.strip().split(‹,›)])

>>> data
[[0.468, 0.975, 0.446], [0.718, 0.826, 0.359]]
```

（75）向 csv_data.csv 文件追加二维列表 [[1.468, 1.975, 1.446], [1.718, 1.826, 1.359]]，然后读出所有数据。

```
>>> with open(r'D:\NumPyFamily\data\csv_data.csv','a') as fp:
        for row in [[1.468,1.975,1.446],[1.718,1.826,1.359]]:
            line_len = fp.write('%s\n'%(','.join([str(col) for col in row])))

>>> data = list()
>>> with open(r'd:\csv_data.csv','r') as fp:
        for line in fp.readlines():
            data.append([float(item) for item in line.strip().split(',')])

>>> data
[[0.468, 0.975, 0.446], [0.718, 0.826, 0.359], [1.468, 1.975, 1.446], [1.718, 1.826, 1.359]]
```

（76）交换变量 x 和 y 的值。

```
>>> x, y = 3, 4
>>> x, y = y, x
>>> x
4
>>> y
3
```

（77）判断给定的参数 x 是否是整型。

```
>>> x = 3.14
>>> isinstance(x, int)
False
```

（78）判断给定的参数 x 是否为列表或元组。

```
>>> x = list()
>>> isinstance(x, (list,tuple))
True
>>> x = tuple()
>>> isinstance(x, (list,tuple))
True
```

（79）判断 'https://blog.csdn.net' 是否以 'http://' 或 'https://' 开头。若是，则返回 'http' 或 'https'；否则，返回 None。

```
>>> def get_url_start(url):
        if url.startswith(('http://','https://')):
            return url.split(':')[0]
        else:
            return None

>>> get_url_start('https://blog.csdn.net')
'https'
```

（80）判断 'https://blog.csdn.net' 是否以 '.com' 或 '.net' 结束。若是，则返回 'com' 或 'net'；否则，返回 None。

```
>>> def get_url_end(url):
        if url.endswith(('.com','.net')):
            return url.split('.')[-1]
        else:
            return None

>>> get_url_end('https://blog.csdn.net')
'net'
```

（81）将列表 [3, 'a', 5.2, 4, { }, 9, [ ]] 中大于 3 的整数或浮点数置 1，其余置 0。

```
>>> [1 if isinstance(item,(int,float)) and item>3 else 0 for item in[3,'a',5.2,4,{},9,[]]]
[0, 0, 1, 1, 0, 1, 0]
```

（82）a 和 b 是两个数字，返回其中较小者或较大者。

```
>>> a,b = 3.14, 2.72
>>> min(a,b)
2.72
>>> max(a,b)
3.14
```

（83）找到列表 [8, 5, 2, 4, 3, 6, 5, 5, 1, 4, 5] 中出现最频繁的数字及其出现的次数。

```
>>> a = [8,5,2,4,3,6,5,5,1,4,5]
>>> v_max = max(set(a),key=a.count)
>>> v_max
5
>>> a.count(v_max)
4
```

（84）将二维列表 [[1], ['a', 'b'], [2.3, 4.5, 6.7]] 转为一维列表。

```
>>> sum([[1], ['a','b'], [2.3, 4.5, 6.7]])
[1, 'a', 'b', 2.3, 4.5, 6.7]
```

（85）将等长的键列表和值列表转为字典。

```
>>> keys = ['a','b','c']
>>> values = [3,4,5]
>>> dict(zip(keys,values))
{'a': 3, 'b': 4, 'c': 5}
```

（86）使用链状比较操作符重写逻辑表达式 a > 10 and a < 20。

```
>>> a = 0
>>> 10 < a < 202
False
```

（87）写一个函数，以 0.1 秒的间隔不换行打印 30 次由函数参数传入的字符，实现类似打字机的效果。

```
>>> def slow_print(ch, n=30, delay=0.1):
        for i in range(n):
            print(ch, end='', flush=True)
            time.sleep(delay)

>>> slow_print('*')
```

（88）数字列表求和。

```
>>> import random
>>> a = [random.random() for i in range(5)] # 这里使用random生成5个随机数
>>> a
[0.14325621525854948, 0.08966234475020718, 0.7709046143357973,
0.5893791190407542, 0.30582848481979086]
>>> sum(a)
1.8990307782050992
```

（89）返回数字列表中的最大值和最小值。

```
>>> import random
>>> a = [random.random() for i in range(5)]
>>> min(a), max(a)
(0.0206819242505214, 0.9430313399226006)
```

（90）计算 5 的 3.5 次方和 3 的立方根。

```
>>> pow(5, 3.5)
279.5084971874737
>>> pow(3, 1/3)
1.4422495703074083
```

（91）对 3.1415926 进行四舍五入，保留小数点后 5 位。

```
>>> round(3.1415926, 5)
3.14159
```

（92）判断两个对象在内存中是否是同一个。

```
>>> a = [1,2,3]
>>> b = a
>>> id(a) == id(b)
True
```

（93）返回给定对象的属性和方法。

```
>>> a = ()
>>> for item in dir(a):
        print(item)

__add__
__class__
__contains__
__delattr__
__dir__
__doc__
......
__sizeof__
__str__
__subclasshook__
count
index
>>>
```

（94）计算字符串表达式 '(2+3)*5' 的值。

```
>>> eval('(2+3)*5')
25
```

（95）实现字符串 'x={"name" : "David" , "age" : 18}' 包含的代码功能。

```
>>> exec('x={"name":"David", "age":18}')
>>> x
{'name': 'David', 'age': 18}
```

（96）使用 map( ) 函数求列表 [2, 3, 4, 5] 中每个元素的立方根。

```
>>> [item for item in map(lambda x:pow(x,1/3), [2,3,4,5])]
[1.2599210498948732, 1.4422495703074083, 1.5874010519681994, 1.7099759466766968]
```

（97）使用 sys.stdin.readline( ) 写一个和 input( ) 函数功能完全相同的函数。

```
>>> import sys
>>> def my_input(prompt):
        print(prompt, end='')
        return sys.stdin.readline().strip()

>>> str_input = my_input('请输入：')
请输入：hello
>>> str_input
'hello'
```

（98）使用二维列表描述 9×9 围棋局面，'w' 表示白色棋子，'b' 表示黑色棋子，'-' 表示无子，打印成图 2-2（a）所示的文本棋盘。

```
>>> phase = [
    ['-','-','-','-','-','-','-','-','-'],
    ['-','-','-','-','-','-','-','-','-'],
    ['-','w','-','-','-','-','b','-','-'],
    ['-','-','-','-','-','-','-','-','-'],
    ['-','-','-','-','-','-','-','-','-'],
    ['-','-','-','-','-','-','-','-','-'],
    ['-','w','-','-','-','-','b','-','-'],
    ['-','-','-','-','-','-','-','-','-'],
    ['-','-','-','-','-','-','-','-','-']
]
>>> def print_go(phase):
        print('+-------------------+')
        for row in phase:
            print('| ', end='')
            for col in row:
                print('%s '%col, end='')
            print('|')
        print('+-------------------+')

>>> print_go(phase)
+-------------------+
| - - - - - - - - - |
| - - - - - - - - - |
| - w - - - - b - - |
| - - - - - - - - - |
| - - - - - - - - - |
| - - - - - - - - - |
| - w - - - - b - - |
| - - - - - - - - - |
| - - - - - - - - - |
+-------------------+
```

（99）对于 9×9 围棋盘，用 a ～ i 标识各行，用 1 ～ 9 标识各列。设计函数 go( )，实现输入位置和颜色，即可输出文本棋盘，模拟围棋对弈的过程。

```
>>> def print_go(phase):
        print('+-------------------+')
        for row in phase:
            print('| ', end='')
            for col in row:
                print('%s '%col, end='')
            print('|')
        print('+-------------------+')

>>> def go(phase, pos, color):
        row = ord(pos[0]) - ord('a')
        col = int(pos[1]) - 1
        phase[row][col] = color
        print_go(phase)
        return phase

>>> phase = [['-' for i in range(9)] for j in range(9)]
>>> phase = go(phase, 'c7', 'b')
+-------------------+
| - - - - - - - - - |
| - - - - - - - - - |
| - - - - - - b - - |
| - - - - - - - - - |
| - - - - - - - - - |
| - - - - - - - - - |
| - - - - - - - - - |
| - - - - - - - - - |
| - - - - - - - - - |
+-------------------+
>>> phase = go(phase, 'g3', 'w')
+-------------------+
| - - - - - - - - - |
| - - - - - - - - - |
| - - - - - - b - - |
| - - - - - - - - - |
| - - - - - - - - - |
| - - - - - - - - - |
| - - w - - - - - - |
| - - - - - - - - - |
| - - - - - - - - - |
+-------------------+
>>> phase = go(phase, 'g7', 'b')
+-------------------+
| - - - - - - - - - |
| - - - - - - - - - |
| - - - - - - b - - |
```

```
| - - - - - - - - - - |
| - - - - - - - - - - |
| - - - - - - - - - - |
| - - w - - - b - - |
| - - - - - - - - - - |
| - - - - - - - - - - |
+-------------------+
>>> phase = go(phase, 'c3', 'w')
+-------------------+
| - - - - - - - - - - |
| - - - - - - - - - - |
| - - w - - - b - - |
| - - - - - - - - - - |
| - - - - - - - - - - |
| - - - - - - - - - - |
| - - w - - - b - - |
| - - - - - - - - - - |
| - - - - - - - - - - |
+-------------------+
>>>
```

（100）图 2-2（b）是国际跳棋的初始局面，10×10 的棋盘上只有 50 个深色格子可以落子。'w' 表示白色棋子，'b' 表示黑色棋子，'-' 表示无子，字符串 phase = 'b'*20 + '-'*10 + 'w'*20 表示图 2-2（b）的局面，请将 phase 打印成图 2-2（c）所示的样子。

```
>>> phase = 'b'*20 + '-'*10 + 'w'*20
>>> def print_draughts(phase):
        print('+ - - - - - - - - - - - +')
        for i in range(10):
            print('| ', end='')
            for j in range(10):
                if i%2==0 and j%2 or i%2 and j%2==0:
                    print('%s '%phase[(10*i+j)//2], end='')
                else:
                    print('- ', end='')
            print('|')
        print('+ - - - - - - - - - - - +')

>>> print_draughts(phase)
+ - - - - - - - - - - - +
| - b - b - b - b - b |
```

```
| b - b - b - b - b - |
| - b - b - b - b - b |
| b - b - b - b - b - |
| - - - - - - - - - - |
| - - - - - - - - - - |
| - w - w - w - w - w |
| w - w - w - w - w - |
| - w - w - w - w - w |
| w - w - w - w - w - |
+ - - - - - - - - - - +
>>>
```

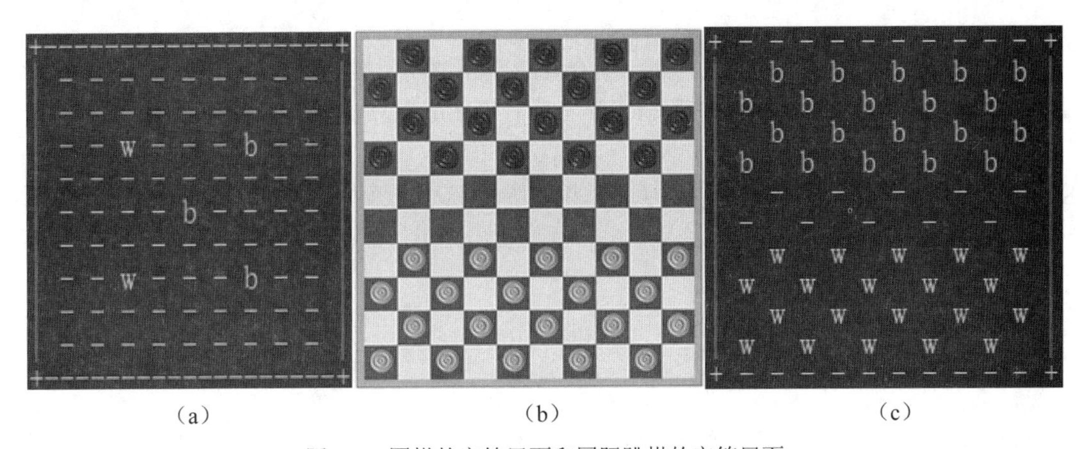

（a）　　（b）　　（c）

图 2-2　围棋的字符局面和国际跳棋的字符局面

第3章

Python 基本技能

一名拳击手仅仅学会了直拳、摆拳、勾拳是远远不够的，接下来还要勤学苦练各种战术组合拳，直至这些战术组合动作成为肌肉记忆，才有可能战胜对手，从而成为拳击台上的强者。学习 Python 也是这样，掌握基本语法仅仅是入门和起步，还要继续学习诸如时间和日期处理、文件读写、数据库操作、数据处理、线程、进程等各种基本技能。这是一个破茧成蝶的过程，必然伴随着迷茫和痛苦，只有经过不懈努力，才能走出困境。

3.1 时间和日期处理

Python 提供了 time 和 datetime 两个标准模块，用于处理时间和日期，二者在功能上有重叠，在应对需求上各有侧重。一般而言，time 模块侧重于解决当前的时间日期问题，如当前日期、当前时间戳等；datetime 模块则侧重于解决时间轴上的问题，如 107 天又 7 小时 28 分钟之前是几月几号几时等。

3.1.1 time模块

time 模块内部定义了一个 time.struct_time 类，用于表示一个时间对象，它包含了年、月、时、分、秒、周内日、月内日、年内日等多个属性。表 3-1 列出了 time.struct_time 类的常用属性。

表 3-1 time.struct_time 类的常用属性

属性名	说明
tm_year	年，例如 2020
tm_mon	月，取值 1 ～ 12
tm_mday	月内日，取值 1 ～ 31

续表

属 性 名	说　　明
tm_hour	小时，取值 0 ～ 23
tm_min	分钟，取值 0 ～ 59
tm_sec	秒，取值 0 ～ 61（应对闰秒和双闰秒）
tm_wday	周内日，星期一至星期日分别对应 0 ～ 6
tm_yday	年内日，取值 1 ～ 366
tm_isdst	夏时令，取值 0、1 或 -1

time 模块提供了多个处理日期、时间的函数，可以实现时间戳和 struct_time 对象互转、日期时间字符串和 struct_time 对象互转等功能。表 3-2 列出了 time 模块常用的函数。

表 3-2　time 模块常用的函数

函　　数	说　　明
time.time( )	返回从 1970-01-01 00:00:00 至当前时刻的秒数，精度为毫秒
time.asctime([t])	将 struct_time 对象转换为日期时间字符串
time.ctime([secs])	将时间戳转换为日期时间字符串（返回值受时区影响）
time.gmtime([secs])	将时间戳转换为零时区 struct_time 对象
time.localtime([secs])	将时间戳转换为本地时区 struct_time 对象
time.mktime(t)	将 struct_time 对象或元组代表的时间转换为时间戳
time.perf_counter( )	返回性能计数器的值（以秒为单位）
time.process_time( )	返回当前进程使用 CPU 的时间（以秒为单位）
time.sleep(secs)	暂停程序（进程或者线程）secs 秒
time.strftime(format[, t])	将 struct_time 对象或元组格式化为日期时间字符串
time.strptime(string[, format])	将字符串格式的日期时间转换为 struct_time 对象

1. 最典型应用：获取当前时间戳和休眠

获取当前时间戳是 time 模块最常用的功能。例如，考察一段代码的运行时长，可以在这段代码运行开始前和结束后各获取一次时间戳，二者之差即为该段代码的运行时长。

```
>>> import time
>>> def do_something():
        t0 = time.time() # 记录开始时间戳
        for i in range(5):
            print('我正在努力工作中...')
            time.sleep(0.3)
```

```
        t1 = time.time() # 记录结束时间戳
        print('工作结束，耗时%0.3f秒。'%(t1-t0)) # 显示运行时长

>>> do_something()
我正在努力工作中...
我正在努力工作中...
我正在努力工作中...
我正在努力工作中...
我正在努力工作中...
工作结束，耗时1.766秒。
```

这段代码用 time.sleep( ) 休眠函数来模拟程序做某些工作需要消耗的时间。如果实际工作耗时很少，开始和结束的两个时间戳之差就有可能为零。这种情况下，可以使用精度更高的 time.perf_counter( ) 函数代替 time.time( ) 时间戳函数。

2. 时间戳和 struct_time 类互转

时间戳是一个浮点数，表示从 1970 年 1 月 1 日 0 时 0 分 0 秒至当前时刻的时间（秒），精确到毫秒。时间戳可以做加减运算，但不能直观显示日期时间。很多情况下，我们需要在时间戳和 struct_time 类之间实现互相转换，具体的代码如下。

```
>>> time.localtime() # 获取本地时区的时间，返回struct_time类
time.struct_time(tm_year=2020, tm_mon=4, tm_mday=3, tm_hour=10, tm_min=25, tm_sec=2,
tm_wday=4, tm_yday=94, tm_isdst=0)
>>> time.gmtime() # 获取格林尼治时间，返回struct_time类
time.struct_time(tm_year=2020, tm_mon=4, tm_mday=3, tm_hour=2, tm_min=25, tm_sec=25,
tm_wday=4, tm_yday=94, tm_isdst=0)
>>> time.localtime(0) # 0时间戳，对应东八区是1970年1月1日8时
time.struct_time(tm_year=1970, tm_mon=1, tm_mday=1, tm_hour=8, tm_min=0, tm_sec=0,
tm_wday=3, tm_yday=1, tm_isdst=0)
>>> time.gmtime(0) # 0时间戳，对应格林尼治零时区是1970年1月1日0时
time.struct_time(tm_year=1970, tm_mon=1, tm_mday=1, tm_hour=0, tm_min=0, tm_sec=0,
tm_wday=3, tm_yday=1, tm_isdst=0)
>>> time.localtime(1586000000.0) # 时间戳转struct_time类
time.struct_time(tm_year=2020, tm_mon=4, tm_mday=4, tm_hour=19, tm_min=33, tm_sec=20,
tm_wday=5, tm_yday=95, tm_isdst=0)
>>> time.mktime(time.localtime()) # struct_time 类转时间戳
1573280478.0
```

3. 时间戳和日期时间字符串互转

time 模块使用 %Y 表示 4 位数字的年份，使用 %m 和 %d 表示两位数字的月和日，使用 %H、%M、%S 分别表示两位数字的时、分、秒，使用 %X 表示半角冒号连接的两位数字的时、分、秒。这些约定的符号之间可以插入任意的连接符，这也是很多 Python 模块通用的日期时间字符串的格式化规则。

```
>>> time.strftime('%Y-%m-%d %H:%M:%S') # 将当前日期时间格式化
'2020-04-03 10:36:39'
>>> time.strftime('%Y-%m-%d %H:%M:%S', time.localtime(1585800000.0))
'2020-04-02 12:00:00'
>>> time.mktime(time.strptime('2019-10-28 08:00:00', '%Y-%m-%d %X'))
1572220800.0
```

3.1.2　datetime模块

相比 time 模块，datetime 模块操作日期时间的方式更加灵活、便捷。datetime 模块提供了 datetime 和 timedelta 两个内置类，前者表示日期时间，后者表示一个时间段的长度。两个 datetime 对象相减，即可得到一个 timedelta 对象。两个 timedelta 对象，或 datetime 对象和 timedelta 对象，可以做加减运算。

1. datetime 类

Datetime 类是一个包含来自 date 对象和 time 对象所有信息的单一对象。datetime 类提供的以下方法可以直接调用，无须实例化。

- now( )：返回当前的本地 datetime 对象。
- utcnow( )：返回当前 UTC（协调世界时）日期时间。
- fromtimestamp(timestamp, tz=None)：将时间戳转为 datetime 类型的时间，tz 为时区参数。
- fromisoformat(date_string)：将日期时间字符串转为 datetime 类型的时间。
- strptime(date_string, format)：将日期时间字符串按照 format 指定的格式解析生成 datetime 类型的时间。

以下方法只有 datetime 类实例化以后才可以调用。

- date( )：返回具有同样 year、month 和 day 值的 date 对象。
- time( )：返回具有同样 hour、minute、second、microsecond 值的 time 对象。
- timetuple( )：返回一个 time.struct_time 类型的日期时间对象。
- toordinal( )：返回日期的格里高利历序号。
- timestamp( )：返回时间戳。
- weekday( )：返回一个代表星期几的整数，星期一为 0，星期日为 6。
- isoweekday( )：返回一个代表星期几的整数，星期一为 1，星期日为 7。
- ctime( )：返回一个代表日期和时间的字符串。
- strftime(format)：返回一个由显式格式字符串所指明的代表日期和时间的字符串。

下面的代码演示了 datetime 类的主要用法，包括如何用时间戳、字符串、日期时间等信息生成 datetime 对象，如何从 datetime 对象获取信息等。

```
>>> from datetime import datetime
>>> datetime.now() # 获取当前本地时间
datetime.datetime(2020, 4, 3, 11, 13, 8, 910385)
>>> datetime(2020,1,1,0,0,0) # 实例化datetime对象
datetime.datetime(2020, 1, 1, 0, 0)
>>> datetime.fromisoformat('2020-04-06 10:20:30') #字符串转datetime对象
datetime.datetime(2020, 4, 6, 10, 20, 30)
>>> datetime.strptime('20201010', '%Y%m%d') #字符串转datetime对象
datetime.datetime(2020, 10, 10, 0, 0)
>>> datetime.fromtimestamp(1585855029.0) # 时间戳转datetime对象
datetime.datetime(2020, 4, 3, 3, 17, 9)
>>> dt = datetime.utcnow() # 获取当前UTC时间
>>> dt.timetuple() # 返回time.struct_time对象
time.struct_time(tm_year=2020, tm_mon=4, tm_mday=3, tm_hour=3, tm_min=17, tm_sec=9,
tm_wday=4, tm_yday=94, tm_isdst=-1)
>>> dt.timestamp() # 返回datetime对象的时间戳
1585855029.846561
>>> dt.isoweekday() # 返回一个代表星期几的整数，星期一为1，星期日为7
5
>>> dt.weekday() # 返回一个代表星期几的整数，星期一为0，星期日为6
4
>>> dt.strftime('%Y-%m-%d %X') # 返回日期时间字符串
'2020-04-03 03:17:09'
```

2. timedelta 类

timedelta 类用来描述一段时间，如两个日期或时间点之间的时间间隔。timedelta 对象之间，以及 timedelta 对象和 datetime 对象之间可以做加减运算。创建 datetime.timedelta 对象可以使用下列参数中的一个或多个指定时间段长度。若使用了多个参数，时间段长度为多个参数之和。

- weeks：周数。
- days：天数（默认）。
- hours：小时数。
- minutes：分钟数。
- seconds：秒数。
- microseconds：微秒数。

```
>>> from datetime import datetime, timedelta
>>> timedelta(3)  # 生成3天的timedelta对象
datetime.timedelta(days=3)
>>> delta = timedelta(days=3, hours=5, minutes=25, seconds=10)
>>> delta # delta是一个3天零19510秒的timedelta对象
datetime.timedelta(days=3, seconds=19510)
>>> delta.days # delta包含的天数
3
>>> delta.total_seconds() # 返回delta的总秒数
```

```
278710.0
>>> dt = datetime.now() # 获取当前日期时间
>>> dt - delta # 3天又5小时25分钟10秒之前的日期时间
datetime.datetime(2020, 3, 31, 6, 18, 56, 891359)
```

3.2 图像处理

图像处理是程序员日常工作的重要内容之一。从图像批量裁切、验证码识别，到训练神经网络自动识别图像中的特定目标，在程序员成长的每个阶段都需要图像处理技术。本节以打开、保存图像，并对图像做简单处理为学习目标，主要介绍 pillow 模块和 PyOpenCV 模块的安装和使用方法。

3.2.1 PIL和pillow模块

PIL 是 Python Imaging Library 的缩写，意为 Python 图像库。它不是 Python 的标准库，但在很长一段时期内，PIL 几乎就是 Python 的专用图像库。后来，PIL 不再更新，取而代之的是 PIL 的分支 pillow。pillow 完全继承了 PIL 的 API，且支持 Py3 的图像库。尽管我们在讲述图像处理时经常会提到 PIL，但一般情况下指的是 pillow。pillow 的官网写着：如果你曾经对 PIL 的未来表示过担忧或疑惑，请停止（If you have ever worried or wondered about the future of PIL, please stop）。

pillow 模块提供了广泛的文件格式支持、高效的内部表示和非常强大的图像处理功能，包含大约 25 个子模块，其中的核心是 Image 模块。Image 模块是为快速访问常用基本像素格式存储的数据而设计的，它为一般的图像处理工具提供一个坚实的基础。表 3-3 列出了 pillow 模块中最常用的三个子模块（图像处理、编辑、截屏）以及三个辅助子模块（滤镜、颜色、字体）。

表 3-3 pillow 模块的常用子模块

子 模 块	说 明
Image	Image 模块提供了一个同名的类来表示 PIL 图像，该模块还提供了许多工厂功能，包括从文件加载图像和创建新图像的功能
ImageDraw	ImageDraw 模块为图像对象提供了简单的二维（2D）图形，可以使用此模块创建新图像，注释或修改现有图像，以及动态生成图像供 Web 使用
ImageGrab	ImageGrab 模块可用于将屏幕或剪贴板的内容复制到 PIL 图像内存
ImageFilter	ImageFilter 模块包含一组预定义的滤镜，可以与 Image.filter( ) 方法一起使用
ImageColor	ImageColor 模块包含颜色表和从 CSS3 风格的颜色说明符到 RGB 元组的转换器。这个模块由 PIL.Image.new( ) 和 ImageDraw 等模块使用
ImageFont	ImageFont 模块定义了一个同名的类，配合 PIL.ImageDraw.Draw.text( ) 方法使用

处理图像需要理解图像模式。所谓图像模式就是把色彩分解成部分颜色组件，对颜色组件的不同分类形成了不同的色彩模式，不同的色彩模式可以影响图像的通道数目和文件大小。

表 3-4 列出了 pillow 模块支持的图像模式。

表 3-4　pillow 模块支持的图像模式

图 像 模 式	说　明
1	黑白，每个像素用 1 位表示，但存储时每个像素占用 1 字节
L	黑白，每个像素用 1 字节表示
P	调色板映射，每个像素用 1 字节表示
RGB	红、绿、蓝，3 个通道，每个像素用 1 字节表示
RGBA	红、绿、蓝和透明，4 个通道，每个像素用 1 字节表示
CMYK	颜色隔离模式，4 个通道，每个像素用 1 字节表示
YCbCr	亮度、蓝色差、红色差，3 个通道，每个像素用 1 字节表示
I	每个像素用 4 字节整型表示
F	每个像素用 4 字节浮点型表示

1. 安装和导入 pillow 模块

使用 pip 命令即可直接安装 pillow 模块。需要说明的是，因为导入 pillow 模块的写法与众不同，所以很多初学者会误把模块名 pillow 写成 PIL，导致安装失败或无法使用。

```
PS C:\Users\xufive> python -m pip install pillow
```

pillow 模块安装成功后，就可以根据需要导入各个子模块了。一般情况下，不建议使用通配符（*）导入全部子模块。

```
>>> from PIL import Image, ImageDraw, ImageGrab
>>> from PIL import ImageFilter, ImageFont, ImageColor
```

2. 打开和保存图像文件

下面的代码打开一个图像文件，显示图像模式和图像分辨率后，将 RGB 模式（彩色）转为 L 模式（灰度），并将其另存为新的图像文件，效果如图 3-1 所示。

```
>>> im = Image.open(r'D:\NumPyFamily\res\flower.jpg') # 打开图像文件
>>> im.mode # 图像模式
'RGB'
>>> im.size # 图像分辨率
(600, 600)
>>> im.show() # 调用系统默认的图像查看工具显示图像
>>> im_gray = im.convert('L') # 将RGB模式转为L模式
>>> im_gray.mode # 图像模式
'L'
>>> im_gray.save(r'D:\NumPyFamily\res\flower_gray.jpg') # 保存图像
```

图 3-1　RGB 模式转为 L 模式

3．通道合并与拆分

下面的代码将图像的 RGB 3 个颜色通道分离，交换红色通道和蓝色通道后，生成新的图像，并将其保存为文件。图 3-2（a）是交换红色通道和蓝色通道后的效果图，图 3-2（b）是只保存绿色通道的效果图。

```
>>> im = Image.open(r'D:\NumPyFamily\res\flower.jpg') # 打开图像文件
>>> r,g,b = im.split() # 将RBG图像拆分成独立的3个通道
>>> g.save(r'D:\NumPyFamily\res\flower_g.jpg') # 保存绿色通道为文件
>>> im_bgr = Image.merge("RGB",(b,g,r)) # 交换红色、蓝色通道，得到特殊的效果
>>> im_bgr.save(r'D:\NumPyFamily\res\flower_bgr.jpg') # 保存交换通道后的图像
```

（a）　　　　（b）

图 3-2　图像颜色通道的分离与合并

4．旋转、缩放、裁切、复制与粘贴

图像旋转函数 Image.rotate( ) 至少需要一个 angle 参数，用以指定旋转角度。angle 参数以度（°）为单位，以逆时针方向为正。此外，Image.rotate( ) 函数还有 4 个可选的参数，分别是旋转中心 center，二元组参数，默认为图像中心；扩展标记 expand，默认为 False；插值方法

resample，默认使用 Image.NEAREST，另外还有 Image.BILINEAR 和 Image.BICUBIC 可以选择；平移转换 translate，二元组参数，默认无平移。

图像缩放使用 Image.resize( ) 函数，该函数按照元组参数指定的宽度和高度返回新的图像。图像裁切使用 Image.crop( ) 函数，它接受一个四元组参数，用以指定裁切区域左上角和右下角的坐标。Image.copy( ) 函数用于复制图像对象。Image.paste( ) 函数用于图像粘贴，它需要两个参数，一是粘贴的图像，二是粘贴图像左上角在底图上的位置。

```
>>> im = Image.open(r'D:\NumPyFamily\res\flower.jpg') # 打开图像文件
>>> im_30 = im.rotate(30) # 逆时针旋转30°，以原图分辨率返回新图像
>>> im_30.size
(600, 600)
>>> im_30.save(r'D:\NumPyFamily\res\flower_30.jpg')
>>> im.rotate(30, expand=True).show() #逆时针旋转30°，返回扩展的新图像
>>> im_box = im.crop((150,50,400,200)) # 裁切250×150的局部图像
>>> im_copy = im_box.copy() # 复制这个局部图像，不是粘贴的必要条件，这里主要用来演示复制功能
>>> im.paste(im_copy, (350,450)) # 粘贴到底图的右下角
>>> im.save(r'D:\NumPyFamily\res\flower_paste.jpg') # 保存粘贴后的图像
```

图 3-3（a）是图像保持原图分辨率逆时针旋转 30° 后的效果，图 3-3（b）是复制粘贴后的效果。

（a）　　（b）

图 3-3　图像旋转与粘贴

5. 使用滤镜

滤镜，也称图像滤波器，可以对图像实现平滑、模糊、锐化、边界增强、细节增强等特殊效果。ImageFilter 模块包含一组预定义的滤镜，可以与 Image.filter( ) 方法一起使用。

- BLUR：模糊滤镜。
- CONTOUR：轮廓滤镜。
- DETAIL：细节增强滤镜。
- EDGE_ENHANCE：边界增强滤镜。

- EDGE_ENHANCE_MORE：深度边界增强滤镜。
- EMBOSS：浮雕滤镜。
- FIND_EDGES：勾画边界滤镜。
- SHARPEN：锐化滤镜。
- SMOOTH：平滑滤镜。
- SMOOTH_MORE：深度平滑滤镜。

下面的代码分别使用了细节增强滤镜、模糊滤镜、轮廓滤镜和勾画边界滤镜。图 3-4 依次为图像使用这 4 种滤镜后的效果。

```
>>> im = Image.open(r'D:\NumPyFamily\res\flower.jpg')
>>> im_detail = im.filter(ImageFilter.DETAIL)
>>> im_detail.save(r'D:\NumPyFamily\res\flower_detail.jpg')
>>> im_blur = im.filter(ImageFilter.BLUR)
>>> im_blur.save(r'D:\NumPyFamily\res\flower_blur.jpg')
>>> im_contour = im.filter(ImageFilter.CONTOUR)
>>> im_contour.save(r'D:\NumPyFamily\res\flower_contour.jpg')
>>> im_edges = im.filter(ImageFilter.FIND_EDGES)
>>> im_edges.save(r'D:\NumPyFamily\res\flower_edges.jpg')
```

图 3-4　4 种滤镜效果

6. 绘图

ImageDraw 子模块提供了线段、圆弧、矩形等图形以及文本的绘制方法。绘制文本时需要使用 ImageFont 子模块设置字体对象，和颜色相关的设置则需要导入 ImageColor 子模块。下面的代码首先生成一张 800×300 的蓝色背景图，然后在上面演示了各种几何图形和文本的绘制方法。

```
>>> im = Image.new("RGB", (800, 300), color=(32,64,128))
>>> draw = ImageDraw.Draw(im)
>>> draw.line((0, 200, 800, 200), width=2, fill=(255,255,255))
>>> draw.arc([20,20,180,180], 0, 270, fill=(0,255,255))
>>> draw.arc([200,40,360,160], 0, 360, fill=(0,255,255))
>>> draw.pieslice([380,20,540,180], 30, 330, fill='red', outline='white')
>>> draw.ellipse ([560,20,780,180], fill='yellow', outline='white')
>>> draw.point([660,100,670,100,680,100], fill='red')
>>> draw.rectangle([100,220,700,280], fill=(64,192,192), outline='white')
>>> font = ImageFont.truetype("simfang.ttf", 32)
>>> draw.text([130,230], "人生苦短，我用Python", font=font, fill='white')
>>> im.show()
```

7. 截屏

ImageGrab 子模块提供了一个截屏的函数 grab( )。该函数接受一个四元组参数用以指定截图区域左上角和右下角在屏幕上的坐标。若省略参数，grab( ) 函数将截取整个屏幕。

```
>>> im = ImageGrab.grab((1200,600,1920,1080)) # 截取大小为720×480的屏幕区域
>>> im.show()
>>> im = ImageGrab.grab() # 截取整个屏幕
>>> im.show()
```

3.2.2 PyOpenCV模块

严格来讲，PyOpenCV 模块并不是一个像 pillow 模块那样纯粹的图像库，或者说，它不只是一个图像库。OpenCV 的全称是 Open Source Computer Vision Library，意为开源的计算机视觉库，其目标是提供易于使用的计算机视觉接口，从而帮助人们快速建立精巧的视觉应用。OpenCV 和机器学习的关系非常密切，它提供了一个完备的、具有通用性的机器学习库（ML 模块）。PyOpenCV 模块是 OpenCV 的 Python 封装。

这一节内容并不是 PyOpenCV 模块全部功能的讲解，而是它和 pillow 模块重叠的一部分功能的演示。之所以把 PyOpenCV 模块这样一个“重型武器”作为轻量型工具使用，是因为目前的 PyOpenCV 模块已经不支持以前的图像数据结构，取而代之的是 NumPy 数组（numpy.ndarray）。而 NumPy 数组正是本书的重点内容，也是程序员从初级到高级的必修课之一。

1. 安装和导入 PyOpenCV 模块

在安装时，有两个 PyOpenCV 的模块可供选择，一个是 opencv-python，包含 OpenCV 库的主要模块；另一个是 opencv-contrib-python，包含核心功能模块和 contrib 模块——一个试验性质的新功能库。对于初学者而言，选择前者就足够用了。

```
PS C:\Users\xufive> python -m pip install opencv-python
```

由于历史的原因，OpenCV 的版本非常复杂，只需要了解目前的导入方法就可以。

```
>>> import cv2
```

2. 打开、显示和保存图像文件

cv2 使用 imread( ) 函数打开图像文件，使用 imshow( ) 函数显示图像，使用 imwrite( ) 函数保存图像。以下代码演示了使用 cv2 打开、显示和保存图像等功能，其中用到了 NumPy 数组的 shape 属性来查看数组的结构。NumPy 数组的属性在本书的 4.1.4 小节中有详细讲解。

```
>>> im = cv2.imread(r'D:\NumPyFamily\res\coffee.png')
>>> im.shape # 图像分辨率为1261×1089，RGB模式
(1089, 1261, 3)
>>> cv2.imshow('image',im)
>>> cv2.imwrite(r'D:\NumPyFamily\res\coffee.jpg', im)
True
>>> im = cv2.imread(r'D:\NumPyFamily\res\coffee.png', cv2.IMREAD_UNCHANGED)
>>> im.shape # 图像分辨率为1261×1089，RGBA模式
(1089, 1261, 4)
>>> im = cv2.imread(r'D:\NumPyFamily\res\coffee.png', cv2.IMREAD_GRAYSCALE)
>>> im.shape # 图像分辨率为1261×1089，灰度模式
(1089, 1261)
>>> cv2.imwrite(r'D:\NumPyFamily\res\coffee_gray.jpg', im)
```

在这段代码中，图像 coffee.png 原本是 RGBA 模式的，但是如果像第一行代码那样用默认的方式（cv2.IMREAD_COLOR）打开，则会忽略图像的透明度。如果想要保留透明通道，则需要使用 cv2.IMREAD_UNCHANGED 参数声明。使用 cv2.IMREAD_GRAYSCALE 参数，则会以灰度模式打开图像。

3. 绘图

使用 NumPy 数组作为图像格式的好处是可以直接使用 NumPy 数组强大的处理功能。事实上，OpenCV 提供的大量函数基本上都是基于 NumPy 数组实现的。这里只介绍几个绘图函数。

```
>>> import numpy as np
>>> import cv2
>>> im = np.zeros((300, 800, 3), dtype=np.uint8) # 生成800×300的黑色背景图
>>> im = cv2.line(im, (0,200), (800,200), (0,0,255), 2) # 画线
>>> im = cv2.rectangle(im,(20,20),(180,180),(255,0,0),1) # 画矩形
>>> im = cv2.circle(im, (320,100), 80, (0,255,0), -1) # 画圆
>>> font = cv2.FONT_HERSHEY_SIMPLEX
# 写文本（仅限英文，如果需要中文，需要转pillow来实现）
>>> im = cv2.putText(im, 'Hello, wold.', (420,100), font, 2, (255,255,255), 2, cv2.LINE_AA)
>>> cv2.imshow('Image', im)
```

这段代码使用 NumPy 函数 zeros( ) 生成黑色背景图。zeros( ) 函数在本书的 4.2.2 小节有详细讲解。

4. cv2 格式和 PIL 格式的互转

前面说过，cv2 格式的图像就是 NumPy 数组，也就是 numpy.ndarray 对象。只要能实现 PIL 对象和 NumPy 数组互转，就能实现 PIL 对象和 cv2 对象互转。需要注意的是，cv2 格式图像的 RGB 模式，三个颜色的顺序是 BGR，转换时需要交换 R 通道和 B 通道。

下面的代码演示了用 pillow 模块读取 PNG 格式的图像文件，转成 NumPy 数组后，再用 cv2 保存为 JPG 格式的图像文件。

```
>>> import cv2
>>> from PIL import Image
>>> import numpy as np
>>> im_pil = Image.open(r'D:\NumPyFamily\res\coffee.png')
>>> im_cv2 = np.array(im_pil)
>>> cv2.imwrite(r'D:\NumPyFamily\res\coffee.jpg', im_cv2[:,:,[2,1,0]])
True
```

下面的代码用 cv2 读取 PNG 格式的图像文件，转成 PIL 对象后，再用 pillow 模块保存为 JPG 格式的图像文件。

```
>>> import cv2
>>> from PIL import Image
>>> im_cv2 = cv2.imread(r'D:\NumPyFamily\res\coffee.png')
>>> im_pil = Image.fromarray(im_cv2[:,:,[2,1,0]])
>>> im_pil.save(r'D:\NumPyFamily\res\coffee.jpg')
```

3.3 数据文件读写

有了数据，自然就需要对数据进行存储、读写和分发。数据的存储、读写和分发一般有两大模式：数据库模式和数据文件模式。最常见的数据文件类型是 Excel 表格和 CSV 文件，在科研领域，HDF 和 netCDF 也是常用的数据文件格式。

3.3.1 读写Excel文件

Excel 文件有两种格式，分别对应 .xls 和 .xlsx 两种扩展名（XLS 格式和 XLSX 格式）。前者使用 97-2003 模板，是早期的文件格式，现在已经逐渐被后者所淘汰，但仍然会遇到 XLS 格式的数据文件需要处理。openpyxl 模块专门用于读写 XLSX 格式的文件，xlrd 模块和 xlwt 模块则专门用于读写 XLS 格式的数据文件。这 3 个模块都可以使用 pip 命令安装。如果不需要处理 XLS 格式的数据文件，那么只需要安装 openpyxl 模块就可以了。

```
PS C:\Users\xufive> python -m pip install openpyxl
PS C:\Users\xufive> python -m pip install xlrd
PS C:\Users\xufive> python -m pip install xlwt
```

1. 使用 openpyxl 模块读写 XLSX 格式的文件

Excel 文件的基本操作就是对文件（book）和工作表（sheet）进行的操作。使用 openpyxl 模块读写 Excel 文件，需要使用到 book 和 sheet 的概念。Openpyxl 模块使用 load_workbook( ) 函数将已有的 Excel 文件读成 book 对象，使用 workbook( ) 函数创建新的 book 对象，这两种方式得到的 book 对象都可以读写。

下面的代码演示了如何使用 openpyxl 模块编辑 XLSX 格式的 Excel 文件。

```
>>> from openpyxl import load_workbook
>>> wb = load_workbook(r"D:\NumPyFamily\data\ionosphere.xlsx")
>>> wb.sheetnames
['电离层']
>>> sh = wb["电离层"] # 选择表
>>> sh.max_row # 有效行数
351
>>> sh.max_column # 有效列数
34
>>> sh['C1'] # 返回C1单元格对象
<Cell '电离层'.C1>
>>> sh['C1'].value # 返回C1单元格内容
0.99539
>>> sh[1][2].value # 也可以这样指定单元格
0.99539
>>> sh['C1'].value = 99.99 # 修改单元格内容
>>> wb.save(r"D:\NumPyFamily\data\ionosphere_demo.xlsx") # 保存文件
```

下面的代码演示了如何使用 openpyxl 模块创建 XLSX 格式的 Excel 文件。

```
>>> from  openpyxl import  Workbook
>>> wb = Workbook() # 创建book
>>> sh0 = wb.active # 激活默认的sheet
>>> sha = wb.create_sheet("成绩表") # 创建新表
>>> shb = wb.create_sheet("收支表") # 创建新表
>>> sha.append(['姓名','语文','数学']) # 可以在末尾追加一行
```

```
>>> sha.append(['Alice',95,99])
>>> sha['B2'] = 98 # 也可以单独写单元格
>>> wb.sheetnames # 显示全部表名
['Sheet', '成绩表', '收支表']
>>> del wb['Sheet'] # 删除表
>>> wb.save(r"D:\NumPyFamily\data\demo.xlsx") # 保存文件
```

下面代码演示了如何使用 openpyxl 模块设置字体、单元格等的样式。

```
>>> from openpyxl import  Workbook
>>> from openpyxl.styles import Font, colors, Alignment
>>> wb = Workbook()
>>> sh = wb.active
>>> f1 = Font(name='微软雅黑', size=16, italic=True, color=colors.BLACK, bold=True)
>>> sh['A1'].font = f1 # 设置字体
>>> align = Alignment(horizontal='center', vertical='center')
>>> sh['B2'].alignment = align # 设置对齐方式
>>> sh.row_dimensions[2].height = 24 # 设置第2行高度
>>> sh.column_dimensions['C'].width = 20 # 设置C列宽度
>>> sh.merge_cells('A3:C4') # 合并A3到C4的单元格
```

2. 使用 xlrd 模块读写 XLS 格式的文件

使用 xlrd 模块读写 Excel 文件的方法与使用 openpyxl 模块读写 Excel 文件非常类似。用 xlrd 模块打开一个 Excel 文件，返回的是一个 book 对象；使用 sheet 名或序号从 book 的数据表中选择一个 sheet，即可从中读取数据。

表 3-5 列出了 xlrd 模块的 book 对象的常用方法。

表 3-5 xlrd 模块的 book 对象的常用方法

方　法	功 能 描 述
sheets( )	取得所有的工作表对象列表
sheet_by_index(sheet_indx)	通过索引顺序获取工作表对象
sheet_by_name(sheet_name)	通过名称获取工作表对象
sheet_names( )	返回 book 中所有工作表的名字
sheet_loaded(sheet_name or indx)	检查某个 sheet 是否导入完毕

表 3-6 列出了 xlrd 模块的 sheet 对象的常用方法。

表 3-6 xlrd 模块的 sheet 对象的常用方法

方　法	功 能 描 述
nrows	获取 sheet 中的有效行数
ncols	获取 sheet 中的有效列数

续表

方　　法	功 能 描 述
row(row_idx)	返回指定行中所有单元格对象组成的列表
row_slice(row_idx,start_colx=0,end_colx=None)	返回指定行中所有单元格对象组成的列表
row_types(row_idx,start_colx=0,end_colx=None)	返回指定行中所有单元格数据类型组成的列表
row_values(row_idx,start_colx=0,end_colx=None)	返回指定行中所有单元格数据组成的列表
row_len(row_idx)	返回指定的有效单元格长度
col(col_idx,start_rowx=0,end_rowx=None)	返回指定列中所有单元格对象组成的列表
col_slice(col_idx,start_rowx=0,end_rowx=None)	返回指定列中所有单元格对象组成的列表
col_types(col_idx,start_rowx=0,end_rowx=None)	返回指定列中所有单元格数据类型组成的列表
col_values(col_idx,start_rowx=0,end_rowx=None)	返回指定列中所有单元格数据组成的列表
cell(row_idx,col_idx)	返回指定单元格对象
cell_type(row_idx,col_idx)	返回指定单元格中的数据类型
cell_value(row_idx,col_idx)	返回指定单元格中的数据

下面的代码演示了使用 xlrd 模块从 Excel 文件中读取数据的方法。

```
>>> import xlrd
>>> book = xlrd.open_workbook(r"D:\NumPyFamily\data\ionosphere.xls")
>>> book.sheet_names() # 获取全部表名
['电离层']
>>> sh = book.sheet_by_name('电离层') # 通过表名取得sheet对象
>>> sh = book.sheet_by_index(0) # 通过索引取得sheet对象
>>> sh.nrows # 有效行数
351
>>> sh.ncols # 有效列数
34
>>> sh.row_values(3, start_colx=3, end_colx=8) # 读取第3行的第3列到第8列的值
[-0.45161, 1.0, 1.0, 0.71216, -1.0]
>>> sh.col_values(2, start_rowx=3, end_rowx=10) # 读取第2列的第3行到第10行的值
[1.0, 1.0, 0.02337, 0.97588, 0.0, 0.96355, -0.01864]
>>> sh.cell_value(3,4) # 返回第3行第4列的值
1.0
```

3. 使用 xlwt 模块生成 XLS 格式的文件

使用 xlwt 模块只能生成新的 Excel 文件，不能对已有的 Excel 文件进行编辑。其使用方法与使用 xlrd 读取 Excel 文件有点类似，首先创建一个 book 对象，然后添加 sheet，并对 sheet 做写入操作。另外，xlwt 模块还提供了单元格、字体、边框等样式的设置方法。

下面的代码演示了使用 xlwt 模块创建 XLS 格式的 Excel 文件，并向其中添加太阳系八大行星数据，最后合并单元格，并插入求和公式。

```
>>> data = [('水星',0.58,0.05), ('金星',1.08,0.82), ('地球',1.50,1.00), ('火星',
2.28,0.11), ('木星',7.78,317.94), ('土星',14.27,95.18), ('天王星',28.70,14.63), ('海王星',
44.97,17.22)]
>>> import xlwt
>>> book = xlwt.Workbook() # 创建book对象
>>> sh = book.add_sheet("太阳系行星") # 添加名为太阳系行星的sheet
>>> col_names = ['行星', '距离（亿千米）', '与地球的质量比']  # 列名称
>>> for col, name in enumerate(col_names): # 列名写在第0行
        sh.write(0, col, name)
        sh.col(col).width = 256 * 20  # 设置列宽度为20个字符宽度

>>> for i, line in enumerate(data): # 逐行逐列写入数据
        for j, item in enumerate(line):
            sh.write(i+1, j, item)

>>> sh.write_merge(9, 9, 0, 2, xlwt.Formula('SUM(C2:C9)'))
>>> book.save(r"D:\NumPyFamily\data\planet.xls")
```

如果需要编辑已有的 Excel 文件，则需要借助于 xlutils 模块复制一个 book 对象。由于 XLS 格式已经被 XLSX 格式所取代，这里就不再详细介绍 xlutils 模块的使用方法了。

3.3.2　读写CSV文件

CSV 是 Comma-Separated Values 的缩写，意为逗号分隔值，但分隔符不仅限于逗号。CSV 是一种通用的、相对简单的文件格式，以纯文本形式存储表格数据。CSV 文件由任意数目的记录组成，记录间以某种换行符分隔；每条记录由字段组成，字段间的分隔符采用其他字符或字符串，最常见的是逗号和制表符。通常情况下，所有记录都有完全相同的字段序列。尽管很多数据处理模块自带 CSV 文件读写功能，但不依赖任何第三方模块，有时候只用 Python 的标准函数 open( ) 读写 CSV 文件会更加方便和灵活。

```
>>> def read_csv(csv_file, sep=','):
        data = list()
        with open(csv_file, 'r') as fp:
            for line in fp.readlines():
                row = [float(item) for item in line.strip().split(sep)]
                data.append(row)
        return data

>>> def write_csv(data, csv_file, sep=','):
        with open(csv_file, 'w') as fp:
            for row in data:
                fp.write(sep.join([str(item) for item in row]))
                fp.write('\n')

>>> data = read_csv(r'D:\NumPyFamily\data\demo.csv') # 读CSV文件
>>> data
[[0.0376, 0.85243, -0.17755, 0.59755, -0.44945, 0.60536, -0.38223, 0.84356],
[-0.04549, 0.50874, -0.67743, 0.34432, -0.69707, -0.51685, -0.97515, 0.05499],
```

```
[0.01198, 0.73082, 0.05346, 0.85443, 0.00827, 0.54591, 0.00299, 0.83775], [-0.16399,
0.52798, -0.20275, 0.56409, -0.00712, 0.34395, -0.27457, 0.5294], [0.06637, 0.03786,
-0.06302, 0.0, 0.0, -0.04572, -0.1554, -0.00343], [-0.27342, 0.79766, -0.47929,
0.78225, -0.50764, 0.74628, -0.61436, 0.57945], [-0.36174, 0.9257, -0.43569, 0.9451,
-0.40668, 0.90392, -0.46381, 0.98305], [-0.2681, -0.45663, -0.38172, 0.0, 0.0,
-0.33656, 0.38602, -0.37133], [-0.43107, 1.0, -0.41349, 0.96232, -0.51874, 0.90711,
-0.59017, 0.8923], [-0.19277, 0.94055, -0.35151, 0.95735, -0.29785, 0.93719,
-0.34412, 0.94486]]
>>> write_csv(data, r'D:\NumPyFamily\data\demo_w.csv') # 写CSV文件
```

3.3.3　读写HDF文件

HDF（Hierarchical Data File，多层数据文件），是美国国家高级计算应用中心（National Center for Supercomputing Application，NCSA）为满足各种领域研究需求而研制的，是一种能高效存储和分发科学数据的新型数据格式。HDF 可以表示出科学数据存储和分布的许多必要条件。HDF 提供 6 种基本数据类型：光栅图像、调色板、科学数据集、注解、虚拟数据和虚拟组。

HDF 有多个版本，最新版本的 HDF5 发布于 1998 年。读写 HDF5 格式的文件需要使用 h5py 模块，该模块可以使用 pip 命令直接进行安装。

```
PS C:\Users\xufive> python -m pip install h5py
```

下面以精度为 0.5° 的全球经纬度网格和对应该网格的全球温度数据（使用随机数模拟）为例，演示如何创建和使用 HDF 文件。

```
>>> import numpy as np
>>> lats, lons = np.mgrid[-90:90:361j, -180:180:721j]
temp = np.random.randint(100, 300, lons.shape)
>>> lons.shape, lats.shape, temp.shape
((361, 721), (361, 721)), (361, 721))
```

lons 和 lats 分别指的是经度网格和纬度网格，temp 是对应经纬度网格的开氏温度（热力学温度）数据，它们都是 361 行 721 列的二维数组。生成经纬度网格和模拟的全球温度数据都使用了 NumPy 模块创建数组的网格构造语法，网格构造语法在本书 4.2.6 小节有详细讲解。

```
>>> import h5py
>>> fp = h5py.File(r'D:\NumPyFamily\data\hdf5demo.h5', 'w')
>>> lons_dataset = fp.create_dataset("lons", data=lons) # 写入经度数据集
>>> lats_dataset = fp.create_dataset("lats", data=lats) # 写入纬度数据集
>>> temp_dataset = fp.create_dataset("temp", data=temp) # 写入温度数据集
>>> lons_dataset.attrs["lons_range"] = [-180, 180] # 写入经度属性
>>> lats_dataset.attrs["lats_range"] = [-90, 90] # 写入纬度属性
>>> temp_dataset.attrs["temp_range"] = [100, 300] # 写入温度属性
>>> fp.close()
```

几行代码就把 3 个数据集写入了 HDF 文件，同时还写入了各个数据集的值域范围。如

果有必要，还可以写入数据集的其他属性。读出这些数据集的操作也非常简单，其代码形式如下。

```
>>> fp = h5py.File(r'D:\NumPyFamily\data\hdf5demo.h5', 'r')
>>> lons = fp["lons"].value
>>> lats = fp["lats"].value
>>> temp = fp["temp"].value
>>> print("LONS:", lons.shape, fp["lons"].attrs["lons_range"])
>>> print("LATS:", lats.shape, fp["lats"].attrs["lats_range"])
>>> print("TEMP:", temp.shape, fp["temp"].attrs["temp_range"])
>>> fp.close()
```

3.3.4 读写netCDF文件

netCDF（network Common Data Form，网络通用数据格式）是由美国大学大气研究协会（University Corporation for Atmospheric Research，UCAR）的 Unidata 项目科学家针对科学数据的特点开发的，是一种面向数组型并适用于网络共享数据的描述和编码标准。目前，netCDF 广泛应用于大气科学、水文、海洋学、环境模拟、地球物理等领域。

读写 netCDF 文件需要使用 netCDF4 模块，该模块可以使用 pip 命令直接进行安装。

```
PS C:\Users\xufive> python -m pip install netCDF4
```

本节以上一节生成的经纬度网格数据和对应该网格的全球温度数据为例，演示如何创建和使用 netCDF 文件。和生成 HDF 文件不同，生成 netCDF 文件前需要先指定基础变量的维度信息。在本案例中，我们需要指定经度、纬度这两个基础变量的维度为 721 和 361。

```
>>> import netCDF4
>>> import numpy as np
>>> fp = netCDF4.Dataset(r'D:\NumPyFamily\data\netcdfdemo.nc', 'w', format='NETCDF4')
>>> fp.createDimension('lons', size=721) # 设置经度的维度
<class 'netCDF4._netCDF4.Dimension'>: name = 'lons', size = 721
>>> fp.createDimension('lats', size=361) # 设置纬度的维度
<class 'netCDF4._netCDF4.Dimension'>: name = 'lats', size = 361
>>> lons_var = fp.createVariable("lons", 'f' ,("lons",)) # 创建lons数据集
>>> lats_var = fp.createVariable("lats", 'f' ,("lats",)) # 创建lats数据集
>>> fp.variables['lons'][:] = np.linspace(-180,180,721) # lons数据集赋值
>>> fp.variables['lats'][:] = np.linspace(-90,90,361) # lats数据集赋值
>>> lons_var.lon_range = [-180, 180]
>>> lats_var.lat_range = [-90, 90]
>>> fp.createVariable('temp','f8',('lats','lons')) # 创建temp数据集
<class 'netCDF4._netCDF4.Variable'>
float64 temp(lats, lons)
unlimited dimensions:
current shape = (361, 721)
filling on, default _FillValue of 9.969209968386869e+36 used
>>> fp.variables['temp'][:] = np.random.randint(100, 300, (361, 721)) # temp数据集赋值
>>> fp.close()
```

虽然生成 netCDF 文件的过程比较烦琐，但 netCDF 文件使用起来非常方便，使用 netCDF 文件的代码如下。

```
>>> fp = netCDF4.Dataset(r'D:\NumPyFamily\data\netcdfdemo.nc', 'r', format='NETCDF4')
>>> lons = fp.variables['lons'][:]
>>> lats = fp.variables['lats'][:]
>>> temp = fp.variables['temp'][:]
>>> print(lons.shape, fp.variables['lons'].lon_range)
(721,) [-180  180]
>>> print(lats.shape, fp.variables['lats'].lat_range)
(361,) [-90  90]
>>> print(temp.shape)
(361, 721)
>>> fp.close()
```

3.4　数据库操作

掌握数据库操作属于程序员的基本功，因为不管使用哪一种编程语言都需要和数据库打交道。大体上，数据库分为两大流派：关系型数据库和非关系型数据库。常用的关系型数据库有 MySQL 和 Oracle，常用的非关系型数据库有 MongoDB 和 Redis。所有的关系型数据库都支持 SQL 语法，因此，花上 30 分钟了解 SQL 语法是掌握数据库操作的必要前提。

3.4.1　使用SQLite数据库

SQLite 是一款轻型的数据库，它的设计目标是嵌入式领域，目前已经应用在很多嵌入式产品中。SQLite 占用的资源非常低，在嵌入式设备中，可能只需要几百 KB 的内存。sqlite3 是 Python 内置的标准模块，提供轻量型文本数据库的全部功能。SQLite 是一个进程内的库，是一个实现了自给自足的、无服务器的、零配置的、事务性的 SQL 数据库引擎。零配置的数据库意味着 SQLite 与其他数据库不一样，它不需要在系统中做任何配置。

sqlite3.connect( ) 用于创建数据库连接，可以接受一个文件名作为参数。若该文件存在，则打开这个数据库文件；若不存在，则自动创建文件。

```
>>> import sqlite3
>>> connection = sqlite3.connect(r'D:\NumPyFamily\data\water.db')
>>> cursor = db.cursor() # 返回一个游标
```

sqlite3.connect( ) 也可以用于创建内存数据库，该内存数据库仅运行在内存中而不保存为文件。进程结束后，内存被释放，其代码如下。

```
>>> import sqlite3
>>> connection = sqlite3.connect(':memory:')
>>> cursor = db.cursor() # 返回一个游标
```

通常，查询和返回查询结果是游标操作，提交和事务回滚是数据库连接操作。数据库连接和游标的方法有很多，下面列出了最常用的几种方法。

- cursor.execute(sql [, optional parameters])：执行一个 SQL 语句。该 SQL 语句可以被参数化，即使用占位符代替 SQL 文本。
  例如：cursor.execute("insert into water values (?, ?)", ('btq', 28.55))
- cursor.executemany(sql, seq_of_parameters)：批量执行 SQL 语句。
  例如：cursor.executemany("insert into water values (?, ?)", (('btq', 28.55), ('hhq', 28.53)))
- cursor.fetchone( )：获取查询结果集中的下一行，返回一个单一的序列。当没有更多的可用数据时，则返回 None。
- cursor.fetchmany([size=cursor.arraysize])：获取查询结果集中的下一行组，返回一个列表。当没有更多可用的行时，则返回一个空的列表。该方法尝试获取由 size 参数指定尽可能多的行。
- cursor.fetchall( )：获取查询结果集中所有（剩余）的行，返回一个列表。当没有可用的行时，则返回一个空的列表。
- cursor.close( )：关闭游标。
- connection.commit( )：提交当前的事务。如果未调用该方法，那么自上一次调用 commit( ) 以来所做的任何动作对其他数据库连接不可见。
- connection.rollback( )：回滚自上一次调用 commit( ) 以来对数据库所做的更改。
- connection.close( )：关闭数据库连接。请注意，关闭操作不会自动调用 commit( )。如果之前未调用 commit( ) 就直接关闭数据库连接，则所有更改将全部丢失！

下面的代码是一个初始化以及读写 SQLite 数据库的实例。

```
# -*- encoding: utf8 -*-

import sqlite3

class Sqlite3Client:
    """读取SQLite数据库的客户端类"""

    def __init__(self, db_file):
        """构造函数"""

        self._conn = sqlite3.connect(db_file)

    def create_table(self, sql):
        """创建数据表"""

        self.execute(sql)
        self._conn.commit()
```

```
    def execute(self, sql, args=()):
        """运行SQL语句"""

        cursor = self._conn.cursor()
        if isinstance(args, list): # 批量执行SQL语句
            cursor.executemany(sql, args)
        else: # 单次执行SQL语句，此时parameter是tuple或None
            cursor.execute(sql, args)

        if sql.split()[0].upper() != 'SELECT':  # 非select语句
            self._conn.commit()

        result = cursor.fetchall()
        cursor.close()

        return result

    def close(self):
        """关闭数据库连接"""

        self._conn.close()

if __name__ == '__main__':
    sql_table = '''CREATE TABLE spring(
        id INTEGER PRIMARY KEY AUTOINCREMENT,
        date DATE,
        btq REAL,
        hhq REAL
    )'''

    db = Sqlite3Client(r'D:\NumPyFamily\data\water.db')
    db.create_table(sql_table)

    sql = 'insert into spring (date, btq, hhq) values(?,?,?)'
    db.execute(sql, ('2019-05-31', 27.58, 27.56))

    sql = 'select * from spring where date = ?'
    result = db.execute(sql, ('2019-05-31',))
    print(result)
```

3.4.2 使用MySQL数据库

学习关系型数据库，你可以不知道 Orcale，可以不知道 SQL Server，甚至可以不知道 DB2，但必须知道 MySQL 这个应用最为广泛的数据库。MySQL 是一个经典的关系型数据库，由瑞典 MySQL AB 公司开发，目前属于 Oracle 旗下产品。

大部分 Python 程序员使用 PyMySQL 模块和 mysqlclient 模块访问 MySQL 数据库。有趣的是，不管是 PyMySQL 模块，还是 mysqlclient 模块，它们在用法上几乎一致，都是基于 Python database API version 2.0 标准使用的，这个标准也被称作 PEP-0249。这意味着，不用修改代码，只要更换模块名就可以更换数据库客户端。这两个模块的安装都非常简单，选择其中之一或全部安装均可。PyMySQL 模块明确支持访问最新版本的 MySQL 和 MariaDB 数据库，而 mysqlclient 模块关于是否支持访问最新版本数据库的描述模棱两可，因此很多人会把 PyMySQL 模块作为首选。但从实际应用来看，mysqlclient 模块并没有受到数据库版本的限制。安装命令如下。

```
PS C:\Users\xufive> python -m pip install PyMySQL
PS C:\Users\xufive> python -m pip install mysqlclient
```

我们以 PyMySQL 模块为例，其最常见的用法是以元组形式返回查询记录，代码如下。把代码中的 pymysql 改为 MySQLdb 即可轻松将 PyMySQL 模块切换成 mysqlclient 模块。

```
>>> import pymysql
>>> db = pymysql.connect(host='localhost', port=3306, user='xufive',
password='********', db='demo', charset='utf8')
>>> cursor = db.cursor()
>>> cursor.execute('select * from member where id = %s', (100,))
1
>>> print(cursor.fetchall())
((100, '370103********0012', '李小洋', '男', '', '济南市花园路小学', '186********',
Decimal('1812.50')),)
>>> cursor.close()
>>> db.close()
```

查询记录以元组形式返回会有很多不便，我们需要知道元组各元素对应表结构中的哪一个字段（列）。下面的代码实现了以字典形式返回查询记录。同样，把代码中的 MySQLdb 改为 pymysql，可以轻松将 mysqlclient 模块切换成 PyMySQL 模块。

```
>>> import MySQLdb.cursors
>>> db = MySQLdb.connect(host='localhost', port=3306, user='xufive',
password='********', db='demo', charset='utf8', cursorclass=MySQLdb.cursors.
DictCursor)
>>> cursor = db.cursor()
>>> cursor.execute('select * from member where id = %s', (100,))
1
>>> print(cursor.fetchall())
 ({'id': 100, 'idcard': '370103********0012', 'name': '李小洋', 'club': '济南市花园路小学',
'phone': '186********', 'rating': Decimal('1812.50')},)
>>> cursor.close()
```

事务是关系型数据库的重要特性，NoSQL 数据库和分布式数据库通常会淡化甚至放弃事务。所谓事务是将一组 DML（insert、update、delete）语句组合在一起形成一个逻辑单元，这些操作如果全部执行并成功提交（commit），表示事务完成；如果不成功就要回退到事务开始之前的状态（rollback），以确保不会停留在错误的中间状态。下面的代码演示了 MySQL 典型的事务回滚应用。

```
>>> def transaction(db):
        try:
            db.begin()
            # 此处加入出错之后需要回滚的DML(insert、update、delete)语句
            db.commit()
            return True
        except:
            db.rollback()
            return False
```

3.4.3 使用MongoDB数据库

提到 NoSQL 数据库，程序员们首先会想到 MongoDB 数据库。MongoDB 数据库是一个基于分布式文件存储的开源数据库，被称为最像关系型数据库的非关系型数据库。在实际应用中，程序员会用它来存储一些结构化的数据。我觉得 MongoDB 数据库就像一个个性鲜明的优秀青年，既有能力，也有脾气，优点和缺点一样突出。要用好 MongoDB 数据库，首先要清楚是否真的需要 NoSQL 数据库。因为 MongoDB 数据库的缺点虽然不多，但很致命，这就是被很多人诟病的“内存贪婪”：它会占用操作系统绝大部分的空闲内存，让其他进程“活得不舒适”。其使用者必须重视这个问题。

不同于关系型数据库，MongoDB 数据库只有库的概念而没有表的概念，它使用集合（collection）来代替表，集合中的每一条数据记录称为文档（.doc）。文档可以理解为字典或 json 对象，也就是若干键值对的组合。关系型数据库要求同一个数据表中的记录都要保持相同的列结构，但 MongoDB 数据库并不要求同一个集合中的各个文档保持相同的键，这就是 NoSQL 数据库最重要的特性之一：无模式。

从 MongoDB 的官方网站下载相应的社区版安装程序，安装并启动服务，就可以拥有一个 MongoDB 服务器。pymongo 模块是 Python 访问 MongoDB 数据库的专用模块，使用 pip 命令即可直接进行安装。

```
PS C:\Users\xufive> python -m pip install pymongo
```

用 pymongo 模块连接 MongoDB 数据库后，可以查看所有的数据库、删除数据库、选择当前数据库、创建新的数据库作为当前数据库、在当前数据库创建新的集合、删除当前数据库的某个集合、对集合进行增删改查操作等。

```
>>> import pymongo
>>> conn = pymongo.MongoClient('localhost', 27017) # 连接MongDB数据库
>>> conn.list_database_names() # 列出所有的数据库
['admin', 'config', 'local']
>>> db = conn['demo'] # 选中demo库，若不存在，则新建
>>> db.create_collection('roster')
Collection(Database(MongoClient(host=['localhost:27017'], document_class=dict,
tz_aware=False, connect=True), 'demo'), 'roster')
```

```
>>> db.roster. insert_one({'name':'Irene', 'math':95}) # 插入文档
>>> db.roster. insert_one({'name':'Jack', 'age':18}) # 插入文档
>>> for doc in db.roster.find(): # 查询全部文档
        print(doc)

{'_id': ObjectId('5e8d988959c38da5585be891'), 'name': 'Irene', 'math': 95}
{'_id': ObjectId('5e8d98f959c38da5585be892'), 'name': 'Jack', 'age': 18}
>>> for doc in db.roster.find({'name':'Irene'}, {'math':1}): # 条件查询
        print(doc)

{'_id': ObjectId('5e8d988959c38da5585be891'), 'math': 95}
>>> db.roster.update_one({'name':'Irene'}, {'$set':{'math':99}}) # 修改文档
<pymongo.results.UpdateResult object at 0x00000150E8A12908>
>>> db.roster.delete_one({'name':'Irene'}) # 删除文档
<pymongo.results.DeleteResult object at 0x00000150E8A5F988>
>>> db.list_collection_names() # 列出当前数据库的所有集合
['roster']
>>> db.drop_collection('roster') # 删除集合
{'nIndexesWas': 1, 'ns': 'demo.roster', 'ok': 1.0}
>>> conn.drop_database('demo') # 删除库
>>> conn.close() # 关闭连接
```

以上代码简单地演示了 MongoDB 数据库的基本操作，但 MongoDB 数据库的价值远远不止增删改查，索引、排序、聚合、map-reduce 等功能才是它大显身手的地方。另外，MongoDB 数据库的文件存储（GridFS）、负载扩展、用户及权限管理等也都极具特色。

3.5 数据抓取

数据抓取大概是很多 Python 初学者接触最早、使用最多的技术之一，看似简单，却涉及网络通信、应用协议、HTML、CSS、JavaScript、数据解析、服务框架等多个技术领域的知识，初学者往往不容易掌握。这里面，HTTP（Hyper Text Transfer Protocol，超文本传输协议）无疑是最基础、最重要的。初学者一定要拿出一些时间，弄清楚 HTTP 请求和应答的格式组成，GET 和 POST 两种请求方式各自的含义，以及 cookie 和 session 的基本原理。在理解基本概念、原理的前提下，再去学习数据抓取技术，才能事半功倍，否则就会欲速则不达。

通常情况下，我们使用标准模块 urllib 或第三方模块 requests、pycurl 等抓取数据；特殊情况下，使用自动化测试工具 selenium 模块也是一种选择。当然，也有很多封装好的框架可以使用，如 pyspider、scrapy 等。

3.5.1 urllib模块

urllib 是 Python 内置的标准模块，用于发送 HTTP 请求，以及接收并处理来自服务器的应答。urllib 模块包含 4 个子模块：request 子模块提供最基本的构造 HTTP 请求的方法，利用它可以模

拟浏览器的一个请求发起过程，同时它还带有处理 authenticaton（授权验证）、redirections（重定向）、cookie（浏览器 Cookies）等功能；parse 子模块是一个工具模块，提供许多 URL 处理方法，如拆分、解析、合并等；error 子模块用于异常处理；robotparser 子模块主要用来判断网站是否可以爬取，这个子模块极少用到。

很多人认为 urllib 模块太过烦琐复杂，初学者不容易掌握。其实，只要理解了下面这三个要点，urllib 模块很容易成为我们手中驾轻就熟的有力工具。

1. 使用 urllib.request.Request(url, data=None, headers={}, method=None) 构造请求

这里 url 参数是必需的。data 参数仅接受 bytes 类型的字符串。如果 data 参数存在，则 method 默认为 POST。headers 参数是一个字典，用于定制请求报头。除了在构造函数中定制请求报头，还可以调用 Request 实例的 add_header( ) 方法来定制请求报头。

2. 使用 urllib.request.urlopen(url, data=None) 发送请求

如果 url 参数是一个字符串，则发送 GET 请求；如果 url 参数是一个 urllib.request.Request 对象，则请求方式由该对象指定。data 参数仅接受 bytes 类型的字符串。如果数据类型为字典，可使用 urllib.parse.urlencode( ) 转换为 bytes 类型。

例如：data = bytes(urllib.parse.urlencode({'name':'Alice', 'age':18}), encoding='utf8')

3. 每一个请求都会返回一个 response 应答对象

应答对象的 status 或 code 属性都是应答状态码（HTTP 协议）。使用 getheaders( ) 可以获取字典类型应答报头，且字典的键对大小写不敏感。使用 getheader(key) 可以获取报头中指定键的值。使用 read( ) 方法返回应答内容（body）。

下面的代码演示了使用 urllib 模块发送 GET 请求，处理应答对象，以及从应答对象中获取数据的基本方法。

```
>>> import urllib.request
>>> resp = urllib.request.urlopen('https://cn.bing.com') # 发送GET请求
>>> resp.status # HTTP协议状态码
200
>>> resp.getheader('Content-Type') # 取得应答报头中的Content-Type
'text/html; charset=utf-8'
>>> html = resp.read() # 取得应答内容（body的内容）
>>> len(html)
113083
>>> type(html)
<class 'bytes'>
```

```
>>> html = html.decode('utf-8')
>>> len(html)
112539
>>> type(html)
<class 'str'>
```

下面的代码演示了使用 urllib 模块构造请求对象，对需要提交的数据编码，以及定制请求报头的基本方法。

```
>>> import urllib.request
>>> import urllib.parse
>>> url = 'http://httpbin.org/post'
>>> form_data = {'name':'Alice', 'age':18}
>>> data = bytes(urllib.parse.urlencode(form_data), encoding='utf8')
>>> headers = {
    'User-Agent':'Mozilla/5.0 (Windows NT 10.0; Win64; x64) AppleWebKit/537.36 (KHTML, like Gecko) Chrome/57.0.2987.133 Safari/537.36',
    'Host':'httpbin.org '
}
>>> req = urllib.request.Request(url=url, data=data, headers=headers)
>>> resp = urllib.request.urlopen(req) # 发送请求
>>> resp.code
200
>>> resp.read() # 应答内容
b'{\n  "args": {}, \n  "data": "", \n  "files": {}, \n  "form": {\n    "age": "18", \n    "name": "Alice"\n  }, \n  "headers": {\n    "Accept-Encoding": "identity", \n    "Content-Length": "17", \n    "Content-Type": "application/x-www-form-urlencoded", \n    "Host": "bing.com", \n    "User-Agent": "Mozilla/5.0 (Windows NT 10.0; Win64; x64) AppleWebKit/537.36 (KHTML, like Gecko) Chrome/57.0.2987.133 Safari/537.36", \n    "X-Amzn-Trace-Id": "Root=1-5e8ee61c-203dbc80b51746803b881580"\n  }, \n  "json": null, \n  "origin": "112.229.109.75", \n  "url": "http://bing.com/post"\n}\n'
>>> resp.getheader('Content-Length')
'559'
```

3.5.2　requests模块

urllib 模块虽然功能强大，但不够精练。对于初学者来说，想要完全掌握它不是一件容易的事情，因此越来越多的程序员转向了 requests 模块。requests 模块基于 urllib 模块开发，但用起来要比 urllib 模块更加方便、简捷。requests 模块不是 Python 的标准库，需要使用 pip 命令进行安装。

```
PS C:\Users\xufive> python -m pip install requests
```

1. 发送请求

requests 模块之所以容易掌握，是因为它的设计理念符合人类思维习惯。例如，发送一个 GET 请求，只要给出 URL 即可。除了发送 GET 和 POST 请求，还可以使用 requests 模块发送

HTTP 协议中的 PUT、DELETE、HEAD 及 OPTIONS 请求，使用时注意方法名都是小写字母。

```
>>> import requests
>>> resp = requests.get('https://cn.bing.com')
```

如果需要在 URL 中传递参数，requests 模块允许使用 params 关键字参数，以一个字符串字典的形式来提供这些参数。

如果想为请求添加请求报头信息，只需要传递一个字典给关键字参数 headers 即可。虽然 cookie 信息属于请求报头的一部分，但如果要发送 cookie，需要将 cookie 字典传递给 cookies 这个关键字参数。

如果需要在 POST 请求中提交表单（form）或类似的数据，可以使用关键字参数 data 来接受字典类型的数据；如果使用关键字参数 json 来接受字典类型的数据，该数据会被自动编码，相当于调用了 json.dumps( ) 函数。

如果需要上传文件，可以通过关键字参数 files 接受一个描述上传文件信息的字典。如果一次上传多个文件，则需要用键名区分不同的文件，键值为 open( ) 函数返回的对象。

2. 处理应答

发送请求后，服务端会返回一个 response 对象，包含服务器响应的全部内容。我们可以通过 response 对象的各种属性和方法，获取需要的信息。

- response.ok：应答成功的标志（针对 HTTP 协议级的，而非业务逻辑层次的）。
- response.status_code：应答状态码（HTTP 协议）。
- response.encoding：编码方式。可以通过赋值修改编码方式并自动影响应答内容。例如：response.encoding = 'utf-8' 或 response.encoding = 'gbk'。
- response.headers：字典类型的应答报头。该字典的键对大小写不敏感。
- response.cookies：RequestsCookieJar 类型的 cookie 对象。该对象的 get_dict( ) 返回 cookie 字典。
- response.request：针对本应答的请求对象。处理应答时，可以通过该对象了解请求报头等信息。
- response.raw：原生的应答对象，即 urllib 的 response 对象（urllib3.response.HTTPResponse object）。
- response.content：字节码形式的应答体（body）。
- response.text：字符串形式的应答体（body）。
- response.json( )：如果应答类型是 json 格式，该方法返回应答体（body）的 json 解码结果。
- response.raise_for_status( )：如果应答失败，调用该方法将抛出异常。

3. 应用实例

MODIS 是搭载在 TERRA 和 AQUA 遥感卫星上的一个重要的传感器，其实时观测到的数据通过 X 波段向全球直接广播，任何用户都可以免费接收并无偿使用这些数据。为便于读者深入理解数据下载过程，下面的代码使用了一个模拟的 MODIS 数据下载服务站点。MODIS 数据的下载流程如图 3-5 所示。

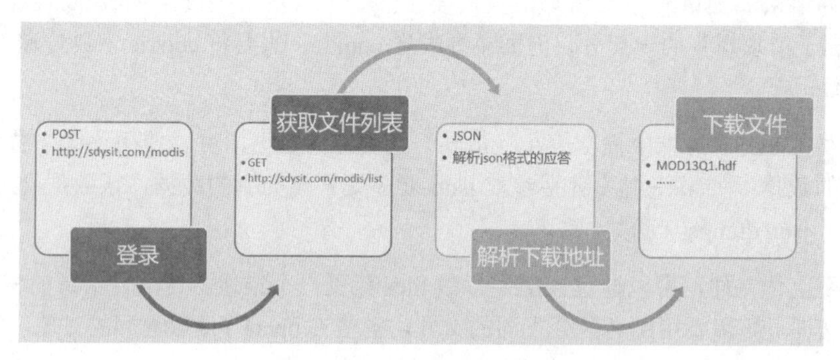

图 3-5　MODIS 数据下载流程

下面的代码以交互方式展示了从模拟的 MODIS 数据源下载数据的全过程。本例并没有直接使用 requests 的 get( ) 和 post( ) 方法，而是使用 Session 类的 get( ) 和 post( ) 方法。Session 类在发送请求、接收应答时会自动处理 cookie，我们无须做任何干预。

```
>>> import requests
>>> sess = requests.Session() # Session类自动处理cookie
>>> url_login = 'http://sdysit.com/modis'  # 登录地址
>>> form_login = {
    "account": "guest",
    "passwd": "hello"
}
>>> resp = sess.post(url_login, data=form_login)
>>> resp.ok  # 查看应答是否成功
True
>>> url_list = 'http://sdysit.com/modis/list'  # 文件列表地址
>>> resp = sess.get(url_list)
>>> resp.ok  # 查看应答是否成功
True
>>> result = resp.json()  # 解析json格式的应答
>>> print(result['code'])  # 应答代码为10，表示数据可用
10
>>> print(result['data'])  # 文件名和下载地址的列表
[{'url': 'http://sdysit.com/modis/list/GIIRS_V0001.NC', 'name': 'GIIRS_V0001.NC'},
{'url': 'http://sdysit.com/modis/list/MOD13Q1.hdf', 'name': 'MOD13Q1.hdf'}]
>>> for item in result['data']:
        print('开始下载文件...%s'%item['name'])
        resp = sess.get(item['url'])
```

```
        if resp.ok:
            with open(r'D:\NumPyFamily\data\%s'%item['name'], 'wb') as fp:
                fp.write(resp.content)
            print('文件%s下载完毕\n'%item['name'])
        else:
            print('下载文件%s失败'%item['name'])

开始下载文件...GIIRS_V0001.NC
1216184
文件GIIRS_V0001.NC下载完毕

开始下载文件...MOD13Q1.hdf
5183622
文件MOD13Q1.hdf下载完毕
```

3.6　数据解析

处理数据时避免不了要解析 html 文档或文本文件，尤其是从互联网上抓取下来的数据，更需要进行解析，因此解析 html 文档或文本文件是程序员必备的技能。本节主要讲解使用 BeautifulSoup 模块解析 html 文档，以及使用 re 模块解析文本文件的基本方法。

3.6.1　使用Beautifulsoup模块解析html/xml数据

BeautifulSoup 模块是一个可以从 html 或 xml 中提取数据的 Python 库，功能强大、使用便捷。BeautifulSoup 既支持 Python 标准库中的 html 解析器，也支持其他解析器。强烈建议使用功能强大的第三方解析器 lxml，我曾经用它处理过单个文件有几百兆字节的 xml 数据，反应速度非常快，毫无迟滞感。如果还没有安装 lxml 模块，建议在安装 BeautifulSoup 模块的同时，也安装 lxml 模块。

```
PS C:\Users\xufive> python -m pip install beautifulsoup4 lxml
```

我们以解析下面的 html 文档为例，演示 BeautifulSoup 模块的用法。关于 html 或 xml，有必要说明两点：首先，文本也是节点，称为文本型节点，例如下面文档中 p 标签里面的 One、Two、Three 等文本内容就是 p 标签的文本型子节点；其次，节点的子节点往往比表面上看到的多，因为在可见的子节点外的换行、空格、制表位等，也都是该节点的文本型子节点。

```
html_doc = """
    <html>
        <div id="My gift">
            <p class="intro short-text" align="left">One</p>
            <p class="intro short-text" align="center">Two</p>
            <p class="intro short-text" align="right">Three</p>
        </div>
```

```
        <img class="photo" src="demo.jpg">
        <div class="photo">
            <a href="sdysit.com"><img src="logo.png"></a>
            <p class="subject">远思科技有限公司</p>
        </div>
    </html>
"""
```

1. 导入模块，加载 html 文档

导入 BeautifulSoup 模块后，创建解析器实例时，需要指定解析器。首选 lxml 解析器，如果没有指定解析器，BeautifulSoup 模块会自动查找并使用系统可用的解析器。

```
>>> from bs4 import BeautifulSoup
>>> soup = BeautifulSoup(html_doc, "lxml") # 使用lxml解析器
```

2. 获取节点对象的名称和属性

使用 BeautifulSoup( ) 生成一个 soup 对象后，就可以使用标签名得到节点对象，继而取得节点名称、节点属性字典等。

```
>>> soup.p.name # p标签节点名称
'p'
>>> soup.img.attrs # 获取img标签节点的属性字典
{'class': ['photo'], 'src': 'demo.jpg'}
>>> soup.img['src'] # 也可以直接使用属性名获取属性值
'demo.jpg'
>>> soup.p['class'] # 获取p标签节点的样式，返回一个列表
['intro', 'short-text']
>>> soup.div['id'] # 获取div标签节点的id属性
'My gift'
```

从上述代码中可以很明显地看到，使用标签名得到的节点一定是 html 文档中第一个同类型的标签。上面的例子还演示了如何取得节点对象的所有的属性和指定属性。当 class 属性有多个值时，返回的是一个列表，而 id 属性不承认多值。

3. 获取节点的文本内容

获取节点的文本内容时，如果该节点只有文本型子节点，则下面代码中的 4 种方法的效果将完全一致。如果该节点包括元素型子节点，输出的结果可能已经不是我们需要的内容了。此时，可以使用 stripped_strings 得到一个迭代器，遍历即可得到我们想要的内容。

```
>>> soup.p.text # 获取p标签节点的文本（方法1）
'One'
>>> soup.p.getText() # 获取p标签节点的文本（方法2）
```

```
'One'
>>> soup.p.get_text() # 获取p标签节点的文本（方法3）
'One'
>>> soup.p.string # 获取p标签节点的文本（方法4）
>>> soup.div.text
'\nOne\nTwo\nThree\n'
>>> for item in soup.div.stripped_strings:
        print(item)

One
Two
Three
```

4. 父节点、子节点和兄弟节点

节点对象的 parent 属性指向其父节点。节点对象的 children 属性或 contents 属性指向其子节点，descendants 属性则指向其所有后代节点。另外，contents 返回的是子节点的列表，children 和 descendants 返回的是迭代器。

```
>>> soup.p.parent.name # 获取p标签节点的父节点的名字
'div'
>>> soup.div.contents # 以列表形式返回div标签节点的子节点
['\n', <p align="left" class="intro short-text">One</p>, '\n', <p align="center"
class="intro short-text">Two</p>, '\n', <p align="right" class="intro short-text">Three</p>,
'\n']
>>> soup.div.children # 以迭代器形式返回div标签节点的子节点
<list_iterator object at 0x000002C19313D088>
>>> list(soup.div.children) # 迭代器转为列表
['\n', <p align="left" class="intro short-text">One</p>, '\n', <p align="center"
class="intro short-text">Two</p>, '\n', <p align="right" class="intro short-text">Three</p>,
'\n']
>>> list(soup.div.descendants) # 转为列表的后代节点
['\n', <p align="left" class="intro short-text">One</p>, 'One', '\n', <p
align="center" class="intro short-text">Two</p>, 'Two', '\n', <p align="right"
class="intro short-text">Three</p>, 'Three', '\n']
```

节点对象的 previous_sibling 和 next_sibling 属性分别指向该节点的上一个或下一个兄弟节点。因为两个 p 标签之间有换行，相当于存在一个不可见的兄弟节点，因此下面的代码中，next_sibling 和 previous_sibling 属性要使用两次才能找到下一个或上一个可见的兄弟节点。

```
>>> p_tag = soup.p
>>> p_tag.text
'One'
>>> p_tag = p_tag.next_sibling.next_sibling
>>> p_tag.text
'Two'
>>> p_tag = p_tag.previous_sibling.previous_sibling
>>> p_tag.text
'One'
```

5. 搜索节点

一般使用 find( ) 和 find_all( ) 搜索符合条件的第一个节点和全部节点的列表。搜索条件既可以是节点名，也可以使用正则表达式匹配节点名。

```
>>> soup.find('img') # 返回单个节点
<img class="photo" src="demo.jpg"/>
>>> soup.find_all('p') # 返回节点列表
[<p align="left" class="intro short-text">One</p>, <p align="center" class="intro short-text">Two</p>, <p align="right" class="intro short-text">Three</p>, <p class="subject">远思科技有限公司</p>]
>>> import re
>>> soup.find_all(re.compile('^d')) # 返回节点名以d开头的节点列表
[<div id="My gift">
<p align="left" class="intro short-text">One</p>
<p align="center" class="intro short-text">Two</p>
<p align="right" class="intro short-text">Three</p>
</div>, <div class="photo">
<a href="sdysit.com"><img src="logo.png"/></a>
<p class="subject">远思科技有限公司</p>
</div>]
```

除了使用节点名进行搜索外，还可以根据 id 或其他属性搜索节点，其代码如下。

```
>>> soup.find_all(id='My gift')[0].name # 查找id=My gift的节点
'div'
>>> soup.find_all(id=True)[0].name # 查找有id属性的节点
'div'
>>> soup.find_all(attrs={"id":"My gift"})[0].name # 使用attrs查找
'div'
>>> soup.find_all(attrs={"class":"intro short-text","align":"right"})[0].text # 使用attrs查找
'Three'
>>> soup.find_all(attrs={"align":"right"})[0].text
'Three'
```

使用 CSS 的样式名搜索节点也是常用的手段。需要注意的是，为了区分 class 这个关键字，样式搜索使用 class_ 作为参数名。

```
>>> soup.find_all("p", class_="intro")
[<p align="left" class="intro short-text">One</p>, <p align="center" class="intro short-text">Two</p>, <p align="right" class="intro short-text">Three</p>]
>>> soup.find_all("p", class_="intro short-text")
[<p align="left" class="intro short-text">One</p>, <p align="center" class="intro short-text">Two</p>, <p align="right" class="intro short-text"> Three</p>]
```

搜索文本内容有时也是搜索节点的有效手段。

```
>>> soup.find_all(string="Two")
['Two']
>>> soup.find_all(string=re.compile("Th"))
['Three']
```

BeautifulSoup 模块支持使用函数搜索。该方法常用于需要提取大量数据，但判断条件又极其复杂的数据解析。下面的代码搜索的是父节点有 id 属性且自身居中对齐的节点。

```
>>> def justdoit(tag):
        return tag.parent.has_attr('id') and tag['align']=='center'

>>> soup.find_all(justdoit)
[<p align="center" class="intro short-text">Two</p>]
```

3.6.2 使用正则表达式解析文本数据

正则在汉语词典中被解释为“正其礼仪法则”，和正则表达式似乎毫不相干。幸好汉字可以顾名思义，将正则理解为合乎标准的规则也很贴切。所谓正则表达式，就是用事先定义好的一些特定字符以及这些特定字符的组合，组成一个“规则字符串”，用来表达对字符串的一种过滤逻辑。正则表达式的英文写作 Regular Expression，缩写为 RE。

正则表达式的规则之艰深晦涩，足令初学者望而却步。其实，只要理解了正则表达式的基本概念，稍微归纳一下知识点，掌握并熟练应用正则表达式，也不是什么很难的事情，大约 30 分钟就可以做到。

正则表达式的学习过程可以分成两部分：第一，如何写正则表达式；第二，怎么用正则表达式。第一个问题和语言无关，需要了解正则表达式的字符集和特殊符号集，以及几条规则；第二个问题，就是掌握 Python 内置的正则表达式标准模块 re 的用法。

1. 正则表达式的写法

写正则表达式，就是用规则描述想找到的字符串的特征。例如，下面的写法描述的是由小写字母组成的、长度为 3 ～ 8 位的字符串。

```
>>> pstr = r'[a-z]{3,8}'
```

这是一个原生字符串（字符串前标 r，则不会对反斜杠进行特殊处理），方括号内约定了允许使用的字符集，花括号约定了字符的最少位数和最多位数。

正则表达式定义了若干符号来描述正则表达式的字符集和组合规则。表 3-7 列出了这些常用的符号和含义。

表 3-7　正则表达式常用符号

符　号	说　明
.	匹配除换行符 \n 外的任意字符
\	转义字符，使后一个字符改变原来的意思。例如 \n，把字母 n 变成了换行符
*	匹配 0 次或多次，等效于 {0,}
+	匹配 1 次或多次，等效于 {1,}
?	匹配 0 次或 1 次，等效于 {0,1}
^	匹配字符串开头。在多行模式中匹配每一行的开头
$	匹配字符串末尾，在多行模式中匹配每一行的末尾
|	匹配被 | 分隔的表达式中的任意一个，从左到右匹配
{ }	{m} 表示匹配 *m* 次；{m,n} 表示匹配至少 *m* 次，至多 *n* 次；{m,} 表示匹配至少 *m* 次
[ ]	匹配字符集，字符集内的 ^ 表示取反
( )	子表达式，可以后接数量词
\d	匹配数字字符集，等效于 [0-9]
\D	匹配非数字字符集，等效于 [^0-9]
\s	匹配包括空格、制表位、回车、换行等在内的空白字符集
\S	匹配非空字符集
\w	匹配包括下划线在内的数字和字母，等效于 [A-Za-z0-9_]
\W	匹配包括下划线在内的数字和字母以外的字符集，等效于 [^A-Za-z0-9_]

了解这些符号的含义和用法后，就可以用它们来描述任意复杂的字符串了。下面是几个相对复杂的正则表达式。

```
>>> pstr = r'[1-9]\d{2}' # 100～999的数字
>>> pstr = r'公元([1-9]\d*)年' # 公元和年之间是不以0开头的数字，数字被指定为子表达式
>>> pstr = r'color=(red|blue)' # color=red，或者color=blue，颜色被指定为子表达式
```

2. 正则表达式的用法

尽管用原生字符串来表示一个正则表达式，在使用时没有任何问题，但是建议把原生字符串表示的正则表达式用 re.compile( ) 编译成一个模式对象，这样就可以直接使用模式对象的各种方法，代码如下。

```
>>> import re
>>> pstr = r'公元([1-9]\d*)年'
>>> p = re.compile(pstr)
```

有了正则表达式的模式对象，接下来，还要清楚需要做什么。这听起来有些莫名其妙，但的确是一个问题。通常，使用正则表示式不外乎下面这几个目的。

（1）验证一个字符串是否符合正则表达式约定的规则。

（2）从一个字符串中找到符合正则表达式约定规则的子串。

（3）从一个字符串中找出所有符合正则表达式约定规则的子串。

（4）一个字符串若存在符合正则表达式约定规则的子串，则用这个子串分割字符串。

（5）替换一个字符串中所有符合正则表达式约定规则的子串。

针对这 5 个功能需求，模式对象提供了 match( )、search( )、findall( )、split( ) 和 sub( ) 等 5 个方法，与之一一对应。下面先来试用一下 match( )——模式匹配。

```
>>> s1 = '公元2020年'
>>> s2 = '公元2020年以后'
>>> s3 = '自公元2020年以来'
>>> p = re.compile(r'公元([1-9]\d*)年')
>>> result = p.match(s1) # 匹配s1
>>> print(result) # 匹配成功
<re.Match object; span=(0, 7), match='公元2020年'>
>>> result.group() # group()方法返回匹配到的字符串
'公元2020年'
>>> result.groups()# groups()方法返回子表达式匹配到的字符串
('2020',)
>>> result = p.match(s2) # 匹配成功，虽然s2末尾多了两个字
>>> print(result)
<re.Match object; span=(0, 7), match='公元2020年'>
>>> result = p.match(s3) # 匹配失败，因为s3开头多了一个字
>>> print(result)
None
```

从上述代码中可以发现，模式匹配从字符串的起始位置开始，只要起始位置字符不同，匹配就会失败。而字符串如果长于模式串，则不会影响匹配结果。如果要求字符串完全匹配，则需要在正则表达式最后加上 $，表示期待被匹配的字符串结尾和模式串一致，其代码如下。

```
>>> p = re.compile(r'公元([1-9]\d*)年$')
>>> result = p.match(s2) # 模式串加上$后，末尾多了两个字的s2匹配失败
>>> print(result)
None
```

模式对象的 search( ) 方法会在字符串内查找匹配的字符串，找到第一个匹配的子串就会返回；如果字符串没有匹配的子串，则返回 None。

```
>>> p = re.compile(r'公元([1-9]\d*)年')
>>> result = p.search(s1)
```

```
>>> print(result) # s1存在匹配的子串
<re.Match object; span=(0, 7), match='公元2020年'>
>>> result.group()
'公元2020年'
>>> result.groups()
('2020',)
>>> print(p.search(s2)) # s2存在匹配的子串
<re.Match object; span=(0, 7), match='公元2020年'>
>>> print(p.search(s3)) # s3存在匹配的子串
<re.Match object; span=(1, 8), match='公元2020年'>
>>> p = re.compile(r'^公元([1-9]\d*)年$') # 若指定以模式串开头和结尾
>>> print(p.search(s2)) # s2不存在匹配的子串
None
>>> print(p.search(s3)) # s3不存在匹配的子串
None
```

模式对象的 findall( ) 方法以列表形式返回字符串中所有匹配的子串。另外，模式对象的 finditer( ) 和 findall( ) 方法类似，只不过 finditer( ) 方法返回的是一个迭代器。下面是一段多行文本，需要从中解析出 5 行 11 列数值数据。

```
>>> txt = """
WDC for Geomagnetism, Kyoto
Hourly Equatorial Dst Values (REAL-TIME)
        MARCH     2020
DAY   1   2   3   4   5   6   7   8    9  10
 1  -19 -11 -10  -7  -8  -9 -11 -14  -15  -9
 2  -12 -14 -14 -16 -15 -14 -12 -11  -12 -10
 3    1  -3 -10  -9  -9  -9 -10 -10  -13  -9
 4   -6  -3  -1  -2  -2  -3  -2  -3   -6  -3
 5    1   3   3   3   0  -3  -2  -2   -1   2
 """
```

经过分析可以知道，每一个数据前都至少有一个空格，除了第 1 列均为正数，其他列的数据有正有负。因为解析以行为单位逐行处理，所以需要指定模式编译装饰参数为 re.M，且模式字符串首尾需要加上 ^ 和 $ 符号。据此，可以很容易写出正则表达式，并解析出全部数据。

```
>>> p = re.compile('^\s([1-5])\s+(-?\d+)\s+(-?\d+)\s+(-?\d+)\s+(-?\d+)\s+(-?\d+)\s+
(-?\d+)\s+(-?\d+)\s+(-?\d+)\s+(-?\d+)\s+(-?\d+)$', flags=re.M)
>>> result = p.findall(txt)
>>> result
[('1', '-19', '-11', '-10', '-7', '-8', '-9', '-11', '-14', '-15', '-9'), ('2',
'-12', '-14', '-14', '-16', '-15', '-14', '-12', '-11', '-12', '-10'), ('3', '1',
'-3', '-10', '-9', '-9', '-9', '-10', '-10', '-13', '-9'), ('4', '-6', '-3', '-1',
'-2', '-2', '-3', '-2', '-3', '-6', '-3'), ('5', '1', '3', '3', '3', '0', '-3',
'-2', '-2', '-1', '2')]
```

模式对象的 split( ) 方法返回的是用匹配的子串分割字符串后得到的列表。若无匹配子串，则返回空列表。下面的例子演示了用标点符号分割字符串，如果不用正则表达式，很难实现这个功能。

```
>>> s = '无论，还是。或者？都是分隔符'
>>> p = re.compile(r'[，。？]')
>>> p.split(s)
['无论', '还是', '或者', '都是分隔符']
```

模式对象的 sub( ) 方法返回的是用指定内容替换匹配子串后的字符串。下面的代码演示了用加号（+）替换所有的标点符号，这里的标点符号集只列出了 3 个元素。

```
>>> s = '无论，还是。或者？都是分隔符'
>>> p = re.compile('[，。？]')
>>> p.sub('+', s)
'无论+还是+或者+都是分隔符'
```

3.7　系统相关操作

在 Python 的内置模块中，os 和 sys 这两个模块都和操作系统有关，因此这里把这两个模块放在一起讲解，实际上二者在功能上几乎没有重叠。os 模块主要用于获取程序运行所在操作系统的相关信息。sys 模块是一个和 Python 解释器关系密切的标准库，它可以帮助我们访问和 Python 解释器紧密关联的变量和函数。

3.7.1　os模块

os 模块常用于文件和路径操作，它也可以用于运行外部命令、打开关联了工具的文件等。此外，os 模块还提供查看系统环境信息、进程信息等辅助功能。

1. 文件操作

使用 os 模块可以创建或删除文件夹、删除文件，可以读取文件的大小、创建时间、最后更新时间、最后访问时间等信息。

```
>>> import os
>>> os.getcwd() # 返回程序当前路径
'C:\\Users\\xufive\\AppData\\Local\\Programs\\Python\\Python37'
>>> os.listdir(r'D:\NumPyFamily') # 返回指定路径下的文件夹和文件列表
['code', 'data', 'README.md', 'res', 'waterdb.py.rtf']
>>> os.mkdir(r'D:\NumPyFamily\temp') # 新建单级文件夹（新文件夹的父级已存在）
>>> os.listdir(r'D:\NumPyFamily')
['code', 'data', 'README.md', 'res', 'temp', 'waterdb.py.rtf']
>>> os.makedirs(r'D:\NumPyFamily\temp\A\B') # 新建多级文件夹
>>> os.rmdir(r'D:\NumPyFamily\temp\A\B') # 删除空文件夹（非空则抛出异常）
```

```
>>> os.rmdir(r'D:\NumPyFamily\temp\A') # 删除空文件夹（非空则抛出异常）
>>> os.remove(r'D:\NumPyFamily\waterdb.py.rtf') # 删除文件
>>> os.listdir(r'D:\NumPyFamily')
['code', 'data', 'README.md', 'res', 'temp']
>>> os.path.isfile(r'D:\NumPyFamily\README.md') # 判断是否是文件
True
>>> os.path.exists(r'D:\NumPyFamily\README.md') # 判断文件或文件夹是否存在
True
>>> os.path.exists(r'D:\NumPyFamily\code') # 判断文件或文件夹是否存在
True
>>> finfo = os.stat(r'D:\NumPyFamily\README.md') # 返回文件的大小、创建时间等信息
>>> finfo.st_size # 文件大小（以字节为单位）
705
>>> finfo.st_ctime # 文件创建时间（时间戳）
1586599770.9045959
>>> finfo.st_mtime # 文件最后更新时间（时间戳）
1582123092.3024447
>>> finfo.st_atime # 文件最后访问时间（时间戳）
1586599770.9045959
```

使用 3.1 节介绍的日期和时间处理知识，可以直观地显示这几个时间戳对应的日期时间。

```
>>> import time # 导入time模块，显示时间戳对应的日期时间
>>> time.strftime("%Y-%m-%d %X",time.localtime(finfo.st_ctime))
'2020-04-11 18:09:30'
>>> time.strftime("%Y-%m-%d %X",time.localtime(finfo.st_mtime))
'2020-02-19 22:38:12'
>>> time.strftime("%Y-%m-%d %X",time.localtime(finfo.st_atime))
'2020-04-11 18:09:30'
```

2. 路径操作

不同的操作系统使用的路径分隔符也不同。例如，UNIX 使用斜杠（/），Windows 使用反斜杠（\）。os 模块的路径操作功能为代码跨平台运行提供了有力保障。

```
>>> os.sep # 当前路径分隔符
'\\'
>>> os.path.join('youth', 'github', 'README.md') # 路径拼接
'youth\\github\\README.md'
>>> os.path.split('youth\\github\\README.md') # 返回路径和文件名的元组
('youth\\github', 'README.md')
>>> os.path.basename('youth\\github\\README.md') # 返回文件名
'README.md'
>>> os.path.splitext('youth\\github\\README.md') # 返回路径名和文件扩展名的元组
('youth\\github\\README', '.md')
```

3. 运行外部命令

os 模块提供了两种执行外部命令的方法：os.system( ) 和 os.popen( )。前者相当于在当前进

程中打开一个子 shell（子进程）来执行系统命令；后者则会打开一个管道，返回一个连接管道的文件对象，从该文件对象中读取返回结果。

```
>>> os.system('cmd') # 运行cmd命令（打开一个命令行窗口）
-1073741510
>>> os.system('notepad') # 打开记事本
0
>>> f = os.popen('ping cn.bing.com', mode='r', buffering=-1) # 运行ping命令
>>> f.readlines() # 从该文件对象中读取返回结果
['\n', '正在 Ping cn-0001.cn-msedge.net [202.89.233.100] 具有 32 字节的数据:\n', '来自 202.89.233.100 的回复: 字节=32 时间=24ms TTL=117\n', '来自 202.89.233.100 的回复: 字节=32 时间=24ms TTL=117\n', '来自 202.89.233.100 的回复: 字节=32 时间=35ms TTL=117\n', '来自 202.89.233.100 的回复: 字节=32 时间=30ms TTL=117\n', '\n', '202.89.233.100 的 Ping 统计信息:\n', '    数据包: 已发送 = 4，已接收 = 4，丢失 = 0 (0% 丢失)，\n', '往返行程的估计时间(以毫秒为单位):\n', '    最短 = 24ms，最长 = 35ms，平均 = 28ms\n']
```

4. 打开关联了工具的文件

关联了打开工具的文件，如 Office 文件、PDF 文件、各种格式的图像文件等，可以使用 os.startfile( ) 直接打开。

```
>>> os.startfile(r'D:\NumPyFamily\data\planet.xlsx')
>>> os.startfile(r'D:\NumPyFamily\data\gitdoc.pdf')
>>> os.startfile(r'D:\NumPyFamily\res\cat.jpg')
```

5. 其他辅助功能

os 模块可以获取与当前操作系统、当前用户、当前进程相关的各种信息。

```
>>> os.name # 操作系统名
'nt'
>>> os.getenv('OS') # 返回操作系统名
'Windows_NT'
>>> os.getenv('USERNAME') # 返回当前用户名
'xufive'
>>> os.getlogin() # 返回当前用户名
'xufive'
>>> os.cpu_count() # 返回CUP数量
8
>>> os.getpid() # 返回当前进程id
9564
>>> import signal
>>> os.kill(9564, signal.SIGILL) # 终止进程
```

3.7.2　sys模块

sys 模块是一个和 Python 解释器关系密切的标准库，可以用来查看 Python 解释器的版本号、

版权信息、存储路径、最大递归深度、最大整数、导入模块的路径等信息。此外，sys 模块还提供了标准输入函数 sys.stdin( ) 和标准输出函数 sys.stdout( )，以及命令行参数列表 sys.argv。借助命令行参数列表，我们可以在运行代码的命令中传递运行参数。表 3-8 列出了 sys 模块的常用变量和函数。

表 3-8　sys 模块的常用变量和函数

sys 成员（变量和函数）	功 能 描 述
sys.version	返回 Python 解释器的版本信息
sys.winver	返回 Python 解释器的主版本号
sys.copyright	返回与 Python 解释器有关的版权信息
sys.executable	返回 Python 解释器在磁盘上的存储路径
sys.path	返回路径列表。导入模块时，解释器从这些路径中查找指定的模块
sys.modules	返回模块名和载入模块对应关系的字典
sys.byteorder	显示本地字节序的指示符。如果本地字节序是大端模式，则该属性返回 big，否则返回 little
sys.maxsize	返回 Python 整数支持的最大值。在 32 位平台上，该属性值为 $2^{31}-1$；在 64 位平台上，该属性值为 $2^{63}-1$
sys.getswitchinterval( )	返回 Python 解释器中线程切换的时间间隔。该属性可通过 sys.setswitchinterval( ) 函数改变
sys.getrecursionlimit( )	返回 Python 解释器当前支持的最大递归深度。该属性可通过 setrecursionlimit( ) 方法重新设置
sys.getrefcount(object)	返回指定对象的引用计数。当 object 对象的引用计数为 0 时，系统会回收该对象
sys.stdin	标准输入的类文件流对象，默认从控制台读入
sys.stdout	标准输出的类文件流对象，默认输出到控制台
sys.stderr	标准错误信息的类文件流对象，默认输出到控制台
sys.exit( )	通过引发 SystemExit 异常来退出程序
sys.argv	运行 Python 程序的命令行参数列表。列表的首元素通常是 Python 程序，其后的元素均为程序的运行参数

了解了 sys 模块后，我们就再也不用担心找不到 Python 的安装路径、版本等问题了。

```
>>> import sys
>>> sys.version
'3.7.5 (tags/v3.7.5:5c02a39a0b, Oct 15 2019, 00:11:34) [MSC v.1916 64 bit (AMD64)]'
>>> sys.winver
'3.7'
>>> sys.executable
'C:\\Users\\xufive\\AppData\\Local\\Programs\\Python\\Python37\\pythonw.exe'
```

第 2 章中讲过的 Python 内置函数 print( ) 和 input( )，实际上就是对标准输入对象 sys.stdin

和标准输出对象 sys.stdout 的封装，代码如下。

```
>>> print('Hello,world.') # 使用print()函数输出
Hello,world.
>>> count = sys.stdout.write('Hello,world.\n') # 使用sys.stdout输出
Hello,world.
>>> txt = input() # 使用input()函数从键盘读入
Hello,world.
>>> txt
'Hello,world.'
>>> txt = sys.stdin.readline() # 使用sys.stdin函数从键盘读入
Hello,world.
>>> txt
'Hello,world.\n'
```

下面的代码演示了 sys 模块最典型的两种应用：从命令行读取参数和终止脚本执行。

```
# -*- encoding: utf8 -*-

import sys

def summation(x, y):
    try:
        x, y = float(x), float(y)
    except:
        print('非法参数')
        sys.exit(1)
    finally:
        print('即使异常终止，这一句仍会被执行')

    print('%f + %f = %f'%(x, y, x+y))

if __name__ == '__main__':
    if len(sys.argv) != 3:
        print('请在程序名后输入两个数值型参数，每个参数前都以空格分隔')
        sys.exit(1)
    print(sys.argv)
    summation(sys.argv[1], sys.argv[2])
```

将上面这段代码命名为 sys_sum.py，在命令行窗口运行，可以直观地看到参数列表。下面的代码分别使用合法的、非法的输入参数验证，体会 sys.exit( ) 的使用方法。

```
PS D:\NumPyFamily\code> python .\sys_sum.py 3.5 x
['.\\sys_demo.py', '3.5', 'x']
非法参数
即使异常终止，这一句仍会被执行
PS D:\NumPyFamily\code> python .\sys_sum.py 3.5 4
['.\\sys_demo.py', '3.5', '4']
即使异常终止，这一句仍会被执行
3.500000 + 4.000000 = 7.500000
```

在代码的任何地方调用 sys.exit( )，都会引发 SystemExit 异常，进而退出程序。需要注意的

是，如果 sys.exit( ) 放在 try 语句块中，SystemExit 异常被捕获后，无论退出还是不退出程序，都无法阻止 finally 语句块的执行。另外，提供一个整数作为 sys.exit( ) 的参数（默认为 0 ，标识成功）来标识程序是否成功运行，这是 UNIX 平台的一个惯例。

3.8　线程技术

正确理解和使用线程编程是一个程序员从初级到中级的分水岭。线程技术让代码在宏观上实现了多任务并行处理，为实现复杂的逻辑提供了可能。

3.8.1　戏说线程和进程

对于新手来说，首先要理解线程的概念，以及为什么需要线程编程。什么是线程呢？网上一般是这样定义的：线程（thread）是操作系统能够进行运算调度的最小单位，它被包含在进程之中，是进程中的实际运作单位。这么说，你听懂了吗？这样的定义纯粹是自说自话，新手看完了更困惑，老手看完了不以为然。下面用“非专业”的外行话来解释一下线程和进程。

假设你经营着一家物业管理公司。最初，公司的业务量很小，事事都需要你亲力亲为，给老张家修完暖气管道，立马就去老李家换电灯泡——这叫单线程，所有的工作都得顺序执行。

后来业务拓展了，你雇用了几个工人，这样你的物业公司就可以同时为多户人家提供服务——这叫多线程，而你是主线程。

工人们使用的工具是物业管理公司提供的，这些工具由大家共享，并不专属于某一个人——这叫多线程资源共享。

工人们在工作中都需要管钳，可是管钳只有一把——这叫冲突。解决冲突的办法有很多，如排队等候、等同事用完后微信通知等——这叫线程同步。

你给工人布置任务——这叫创建线程。布置任务后你还要告诉他，可以开始工作了，不然他会一直停在那儿不动——这叫启动线程（start）。

如果某个工人（线程）的工作非常重要，你（主线程）也许会亲自监工一段时间；如果不指定时间，则表示你会一直监工到该项工作完成——这叫线程参与（join）。

业务不忙的时候，你就在办公室喝喝茶。下班时间一到，你群发微信，通知工人该下班了，所有的工人不管手里正在做的工作是否完成，都立刻下班。因此如果有必要，你得避免在工人正忙着的时候发下班通知——这叫线程守护属性设置和管理（daemon）。

再后来，公司规模扩大了，同时为很多生活社区服务，在每个生活社区都设置了分公司，分公司由分公司经理管理，运营机制和总公司几乎一模一样——这叫多进程，总公司叫主进程，分公司叫子进程。

总公司和分公司，以及各个分公司之间使用的工具都是独立的，不能借用、混用——这叫进程间不能共享资源。各个分公司之间可以通过专线电话联系——这叫管道。各个分公司之间还可以通过公司公告栏交换信息——这叫进程间共享内存。另外，各个分公司之间还有各种协同手段，以便完成更大规模的作业——这叫进程间同步。

分公司可以跟着总公司一起下班，也可以把当天的工作全部做完之后再下班——这叫守护进程设置。

3.8.2　创建、启动和管理线程

使用 threading 模块的 Thread 类，可以快速创建并启动线程。当然，创建线程前，需要把交给线程去做的工作写成一个函数，这个函数叫作线程函数。表 3-9 列出了 threading.Thread 类的方法和属性。

表 3-9　threading.Thread 类的方法和属性

类成员（方法和属性）	说　明
name	线程名
ident	线程标识符
daemon	线程是否是守护线程
start( )	开启线程
join( )	若无参数，则等待至线程结束，否则等待至参数指定的时间
setDaemon( )	根据传入的布尔型参数设置线程是否是守护线程
getName( )	返回线程名
isAlive( )	判断线程是否还在运行
isDaemon( )	判断线程是否是守护线程
run( )	定义线程功能的方法（通常在子类中被应用开发者重写）

下面这段代码中，主线程创建了 A 和 B 两个子线程，线程任务都是每隔一秒“打一声招呼”，重复 5 次后结束。两个子线程启动后，主线程“监工”B 线程 3 秒后，检查了子线程 A 和 B 是否结束，然后结束程序。

```
# -*- encoding: utf8 -*-

import time
import threading

def hello(name):
```

```
    """线程函数"""

    for i in range(5):
        time.sleep(1)
        print('Hello, 我是%s'%name)

def demo():
    A = threading.Thread(target=hello, args=('A',))
    B = threading.Thread(target=hello, args=('B',))

    #A.setDaemon(True)
    #B.setDaemon(True)

    A.start()
    B.start()

    B.join(3) # “监工”B线程3秒

    print('线程A%s'%('还在工作中' if A.isAlive() else '已经结束工作',))
    print('线程B%s'%('还在工作中' if B.isAlive() else '已经结束工作',))
    print('下班了。')

if __name__ == '__main__':
    demo()
```

但是，运行这段代码时，你会发现，当主线程“喊下班”（结束程序）时，子线程 A 和 B 并没有结束，主线程要等到子线程任务完成才结束。那么如何令子线程在主线程结束时无条件跟随主线程一起结束呢？很简单，在线程 start( ) 之前，使用 setDaemon(True) 设置该线程为守护线程就可以了。去掉上面代码中 setDaemon(True) 那两行的注释，再次运行，子线程 A 和 B 就会跟随主线程一起结束。

3.8.3　线程同步

多个线程同时工作，既有任务协同，也有资源竞争，这就需要通过线程之间的同步来解决问题。常用的线程同步方法有队列、线程锁、信号量、事件和条件等 5 种。

1. 队列 Queue

队列是线程间交换数据最常用的方式之一，尤其适合生产者—消费者模式。Python 的 queue 模块提供了一个 Queue 类，它的写队列 put( ) 和读队列 get( ) 两个方法均默认为阻塞式。这意味着一旦队列为空，则 get( ) 会被阻塞；一旦队列满了，则 put( ) 会被阻塞。如果使用参数 block=False 设置 put( ) 或 get( ) 为非阻塞，则读空或写满时会抛出异常，因此读写队列前需要使用 empty( ) 或 full( ) 进行判断。Queue 类实例化时可以指定队列长度。

下面的代码演示了典型的生产者—消费者模式。线程 A 负责往地上“扔钱”（写队列），线程 B 负责从地上“捡钱”（读队列）。

```
# -*- coding: utf-8 -*-

import os, time, random
import queue
import threading

def sub_thread_A(q):
    """A线程函数：生成数据"""

    while True:
        time.sleep(5*random.random()) # 0～5秒的随机延时
        q.put(random.randint(10,100)) # 随机生成[10,100]的整数

def sub_thread_B(q):
    """B线程函数：使用数据"""

    words = ['哈哈，', '天哪！', 'My God！', '咦，天上掉馅饼了？']
    while True:
        print('%s捡到了%d块钱！'%(words[random.randint(0,3)], q.get()))

if __name__ == '__main__':
    print('线程（%s）开始，按回车键结束本程序'%os.getpid())

    q = queue.Queue(10)

    A = threading.Thread(target=sub_thread_A, args=(q,))
    A.setDaemon(True)
    A.start()

    B = threading.Thread(target=sub_thread_B, args=(q,))
    B.setDaemon(True)
    B.start()

    input() # 利用input()函数阻塞主线程。这是常用的调试手段
```

2. 线程锁 Lock

假设有这样一个需求：在一个几百人的微信群里统计喜欢使用 PyCharm 的人数。有人说，那就从 1 开始报数吧，并发了起始数字 1，立马有人发了数字 2、3……但是统计很快就进行不下去了，因为大家发现有好几个人发 4，有更多的人发 5。

这就是典型的资源竞争冲突：统计用的计数器就是唯一的资源，很多人（子线程）都想取得写计数器的资格。怎么办呢？ Lock（互斥锁）就是一个很好的解决方案。Lock 只能有一个线程获取，且获取该锁的线程才能执行，否则就会阻塞；获取该锁的线程执行完任务后，必须释放锁。

```
# -*- encoding: utf8 -*-

import time
import threading

lock = threading.Lock() # 创建互斥锁
counter = 0 # 计数器

def hello():
    """线程函数"""

    global counter

    if lock.acquire(): # 请求互斥锁，如果被占用，则阻塞直至获取到锁
        time.sleep(0.2) # 假装思考、按键盘，需要0.2秒
        counter += 1
        print('我是第%d个'%counter)

    lock.release() # 千万不要忘记释放互斥锁，否则后果会非常严重

def demo():
    threads = list()
    for i in range(30): # 假设群里有30人都喜欢使用PyCharm
        threads.append(threading.Thread(target=hello))
        threads[-1].start()

    for t in threads:
        t.join()

    print('统计完毕，共有%d人'%counter)

if __name__ == '__main__':
    demo()
```

除了互斥锁，线程锁还有另一种形式，叫作递归锁（RLock），又称可重入锁。已经获得递归锁的线程可以继续多次获得该锁而不会被阻塞，释放的次数必须和获取的次数相同才会真正释放该锁。

3. 信号量 Semaphore

上面的例子中，统计用的计数器是唯一的资源，因此使用只能被一个线程获取的互斥锁来解决问题。假如共享的资源有多个，多线程竞争时一般使用信号量（Semaphore）来同步。信号量有一个初始值，表示当前可用的资源数，多线程执行过程中会通过 acquire( ) 和 release( ) 操作动态地加减信号量。例如，有 30 个工人（线程）都需要使用电锤（资源），但是电锤总共只有 5 把。使用信号量（Semaphore）解决竞争的代码如下。

```
# -*- encoding: utf8 -*-

import time
import threading

S = threading.Semaphore(5) # 有5把电锤可供使用

def us_hammer(id):
    """线程函数"""

    S.acquire() # P操作，阻塞式请求电锤
    time.sleep(0.2)
    print('%d号刚刚用完电锤'%id)
    S.release() # V操作，释放资源（信号量加1）

def demo():
    threads = list()
    for i in range(30): # 有30名工人要求使用电锤
        threads.append(threading.Thread(target=us_hammer, args=(i,)))
        threads[-1].start()

    for t in threads:
        t.join()

    print('所有线程工作结束')

if __name__ == '__main__':
        demo()
```

4. 事件 Event

想象我们每天早上上班的场景：为了不迟到，总是提前几分钟（我一般都会提前 30 分钟）到办公室，打卡后，一看表还不到工作时间，大家就看看新闻、聊聊天。工作时间一到，立马开始工作。如果有人迟到了，他自然就不能看新闻和聊天了，得立即投入工作中。

上面的这个场景中，每个人代表一个线程，工作时间到，表示事件（Event）发生。事件发生前，线程会调用 wait( ) 方法阻塞自己（对应看新闻和聊天）；一旦事件发生，会唤醒所有调用 wait( ) 而进入阻塞状态的线程。下面的代码模拟了办公室里的这一场景。

```
# -*- encoding: utf8 -*-

import time
import threading

E = threading.Event() # 创建事件

def work(id):
    """线程函数"""
```

```
    print('<%d号员工>上班打卡'%id)
    if E.is_set(): # 已经到点了
        print('<%d号员工>迟到了'%id)
    else: # 还不到点
        print('<%d号员工>看新闻中...'%id)
        E.wait() # 等上班铃声

    print('<%d号员工>开始工作了...'%id)
    time.sleep(10) # 工作10秒后下班
    print('<%d号员工>下班了'%id)

def demo():
    E.clear() # 设置为"未到上班时间"
    threads = list()

    for i in range(3): # 3人提前来到公司打卡
        threads.append(threading.Thread(target=work, args=(i,)))
        threads[-1].start()

    time.sleep(5) # 5秒后上班时间到
    E.set()

    time.sleep(5) # 5秒后，"大佬"(9号)到
    threads.append(threading.Thread(target=work, args=(9,)))
    threads[-1].start()

    for t in threads:
        t.join()

    print('都下班了，关灯关门走人')

if __name__ == '__main__':
        demo()
```

5. 条件 Condition

和线程锁相比，条件（Condition）更侧重于线程间的联络，有点类似于小朋友们的捉迷藏游戏。假设两位小朋友，Hider 和 Seeker，打算玩一个捉迷藏的游戏，规则是这样的：Seeker 先找个眼罩把眼蒙住，喊一声“我已经蒙上眼了”。听到消息后，Hider 就找地方藏起来，藏好以后，也要喊一声“我藏好了，你来找我吧”。Seeker 听到后，也要回应一声“我来了”，捉迷藏正式开始。各自随机等了一段时间后，两位小朋友都忍不住跑了出来。谁先跑出来，就算谁输。下面的代码用两个线程模拟 Hider 和 Seeker，玩起了捉迷藏的游戏。

```
# -*- encoding: utf8 -*-

import time
import threading
import random
```

```
cond = threading.Condition() # 创建条件对象
draw_Seeker = False # Seeker小朋友认输
draw_Hidwer = False # Hider小朋友认输

def seeker():
    """Seeker小朋友的线程函数"""

    global draw_Seeker, draw_Hidwer

    time.sleep(1) # 确保Hider小朋友已经进入消息等待状态
    cond.acquire() # 阻塞时请求资源
    time.sleep(random.random()) # 假装蒙眼需要花费时间
    print('Seeker: 我已经蒙上眼了')
    cond.notify() # 把消息通知到Hider小朋友
    cond.wait() # 释放资源并等待Hider小朋友已经藏好的消息

    print('Seeker: 我来了') # 收到Hider小朋友已经藏好的消息后
    cond.notify() # 把消息通知到Hider小朋友
    cond.release() # 不要再侦听消息了，彻底释放资源
    time.sleep(random.randint(3,10)) # Seeker小朋友的耐心只有3～10秒

    if draw_Hidwer:
        print('Seeker: 哈哈，我找到你了，我赢了')
    else:
        draw_Seeker = True
        print('Seeker: 算了，我找不到你，我认输啦')

def hider():
    """Hider小朋友的线程函数"""

    global draw_Seeker, draw_Hidwer

    cond.acquire() # 阻塞时请求资源
    cond.wait() # 如果先于Seeker小朋友请求到资源，则立刻释放并等待
    time.sleep(random.random()) # 假装找地方躲藏需要花费时间
    print('Hider: 我藏好了，你来找我吧')
    cond.notify() # 把消息通知到Seeker小朋友
    cond.wait() # 释放资源并等待Seeker小朋友开始找人的消息

    cond.release() # 不再侦听消息了，彻底释放资源
    time.sleep(random.randint(3,10)) # Hider小朋友的耐心只有3～10秒

    if draw_Seeker:
        print('Hider: 哈哈，你没找到我，我赢了')
    else:
        draw_Hidwer = True
        print('Hider: 算了，这里太闷了，我认输，自己出来吧')

def demo():
    th_seeker = threading.Thread(target=seeker)
    th_hider = threading.Thread(target=hider)
    th_seeker.start()
    th_hider.start()
```

```
    th_seeker.join()
    th_hider.join()

if __name__ == '__main__':
        demo()
```

3.8.4 线程池

尽管多线程可以并行处理多个任务，但开启线程不仅花费时间，也需要占用系统资源。因此，线程数量不是越多越快，而是要保持在合理的水平上。线程池可以让我们用固定数量的线程完成比线程数量多得多的任务。下面的代码演示了使用 Python 的标准模块创建线程池，计算多个数值的平方。

```
>>> from concurrent.futures import ThreadPoolExecutor
>>> def pow2(x):
        return x*x

>>> with ThreadPoolExecutor(max_workers=4) as pool: # 4个线程的线程池
        result = pool.map(pow2, range(10)) # 使用4个线程分别计算0～9的平方
>>> list(result) # result是一个生成器，转成列表才可以直观地看到计算结果
[0, 1, 4, 9, 16, 25, 36, 49, 64, 81]
```

如果每个线程的任务各不相同，使用不同的线程函数，任务结束后的结果处理也不一样，同样可以使用这个线程池。下面的代码对多个数值中的奇数做平方运算，偶数做立方运算，线程任务结束后，打印各自的计算结果。

```
>>> from concurrent.futures import ThreadPoolExecutor
>>> def pow2(x):
        return x*x

>>> def pow3(x):
        return x*x*x

>>> def save_result(task): # 保存线程计算结果
        global result
        result.append(task.result())

>>> result = list()
>>> with ThreadPoolExecutor(max_workers=3) as pool:
    for i in range(10):
        if i%2: # 奇数做平方运算
            task = pool.submit(pow2, i)
        else: # 偶数做立方运算
            task = pool.submit(pow3, i)
        task.add_done_callback(save_result) # 为每个线程指定结束后的回调函数

>>> result
[0, 1, 8, 9, 64, 25, 216, 49, 512, 81]
```

3.9 进程技术

进程是一个“执行中的程序”。程序是指令、数据及其组织形式的描述，是一个没有生命的实体，只有处理器“赋予程序生命”时（操作系统执行程序时），它才能成为一个活动的实体，我们将执行中的程序称为进程。

3.9.1 再论线程和进程

上一节以经营物业管理公司为例，形象地介绍了线程和进程的概念。使用线程技术可以在一个进程中创建多个线程，让它们在“同一时刻”分别去做不同的工作。这些线程共享同一块内存，线程之间可以共享对象和资源，如果有冲突或需要协同，还可以随时沟通以解决冲突或保持同步。

不过，多线程技术不是“万金油”，它有一个致命的缺点：在一个进程内，不管创建了多少线程，它们总是被限定在一颗 CPU 内，或多核 CPU 的一个核内。这意味着多线程在宏观上是并行的，在微观上则是分时切换串行的，多线程编程无法充分发挥多核计算资源的优势。这也是使用多线程做任务并行处理时，线程数量超过一定数值后，线程越多速度反倒越慢的原因。

多进程技术正好弥补了多线程技术的不足，我们可以在每一颗 CPU 上，或多核 CPU 的每一个核上启动一个进程。如果有必要，还可以在每个进程内再创建适量的线程，最大限度地使用计算资源来解决问题。因为进程不在同一块内存区域内，所以和线程相比，进程间的资源共享、通信、同步等都要麻烦得多，受到的限制也更多。

3.9.2 创建、启动和管理进程

multiprocessing 是 Python 内置的标准进程模块，可运行在 UNIX 和 Windows 平台上。基于该模块，程序员得以充分利用机器上的多核资源。为便于使用，multiprocessing 模块提供了和 threading 线程模块相似的 API。针对进程特点，multiprocessing 模块还引入了在 threading 模块中没有的 API，如进程池（Pool）、共享内存（Array 和 Value）等。

Process 类是 multiprocessing 模块的子进程类，用于创建、启动和管理子进程。Process 类和线程模块 treading.Thread 的 API 几乎完全相同。Process 类用来描述一个进程对象。创建子进程的时候，只需要传入进程函数和函数的参数即可完成 Process 类的实例化。表 3-10 列出了 Process 类常用方法和属性。

表 3-10　Process 类常用方法和属性

类成员（方法和属性）	说　明
name	进程名，默认是 Process-n
pid	进程 id
exitcode	运行时该值为 None，进程结束后表示结束该进程的信号值
daemon	默认为 False。True 表示后台守护进程，父进程终止，该进程也终止
start( )	启动进程，会自动调用进程对象的 run( ) 方法
join( )	若无参数，主进程等待至子进程结束，否则等待至参数指定的时间
is_alive( )	判断进程是否还在运行
terminate( )	强制终止一个进程，不会做任何清理工作
run( )	启动进程时自动运行的方法，调用 target 指向的对象

在下面这段代码中，主进程启动了两个子进程，然后等待用户的键盘输入以结束程序。主进程结束后，子进程也随之结束。

```
# -*- coding: utf-8 -*-

import os, time
import multiprocessing as mp

def sub_process(name, delay):
    """进程函数"""

    while True:
        time.sleep(delay)
        print('我是子进程%s，进程id为%s'%(name, os.getpid()))

if __name__ == '__main__':
    print('主进程（%s）开始，按任意键结束本程序'%os.getpid())

    p_a = mp.Process(target=sub_process, args=('A', 1))
    p_a.daemon = True  # 设置子进程为守护进程
    p_a.start()

    p_b = mp.Process(target=sub_process, args=('B', 2))
    p_b.daemon = True  # 如果不是守护进程，主进程结束后子进程可能成为僵尸进程
    p_b.start()

    input() # 利用input()函数阻塞主进程。这是常用的调试手段
```

如果将上面代码中两个子进程的 daemon 设置为 False，则主进程结束后，两个子进程不会随之结束，从而成为僵尸进程。图 3-6 所示为在任务管理器中查看当前进程，可以看到主进程以及两个子进程使用的 3 个 Python 解释器（如果你还有其他的 Python 程序，如 IDLE 等在运行，会看到有更多的 Python 解释器在运行）。我们既可以在任务管理器中手动关闭僵尸进程，也可

以在主进程结束前使用 is_live( ) 判断进程是否还在运行，使用 terminate( ) 强制关闭运行中的进程。

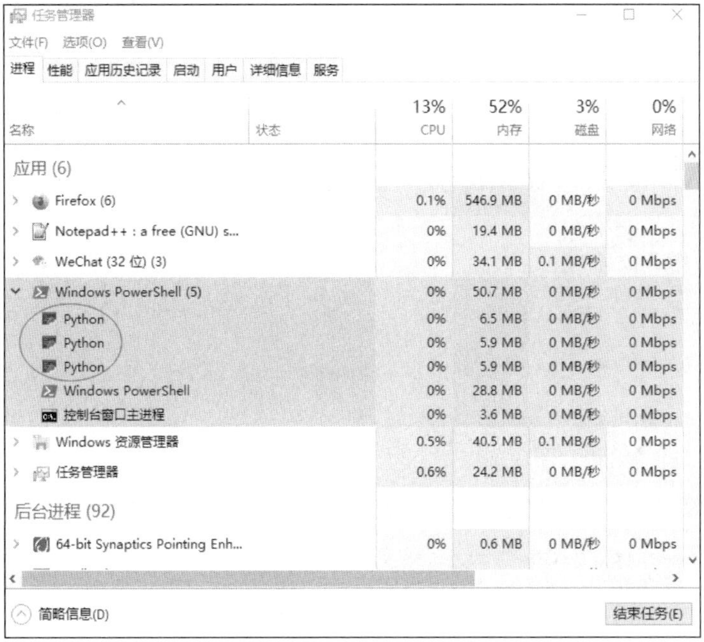

图 3-6 在任务管理器中查看多个 Python 解释器进程

3.9.3 进程间通信

和线程类似，多个进程同时工作的情况下也存在任务协同和资源竞争，同样需要进程之间的同步。另外，由于各个进程分属于不同的内存区块，进程间交换数据比线程间交换数据要困难得多。这里把进程间同步和交换数据统称为进程间通信。线程间使用的队列、互斥锁、信号量、事件和条件等 5 种同步方式，同样可以应用在进程间。此外，multiprocessing 模块还提供了管道和共享内存等进程间通信的手段。

1. 队列

和线程类似，队列也是进程间交换数据最常用的方式之一。multiprocessing 模块提供了一个和 queue 模块几乎一样的 Queue 类。Queue 类的 put( ) 方法和 get( ) 方法也默认为阻塞式，可以使用参数 block 指定为阻塞或非阻塞。

我们还是沿用线程队列那个生产者—消费者模式的例子，一个负责往地上“扔钱”（写队列），另一个负责从地上“捡钱”（读队列）。只需做一点点改动，就可以用进程实现。

```
# -*- coding: utf-8 -*-

import os, time, random
import multiprocessing as mp

def sub_process_A(q):
    """A进程函数：生成数据"""

    while True:
        time.sleep(5*random.random()) # 0～5秒的随机延时
        q.put(random.randint(10,100)) # 随机生成[10,100]的整数

def sub_process_B(q):
    """B进程函数：使用数据"""

    words = ['哈哈，', '天哪！', 'My God！', '咦，天上掉馅饼了？']
    while True:
        print('%s捡到了%d块钱！'%(words[random.randint(0,3)], q.get()))

if __name__ == '__main__':
    print('主进程（%s）开始，按回车键结束本程序'%os.getpid())

    q = mp.Queue(10)

    p_a = mp.Process(target=sub_process_A, args=(q,))
    p_a.daemon = True
    p_a.start()

    p_b = mp.Process(target=sub_process_B, args=(q,))
    p_b.daemon = True
    p_b.start()

    input()
```

2. 管道

管道是除队列外的另一种进程间通信的主要方式。multiprocessing 模块提供了一个 Pipe 类用于管道通信，默认是双工的，管道的两端都可以使用 send( ) 和 recv( ) 发送和接收消息。需要说明的是，recv( ) 是阻塞式的，并且没有队列那样的 block 参数可以设置是否阻塞。

下面的代码演示了两个进程猜数字的游戏：进程 A 在心中默想了一个在 [0, 127] 的整数，让进程 B 来猜。如果进程 B 猜对了，游戏结束；如果进程 B 猜的数字大于或小于目标数，则进程 A 会告诉进程 B 猜大了或者猜小了，然后让进程 B 继续猜。

```
# -*- coding: utf-8 -*-

import time, random
import multiprocessing as mp
```

```
def sub_process_A(pipe):
    """A进程函数"""

    aim = random.randint(0, 128)
    pipe.send('我想好了一个在[0,128)的数字，你猜是几？')
    print('A: 我想好了一个在[0,128)的数字，你猜是几？')
    while True:
        guess = pipe.recv()
        time.sleep(0.5 + 0.5*random.random()) # 假装思考一会儿
        if guess == aim:
            pipe.send('恭喜你，猜中了！')
            print('A: 恭喜你，猜中了！')
            break
        elif guess < aim:
            pipe.send('猜小了')
            print('A: 不对，猜小了')
        else:
            pipe.send('猜大了')
            print('A: 不对，猜大了')

def sub_process_B(pipe):
    """B进程函数"""

    result = pipe.recv()
    n_min, n_max = 0, 127
    while True:
        time.sleep(0.5 + 2*random.random()) # 假装思考一会儿
        guess = n_min + (n_max-n_min)//2
        pipe.send(guess)
        print('B: 我猜是%d'%guess)

        result = pipe.recv()
        if result == '恭喜你，猜中了！':
            print('B: 哈哈，被我猜中！')
            break
        elif result == '猜小了':
            n_min, n_max = guess+1, n_max
        else:
            n_min, n_max = n_min, guess

if __name__ == '__main__':
    pipe_enda, pipe_endb = mp.Pipe() # 创建管道，返回管道的两个端，均可收发信息

    p_a = mp.Process(target=sub_process_A, args=(pipe_enda,))
    p_a.daemon = True
    p_a.start()

    p_b = mp.Process(target=sub_process_B, args=(pipe_endb,))
    p_b.daemon = True
    p_b.start()

    p_a.join() # 主进程等待p_a进程结束
    p_b.join() # 主进程等待p_b进程结束
```

3. 共享内存

通过共享内存实现状态共享非常简单，但在多进程编程中，这不是首选的方法，应当尽量避免使用。multiprocessing 模块提供了 Value 和 Array 两个共享内存对象，一个用于单值共享，一个用于数组共享。实例化 Value 和 Array 时，'d' 表示双精度浮点数，'i' 表示有符号整数。这些共享对象是进程和线程安全的。

下面的代码演示了两个进程如何共享单值内存和数组内存。若共享单值为 0，则进程 A 对共享数组的元素加 2，同时置共享单值为 1；若共享单值为 1，则进程 B 对共享数组的元素减 1，同时置共享单值为 0。这个例子里面隐式地涉及了 ctypes 模块，这是一个用于在 Python 和 C 或 C++ 之间架设沟通桥梁的模块。

```
# -*- coding: utf-8 -*-

import os, time
import multiprocessing as mp

def sub_process_A(flag, data):
    """A进程函数"""

    while True:
        if flag.value == 0: # 若标志为0
            time.sleep(1)
            for i in range(len(data)): # 共享数组各元素加2
                data[i] += 2
            flag.value = 1 # 置共享单值为1
            print([item for item in data])

def sub_process_B(flag, data):
    """B进程函数"""

    while True:
        if flag.value == 1: # 若标志为0
            time.sleep(1)
            for i in range(len(data)):
                data[i] -= 1 # 共享数组各元素减1
            flag.value = 0 # 置共享单值为0
            print([item for item in data])

if __name__ == '__main__':
    print('主进程（%s）开始，按回车键结束本程序'%os.getpid())

    flag = mp.Value('i', 0) # flag类型是ctypes.c_long，不是普通的int
    data = mp.Array('d', range(5))

    p_a = mp.Process(target=sub_process_A, args=(flag, data))
    p_a.daemon = True
    p_a.start()
```

```
    p_b = mp.Process(target=sub_process_B, args=(flag, data))
    p_b.daemon = True
    p_b.start()

    input()
```

4. 互斥锁

还记得 3.8.3 小节中用线程锁模拟在微信群里统计喜欢使用 PyCharm 人数的例子吗？只需要将 threading 模块替换为 multiprocessing 模块，将 Thread 类替换为 Process 类，就可以用进程的互斥锁实现这个例子，其代码如下。

```
# -*- coding: utf-8 -*-

import time
import multiprocessing as mp

lock = mp.Lock() # 创建进程互斥锁
counter = mp.Value('i', 0) # 使用共享内存作计数器

def hello(lock, counter):
    """进程函数"""

    if lock.acquire(): # 请求互斥锁，如果被占用，则阻塞，直至获取到锁
        time.sleep(0.2) # 假装思考、按键盘需要0.2秒
        counter.value += 1
        print('我是第%d个'%counter.value)

    lock.release() # 千万不要忘记释放互斥锁，否则后果会非常严重

def demo():
    p_list= list()
    for i in range(30): # 假设群里有30人，都喜欢使用PyCharm
        p_list.append(mp.Process(target=hello, args=(lock, counter)))
        p_list[-1].start()

    for t in p_list:
        t.join()

    print('统计完毕，共有%d人'%counter.value)

if __name__ == '__main__':
    demo()
```

5. 信号量

使用同样的方式，很容易用进程的信号量模拟实现 30 名工人竞争使用 5 把电锤的例子，其代码如下。

```python
# -*- coding: utf-8 -*-

import time
import multiprocessing as mp

S = mp.Semaphore(5) # 有5把电锤可供使用

def us_hammer(id, S):
    """进程函数"""

    S.acquire() # P操作，阻塞式请求电锤
    time.sleep(0.2)
    print('%d号刚刚用完电锤'%id)
    S.release() # V操作，释放资源（信号量加1）

def demo():
    p_list = list()
    for i in range(30): # 有30名工人要求使用电锤
        p_list.append(mp.Process(target=us_hammer, args=(i, S)))
        p_list[-1].start()

    for t in p_list:
        t.join()

    print('所有进程工作结束')

if __name__ == '__main__':
    demo()
```

6. 事件

在上一节讲解线程同步技术时，用线程的事件对象模拟了一间办公室早上上班的场景。这个场景中，每个人代表一个线程，工作时间到，表示事件（Event）发生。事件发生前，线程会调用 wait( ) 方法阻塞自己（对应看新闻、聊天）；一旦事件发生，会唤醒所有因调用 wait( ) 而进入阻塞状态的线程。使用进程和进程的事件（Event），同样可以模拟这一场景。

```python
# -*- coding: utf-8 -*-

import time
import multiprocessing as mp

E = mp.Event() # 创建事件

def work(id, E):
    """进程函数"""

    print('<%d号员工>上班打卡'%id)
    if E.is_set(): # 已经到点了
        print('<%d号员工>迟到了'%id)
    else: # 还不到点
```

```
        print('<%d号员工>看新闻中...'%id)
        E.wait() # 等上班铃声

    print('<%d号员工>开始工作了...'%id)
    time.sleep(10) # 工作10秒后下班
    print('<%d号员工>下班了'%id)

def demo():
    E.clear() # 设置为“未到上班时间”
    threads = list()

    for i in range(3): # 3人提前来到公司打卡
        threads.append(mp.Process(target=work, args=(i, E)))
        threads[-1].start()

    time.sleep(5) # 5秒后上班时间到
    E.set()

    time.sleep(5) # 5秒后，“大佬”(9号)到
    threads.append(mp.Process(target=work, args=(9, E)))
    threads[-1].start()

    for t in threads:
        t.join()

    print('都下班了，关灯关门走人')

if __name__ == '__main__':
    demo()
```

7. 条件

最后，我们改用进程的条件（Condition）对象来模拟实现上一节 Hider 和 Seeker 两位小朋友玩的捉迷藏游戏。

```
# -*- coding: utf-8 -*-

import time
import multiprocessing as mp
import random

cond = mp.Condition() # 创建条件对象
draw = mp.Array('i', [0,0]) # [Seeker小朋友认输, Hider小朋友认输]

def seeker(cond, draw):
    """Seeker小朋友的进程函数"""

    global draw_Seeker, draw_Hidwer

    time.sleep(1) # 确保Hider小朋友已经进入消息等待状态
    cond.acquire() # 阻塞时请求资源
```

```
    time.sleep(random.random()) # 假装蒙眼需要花费时间
    print('Seeker: 我已经蒙上眼了')
    cond.notify() # 把消息通知到Hider小朋友
    cond.wait() # 释放资源并等待Hider小朋友已经藏好的消息

    print('Seeker: 我来了') # 收到Hider小朋友已经藏好的消息后
    cond.notify() # 把消息通知到Hider小朋友
    cond.release() # 不要再侦听消息了，彻底释放资源
    time.sleep(random.randint(3,10)) # Seeker小朋友的耐心只有3～10秒

    if draw[1]:
        print('Seeker: 哈哈，我找到你了，我赢了')
    else:
        draw[0] = True
        print('Seeker: 算了，我找不到你，我认输啦')

def hider(cond, draw):
    """Hider小朋友的进程函数"""

    global draw_Seeker, draw_Hidwer

    cond.acquire() # 阻塞时请求资源
    cond.wait() # 如果先于Seeker小朋友请求到资源，则立刻释放并等待
    time.sleep(random.random()) # 假装找地方躲藏需要花费时间
    print('Hider: 我藏好了，你来找我吧')
    cond.notify() # 把消息通知到Seeker小朋友
    cond.wait() # 释放资源并等待Seeker小朋友开始找人的消息

    cond.release() # 不要再侦听消息了，彻底释放资源
    time.sleep(random.randint(3,10)) # Hider小朋友的耐心只有3～10秒

    if draw[0]:
        print('Hider: 哈哈，你没找到我，我赢了')
    else:
        draw[1] = True
        print('Hider: 算了，这里太闷了，我认输，自己出来吧')

def demo():
    p_seeker = mp.Process(target=seeker, args=(cond, draw))
    p_hider = mp.Process(target=hider, args=(cond, draw))
    p_seeker.start()
    p_hider.start()

    p_seeker.join()
    p_hider.join()

if __name__ == '__main__':
    demo()
```

3.9.4　进程池

使用多进程并行处理任务时，处理效率和进程数量并不总是成正比。当进程数量超过一定

限度后，完成任务所需时间反而会延长。进程池提供了一个保持合理进程数量的方案，但合理进程数量需要根据硬件状况及运行状况来确定，通常设置为 CPU 的核数。

multiprocessing.Pool(n) 可创建 *n* 个进程的进程池供用户调用。如果进程池任务不满，则新的进程请求会被立即执行；如果进程池任务已满，则新的请求将等待至有可用进程时才被执行。向进程池提交任务有以下两种方式。

- apply_async(func[, args[, kwds[, callback]]])：非阻塞式提交。即使进程池已满，也会接受新的任务，不会阻塞主进程。新任务将处于等待状态。
- apply(func[, args[, kwds]])：阻塞式提交。若进程池已满，则主进程阻塞，直至有空闲进程可以使用。

下面的代码演示了进程池的典型用法。读者可自行尝试阻塞式提交和非阻塞式提交两种方法的差异。

```
# -*- coding: utf-8 -*-

import time
import multiprocessing as mp

def power(x, a=2):
    """进程函数：幂函数"""

    time.sleep(1)
    print('%d的%d次方等于%d'%(x, a, pow(x, a)))

def demo():
    mpp = mp.Pool(processes=4)

    for item in [2,3,4,5,6,7,8,9]:
        mpp.apply_async(power, (item, )) # 非阻塞式提交新任务
        #mpp.apply(power, (item, )) # 阻塞式提交新任务

    mpp.close() # 关闭进程池，意味着不再接受新的任务
    print('主进程走到这里，正在等待子进程结束')
    mpp.join() # 等待所有子进程结束
    print('程序结束')

if __name__ == '__main__':
    demo()
```

3.9.5 MapReduce模型

MapReduce 是一种用于大规模数据集并行运算的编程模型，分为 Map（映射）和 Reduce（归约）两个步骤。进程池对象 Pool 自带 map( ) 方法，遗憾的是没有提供 reduce( ) 方法。但是我们可以借用 Python 标准库 functools 模块中的 reduce( ) 函数，来实现完整的 MapReduce 的数据处

理模型。

下面的代码以计算整数列表各元素的平方和为例，演示了 Map 和 Reduce 的用法。代码中模拟一次平方计算耗时大于 0.5 秒，如果使用单进程做 100 次平方运算至少耗时 50 秒，使用 8 个进程并行计算，实测总耗时约 8 秒。

```
# -*- coding: utf-8 -*-

import time
from functools import reduce
import multiprocessing as mp

def power(x, a=2):
    """进程函数：幂函数"""

    time.sleep(0.5) # 延时0.5秒，模拟耗时的复杂计算
    return pow(x, a)

if __name__ == '__main__':
    mp.freeze_support()
    print('开始计算。。。')
    t0 = time.time()
    with mp.Pool(processes=8) as mpp:
        result_map = mpp.map(power, range(100))
        result = reduce(lambda result,x:result+x, result_map, 0)

    print('结果为%d，耗时%0.3f秒'%(result, time.time()-t0))
```

3.10 源码打包

Python 的源码文件打包通常有两个不同的含义：一是将源码文件打包成可执行文件，以便在没有安装 Python 环境的计算机上运行；二是将源码文件打包成扩展名为.whl 的模块安装文件，目的是便于维护、分发和使用自定义的模块。

3.10.1 打包成可执行文件

Py2 时代，源码打包的最佳选择是 py2exe 模块，因为当时有一个流行的脚本，它将源码打包和安装程序制作（使用 Inno Setup，一款免费的安装程序制作软件）整合在一起，使用非常方便。遗憾的是，从 Python3.3 以后，py2exe 模块不再进行更新。

目前将源码打包成可执行文件的工具，最常用的是 pyinstaller 和 cx_freeze。这两个工具都支持 Windows、Linux 和 Mac OS X 平台，对 Py3 的支持也不错。比较而言，pyinstaller 使用指令加参数的打包方式，更容易操作，且支持单文件模式，可以将源码打包成单个文件，因此使

用 pyinstaller 的用户相对多一些。其实，我更喜欢 cx_freeze，因为它支持 Zipfile import，同时可以使用打包脚本打包，拥有更强的扩展能力，如像 py2exe 模块那样增加安装程序制作功能。

pyinstaller 和 cx_freeze 都可以使用 pip 命令进行安装，安装非常简单。

```
PS C:\Users\xufive> python -m pip install pyinstaller
PS C:\Users\xufive> python -m pip install cx_freeze
```

1. 使用 pyinstaller 打包

pyinstaller 使用指令加参数的方式打包，打包过程中会自动生成 build 和 dist 两个文件夹，可执行文件包含在 dist 目录中。使用 pyinstaller 打包时还会自动生成一个 .spec 文件，用户可手动修改该文件（需要打包多个文件时，这个方法最容易操作）后，将该文件作为唯一参数重新执行打包指令。表 3-11 列出了 pyinstaller 常用的打包参数。

表 3-11　pyinstaller 常用的打包参数

参　　数	说　　明
-h, --help	查看帮助信息
-D, --onedir	生成一个包含可执行文件的文件夹
-F, --onefile	生成单个可执行文件
-w, --windowed	程序运行时不显示控制台窗口
-c, --nowindowed	使用控制台作为标准 I/O
-d, --debug	生成 debug 版本的可执行文件
-i, --icon	指定可执行文件的图标（仅用于文件图标而非应用程序图标）
--add-data	打包指定的文件

位于 D:\App\Qr 路径下的源码文件 QrCreator.py 是一个 GUI 程序，运行下面的命令可将其打包成一个单文件的可执行程序，运行时禁止显示控制台窗口，同时指定可执行程序的图标文件。

```
PS D:\App\Qr> pyinstaller -F QrCreator.py -i QrCreator.ico -w
```

运行下面的命令将 D:\App\ScreenGIF 路径下的源码文件 ScreenGIF.py 打包成一个文件夹，同时还将同级目录下的 res 文件夹及其全部文件一并打包到目标文件夹中。

```
PS D:\App\ScreenGIF> pyinstaller -D ScreenGIF.py --add-data "res;res"
```

2. 使用 cx_freeze 打包

cx_freeze 使用打包脚本（默认名为 setup.py）完成打包。那么如何生成打包脚本呢？下面以打包 D:\App\ScreenGIF 路径下的源码文件 ScreenGIF.py 为例，演示 cx_freeze 的使用方法。

在源码文件所在路径下运行下面的命令，根据提示输入项目名（ScreenGIF）、版本（使用默认值）、描述（无）、脚本文件名（ScreenGIF.py）、生成的可执行文件名（使用默认值），选择要生成文件类型（选择 C，表示控制台程序）、打包脚本文件名（使用默认值），就可以创建打包脚本。接下来既可以选择直接运行打包脚本，也可以选择不运行，待修改打包脚本后再单独运行。

```
PS D:\App\ScreenGIF> cxfreeze-quickstart
Project name: ScreenGif
Version [1.0]:
Description:
Python file to make executable from: ScreenGif.py
Executable file name [ScreenGif]:
(C)onsole application, (G)UI application, or (S)ervice [C]:
Save setup script to [setup.py]:
Setup script written to setup.py; run it as:
    python setup.py build
Run this now [n]?
```

生成的打包脚本 setup.py 内容如下，我们可以根据需要进行修改。

```
from cx_Freeze import setup, Executable

# Dependencies are automatically detected, but it might need
# fine tuning.
buildOptions = dict(packages = [], excludes = [])

base = 'Console'

executables = [
    Executable('ScreenGif.py', base=base)
]

setup(name='ScreenGif',
      version = '1.0',
      description = '',
      options = dict(build_exe = buildOptions),
          executables = executables)
```

在打包脚本 setup.py 所在路径（同时也是源码文件所在路径）下运行下面的命令，即可生成 dist 文件夹，里面包含源码打包生成的可执行文件。

```
PS D:\App\ScreenGIF > python setup.py build
```

在 Windows 平台使用打包脚本 setup.py 还可以直接生成安装文件（.msi）。在 Mac OS X 平台只需要把下面命令中的 msi 替换为 dmg 就可以直接生成安装文件（.dmg）。

```
PS D:\App\ScreenGIF > python setup.py bdist_msi
```

3.10.2　打包成模块安装文件

一个 Python 的脚本文件就是一个自定义的模块，我们可以在其他脚本文件中导入这个自定义的模块。但如何处理当前脚本文件和作为模块的脚本文件之间的路径关系却是一个令人头疼的问题。最好的做法是，将作为模块的脚本文件打包成扩展名为 .whl 的模块安装文件，然后使用 pip 命令安装，使之成为 Python 环境下的模块，这样导入模块时就不用再担心路径问题了。

将源码打包成模块安装文件需要用到 setuptools 和 wheel 两个模块。如果 Python 环境中还没有安装这两个模块，或不确定当前安装的版本是否可以使用，需要先运行下面这个命令。

```
PS C:\Users\xufive> python -m pip install --user --upgrade setuptools wheel
```

有了这两个工具模块后，接下来只需要按照下面的步骤一步一步执行，即可将源码顺利打包成模块安装文件。

1. 规划文件路径

假定要发布的模块名称为 wxgl，包含 scene.py、region.py 和 colorbar.py 等三个文件，文件目录结构如下所示。

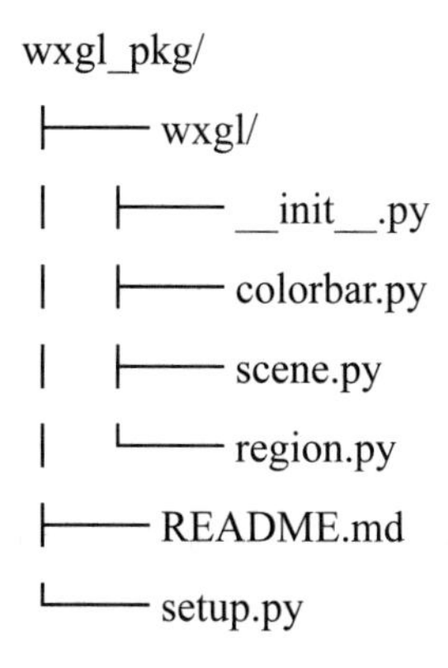

2. 添加 init.py 文件

init.py 文件内容可以为空。下面是一个可供参考的样例。

```
# -*- coding: utf-8 -*-

name = 'wxgl'
version = "0.3.0"
version_info = (0, 3, 0, 0)
```

3. 添加 README.md 文件

README.md 文件是关于安装和使用的说明，是一个支持 Markdown 格式的文本文件。

4. 添加 setup.py 文件

setup.py 是打包的脚本文件，可以参照下面的文件样例并根据实际情况修改。需要注意：License 很重要，打包检查很严格，发布到 pypy.org 时，如果打包不符合规则就会被拒绝。

```
# -*- coding: utf-8 -*-
import setuptools

with open("README.md", "r") as fh:
    long_description = fh.read()

setuptools.setup(
    name="wxgl",
    version="0.3.0",
    author="xufive",
    author_email="xufive@outlook.com",
    description="A 3d library based pyOpenGL.",
    long_description=long_description,
    long_description_content_type="text/markdown",
    url="https://github.com/xufive/wxgl",
    packages=setuptools.find_packages(),
    classifiers=[
        "Programming Language :: Python :: 3",
        "License :: OSI Approved :: MIT License",
        "Operating System :: OS Independent",
    ],
)
```

5. 生成安装包文件

在 wxgl_pkg 目录下运行 setup.py 脚本，会在同级目录下生成 dist 文件夹，扩展名为 .whl 的安装包文件就在这里面，文件路径参考如下。

```
PS C:\Users\xufive\wxgl_pkg> setup.py bdist_wheel
```

第4章

科学计算基础软件包 NumPy

NumPy 是 Python 科学计算的基础软件包，提供了多维数组类（numpy.ndarray）及其派生类（掩码数组、矩阵等），以及用于快速操作数组的函数和 API，涵盖基本线性代数、基本统计运算、随机模拟等诸多数学和工程领域。和 Python 的列表相比，NumPy 数组在运行速度上拥有明显的优势。NumPy 底层使用 C 语言编写，内置并行运算功能，并且内部解除了 GIL（Global Interpreter Lock，全局解释器锁），这意味着 NumPy 在运行速度和并行计算方面有着先天优势。

- NumPy 对数组的操作速度不受 Python 解释器的限制。
- 当系统有多个 CPU 时，NumPy 可以自动进行并行计算。

NumPy 的数据组织结构，尤其是多维数组类（numpy.ndarray），几乎已经成为所有数据处理与机器学习的标准数据结构。越来越多基于 Python 的机器学习和数据处理软件包开始使用 NumPy 数组，虽然这些软件包通常都支持 Python 列表作为参数，但它们在处理之前还是会将输入的 Python 列表转换为 NumPy 数组，而且输出也通常为 NumPy 数组。在 Python 的阵营里，NumPy 的重要性和普遍性日趋增强。换句话说，为了高效地使用机器学习和数据处理等基于 Python 的工具包，只知道如何使用 Python 列表是不够的，还需要知道如何使用 NumPy 数组。

4.1 NumPy概览

NumPy 是 SciPy 家族的成员之一。SciPy 家族是一个专门应用于数学、科学和工程领域的开源 Python 生态圈，其家族成员如图 4-1 所示。SciPy 家族的核心成员为 Matplotlib、SciPy 和 NumPy，可以概括为 MSN 这三个字母。

NumPy 的核心是多维数组类 numpy.ndarray，矩阵类 numpy.matrix 是多维数组类的派生类。以多维数组类为数据组织结构，NumPy 提供了众多的数学、科学和工程函数。此外，NumPy 还提供了以下多个子模块。

- numpy.random：随机抽样子模块。
- numpy.linalg：线性代数子模块。
- numpy.fft：傅里叶变换子模块。
- numpy.ctypeslib：C-Types 外部函数接口子模块。
- numpy.emath：具有自动域的数学函数子模块。
- numpy.testing：测试支持子模块。
- numpy.matlib：矩阵库子模块。
- numpy.dual：SciPy 加速支持子模块。
- numpy.distutils：打包子模块。

IP[y]: IPython
IPython 增强的交互式工具

图 4-1　SciPy 家族

本章将在最后一节讲解随机抽样子模块，而线性代数子模块和傅里叶变换子模块因为和 SciPy 工具包的内容重复，所以在本书第 7 章中进行详细讲解。其他子模块因为使用频率较低，本书就不再一一展开讲解，感兴趣的读者可以自行查阅相关文档。

4.1.1　安装和导入

NumPy 的安装非常简单，可以使用 pip 命令直接安装。安装时还可以使用 == 选择版本号，使用 -i 参数选择下载速度更快的镜像源。这些基础知识在第 1 章中已有详细说明。

```
PS C:\Users\xufive> python -m pip install numpy
```

导入 NumPy 时写成 import numpy as np 是程序员约定俗成的规则。在后面的讲解中，涉及命名空间时可能会混用 np 和 numpy 两种写法。

```
>>> import numpy as np
```

4.1.2　列表VS数组

Python 的列表操作非常灵活，特别是引入负数索引后，更是为列表操作注入了“神奇的力量”。每一位程序员第一次使用 Python 列表时，都会被它的便捷所打动。

首先，Python 列表的元素类型不受限制。同一个列表内，列表元素可以是不同的数据类型，甚至可以是函数。

其次，Python 列表的元素可以动态增减。例如，append() 方法可以向列表末尾追加元素，insert() 方法可以在指定位置插入元素，pop() 方法可以删除指定索引的元素，remove() 方法可以删除指定的元素。

最后，Python 列表的索引非常简单、灵活、高效。例如，[−1] 可以取得最末位的元素，[1:−1] 可以返回“掐头去尾”后的列表，[::−1] 可以反转列表，[::2] 可以隔一个取一个元素。

NumPy 数组的操作便捷性，比 Python 列表更是有过之而无不及，并且还提供了大量的函数，但同时也增加了限制：一是数组元素必须具有相同的数据类型；二是数组一旦创建，其元素数量就不能再改变了。

说到这里，你也许会问：既然 NumPy 数组有这些限制条件，那我们为什么还要使用它呢？答案是，NumPy 数组具有极高的、接近 C 语言的运行效率，同时又继承了 Python 列表操作便捷、灵活的特点，可以说 NumPy 数组是专为处理科学数据而生的。

4.1.3　数组的数据类型

NumPy 支持的数据类型主要有整型（integer）、浮点型（float）、布尔型（bool）和复数型（complex），每一种数据类型根据占用内存的字节数又分为多个不同的子类型，具体的数据类型如图 4-2 所示。事实上，NumPy 也支持字符串类型和自定义类型的数据，但绝大多数函数和方法不适用于非数值型数组。

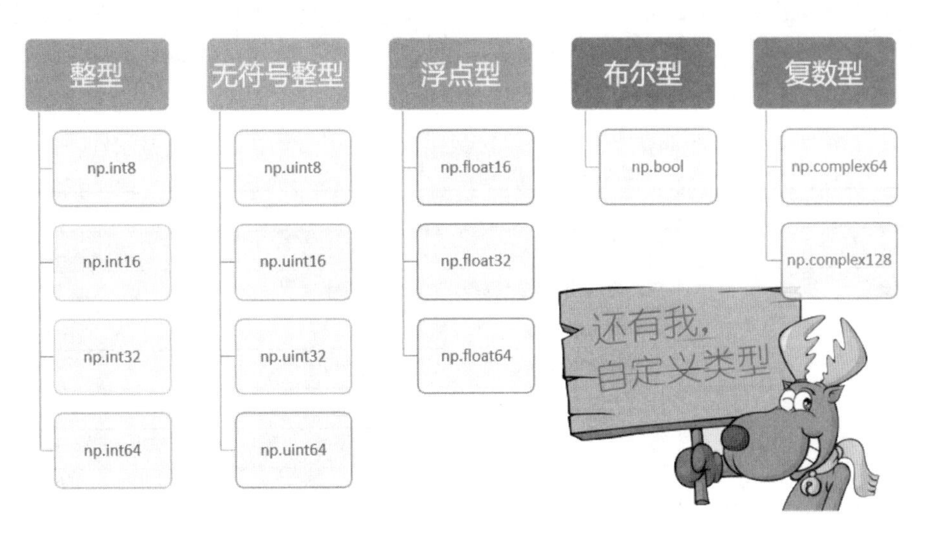

图 4-2　NumPy 支持的数据类型

创建数组时，如果不指定数据类型，NumPy 会根据输入的参数自动选择合适的数据类型。通常在指定数据类型的时候，可以省略类型后面的数字。如果省略数字，整型和无符号整型默认是 32 位，浮点型默认是 64 位，复数型默认是 128 位。

下面的代码以交互方式生成数组并显示其数据类型。

```
>>> import numpy as np
>>> a = np.array([0, 1, 2])
>>> a.dtype
dtype('int32')
>>> a = np.array([0, 1, 2.0])
>>> a.dtype
dtype('float64')
>>> a = np.array([0, 1, 2], dtype=np.uint8)
>>> a.dtype
dtype('uint8')
```

使用正确的数据类型很重要。在图像处理、三维显示等领域，如果数据类型不正确就可能得不到正确的结果，并且很多情况下没有任何错误提示。例如，使用 NumPy 数组处理图像时，数据类型一般都必须指定为 np.uint8 类型。

4.1.4　数组的属性

在上面的交互操作中，我们用数组的 dtype 属性查看数组的数据类型。除了 dtype 属性，数组对象还有一些其他的属性，如 shape 属性表示数组的结构或叫作形状；size 属性表示数组元素个数；itemsize 属性表示数组元素字节数；flags 属性表示数组的内存信息；real 属性表示数组实部；imag 属性表示数组虚部；data 属性表示实际存储区域内存的起始地址，相当于指针。数组的更多属性可通过表 4-1 查看。属性看起来有点多，但只需要记住 dtype 和 shape 这两个属性就足够了。这两个属性非常重要，重要到可以忽略其他属性。

表 4-1　数组属性速查表

属　性	说　明
ndarray.dtype	数组的数据类型
ndarray.shape	数组的结构，也可以理解为数组的形状
ndarray.size	数组的元素个数
ndarray.itemsize	每个元素占用内存的大小，以字节为单位
ndarray.ndim	数组的维度数，也叫秩
ndarray.flags	数组的内存信息
ndarray.real	数组实部
ndarray.imag	数组虚部
ndarray.data	数组在内存中实际存储区域的起始地址

4.1.5　数组的方法

在 Python 基础语法中，我们介绍过列表对象有追加、插入等多种方法，相比之下，数组对象的内置方法更多，尤其是统计方法，简直多到令人眼花缭乱。不过，我们完全不用担心学不会的问题，学习是循序渐进的，目前只需要记住两个方法就行：ndarray.astype( ) 和 ndarray.reshape( )。前者可以修改元素类型，后者可以重新定义数组的结构。这两个方法的重要性和其对应的属性一样。记住 ndarray.dtype 和 ndarray.shape 这两个属性及其对应的修改数据类型和数组结构的两个方法，有助于在调试代码时快速定位问题。

下面的代码以交互方式演示了如何修改数组结构和数据类型。

```
>>> a = np.arange(6)
>>> a
array([0, 1, 2, 3, 4, 5])
>>> a.shape
(6,)
>>> a.dtype
dtype('int32')
>>> a = a.reshape((2,3)) # 改变数组结构
>>> a
array([[0, 1, 2],
       [3, 4, 5]])
>>> a = a.astype(np.float) # 改变数据类型
>>> a.dtype
dtype('float64')
```

4.1.6　维、秩、轴

维，就是维度。通常说数组是几维的，就是指维度数，如三维数组的维度数就是 3。维度数还有一个专用名字，即秩，也就是数组属性 ndim。秩这个名字感觉有些多余，不如维度数更容易理解。但是轴的概念大家一定要建立起来，并且要理解，因为轴的概念很重要。简单来说，我们可以把数组的轴和笛卡儿坐标系的轴来对应一下，示意图如图 4-3 所示。一维数组，类比于一维空间，只有一个轴，那就是 0 轴。二维数组，类比于二维空间，有两个轴，习惯表示成行和列，行的方向是 0 轴，列的方向是 1 轴。三维数组，类比于三维空间，有三个轴，习惯表示成层、行和列，层的方向是 0 轴，行的方向是 1 轴，列的方向是 2 轴。

下面用一个三维数组求总和与分层求和的例子来演示一下轴概念的重要性。我们知道，列表求和需要使用 Python 内置的求和函数 sum( )，且只能对数值型的一维列表求和。而数组则是自带求和方法，且支持按指定轴的方向求和，其代码如下。

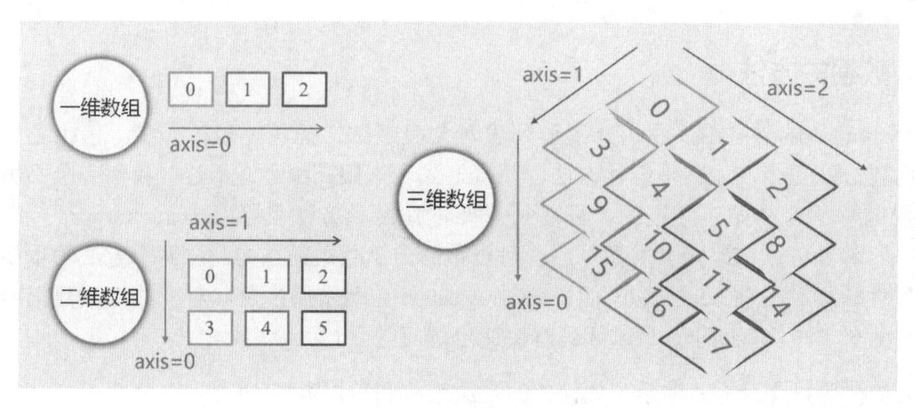

图 4-3　数组的轴

```
>>> a = np.arange(18).reshape((3,2,3)) # 3层2行3列的结构
>>> a
array([[[ 0,  1,  2],
        [ 3,  4,  5]],

       [[ 6,  7,  8],
        [ 9, 10, 11]],

       [[12, 13, 14],
        [15, 16, 17]]])
>>> a.sum() # 全部数组元素之和
153
>>> a.sum(axis=0) # 0轴方向求和: 3层合并成1层，返回二维数组
array([[18, 21, 24],
       [27, 30, 33]])
>>> a.sum(axis=1) # 1轴方向求和: 2行合并成1行，返回二维数组
array([[ 3,  5,  7],
       [15, 17, 19],
       [27, 29, 31]])
>>> a.sum(axis=2) # 2轴方向求和: 3列合并成1列，返回二维数组
array([[ 3, 12],
       [21, 30],
       [39, 48]])
>>> a.sum(axis=1).sum(axis=1) # 分层求和方法1
array([15, 51, 87])
>>> a.sum(axis=2).sum(axis=1) # 分层求和方法2
array([15, 51, 87])
```

4.1.7　广播和矢量化

前面介绍过，NumPy 数组具有极高的、接近 C 语言的运行效率，处理速度远比 Python 列表快得多。为什么数组比列表的处理速度快呢？原来，ndarray 拥有区别于列表的两大“独门绝技”：广播（broadcast）和矢量化（vectorization）。广播可以理解为隐式地对每个元素实施操作；

矢量化可以理解为代码中没有显式的循环、索引等。广播和矢量化对于初学者而言有点抽象，下面我们用两个例子来说明一下。

例 1　数值型数组的各个元素加 1

使用 Python 列表实现列表的各个元素加 1，似乎除了循环就没有更好的办法了。当然，如果你想到了用 map( ) 函数来实现，说明你有扎实的基本功，但这个方法只是避免显式地使用循环，实际处理速度不会比循环更快。

```
>>> a = [0, 1, 2, 3, 4]
>>> for i in range(len(a)):
        a[i] += 1

>>> a
[1, 2, 3, 4, 5]
```

如果换成 NumPy 数组，利用其广播特性，无须循环就可以实现对数组每一个元素加 1 的操作，其代码如下。数组的广播特性，不仅省略了循环结构，更重要的是可以大幅度加快数据的处理速度。

```
>>> a = np.array([0, 1, 2, 3, 4])
>>> a += 1
>>> a
array([1, 2, 3, 4, 5])
```

例 2　两个等长的数值型数组的对应元素相加

如果两个等长的 Python 列表对应元素相加，需要同时遍历两个列表，单是想把代码写“漂亮”就需要花一点心思。下面的代码使用 zip( ) 函数，辅以列表推导式，实现两个等长 Python 列表的对应元素相加。虽然代码形式上接近“完美”，但是运行效率仍然很低。

```
>>> a = [0, 1, 2, 3, 4]
>>> b = [5, 6, 7, 8, 9]
>>> [i+j for i, j in zip(a, b)]
[5, 7, 9, 11, 13]
```

如果换成 NumPy 数组，利用其矢量化特性来实现两个数组对应元素相加，就像是进行两个整型变量相加，代码可读性强、处理速度快，其代码如下。

```
>>> a = np.array([0, 1, 2, 3, 4])
>>> b = np.array([5, 6, 7, 8, 9])
>>> a + b
array([ 5,  7,  9, 11, 13])
```

上面的两个例子分别用列表和数组的方式给出了答案。显然，用 NumPy 数组实现起来要比用 Python 列表更直观、更简洁。这正是得益于 NumPy 的两大特性：广播和矢量化。广播和矢量化是 NumPy 最“精髓”的特性，是 NumPy 的灵魂。广播和矢量化体现在代码上则有以下几个特点。

- 矢量化代码更简洁，更易于阅读。
- 代码行越少意味着出错的概率越小。
- 代码更接近标准的数学符号。
- 矢量化代码更 pythonic（意思是更有 Python 的“味道”）。

4.2 创建数组

一般情况下，科学数据都是海量的、层次关系复杂的，由数据服务机构提供，不是个人构造出来的。创建数组在很多情况下是用来做原型验证和算法验证的。NumPy 为创建数组提供了非常丰富的手段，可以无中生有，可以移花接木，还可以举一反三。配合数据类型设置、结构设置，可以创建出任何形式的数组。

基于工作经验，我把创建数组的方法分成了创建简单数组和创建复杂数组两大类。其实简单数组和复杂数组并没有严格的分界线，大致上，“无中生有”创建出来的数组称为简单数组，如蛮力构造法、特殊数值法、随机数值法和定长分割法等；通过“移花接木”“举一反三”创建出来的数组称为复杂数组，如重复构造法、网格构造法等。

4.2.1 蛮力构造法

蛮力构造法使用 np.array( ) 函数来创建数组，其原型如下。

```
np.array(object, dtype=None, copy=True, order=None, subok=False, ndmin=0)
```

该函数的参数看上去挺多，但固定参数（必要参数）只有一个 object，也就是和我们要创建的数组相似的（array_like）数据结构，通常是 Python 列表或元组。下面的例子使用一个列表创建数组，如果改成元组也完全符合规则。

```
>>> a = np.array([[1,2,3],[4,5,6]]) # 创建2行3列数组
>>> a
array([[1, 2, 3],
       [4, 5, 6]])
>>> a.dtype
dtype('int32')
```

在 np.array( ) 函数的默认参数中，dtype 参数用于指定数据类型。创建数组时，如果不指定

数据类型，np.array( ) 函数会根据 object 参数自动选择合适的数据类型。当然，也可以像下面代码中演示的这样，在创建数组时，指定元素的数据类型。

```
>>> a = np.array([[1,2,3],[4,5,6]], dtype=np.uint8) # 创建8位无符号整型数组
>>> a
array([[1, 2, 3],
       [4, 5, 6]], dtype=uint8)
```

蛮力构造法就是将想要创建数组的数据结构直接用 Python 列表或元组写出来，再用 np.array( ) 函数转为数组。这个方法虽然看起来简单，但很容易出错，不适合创建体量较大的数组。

4.2.2 特殊数值法

这里的特殊数值指的是 0、1、空值。特殊数值法适合构造全 0、全 1、空数组，或由 0、1 组成的类似单位矩阵（主对角线为 1，其余为 0）的数组。特殊数值法使用的 4 个函数原型如下。

```
np.zeros(shape, dtype=float, order='C')
np.ones(shape, dtype=float, order='C')
np.empty(shape, dtype=float, order='C')
np.eye(N, M=None, k=0, dtype=float, order='C')
```

固定参数 shape 表示生成的数组结构，默认参数 dtype 用于指定数据类型（默认浮点型）。虽然 order 参数几乎用不到，但作为常识，我们有必要了解一下。order 参数指定的是数组在内存中的存储顺序，“C”表示 C 语言使用的行优先方式，“F”表示 Fortran 语言使用的列优先方式。

使用上面 4 个函数配合 shape 和 dtype 参数，可以很方便地创建出一些简单数组，其代码如下。

```
>>> np.zeros(6)
array([0., 0., 0., 0., 0., 0.])
>>> np.zeros((2,3))
array([[0., 0., 0.],
       [0., 0., 0.]])
>>> np.ones((2,3),dtype=np.int)
array([[1, 1, 1],
       [1, 1, 1]])
>>> np.empty((2,3))
array([[1., 1., 1.],
       [1., 1., 1.]])
>>> np.eye(3, dtype=np.uint8)
array([[1, 0, 0],
       [0, 1, 0],
       [0, 0, 1]], dtype=uint8)
```

如果需要一个 3 行 4 列、初始值都是 255 的无符号整型数组，应该怎么做呢？全 1 数组乘以 255，或全 0 数组加 255，都是很好的解决方案。另外，使用填充函数 fill( ) 也可以解决这个问题。fill( ) 函数不只可以填充空数组，任何数组都可以使用它来填充固定的值，其代码如下。

```
>>> a = np.empty((3,4), dtype=np.uint8)
>>> a.fill(255)
>>> a
array([[255, 255, 255, 255],
       [255, 255, 255, 255],
       [255, 255, 255, 255]], dtype=uint8)
```

4.2.3　随机数值法

和 Python 的标准模块 random 类似，NumPy 有一个 random 子模块，其功能更加强大。用随机数值法创建数组主要就是使用 random 子模块。random 子模块的方法很多，这里只介绍 3 个最常用的函数，本章的最后一节还会详细讲解这个子模块。这 3 个最常用的函数原型如下。

```
np.random.random(size=None)
np.random.randint(low, high=None, size=None)
np.random.normal(loc=0.0, scale=1.0, size=None)
```

random( ) 函数用于生成 [0,1) 区间内的随机浮点型数组，randint( ) 函数用于生成 [low, high) 区间内的随机整型数组。参数 size 是一个元组，用于指定生成数组的结构，其代码如下。请注意，这里描述的 [0,1) 区间和 [low, high) 区间都是左闭右开的。

```
>>> np.random.random(3)
array([0.4129063 , 0.94242888, 0.10129428])
>>> np.random.random((2,3))
array([[0.80530845, 0.96161533, 0.89166972],
       [0.22920038, 0.84989557, 0.46865645]])
>>> np.random.randint(5)
4
>>> np.random.randint(1, 5, size=(2,3))
array([[1, 4, 1],
       [2, 4, 3]])
```

normal( ) 函数用于生成以 loc 为均值、以 scale 为标准差的正态分布数组。下面用正态分布函数模拟生成 1000 位成年男性的身高数据（假定成年男性平均身高为 170 厘米，标准差为 4 厘米），并画出图 4-4 所示的柱状图（这里提前用到了第 5 章的内容，算是预演吧）。

```
>>> import matplotlib.pyplot as plt # 导入绘图模块
>>> tall = np.random.normal(170, 4, 1000) # 生成正态分布数据
>>> bins = np.arange(156, 190, 2) # 从156厘米到190厘米，每2厘米一个分段
```

```
>>> plt.hist(tall, bins) # 绘制柱状图
(array([  2.,    3.,   17.,   39.,   86., 150., 193., 192., 156.,   91.,   50.,
        14.,    5.,    2.,    0.,    0.]),
array([156, 158, 160, 162, 164, 166, 168, 170, 172, 174, 176, 178, 180,
       182, 184, 186, 188]), <a list of 16 Patch objects>)
>>> plt.show() # 显示图形
```

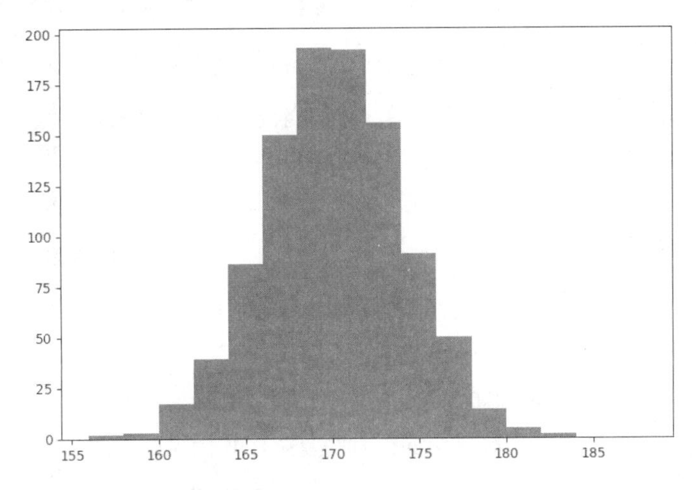

图 4-4　模拟成年男性身高（厘米）的正态分布数组

4.2.4　定长分割法

定长分割法最常用的函数是 arange( )，它看起来和 Python 的 range( ) 函数很像，只是前面多了一个字母 a。另一个常用的定长分割函数是 linspace( )，类似于 arange( ) 函数，但功能更加强大，两个函数的原型如下。

```
np.arange(start, stop, step, dtype=None)
np.linspace(start, stop, num=50, endpoint=True, retstep=False, dtype=None)
```

arange( ) 函数和 Python 的 range( ) 函数用法相同，并且还可以接收浮点型参数，其代码如下。

```
>>> np.arange(5)
array([0, 1, 2, 3, 4])
>>> np.arange(5, 11)
array([ 5,  6,  7,  8,  9, 10])
>>> np.arange(5,11,2)
array([5, 7, 9])
>>> np.arange(5.5, 11, 1.5)
array([ 5.5,  7. ,  8.5, 10. ])
```

```
>>> np.arange(3,15).reshape(3,4)
array([[ 3,  4,  5,  6],
       [ 7,  8,  9, 10],
       [11, 12, 13, 14]])
```

linspace( ) 函数需要 3 个参数：一个起点、一个终点、一个返回元素的个数。linspace( ) 函数返回的元素包括起点和终点，我们可以通过 endpoint 参数选择是否包含终点，其代码如下。

```
>>> np.linspace(0, 5, 5) # 返回0到5之间的5个等距数值，包括0和5
array([0.  , 1.25, 2.5 , 3.75, 5.  ])
>>> np.linspace(0, 5, 5, endpoint=False) # 返回5个等距数值，包括0但不包括5
array([0., 1., 2., 3., 4.])
```

4.2.5　重复构造法

重复构造法，顾名思义就是根据特定的规则对已有数组不断重复，从而生成新的数组。重复构造法主要使用 repeat( ) 和 tile( ) 这两个函数。

一般而言，repeat( ) 函数用来重复数组元素。但如果被重复的数组是一个多维数组，且 repeat( ) 函数指定了 axis 参数，情况就会变得有些复杂，其代码如下。

```
>>> a = np.arange(5)
>>> a
array([0, 1, 2, 3, 4])
>>> np.repeat(a, 3) # 重复一维数组元素3次
array([0, 0, 0, 1, 1, 1, 2, 2, 2, 3, 3, 3, 4, 4, 4])
>>> a = np.arange(6).reshape((2,3))
>>> a
array([[0, 1, 2],
       [3, 4, 5]])
>>> np.repeat(a, 3) # 重复二维数组元素3次，不指定轴
array([0, 0, 0, 1, 1, 1, 2, 2, 2, 3, 3, 3, 4, 4, 4, 5, 5, 5])
>>> np.repeat(a, 3, axis=0) # 重复二维数组元素3次，指定0轴
array([[0, 1, 2],
       [0, 1, 2],
       [0, 1, 2],
       [3, 4, 5],
       [3, 4, 5],
       [3, 4, 5]])
>>> np.repeat(a, 3, axis=1) # 重复二维数组元素3次，指定1轴
array([[0, 0, 0, 1, 1, 1, 2, 2, 2],
       [3, 3, 3, 4, 4, 4, 5, 5, 5]])
```

tile 的原意是铺地砖或贴墙砖，总之是把一块一块的地砖或墙砖，一排排一列列地排列整齐。tile( ) 函数也是如此，它将整个数组而非数组元素水平和垂直重复指定的次数。因为没有 axis 参数，所以 tile( ) 函数相对容易理解，其代码如下。

```
>>> a = np.arange(5)
>>> a
array([0, 1, 2, 3, 4])
>>> np.tile(a, 3) # 重复一维数组3次
array([0, 1, 2, 3, 4, 0, 1, 2, 3, 4, 0, 1, 2, 3, 4])
>>> np.tile(a, (3,2)) # 重复一维数组3行2列
array([[0, 1, 2, 3, 4, 0, 1, 2, 3, 4],
       [0, 1, 2, 3, 4, 0, 1, 2, 3, 4],
       [0, 1, 2, 3, 4, 0, 1, 2, 3, 4]])
>>> a = np.arange(6).reshape((2,3))
>>> a
array([[0, 1, 2],
       [3, 4, 5]])
>>> np.tile(a, 3) # 重复二维数组3次
array([[0, 1, 2, 0, 1, 2, 0, 1, 2],
       [3, 4, 5, 3, 4, 5, 3, 4, 5]])
>>> np.tile(a, (2,3)) # 重复二维数组2行3列
array([[0, 1, 2, 0, 1, 2, 0, 1, 2],
       [3, 4, 5, 3, 4, 5, 3, 4, 5],
       [0, 1, 2, 0, 1, 2, 0, 1, 2],
       [3, 4, 5, 3, 4, 5, 3, 4, 5]])
```

4.2.6　网格构造法

众所周知，研究地球表面需要经纬度坐标，经度从西经 180°（−180°）到东经 180°（180°），纬度从北纬 90°（90°）到南纬 90°（−90°），把经纬度线画出来，就形成了一个经纬度网格。经纬度网格是科学数据中常用的概念。通常，经度用 longitude 表示，简写为 lon，纬度用 latitude 表示，简写为 lat。那么，如何用数组表示经纬度网格呢？

用数组表示经纬度网格一般有两种方式。第一种方式，用两个一维数组表示。下面的代码使用定长分割函数 linspace( )，将经度从 −180° 到 180° 分为间隔为 10° 的 37 个点，将纬度从 90° 到 −90° 分为间隔为 10° 的 19 个点，得到两个一维数组。

```
>>> lon = np.linspace(-180,180,37) # 精度为10°，共计37个经度点
>>> lat = np.linspace(90,-90,19) # 精度为10°，共计19个纬度点
```

经纬度网格的第二种表示方式是用两个二维数组分别表示经度网格和纬度网格。经度网格中每一列的元素都是相同的（同一个经度），纬度网格中每一行的元素都是相同的（同一个纬度）。

生成二维经纬度网格的常用函数是 np.meshgrid( )，该函数以一维经度数组 lon 和一维纬度数组 lat 为参数，返回二维的经度数组和纬度数组，其代码如下。

```
>>> lons,lats = np.meshgrid(lon,lat)
>>> lons.shape
(19, 37)
```

```
>>> lats.shape
(19, 37)
>>> lons[:,0]
array([-180., -180., -180., -180., -180., -180., -180., -180., -180.,
       -180., -180., -180., -180., -180., -180., -180., -180., -180.,
       -180.])
>>> lats[0]
array([90., 90., 90., 90., 90., 90., 90., 90., 90., 90., 90., 90., 90.,
       90., 90., 90., 90., 90., 90., 90., 90., 90., 90., 90., 90., 90.,
       90., 90., 90., 90., 90., 90., 90., 90., 90., 90., 90.])
```

从上面的代码中可以看出，二维经度数组 lons 的第 0 列所有元素都是 −180°，二维纬度数组 lats 的第 0 行所有元素都是 90°。

构造经纬度网格，除了使用 np.meshgrid( ) 函数外，还有一个更强大的方法。这个方法可以直接生成纬度网格和经度网格而无须借助于一维数组（请注意，纬度在前，经度在后）。

```
>>> lats, lons = np.mgrid[90:-91:-5, -180:181:5] # 用实数指定网格精度为5°
>>> lons.shape, lats.shape
((37, 73), (37, 73))
>>> lats, lons = np.mgrid[90:-90:37j, -180:180:73j] # 也可以用虚数指定分割点数
>>> lons.shape, lats.shape
((37, 73), (37, 73))
```

上面的例子中用到了虚数。相应构造复数的方法如下。

```
>>> r, i = 2, 5
>>> complex(r, i)
(2+5j)
```

4.2.7 自定义数据类型

在讲解数据类型时已经说过，NumPy 也支持字符串类型和自定义类型，但绝大多数函数和方法不适用于非数值型数组，因此，自定义数据类型将是最后的选择。

我们先来思考一个问题：同一个列表中，元素类型既有字符串，又有整型和浮点型，将该列表转成数组，会报错吗？如果不报错，数组的数据类型是什么呢？下面用一个例子演示一下，其代码如下。

```
>>> np.array(['Anne', 1.70, 55])
array([Anne, '1.70', '55'], dtype='<U4')
```

结果显示，数组会将所有元素的数据类型都转为 '<U4' 类型。这里的 U 表示 Unicode 字符串; < 表示字节顺序，意为小端在前（低位字节存储在最小地址中）; 4 表示数组元素占用 4 字节，数组元素占用的字节数由所有元素中最长的那个元素决定。

接下来我们继续思考：怎样在数组中保留用以生成数组的列表中的元素类型呢？这就需要用到自定义数据类型了。自定义数据类型类似于 C 语言的结构体，其代码如下。

```
>>> mytype = np.dtype([('name','S32'), ('tall',np.float), ('bw',np.int)])
>>> np.array([('Anne', 1.70, 55)], dtype=mytype)
array([(b'Anne', 1.7, 55)],
      dtype=[('name', 'S32'), ('tall', '<f8'), ('bw', '<i4')])
```

4.3　操作数组

数组的索引和切片、合并与拆分、复制和排序、查找和筛选，以及改变数组结构、数组 I/O 等，这些是数组操作的基本技术。其中最抽象的是查找和筛选，但这也是数组操作中最重要、最精髓的一部分。在数组操作中用好查找和筛选才能避免使用循环，这是数组操作的最高境界。

4.3.1　索引和切片

索引是定位一维或多维数组中的单个或多个元素的行为模式。切片是返回一维或多维数组中的单个或多个相邻元素的视图，目的是引用或赋值。NumPy 数组对象的内容可以通过索引或切片来访问和修改。对于一维数组的索引和切片，NumPy 数组使用起来和 Python 的列表一样灵活。

```
>>> a = np.arange(9)
>>> a[-1] # 最后一个元素
8
>>> a[2:5] # 返回第2到第5个元素
array([2, 3, 4])
>>> a[:7:3] # 返回第0到第7个元素，步长为3
array([0, 3, 6])
>>> a[::-1] # 返回逆序的数组
array([8, 7, 6, 5, 4, 3, 2, 1, 0])
```

对于多维数组操作，NumPy 数组比 Python 的列表更加灵活、强大。假设有一栋楼，共 2 层，每层的房间都是 3 行 4 列，那我们可以用一个三维数组来保存每个房间的居住人数（也可以是房间面积等其他数值信息）。

```
>>> a = np.arange(24).reshape(2,3,4) # 2层3行4列
>>> a
array([[[ 0,  1,  2,  3],
        [ 4,  5,  6,  7],
        [ 8,  9, 10, 11]],

       [[12, 13, 14, 15],
```

```
        [16, 17, 18, 19],
        [20, 21, 22, 23]]])
>>> a[1][2][3] # 虽然可以这样索引
23
>>> a[1,2,3] # 但这样才是规范的用法
23
>>> a[:,0,0] # 所有楼层的第0行第0列
array([ 0, 12])
>>> a[0,:,:] # 1层的所有房间，等价于a[0]或a[0,...]
array([[ 0,  1,  2,  3],
       [ 4,  5,  6,  7],
       [ 8,  9, 10, 11]])
>>> a[:,:,1:3] # 所有楼层所有排的第1到第3列
array([[[ 1,  2],
        [ 5,  6],
        [ 9, 10]],

       [[13, 14],
        [17, 18],
        [21, 22]]])
>>> a[1,:,-1] # 2层每一行的最后一个房间
array([15, 19, 23])
```

从上面的代码中可以看出，对多维数组索引或切片得到的结果的维度不是确定的。另外还有一点需要特别提醒：切片返回的数组不是原始数据的副本，而是指向与原始数组相同的内存区域。数组切片不会复制内部数组数据，只是产生了原始数据的一个新视图。

```
>>> a = np.arange(12).reshape(3,4)
>>> a
array([[ 0,  1,  2,  3],
       [ 4,  5,  6,  7],
       [ 8,  9, 10, 11]])
>>> b = a[1:,2:] # 数组b是数组a的切片
>>> b
array([[ 6,  7],
       [10, 11]])
>>> b[:,:] = 99 # 改变数组b的值，也会同时影响数组a
>>> b
array([[99, 99],
       [99, 99]])
>>> a
array([[ 0,  1,  2,  3],
       [ 4,  5, 99, 99],
       [ 8,  9, 99, 99]])
```

上面的代码中，数组 b 是数组 a 的切片，当改变数组 b 的元素时，数组 a 也同时发生了改变。这就证明了切片返回的数组不是一个独立数组，而是指向与原始数组相同的内存区域。

4.3.2　改变数组结构

NumPy 之所以拥有极高的运算速度，除了并行、广播和矢量化等技术因素外，其数组存储顺序和数组视图相互独立也是一个很重要的原因。正因为如此，改变数组结构自然是非常便捷的操作。改变数组结构的操作通常不会改变所操作的数组本身的存储顺序，只是生成了一个新的视图。np. resize( ) 函数是个例外，它不返回新的视图，而是真正改变了数组的存储顺序。

ndarray 自带多个改变数组结构的方法，在大部分情况下学会 ndarray.reshape( ) 函数即可，我们在前面已经多次用到该函数。在某些情况下，翻滚轴函数 numpy.rollaxis( ) 才是最佳的选择，需要多花一些时间去了解它。以下是改变数组结构的几个常用函数。

- ndarray.reshape( )：按照指定的结构（形状）返回数组的新视图，不改变原数组。
- ndarray.ravel( )：返回多维数组一维化的视图，不改变原数组。
- ndarray.transpose( )：返回行变列的视图，不改变原数组。
- ndarray.resize( )：按照指定的结构（形状）改变原数组，无返回值。
- numpy.rollaxis( )：翻滚轴，返回新的视图，不改变原数组。

如果你足够细心，读到这里也许会产生些许疑惑：为什么前面的几个函数都是 ndarray 的方法，而翻滚轴函数 numpy.rollaxis( ) 却是 numpy 的呢？这是命名空间的问题，并且 NumPy 在命名空间问题上的确有些含糊不清。不过不用担心，在下一节会专门解释这个问题。下面继续演示这几个改变数组结构的函数的用法。

```
>>> a = np.arange(12)
>>> b = a.reshape((3,4)) # reshape()函数返回数组a的一个新视图，但不会改变数组a
>>>> a.shape
(12,)
>>> b.shape
(3, 4)
>>> b is a
False
>>> b.base is a
True
a.resize([4,3]) # resize()函数没有返回值，但真正改变了数组a的结构
>>> a.shape
(4, 3)
>>> a.ravel() # 返回多维数组一维化的视图，但不会改变原数组
array([ 0,  1,  2,  3,  4,  5,  6,  7,  8,  9, 10, 11])
>>> a.transpose() # 返回行变列的视图，但不会改变原数组
array([[ 0,  3,  6,  9],
       [ 1,  4,  7, 10],
       [ 2,  5,  8, 11]])
>>> a.T  # 返回行变列的视图，等价于transpose()函数
array([[ 0,  3,  6,  9],
       [ 1,  4,  7, 10],
       [ 2,  5,  8, 11]])
```

```
>>> np.rollaxis(a, 1, 0) # 翻滚轴，1轴变0轴
array([[ 0,  3,  6,  9],
       [ 1,  4,  7, 10],
       [ 2,  5,  8, 11]])
```

翻滚轴函数有一个很容易理解的应用，就是用它来实现图像的通道分离。下面的代码生成了一个宽为 800 像素、高为 600 像素的彩色随机噪声图，使用翻滚轴函数可以将其分离成 RGB 三个颜色通道。最后两行代码导入 pillow 模块，从而可以直观地看到这幅噪声图。

```
>>> img = np.random.randint(0, 256, (600, 800, 3), dtype=np.uint8)
>>> img.shape
(600, 800, 3)
>>> r, g, b = np.rollaxis(img, 2, 0) # 将图像数据分离成RGB三个颜色通道
>>> r.shape, g.shape, b.shape
((600, 800), (600, 800), (600, 800))
>>> from PIL import Image # 导入pillow模块的Image
>>> Image.fromarray(img).show() # 显示随机生成的噪声图
```

4.3.3　合并

NumPy 数组一旦创建就不能再改变其元素数量。如果要动态改变数组元素数量，只能通过合并或拆分的方法生成新的数组。对于刚上手 NumPy 的程序员来说，最大的困惑就是不能使用 append( ) 函数向数组内添加元素，甚至都找不到 append( ) 函数。其实，NumPy 仍然保留了 append( ) 函数，只不过这个函数不再是数组的函数，而是升级到最外层的 NumPy 命名空间了，并且该函数的功能不再是追加元素，而是合并数组，其代码如下。

```
>>> np.append([[1, 2, 3]], [[4, 5, 6]])
array([1, 2, 3, 4, 5, 6])
>>> np.append([[1, 2, 3]], [[4, 5, 6]], axis=0)
array([[1, 2, 3],
       [4, 5, 6]])
>>> np.append([[1, 2, 3]], [[4, 5, 6]], axis=1)
array([[1, 2, 3, 4, 5, 6]])
```

不过，append( ) 函数还不够好用，推荐使用 stack( ) 函数及其“同门小兄弟”: hstack( ) 水平合并函数、vstack( ) 垂直合并函数和 dstack( ) 深度合并函数。下面演示这三个函数的用法。

```
>>> a = np.arange(4).reshape(2,2)
>>> b = np.arange(4,8).reshape(2,2)
>>> np.hstack((a,b)) # 水平合并
array([[0, 1, 4, 5],
       [2, 3, 6, 7]])
>>> np.vstack((a,b)) # 垂直合并
array([[0, 1],
```

```
       [2, 3],
       [4, 5],
       [6, 7]])
>>> np.dstack((a,b)) # 深度合并
array([[[0, 4],
        [1, 5]],
       [[2, 6],
        [3, 7]]])
```

stack( ) 函数使用 axis 轴参数指定合并的规则，请仔细体会下面例子中 axis 轴参数的用法。

```
>>> a = np.arange(60).reshape(3,4,5)
>>> b = np.arange(60).reshape(3,4,5)
>>> a.shape, b.shape
>>> np.stack((a,b), axis=0).shape
(2, 3, 4, 5)
>>> np.stack((a,b), axis=1).shape
(3, 2, 4, 5)
>>> np.stack((a,b), axis=2).shape
(3, 4, 2, 5)
>>> np.stack((a,b), axis=3).shape
(3, 4, 5, 2)
```

4.3.4　拆分

因为数组切片非常简单，所以数组拆分应用较少。拆分是合并的逆过程，最常用的函数是 split( )，其代码如下。

```
>>> a = np.arange(16).reshape(2,4,2)
>>> np.hsplit(a, 2) # 水平方向拆分成2部分
[array([[[ 0,  1], [ 2,  3]], [[ 8,  9], [10, 11]]]),
array([[[ 4,  5], [ 6,  7]], [[12, 13], [14, 15]]])]
>>> np.vsplit(a, 2) # 垂直方向拆分成2部分
[array([[[0, 1], [2, 3], [4, 5], [6, 7]]]),
array([[[ 8,  9], [10, 11], [12, 13], [14, 15]]])]
>>> np.dsplit(a, 2) # 深度方向拆分成2部分
[array([[[ 0], [ 2], [ 4], [ 6]], [[ 8], [10], [12], [14]]]),
array([[[ 1], [ 3], [ 5], [ 7]], [[ 9], [11], [13], [15]]])]
```

4.3.5　复制

改变数组结构返回的是原数组的一个新视图，而不是原数组的副本。浅复制（view）和深复制（copy）则是创建原数组的副本，但二者之间也有细微差别：浅复制（view）是共享内存，深复制（copy）是独享内存，其代码如下。

```
>>> a = np.arange(6).reshape((2,3))
>>> b = a.view()
>>> b is a
False
>>> b.base is a
False
>>> b.flags.owndata
False
>>> c = a.copy()
>>> c is a
False
>>> c.base is a
False
>>> c.flags.owndata
True
```

4.3.6　排序

NumPy 数组有两个排序函数，一个是 sort( )，另一个是 argsort( )。sort( ) 函数返回输入数组的排序副本，argsort( ) 函数返回的是数组值从小到大的索引号。从函数原型看，这两个函数的参数完全一致。

```
numpy.sort(arr, axis=-1, kind='quicksort', order=None)
numpy.argsort(arr, axis=-1, kind='quicksort', order=None)
```

第 1 个参数 arr，是要排序的数组；第 2 个参数 axis，也就是轴，指定排序的轴，默认值 -1 表示没有指定排序轴，返回结果将沿着最后的轴排序；第 3 个参数 kind，表示排序方法，默认为“quicksort”（快速排序），其他选项还有“mergesort”（归并排序）和“heapsort”（堆排序）；第 4 个参数 order，指定用于排序的字段，前提是数组包含该字段。

```
>>> a = np.random.random((2,3))
>>> a
array([[0.79658569, 0.14507096, 0.63016223],
       [0.24983103, 0.98368325, 0.71092079]])
>>> np.argsort(a) # 返回行内从小到大排序的索引号（列排序），相当于axis=1（最后的轴）
array([[1, 2, 0],
       [0, 2, 1]], dtype=int64)
>>> np.sort(a) # 返回行内从小到大排序的一个新数组（列排序）
array([[0.14507096, 0.63016223, 0.79658569],
       [0.24983103, 0.71092079, 0.98368325]])
>>> np.sort(a,axis=0) # 返回列内从小到大排序的一个新数组（行排序）
array([[0.24983103, 0.14507096, 0.63016223],
       [0.79658569, 0.98368325, 0.71092079]])
```

下面演示的是排序字段的使用。先定义一个新的数据类型 dt，它类似于一个字典，有姓名 name 和年龄 age 两个键值对，姓名的长度为 10 个字符，年龄的数据类型是整型。

```
>>> dt = np.dtype([('name',  'S10'),('age',  int)])
>>> a = np.array([("zh",21),("wang",25),("li",17),  ("zhao",27)], dtype = dt)
>>> np.sort(a, order='name') # 如果指定姓名排序，结果是李王张赵
array([(b'li', 17), (b'wang', 25), (b'zh', 21), (b'zhao', 27)],
      dtype=[('name', 'S10'), ('age', '<i4')])
>>> np.sort(a, order='age') # 如果指定年龄排序，结果则是李张王赵
array([(b'li', 17), (b'zh', 21), (b'wang', 25), (b'zhao', 27)],
      dtype=[('name', 'S10'), ('age', '<i4')])
```

4.3.7　查找

这里约定查找是返回数组中符合条件的元素的索引号，或返回和数组具有相同结构的布尔型数组，元素符合条件在布尔型数组中对应 True，否则对应 False。查找分为最大值和最小值查找、非零元素查找、使用逻辑表达式查找和使用 where 条件查找这 4 种方式。

1. 最大值和最小值查找

下面的代码演示了返回数组中最大值和最小值的索引号，如果是多维数组，这个索引号是数组转成一维之后的索引号。

```
>>> a = np.random.random((2,3))
>>> a
array([[0.47881615, 0.55682904, 0.29173085],
       [0.41107703, 0.91467593, 0.88852535]])
>>> np.argmax(a)
4
>>> np.argmin(a)
2
```

2. 非零元素查找

下面的代码演示了返回数组中非零元素的索引号，返回的结果是一个元组。

```
>>> a = np.random.randint(0, 2, (2,3))
>>> a
array([[0, 0, 0],
       [0, 1, 1]])
>>> np.nonzero(a)
(array([1, 1], dtype=int64), array([1, 2], dtype=int64))
```

3. 使用逻辑表达式查找

下面的代码演示了使用逻辑表达式查找符合条件的元素，返回结果是一个和原数组结构相同的布尔型数组，元素符合条件在布尔型数组中对应 True，否则对应 False。

```
>>> a = np.arange(10).reshape((2,5))
>>> a
array([[0, 1, 2, 3, 4],
       [5, 6, 7, 8, 9]])
>>> (a>3)&(a<8)
array([[False, False, False, False,  True],
       [ True,  True,  True, False, False]])
```

4. 使用 where 条件查找

np.where( ) 函数返回数组中满足给定条件的元素的索引号，其结构为元组，元组的第 k 个元素对应符合条件的元素在数组 k 轴上的索引号。这句话可以简单理解为，一维数组返回一个元素的元组，二维数组返回两个元素的元组，依此类推。np.where( ) 函数还可以用于替换符合条件的元素。

```
>>> a = np.arange(10)
>>> a
array([0, 1, 2, 3, 4, 5, 6, 7, 8, 9])
>>> np.where(a < 5)
(array([0, 1, 2, 3, 4], dtype=int64),)
>>> a = a.reshape((2, -1))
>>> a
array([[0, 1, 2, 3, 4],
       [5, 6, 7, 8, 9]])
>>> np.where(a < 5)
(array([0, 0, 0, 0, 0], dtype=int64), array([0, 1, 2, 3, 4], dtype=int64))
>>> np.where(a < 5, a, 10*a) # 满足条件的元素不变，其他元素乘10
array([[ 0,  1,  2,  3,  4],
       [50, 60, 70, 80, 90]])
```

4.3.8　筛选

筛选是返回符合条件的元素。筛选条件有三种表示方式，一是使用 np.where( ) 函数返回的 Python 元组，二是使用逻辑表达式返回的布尔型数组，三是使用整型数组，其代码如下。

```
>>> a = np.random.random((3,4))
>>> a
array([[0.41551063, 0.38984904, 0.01204226, 0.72323978],
       [0.82425869, 0.64216573, 0.41475495, 0.21351508],
       [0.30104819, 0.52046164, 0.58286043, 0.66749564]])
>>> a[np.where(a>0.5)] # 返回大于0.5的元素（使用np.where()函数返回的Python元组）
array([0.72323978, 0.82425869, 0.64216573, 0.52046164, 0.58286043, 0.66749564])
>>> a[(a>0.3)&(a<0.7)] # 返回大于0.3且小于0.7的元素（使用逻辑表达式返回的布尔型数组）
array([0.41551063, 0.38984904, 0.64216573, 0.41475495, 0.30104819,
       0.52046164, 0.58286043, 0.66749564])
>>> a[np.array([2,1])] # 返回整型数组指定的项（使用整型数组）
array([[0.30104819, 0.52046164, 0.58286043, 0.66749564],
       [0.82425869, 0.64216573, 0.41475495, 0.21351508]])
>>> a = a.ravel()
>>> a[np.array([3,5,7,11])] # 返回整型数组指定的项（使用整型数组）
```

```
array([0.72323978, 0.64216573, 0.21351508, 0.66749564])
>>> a[np.array([[3,5],[7,11]])] # 返回整型数组指定的项（使用整型数组）
array([[0.72323978, 0.64216573],
       [0.21351508, 0.66749564]])
```

使用 np.where( ) 函数或直接使用逻辑表达式来筛选数组元素，其目的是从数组中筛选出符合条件的元素。那么，使用整型数组来筛选数组元素的用途是什么呢？一个看似不起眼的功能，运用起来其实蕴含着无穷的想象空间。下面用一个例子来演示通过整型数组筛选数组元素的神奇魔法。图 4-5 所示的是用字符表现像素的灰度图。

图 4-5　用字符表现像素的灰度

一般而言，灰度图像每个像素的值域范围是 [0, 255]。假如用于表现不同灰度的字符集是 [' ', '.', '−', '+', '=', '*', '#', '@']，从 ' ' 到 '@' 表示从白到黑的 8 个灰度等级。我们需要将每个像素的灰度值分段转换成相应的字符。例如，灰度值小于 32 的像素用 '@' 表示，大于或等于 32 且小于 64 的像素用 '#' 表示，依次类推直至大于或等于 224 的像素用 ' ' 表示。

如何实现图像数组从灰度值到对应字符的转换呢？乍一看，好像只有用循环的方式遍历所有像素才能实现。但是，下面的代码却用“整型数组筛选数组元素”的方法完成了这个转换，不但代码简洁，而且代码的执行速度也非常快。

```
>>> img = np.random.randint(0, 256, (5, 10), dtype=np.uint8)
>>> img
array([[145,  95,  60,  14,  66, 150, 221,  43, 184,  66],
       [229, 138,  76,  90, 179, 217,   2,  20, 154, 191],
       [165, 120,  77, 117,  42, 108, 156,   5, 208,  50],
       [164, 196, 227, 111,  82,  84,  19, 208, 124,  16],
       [146,  50, 107,  26,  34, 229, 137, 104,  93, 223]], dtype=uint8)
>>> img = (img/32).astype(np.uint8) # 将256级灰度值转为8级灰度值
>>> img
array([[0, 3, 3, 3, 1, 7, 7, 4, 2, 7],
       [6, 3, 4, 5, 4, 5, 4, 7, 3, 4],
       [6, 7, 1, 2, 2, 2, 2, 4, 7, 7],
       [5, 7, 1, 2, 0, 2, 7, 0, 7, 5],
       [3, 5, 0, 7, 0, 4, 6, 2, 5, 0]], dtype=uint8)
>>> chs = np.array([' ', '.', '-', '+', '=', '*', '#', '@']) # 灰度字符集
>>> chs[img] # 用整型数组筛选数组元素（我认为这是NumPy最精彩之处！）
array([[' ', '+', '+', '+', '.', '@', '@', '=', '-', '@'],
       ['#', '+', '=', '*', '=', '*', '=', '@', '+', '='],
       ['#', '@', '.', '-', '-', '-', '-', '=', '@', '@'],
       ['*', '@', '.', '-', ' ', '-', '@', ' ', '@', '*'],
       ['+', '*', ' ', '@', ' ', '=', '#', '-', '*', ' ']], dtype='<U1')
```

4.3.9 数组I/O

数组 I/O 就是讨论如何分发、交换数据。在机器学习算法模型的例子中，海量的训练数据通常都是从数据文件中读出来的，而数据文件一般是 CSV 格式。NumPy 自带 CSV 格式文件读写函数，可以很方便地读写 CSV 格式的数据文件。除了支持通用的 CSV 格式的数据文件，NumPy 还为数组对象引入了两个新的二进制文件格式，用于数据交换。扩展名为 .npy 的数据文件用于存储单个数组，扩展名为 .npz 的数据文件用于存储多个数组。NumPy 支持的数据文件格式及读写函数的对应关系具体如图 4-6 所示。

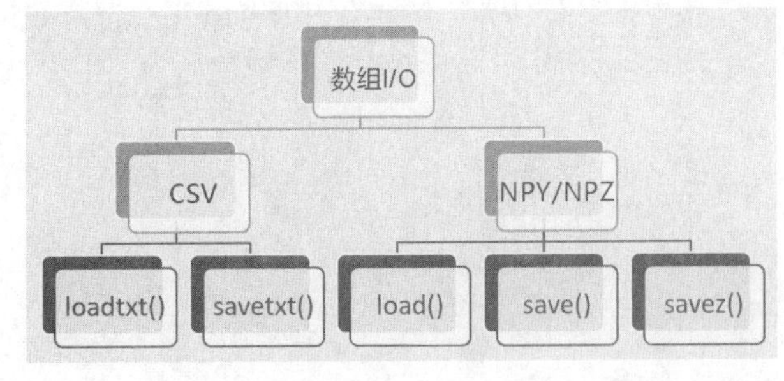

图 4-6　NumPy 支持的数据文件格式及读写函数的对应关系

CSV 是一种通用的、相对简单的文件格式。CSV 格式的数据文件以纯文本形式存储表格数据，由任意数目的记录组成，记录间以某种换行符分隔。每条记录由字段组成，字段间的分隔符是其他字符或字符串，最常见的是逗号或制表符。通常，所有记录都有完全相同的字段序列。下面的代码演示了 NumPy 读写 CSV 格式的数据文件的方法。实际操作下面的代码时，请注意结合实际情况替换对应的文件路径和文件名。

```
>>> a = np.random.random((15,5))
>>> np.savetxt('demo.csv', a, delimiter=',') # 将数组a保存成CSV格式的数据文件
>>> data = np.loadtxt('demo.csv', delimiter=',') # 打开CSV格式的数据文件
>>> data.shape, data.dtype
((15, 5), dtype('float64'))
```

NumPy 自定义的数据交换格式也是一个非常好用的数据交换方式，使用它保存 NumPy 数组时不会丢失任何信息，特别是数据类型的信息。实际操作下面的代码时，请注意结合实际情况替换对应的文件路径和文件名。

```
>>> single_arr_fn = 'single_arr.npy' # 存储单个数组文件名
>>> multi_arr_fn = 'multi_arr.npz' # 存储多个数组文件名
>>> lon = np.linspace(10,90,9)
>>> lat = np.linspace(20,60,5)
>>> np.save(single_arr_fn, lon) # 用save()函数把经度数组保存成.npy文件
>>> lon = np.load(single_arr_fn) # 接着用load()函数读出来
>>> np.savez(multi_arr_fn, longitude=lon, latitude=lat) #保存两个数组到一个文件
>>> data = np.load(multi_arr_fn) # 用load()函数把这个.npz文件读成一个结构data
>>> data.files # 查看所有的数组名
>>> data['longitude'] # 使用data[数组名]，就可以取得想要的数据
>>> data['latitude'] # 使用data[数组名]，就可以取得想要的数据
```

4.4　常用函数

NumPy 提供了大量的函数，其中和数组操作相关的函数有很大一部分是数组对象 ndarray 的方法在 NumPy 命名空间中的映射。也就是说，NumPy 的很多函数其实是数组对象内置的方法。本节并不是对所有 NumPy 函数的总结，而是介绍和函数相关的几个概念，并对部分常用函数做示例性讲解。

4.4.1　常量

说起常量，我们首先会想到圆周率、自然常数、欧拉常数等。的确，NumPy 的常量包括 np.pi（圆周率）、np.e（自然常数）、np.euler_gamma（欧拉常数），此外还包括 np.nan（非数字）和 np.inf（无穷大）这两个特殊值。NumPy 的特殊值还有正负无穷大、正负零等，但因为很少用到，这里就不进行重点介绍。

NumPy 有两个很有趣的特殊值：np.nan 和 np.inf。nan 是 Not a Number 的简写，意为非数字；inf 是 infinity 的简写，意为无穷大。其代码如下。

```
>>> a = np.array([1, 2, np.nan, np.inf])
>>> a.dtype
dtype('float64')160
>>> a[0] = np.nan
>>> a[1] = np.inf
>>> a
array([nan, inf, nan, inf])
>>> a[0] == a[2] # 两个np.nan不相等
False
>>> a[1] == a[3] # 两个np.inf则相等
True
>>> np.isnan(a[0]) # 判断一个数组元素是否是np.nan
True
>>> np.isinf(a[1]) # 判断一个数组元素是否是np.inf
True
```

上面的代码中，两个 np.nan 居然不相等，但两个 np.inf 则是相等的。另外请注意，判断一个数组元素是否是 np.nan 或 np.inf，需要使用 np.isnan( ) 和 np.isinf( ) 这两个相应的函数，而不是使用两个等号的逻辑表达式。

那么这两个特殊值有什么用途呢？原来，NumPy 是用特殊值来表示缺值、空值和无效值的。想一想，Python 语言和 C 语言如何表示缺值、空值和无效值呢？ Python 语言因为列表元素不受类型限制，可以用 None 或 False 等表示缺值、空值和无效值。而 C 语言只能在数据的值域范围之外，选一个特定值来表示。例如，假定数组存储的是学生的成绩，成绩一般都是正值，所以 C 语言可以用 -1 表示缺考。在 NumPy 数组中，因为有 nan 和 inf 这两个特殊值，所以不用在意数据的值域范围。说到这里，你可能会产生疑问，这两个特殊值，一个是非数字，一个是无穷大，数组运算的时候怎么处理呢？这就是 NumPy 神奇的地方，我们根本不用担心这个问题。

下面的代码演示了在数组相邻的两个元素之间插入它们的算术平均值。尽管数组元素包含 np.nan，但这不影响数值计算。

```
>>> a = np.array([9, 3, np.nan, 5, 3])
>>> a = np.repeat(a,2)[:-1]
>>> a[1::2] += (a[2::2]-a[1::2])/2
>>> a
array([ 9.,  6.,  3., nan, nan, nan,  5.,  4.,  3.])
```

4.4.2 命名空间

刚开始使用 NumPy 函数时，对于函数的使用，你可能会有这样的困惑：实现同样的功能，一个函数却有两种写法；有时以为某个函数可以有两种写法，但用起来却会出错。归纳起来，这些困惑有以下三种类型。

（1）都是求和、求极值，下面这两种写法有什么区别吗？

```
>>> a = np.random.random(10)
>>> a.max(), np.max(a)
(0.8975052328686041, 0.8975052328686041)
>>> a.sum(), np.sum(a)
(5.255303938070831, 5.255303938070831)
```

（2）同样是复制，为什么深复制 copy( ) 两种写法都行，而浅复制 view( ) 则只有数组的方法？

```
>>> a = np.random.random(5)
>>> a.copy()
array([0.59646094, 0.99280395, 0.1046394 , 0.11498018, 0.17936631])
>>> np.copy(a)
array([0.59646094, 0.99280395, 0.1046394 , 0.11498018, 0.17936631])
>>> a.view()
array([0.59646094, 0.99280395, 0.1046394 , 0.11498018, 0.17936631])
>>> np.view(a)
Traceback (most recent call last):
  File "<pyshell#61>", line 1, in <module>
    np.view(a)
AttributeError: module 'numpy' has no attribute 'view'
```

（3）为什么 where( ) 不能作为数组 ndarray 的函数，必须作为 NumPy 的函数？

```
>>> np.where(a>0.5)
(array([3, 4, 5, 8, 9], dtype=int64),)
>>> a.where(a>0.5)
Traceback (most recent call last):
  File "<pyshell#65>", line 1, in <module>
    a.where(a>0.5)
AttributeError: 'numpy.ndarray' object has no attribute 'where'
```

以上这些差异取决于函数在不同的命名空间是否有映射。数组的大部分函数在顶层命名空间有映射，因此可以有两种写法。但数组的一小部分函数没有映射到顶层命名空间，所以只能有一种写法。而顶层命名空间的大部分函数，也都只有一种写法。表 4-2 所示的是常用函数和命名空间的关系，仅供参考。

表 4-2　不同命名空间支持的部分函数

顶层命名空间和数组对象均支持	仅数组对象支持	仅顶层命名空间支持
np/ndarray.any()/all()	ndarray.astype()	np.where()
np/ndarray.max()/min()	ndarray.fill()	np.stack()
np/ndarray.argsort()	ndarray.view()	np.rollaxis()
np/ndarray.mean()	ndarray.tolist()	np.sin()
……	……	……

4.4.3 数学函数

如果不熟悉 NumPy，Python 程序员一般都会选择使用 math 模块来解决数学问题。但实际上 NumPy 的数学函数比 math 模块更加方便，而且 NumPy 的数学函数可以广播到数组的每一个元素上，也就是说，如果用 np.sqrt( ) 对数组 arr 开方，返回的是数组 arr 中每个元素的平方根组成的新数组。

下面把 NumPy 和 math 模块的数学函数罗列在一个表格中，分成了数学常数、舍入函数、快速转换函数、幂指数对数函数和三角函数这 5 类，如表 4-3 所示。其他如求和、求差、求积的函数被归类到下一小节的统计函数中。

表 4-3　常用数学函数

类　别	NumPy 函数	Math 模块函数	功　能
数学常数	np.e	math.e	自然常数
	np.pi	math.pi	圆周率
舍入函数	np.ceil()	math.ceil()	进尾取整
	np.floor()	nath.floor()	去尾取整
	np.around()		四舍五入到指定精度
	np.rint()		四舍五入到最近整数
快速转换函数	np.deg2rad() np.radians()	math.radians()	度转弧度
	np.rad2deg() np.degrees()	math.degrees()	弧度转度
幂指数对数函数	np.hypot()	math.hypot()	计算直角三角形的斜边
	np.square()		平方
	np.sqrt()	math.sqrt()	开平方
	np.power()	math.pow()	幂
	np.exp()	math.exp()	指数
	np.log() np.log10() np.log2()	math.log() math.log10() math.log2()	对数
三角函数	np.sin()/arcsin()	math.sin()/asin()	正弦 / 反正弦
	np.cos()/arccos()	math.cos()/acos()	余弦 / 反余弦
	np.tan()/arctan()	math.tan()/atan()	正切 / 反正切

下面的代码演示的是一些常用数学函数。

```
>>> import numpy as np
>>> import math
>>> math.e == np.e # 两个模块的自然常数相等
True
>>> math.pi == np.pi # 两个模块的圆周率相等
True
>>> np.ceil(5.3)
6.0
>>> np.ceil(-5.3)
-5.0
>>> np.floor(5.8)
5.0
>>> np.floor(-5.8)
-6.0
>>> np.around(5.87, 1)
5.9
>>> np.rint(5.87)
6.0
>>> np.degrees(np.pi/2)
90.0
>>> np.radians(180)
3.141592653589793
>>> np.hypot(3,4) # 求平面上任意两点的距离
5.0
>>> np.power(3,1/2)
1.7320508075688772
>>> np.log2(1024)
10.0
>>> np.exp(1)
2.718281828459045
>>> np.sin(np.radians(30)) #正弦、余弦函数的周期是2π
0.49999999999999994
>>> np.sin(np.radians(150))
0.49999999999999994
>>> np.degrees(np.arcsin(0.5)) # 反正弦、反余弦函数的周期则是π
30.000000000000004
```

上述代码中使用的函数参数都是单一的数值，实际上，这些函数也都可以用到 NumPy 数组上。例如，平面直角坐标系中有 1000 万个点，它们的 x 坐标和 y 坐标都分布在 [0,1) 区间，哪一个点距离点 (0.5,0.5) 最近呢？使用 NumPy 数组计算的代码如下。

```
>>> p = np.random.random((10000000,2))
>>> x, y = np.hsplit(p,2) # 分离每一个点的x和y坐标
>>> d = np.hypot(x-0.5,y-0.5) # 计算每一个点距离点(0.5,0.5)的距离
>>> i = np.argmin(d) # 返回最短距离的点的索引号
>>> print('距离点(0.5,0.5)最近的点的坐标是(%f, %f), 距离为%f'%(*p[i], d[i]))
距离点(0.5,0.5)最近的点的坐标是(0.499855, 0.499877), 距离为0.000190
```

4.4.4 统计函数

NumPy 的统计函数有很多，并且很多函数还同时提供了忽略 nan（缺值或无效值）的形式。常用的统计函数大致上可以分成查找特殊值、求和差积、均值和方差以及相关系数这 4 类，详细说明如表 4-4 所示。

表 4-4　常用统计函数

类　别	函　数	功　能
查找特殊值	np.max/min(a, axis=None) np.nanmax/nanmin(a, axis=None)	返回最大值 / 最小值 忽略 nan 返回最大值 / 最小值
	np.argmax/argmin(a, axis=None) np.nanargmax/nanargmin(a, axis=None)	返回最大值和最小值的索引号 忽略 nan 返回最大值和最小值索引号
	np.median(a, axis=None) np.nanmedian(a, axis=None)	返回中位数 忽略 nan 返回中位数
求和差积	np.ptp(a, axis=None)	返回元素最大值与最小值的差
	np.sum(a, axis=None) np.nansum(a, axis=None)	按指定轴求和 忽略 nan 按指定轴求和
	np.cumsum(a, axis=None) np.nancumsum(a, axis=None)	按指定轴求累进和 忽略 nan 按指定轴求累进和
	np.diff(a, axis=-1)	按指定轴返回相邻元素的差
	np.prod(a, axis=None) np.nanprod(a, axis=None)	按指定轴求积 忽略 nan 按指定轴求积
均值和方差	np.mean(a, axis=None) np.nanmean(a, axis=None)	按指定轴返回算数平均值 忽略 nan 按指定轴返回算数平均值
	np.average()	返回所有元素的加权平均值
	np.var(a) np.nanvar(a)	返回数组方差 忽略 nan 返回数组方差
	np.std() np.nanstd()	返回数组标准差 忽略 nan 返回数组标准差
相关系数	np.corrcoef(a, b)	返回 a 和 b 的皮尔逊相关系数

在实际编程实践中，我们所获得的数据远没有想象中的那么理想，存在缺值或无效值是常态。假定用 np.nan 表示无效值，一旦数据中存在无效值，对一个函数而言，是否忽略无效值将会得到完全不同的结果。下面先以求最大值和最小值为例，演示忽略 np.nan 的必要性。

```
>>> a = np.random.random(10)
>>> np.max(a), np.min(a)
(0.9690291560970601, 0.19240165472992765)
```

```
>>> a[1::2] = np.nan # 将索引号为1、3、5、7、9的元素设置为np.nan
>>> a
array([0.80138474,        nan, 0.8615121 ,        nan, 0.19240165,
              nan, 0.61915229,        nan, 0.96902916,        nan])
>>> np.max(a), np.min(a) # 此时，min()函数和max()函数失效了
(nan, nan)
>>> np.nanmax(a), np.nanmin(a) # 必须使用nanmax()函数和nanmin()函数
(0.9690291560970601, 0.19240165472992765)
```

方差和标准差是衡量数据离散程度最重要且最常用的指标，也是统计学上最重要的分析工具和手段。方差是各个数据与其算术平均值的离差平方和的平均值。方差的算术平方根，即为标准差。统计学上，方差和标准差使用比较频繁，下面来演示一下。

```
>>> a = np.random.randint(0,50,(3,4))
>>> np.sum(np.square(a-a.mean()))/a.size # 用方差定义求方差
238.25
>>> np.var(a) # 直接用方差函数求方差，与用方差定义求方差的结果相同
238.25
>>> np.sqrt(a.var()) # 对方差求算术平方根就是标准差
15.435349040433131
>>> a.std() # 直接用标准差函数求标准差，与对方差求算术平方根的结果相同
15.435349040433131
```

下面的例子综合运用统计函数，来分析两只股票的关联关系和收益率。pa 和 pb 是两只股票连续 30 个交易日的股价数组。每日股价收益率定义为当日股价与前一个交易日股价之差再除以最后一个交易日的股价。

```
>>> pa = np.array([79.66, 81.29, 80.37, 79.31, 79.84, 78.53, 78.29, 78.51, 77.99,
79.82, 80.41, 79.27, 80.26, 81.61, 81.39, 80.29, 80.18, 78.38, 75.06, 76.15, 75.66,
73.90, 72.14, 74.27, 75.27, 76.15, 75.40, 76.51, 77.57, 77.06])
>>> pb = np.array([30.93, 31.61, 31.62, 31.77, 32.01, 31.52, 30.09, 30.54, 30.78,
30.84, 30.80, 30.38, 30.88, 31.38, 31.05, 29.90, 29.96, 29.59, 28.71, 28.95, 29.19,
28.71, 27.93, 28.35, 28.92, 29.17, 29.02, 29.43, 29.12, 29.11])
>>> np.corrcoef(pa, pb) # 两只股票的相关系数为0.867，关联比较密切
array([[1.        , 0.86746674],
       [0.86746674, 1.        ]])
>>> pa_re = np.diff(pa)/pa[:-1] # 股价收益率
>>> pb_re = np.diff(pb)/pb[:-1] # 股价与前一个交易日股价之差再除以最后一个交易日的股价
>>> import matplotlib.pyplot as plt
>>> plt.plot(pa_re)
[<matplotlib.lines.Line2D object at 0x000002262AEBD9C8>]
>>> plt.plot(pb_re)
[<matplotlib.lines.Line2D object at 0x000002262BB96408>]
>>> plt.show()
```

图 4-7 是根据两只股票连续 30 个交易日的股价收益率绘制的曲线。从图中可以看出两只股票的涨跌趋势有很高的相关性。

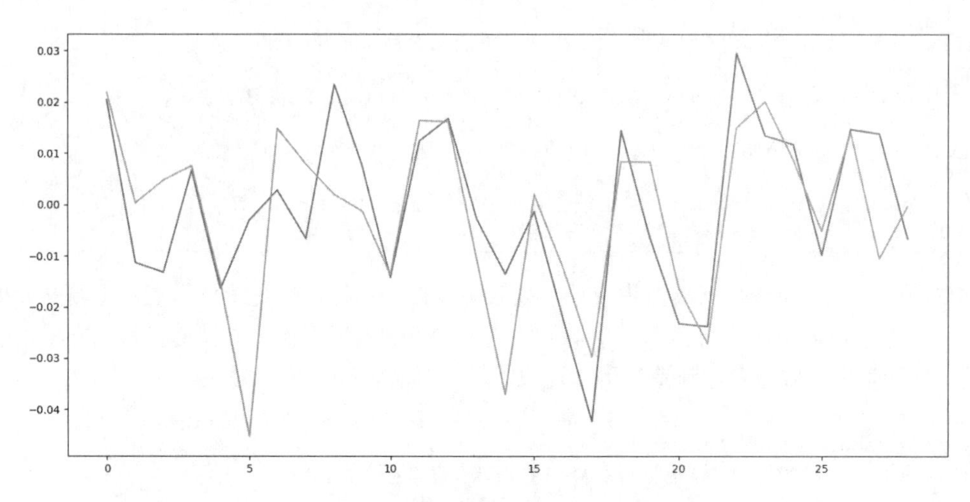

图 4-7　两只股票的股价收益率变化曲线

4.4.5 插值函数

数据插值是数据处理过程中经常用到的技术，常用的插值有一维插值、二维插值、高阶插值等，常见的算法有线性插值、B 样条插值、临近插值等。不过，NumPy 只提供了一个简单的一维线性插值函数 np.interp( )，其他更加复杂的插值功能放到了 SciPy 中，具体讲解详见本书 7.2 节。

下面用一个实例来演示 NumPy 一维线性插值函数的使用方法。假定 _x 和 _y 是原始的样本点 x 坐标和 y 坐标构成的数组，总数只有 11 个点。如果想在 _x 的值域范围内插值更多的点，如增加到 33 个点，就需要在 _x 的值域范围内生成 33 个点的 x 坐标构成的数组 x，再利用插值函数 np.interp( ) 得到对应的 33 个点的 y 坐标构成的数组 y。为了更直观地理解线性插值，这里提前使用了第 5 章介绍的数据可视化方法。

```
>>> import matplotlib.pyplot as plt
>>> _x = np.linspace(0, 2*np.pi, 11)
>>> _y = np.sin(_x)
>>> x = np.linspace(0, 2*np.pi, 33)
>>> y = np.interp(x, _x, _y)
>>> plt.plot(x, y, 'o')
[<matplotlib.lines.Line2D object at 0x0000020A2A8D1048>]
>>> plt.plot(_x, _y, 'o')
[<matplotlib.lines.Line2D object at 0x0000020A2A5ED148>]
>>> plt.show()
```

图 4-8 中橘黄色（浅色）的点是原始样本点，蓝色（深色）的点是进行一维线性插值后的点。

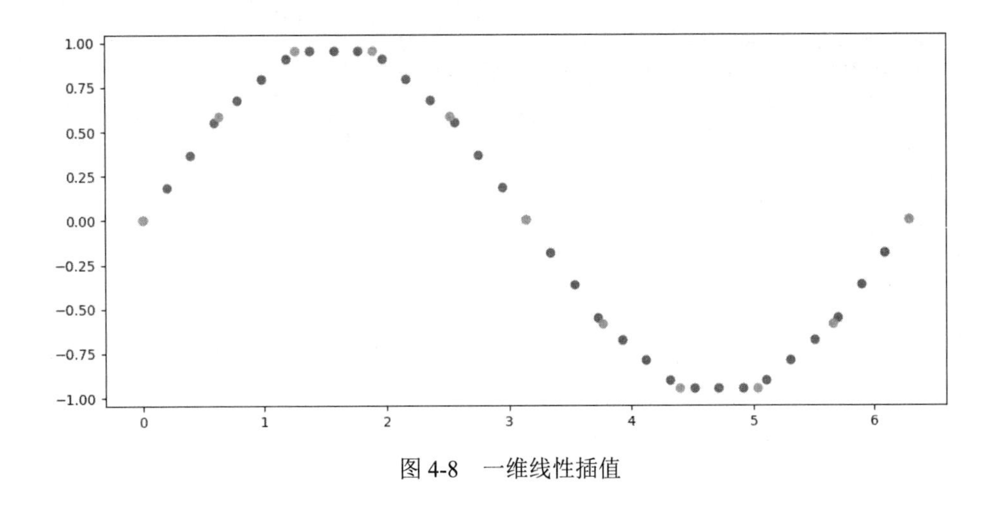

图 4-8　一维线性插值

4.4.6　多项式拟合函数

拟合与插值看起来有一些相似，所以初学者比较容易混淆，实际上二者是完全不同的概念。拟合又称回归，是指已知某函数的若干离散函数值，通过调整该函数中若干待定系数，使得该函数与已知离散函数值的误差达到最小。

多项式拟合是最常见的拟合方法。对函数 $f(x)$，我们可以使用一个 k 阶多项式去近似。

$$f(x) \approx g(x) = a_0 + a_1 x + a_2 x^2 + a_3 x^3 + \cdots + a_k x^k$$

通过选择合适的系数（最佳系数），可以使函数 $f(x)$ 和 $g(x)$ 之间的误差达到最小。最小二乘法被用于寻找多项式的最佳系数。NumPy 提供了一个非常简单易用的多项式拟合函数 np.polyfit( )，只需要输入一组自变量的离散值，和一组对应的函数 $f(x)$，并指定多项式次数 k，就可以返回一组最佳系数。函数 np.poly1d( )，则可以将一组最佳系数转成函数 $g(x)$。

下面的例子首先生成了原始数据点 _x 和 _y，然后分别用 4 次、5 次、6 次和 7 次多项式去拟合原始数据，并计算出每次拟合的误差。

```
>>> import numpy as np
>>> import matplotlib.pyplot as plt
>>> plt.rcParams['font.sans-serif'] = ['FangSong'] # 指定字体以保证中文正常显示
>>> plt.rcParams['axes.unicode_minus'] = False # 正确显示连字符
>>> _x = np.linspace(-1, 1, 201)
>>> _y = ((_x**2-1)**3 + 0.5)*np.sin(2*_x) + np.random.random(201)/10 - 0.1
>>> plt.plot(_x, _y, ls='', marker='o', label="原始数据")
[<matplotlib.lines.Line2D object at 0x0000011D87DFFC08>]
>>> for k in range(4, 8):
        g = np.poly1d(np.polyfit(_x, _y, k)) # g是k次多项式
```

```
        loss = np.sum(np.square(g(_x)-_y)) # g(x)和f(x)的误差
        plt.plot(_x, g(_x), label="%d次多项式, 误差: %0.3f"%(k,loss))

[<matplotlib.lines.Line2D object at 0x0000011D87FDAA08>]
[<matplotlib.lines.Line2D object at 0x0000011D8A2A9A88>]
[<matplotlib.lines.Line2D object at 0x0000011D87FE0AC8>]
[<matplotlib.lines.Line2D object at 0x0000011D87FE5348>]
>>> plt.legend()
<matplotlib.legend.Legend object at 0x0000011D87FE00C8>
>>> plt.show()
```

图 4-9 是分别用 4 次、5 次、6 次和 7 次多项式拟合的效果，可以看出 7 次多项式拟合的误差最小。

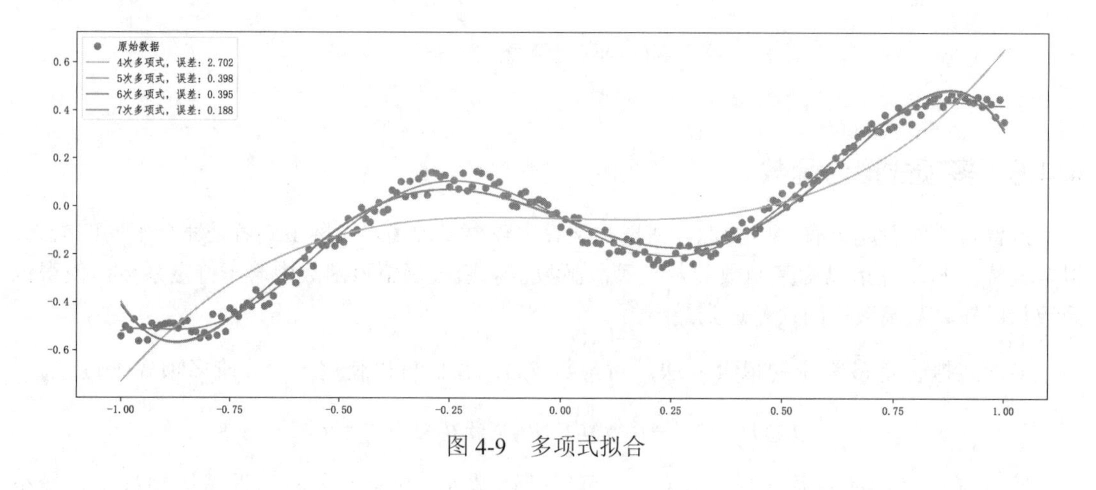

图 4-9　多项式拟合

4.4.7　自定义广播函数

前面讲过，广播是 NumPy 最具特色的特性之一，几乎所有的 NumPy 函数都可以通过广播特性将操作映射到数组的每一个元素上。然而 NumPy 函数并不能完成所有的工作，有些工作还需要我们自己来定义函数。如何让我们自己定义的函数也可以广播到数组的每一个元素上，就是自定义广播函数要做的事情。

假定 a 和 b 是两个结构相同的数组，数据类型为 8 位无符号整型。我们希望用 a 和 b 生成一个具有相同结构的新数组 c，生成规则是：同一位置的元素，若 a 或 b 任何一方等于 0，则 c 等于 0；若 a 等于 b，则 c 等于 0；若 a 和 b 均等于 2 的整数次幂，则 c 取 a 和 b 中的较大者；若 a 或 b 只有一方等于 2 的整数幂，则 c 等于满足条件的一方；以上条件都不满足时，c 取 a 和 b 中的较大者。

很显然，现有的 NumPy 函数都无法实现这个计算功能，因此需要自定义函数，其代码如下。

```
>>> def func_demo(x, y):
        if x == 0 or y == 0 or x == y:
            return 0
        elif x&(x-1) == 0 and y&(y-1) == 0: # x和y都是2的整数次幂
            return max(x, y)
        elif x&(x-1) == 0: # 仅有x等于2的整数次幂
            return x
        elif y&(y-1) == 0: # 仅有y等于2的整数次幂
            return y
        else:
            return max(x, y)
```

将自定义函数变成广播函数的方法有两个，下面分别进行详细讲解。

1. 使用 np.frompyfunc( ) 定义广播函数

使用 np.frompyfunc( ) 将数值函数转换成数组函数需要提供三个参数：数值函数、输入参数的个数和返回值的个数。另外，np.frompyfunc( ) 返回的广播函数，其返回值是 object 类型，最终需要根据实际情况显式地转换数据类型，其代码如下。

```
>>> uf = np.frompyfunc(func_demo, 2, 1)
>>> a = np.random.randint(0, 256, (2,5), dtype=np.uint8)
>>> b = np.random.randint(0, 256, (2,5), dtype=np.uint8)
>>> a
array([[118,  33, 164, 187,  48],
       [ 41, 128, 242, 225,  34]], dtype=uint8)
>>> b
array([[170, 207,  35,  61, 251],
       [251, 206,  70, 208,  85]], dtype=uint8)
>>> c = uf(a, b)
>>> c
array([[170, 207, 164, 187, 251],
       [251, 128, 242, 225, 85]], dtype=object)
>>> c = c.astype(np.uint8)
>>> c
array([[170, 207, 164, 187, 251],
       [251, 128, 242, 225,  85]], dtype=uint8)
```

2. 使用 np.vectorize( ) 定义广播函数

np.frompyfunc( ) 适用于多个返回值的函数。如果返回值只有一个，使用 np.vectorize( ) 定义广播函数更方便，并且还可以通过 otypes 参数指定返回数组的元素类型，其代码如下。

```
>>> uf = np.vectorize(func_demo, otypes=[np.uint8])
>>> a = np.array([[118,  33, 164, 187,  48],
       [ 41, 128, 242, 225,  34]], dtype=np.uint8)
>>> b = np.array([[170, 207,  35,  61, 251],
       [251, 206,  70, 208,  85]], dtype=np.uint8)
```

```
>>> c = uf(a, b)
>>> c
array([[170, 207, 164, 187, 251],
       [251, 128, 242, 225,  85]], dtype=uint8)
```

自定义广播函数并不是真正的广播函数，其运行效率和循环遍历几乎没有差别，因此除非确实必要，否则不应该滥用自定义广播函数。事实上，总有一些技巧可以不用遍历数组也能实现对数组元素的操作，如对数组元素分组操作等。

4.5　掩码数组

在科研活动和实际工作中，我们获得的数据集往往是有缺失或被污染的，如卫星上各种载荷的传感器在某一瞬间甚至某一段时间内可能无法记录数据或记录值被干扰。上一节简单介绍了 NumPy 处理数据缺值或无效值的思路，本节则是针对这个问题的完整的实现方案。

numpy.ma 子模块通过引入掩码数组提供了一种解决数据缺失或无效问题的安全、便捷的方法。numpy.ma 子模块的主体是 MaskedArray 类，它是 numpy.ndarray 的派生类，可以把 numpy.ma 子模块当作 ndarray 来用，且无须考虑数组的无效值是否会给操作带来无法预知的意外。

4.5.1　创建掩码数组

这里约定导入掩码数组子模块的方法和导入 NumPy 模块的风格保持一致。

```
>>> import numpy as np
>>> import numpy.ma as ma
```

1. 由列表生成掩码数组

掩码数组子模块的 ma.array( ) 函数和 NumPy 的 np.array( ) 函数类似，可以直接将列表生成掩码数组，默认 mask 参数为 False，生成的数组类型是 MaskedArray 类。数组掩码处理后，无论是查找最大值、最小值，还是计算均值、方差，都不用再担心数据是否无效的问题了。

```
>>> a = ma.array([0, 1, 2, 3], mask=[0, 0, 1, 0]) # 指定第三个元素无效
>>> a
masked_array(data=[0, 1, --, 3],
             mask=[False, False,  True, False],
       fill_value=999999)
>>> type(a)
<class 'numpy.ma.core.MaskedArray'>
>>> a.min(), a.max(), a.mean(), a.var()
(0, 3, 1.3333333333333333, 1.5555555555555556)
```

2. 由数组生成掩码数组

ma.asarray( ) 函数可以将普通的 NumPy 数组转成掩码数组。新生成的掩码数组不会对原数组中的 np.nan 或 np.inf 做掩码处理，但是会相应调整填充值（fill_value）。

```
>>> a = np.arange(5)
>>> ma.asarray(a)
masked_array(data=[0, 1, 2, 3, 4],
             mask=False,
       fill_value=999999)
>>> a = np.array([1, np.nan, 2, np.inf, 3]) # 包含特殊值的数组
>>> ma.asarray(a)
masked_array(data=[ 1., nan,  2., inf,  3.],
             mask=False,
       fill_value=1e+20) # 填充值会相应变化
```

3. 对数组中的无效值做掩码处理

ma.asarray( ) 函数不会对原数组中的 np.nan 或 np.inf 做掩码处理，ma.masked_invalid( ) 函数则可以实现这个功能。

```
>>> a = np.array([1, np.nan, 2, np.inf, 3])
>>> ma.masked_invalid(a)
masked_array(data=[1.0, --, 2.0, --, 3.0],
             mask=[False,  True, False,  True, False],
       fill_value=1e+20)
```

4. 对数组中的给定值做掩码处理

有时需要将数组中的某个给定值设置为无效（掩码），ma.masked_equal( ) 函数可以实现这个功能。

```
>>> a = np.arange(3).repeat(2)
>>> ma.masked_equal(a, 1) # 对数组元素1做掩码处理
masked_array(data=[0, 0, --, --, 2, 2],
             mask=[False, False,  True,  True, False, False],
       fill_value=1)
```

5. 对数组中符合条件的特定值做掩码处理

有时需要将数组中符合条件的某些特定值设置为无效（掩码），掩码数组子模块提供了若干函数实现条件掩码。这些可能的筛选条件包括大于、大于等于、小于、小于等于、区间内、区间外等 6 种。下面的代码演示了 6 种筛选条件对应的 6 个掩码函数的使用方法。

```
>>> a = np.arange(8)
>>> ma.masked_greater(a, 4) # 掩码大于4的元素
masked_array(data=[0, 1, 2, 3, 4, --, --, --],
             mask=[False, False, False, False, False,  True,  True,  True],
       fill_value=999999)
>>> ma.masked_greater_equal(a, 4) # 掩码大于等于4的元素
masked_array(data=[0, 1, 2, 3, --, --, --, --],
             mask=[False, False, False, False,  True,  True,  True,  True],
       fill_value=999999)
>>> ma.masked_less(a, 4) # 掩码小于4的元素
masked_array(data=[--, --, --, --, 4, 5, 6, 7],
             mask=[ True,  True,  True,  True, False, False, False, False],
       fill_value=999999)
>>> ma.masked_less_equal(a, 4) # 掩码小于等于4的元素
masked_array(data=[--, --, --, --, --, 5, 6, 7],
             mask=[ True,  True,  True,  True,  True, False, False, False],
       fill_value=999999)
>>> ma.masked_inside(a, 2, 5) # 掩码在 [2,5]内的元素
masked_array(data=[0, 1, --, --, --, --, 6, 7],
             mask=[False, False,  True,  True,  True,  True, False, False],
       fill_value=999999)
>>> ma.masked_outside(a, 2, 5) # 掩码在 [2,5]之外的元素
masked_array(data=[--, --, 2, 3, 4, 5, --, --],
             mask=[ True,  True, False, False, False, False,  True,  True],
       fill_value=999999)
```

6. 用一个数组的条件筛选结果对另一个数组做掩码处理

a 和 b 是两个结构相同的数组，如果用 a>5 的条件对数组 b 掩码，上面那些函数就失效了。这种情况正是 ma.masked_where( ) 函数可以大显身手的时候。当然，该函数也可以对数组自身掩码。

```
>>> a = np.arange(8)
>>> b = np.random.random(8)
>>> ma.masked_where(a>5, b) # 用a>5的条件对数组b掩码
masked_array(data=[0.08445100592764732, 0.3502664957826195,
                   0.38403008762851243, 0.13025516166581663,
                   0.393489225584158, 0.6623482125806512, --, --],
             mask=[False, False, False, False, False, False,  True,  True],
       fill_value=1e+20)
```

4.5.2 访问掩码数组

1. 索引和切片

因为掩码数组 MaskedArray 类是 numpy.ndarray 的派生类，所以那些用在普通 NumPy 数组上的索引和切片操作也依然有效。

```
>>> a = np.array([1, np.nan, 2, np.inf, 3])
>>> a = ma.masked_invalid(a)
>>> a[0], a[1], a[-1]
(1.0, masked, 3.0)
>>> a[1:-1]
masked_array(data=[--, 2.0, --],
             mask=[ True, False,  True],
       fill_value=1e+20)
```

2. 函数应用

掩码数组内置方法的使用和普通数组没有区别，下面的代码演示了最大值、最小值、均值和方差的使用。

使用 NumPy 命名空间的函数则要慎重，如果掩码数组子模块有对应函数，应优先使用掩码数组子模块的对应函数。例如，对掩码数组求正弦，如果使用 np.sin( ) 函数，会发出警告信息；如果使用 ma.sin( ) 函数，则无任何问题。

```
>>> a = np.array([1, np.nan, 2, np.inf, 3])
>>> a = ma.masked_invalid(a)
>>> a.min(), a.max(), a.mean(), a.var()
(1.0, 3.0, 2.0, 0.6666666666666666)
>>> np.sin(a)

Warning (from warnings module):
  File "__main__", line 1
RuntimeWarning: invalid value encountered in sin
masked_array(data=[0.8414709848078965, --, 0.9092974268256817, --,
                   0.1411200080598672],
             mask=[False,  True, False,  True, False],
       fill_value=1e+20)
>>> ma.sin(a)
masked_array(data=[0.8414709848078965, --, 0.9092974268256817, --,
                   0.1411200080598672],
             mask=[False,  True, False,  True, False],
       fill_value=1e+20)
```

3. 掩码数组转为普通数组

任何情况下，我们都可以通过掩码数组的 data 属性来获得掩码数组的数据视图，其类型就是 np.ndarray 数组。另外，还可以使用掩码数组的 __array__( ) 函数或 ma.getdata( ) 函数来获取掩码数组的数据视图。上述三种方法获得数据视图的操作，本质上都是操作掩码数组本身。如果需要数据视图副本，需使用 copy( ) 函数。

```
>>> a = ma.array([1, np.nan, 2, np.inf, 3])
>>> a
masked_array(data=[ 1., nan,  2., inf,  9.],
```

```
            mask=False,
      fill_value=1e+20)
>>> x = a.data
>>> y = a.__array__()
>>> z = ma.getdata(a)
>>> w = np.copy(a.__array__()) # 复制数据视图
>>> x
array([ 1., nan,  2., inf,  3.])
>>> y
array([ 1., nan,  2., inf,  3.])
>>> z
array([ 1., nan,  2., inf,  3.])
>>> w
array([ 1., nan,  2., inf,  3.])
>>> a[-1] = 9
>>> x
array([ 1., nan,  2., inf,  9.])
>>> y
array([ 1., nan,  2., inf,  9.])
>>> z
array([ 1., nan,  2., inf,  9.])
>>> w
array([ 1., nan,  2., inf,  3.])
```

4. 修改掩码

通过掩码数组的 mask 属性可以查看当前数组的掩码情况，其代码如下。通常，数组的掩码是一个布尔型数组，或是一个布尔值。

```
>>> a = ma.masked_invalid(np.array([1, np.nan, 2, np.inf, 3]))
>>> a.mask
array([False,  True, False,  True, False])
```

如果要对数组切片掩码或对数组的某个元素掩码，直接令该切片或该元素等于 ma.masked 常量即可，其代码如下。

```
>>> a = ma.masked_invalid(np.array([1, np.nan, 2, np.inf, 3]))
>>> a
masked_array(data=[1.0, --, 2.0, --, 3.0],
             mask=[False,  True, False,  True, False],
       fill_value=1e+20)
>>> a[:2] = ma.masked
>>> a
masked_array(data=[--, --, 2.0, --, 3.0],
             mask=[ True,  True, False,  True, False],
       fill_value=1e+20)
```

如果要撤销对数组切片或数组中的某个元素的掩码，只需要对该切片或该元素做赋值操作即可，其代码如下。

```
>>> a = ma.masked_invalid(np.array([1, np.nan, 2, np.inf, 3]))
>>> a
masked_array(data=[1.0, --, 2.0, --, 3.0],
             mask=[False,  True, False,  True, False],
       fill_value=1e+20)
>>> a[1] = 1.5
>>> a[2:4] = 5
>>> a
masked_array(data=[1.0, 1.5, 5.0, 5.0, 3.0],
             mask=[False, False, False, False, False],
       fill_value=1e+20)
```

4.6　矩阵对象

在数学上，矩阵（Matrix）是一个按照矩形阵列排列的复数或实数集合，但在 NumPy 中，矩阵 np.matrix 是数组 np.ndarray 的派生类。这意味着矩阵本质上是一个数组，拥有数组的所有属性和方法；同时，矩阵又有一些不同于数组的特性和方法。

首先，矩阵是二维的，不能像数组一样幻化成任意维度，即使展开或切片，返回也是二维的；其次，矩阵和矩阵、矩阵和数组都可以做加减乘除运算，运算结果总是返回矩阵；最后，矩阵的乘法不同于数组乘法。

4.6.1　创建矩阵

np.mat( ) 函数用于创建矩阵，它可以接受列表、数组甚至是字符串等形式的参数，还可以使用 dtype 参数指定数据类型，其代码如下。

```
>>> np.mat([[1,2,3],[4,5,6]], dtype=np.int) # 使用列表创建矩阵
matrix([[1, 2, 3],
        [4, 5, 6]])
>>> np.mat(np.arange(6).reshape((2,3))) # 使用数组创建矩阵
matrix([[0, 1, 2],
        [3, 4, 5]])
>>> np.mat('1 4 7; 2 5 8; 3 6 9') # 使用MATLAB风格的字符串创建矩阵
matrix([[1, 4, 7],
        [2, 5, 8],
        [3, 6, 9]])
```

此外，和生成特殊值数组类似，numpy.matlib 子模块也提供了多个函数用于生成特殊值矩阵和随机数矩阵，其代码如下。

```
>>> import numpy.matlib as mat
>>> mat.zeros((2,3)) # 全0矩阵
matrix([[0., 0., 0.],
```

```
        [0., 0., 0.]])
>>> mat.ones((2,3)) # 全1矩阵
matrix([[1., 1., 1.],
        [1., 1., 1.]])
>>> mat.eye(3) # 单位矩阵
matrix([[1., 0., 0.],
        [0., 1., 0.],
        [0., 0., 1.]])
>>> mat.empty((2,3)) # 空矩阵
matrix([[1., 1., 1.],
        [1., 1., 1.]])
>>> mat.rand((2,3)) # [0,1)区间的随机数矩阵
matrix([[0.99553367, 0.53978781, 0.96430715],
        [0.02990035, 0.19574645, 0.2558724 ]])
>>> mat.randn((2,3)) # 均值为0、方差为1的高斯（正态）分布矩阵
matrix([[ 0.44248199, -1.51660328,  0.75149411],
        [-0.8000728 , -0.4941788 , -0.33822774]])
```

4.6.2　矩阵特有属性

矩阵有几个特有的属性，如转置矩阵、逆矩阵、共轭矩阵、共轭转置矩阵等。熟悉这些属性对矩阵计算会有很大的帮助。

```
>>> m = np.mat(np.arange(6).reshape((2,3)))
>>> m
matrix([[0, 1, 2],
        [3, 4, 5]])
>>> m.T # 返回自身的转置矩阵
matrix([[0, 3],
        [1, 4],
        [2, 5]])
>>> m.H # 返回自身的共轭转置矩阵
matrix([[0, 3],
        [1, 4],
        [2, 5]])
>>> m.I # 返回自身的逆矩阵
matrix([[-0.77777778,  0.27777778],
        [-0.11111111,  0.11111111],
        [ 0.55555556, -0.05555556]])
>>> m.A # 返回自身数据的视图（ndarray类）
array([[0, 1, 2],
       [3, 4, 5]])
```

4.6.3　矩阵乘法

矩阵运算和数组运算大致相同，只有乘法运算有较大差别。在讲广播和矢量化时，我们已经知道，两个数组相乘就是对应元素相乘，条件是两个数组的结构相同。事实上，即使两个数组的结构不同，只要满足特定条件，也能做乘法运算。

```
>>> a = np.random.randint(0,10,(2,3))
>>> a
array([[7, 2, 3],
       [1, 2, 7]])
>>> b = np.random.randint(0,10,3)
>>> b
array([9, 6, 2])
>>> a*b # 结构不同的两个数组也可以相乘
array([[63, 12,  6],
       [ 9, 12, 14]])
>>> b*a
array([[63, 12,  6],
       [ 9, 12, 14]])
```

除了对应元素相乘，数组还可以使用 np.dot( ) 函数相乘，其代码如下。

```
>>> a = np.random.randint(0,10,(2,3))
>>> b = np.random.randint(0,10,3)
>>> c = np.random.randint(0,10,(3,2))
>>> np.dot(a,b)
array([38, 46])
>>> np.dot(a,c)
array([[44, 35],
       [45, 40]])
```

对于数组而言，使用星号相乘和使用 np.dot( ) 函数相乘是完全不同的两种乘法；对于矩阵来说，不管是使用星号相乘还是使用 np.dot( ) 函数相乘，结果都是 np.dot( ) 函数相乘的结果，因为矩阵没有对应元素相乘这个概念。np.dot( ) 函数实现的乘法就是矩阵乘法。那么矩阵乘法究竟是怎么运算的呢？图 4-10 显示了矩阵相乘的具体算法。

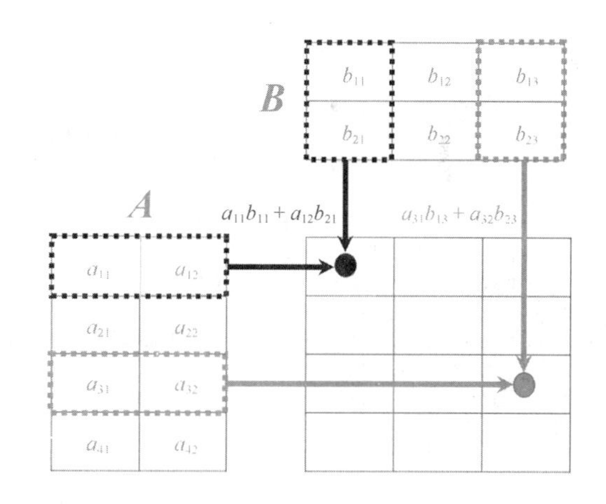

图 4-10　矩阵乘法示意图

不是所有的矩阵都能相乘。图 4-10 中矩阵 ***A*** 乘矩阵 ***B***，二者可以相乘的条件是矩阵 ***A*** 的列数必须等于矩阵 ***B*** 的行数。例如，矩阵 ***A*** 是 4 行 2 列，矩阵 ***B*** 是 2 行 3 列，***A***×***B*** 没问题，但是反过来，***B***×***A*** 就无法运算了。可见，矩阵乘法不满足交换律。再来看一看乘法规则。概括来说，就是矩阵 ***A*** 的各行逐一去乘矩阵 ***B*** 的各列。例如，矩阵 ***A*** 的第 1 行和矩阵 ***B*** 的第 1 列，它们的元素个数一定相等，对应元素相乘后求和的值作为结果矩阵第 1 行第 1 列的值。又如，矩阵 ***A*** 的第 3 行和矩阵 ***B*** 的第 3 列，对应元素相乘后求和的值作为结果矩阵第 3 行第 3 列的值。依此类推，最终得到矩阵 ***A*** 乘矩阵 ***B*** 的结果矩阵。

那么，这个令人眼花缭乱的矩阵乘法有什么使用价值吗？答案是有，不但有，而且有非常大的使用价值。对于编程来说，矩阵乘法最常见的应用是图像的旋转、位移、透视等操作。图 4-11 显示了一个平面直角坐标系旋转矩阵的推导过程。

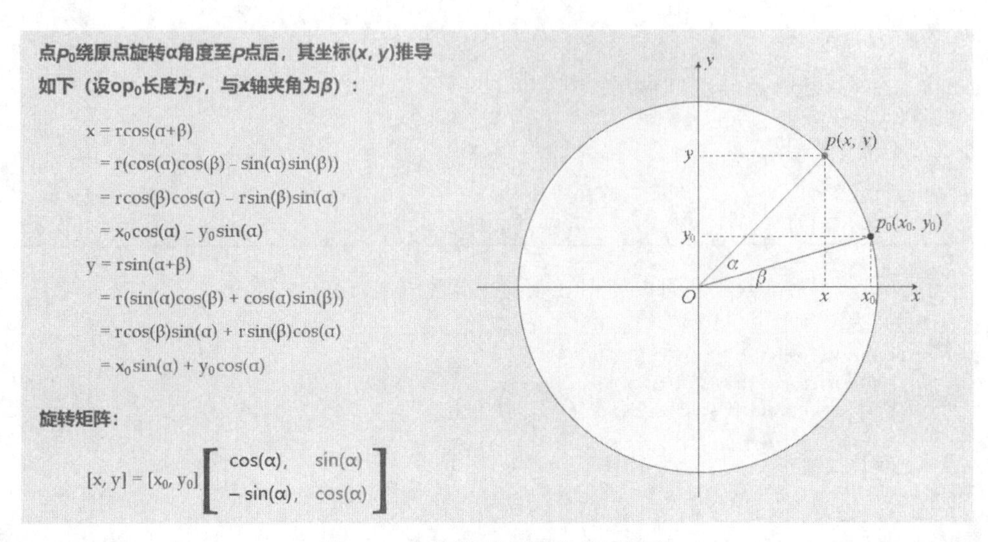

图 4-11　平面旋转矩阵的推导过程

下面应用这个推导结果定义一个函数，来返回平面上的点围绕原点旋转给定角度后的坐标。

```
>>> def rotate(p,d):
        a = np.radians(d)
        m = np.array([[np.cos(a), np.sin(a)],[-np.sin(a), np.cos(a)]])
        return np.dot(np.array(p), m)

>>> rotate((5.7,2.8), 35) # 旋转35°
array([3.06315263, 5.56301141])
>>> rotate((5.7,2.8), 90) # 旋转90°
array([-2.8,  5.7])
>>> rotate((5.7,2.8), 180) # 旋转180°
array([-5.7, -2.8])
>>> rotate((5.7,2.8), 360) # 旋转360°
array([5.7, 2.8])
```

4.7　随机抽样子模块

在科研活动和日常工作中，经常会用到随机数，特别是仿真、人工智能等领域更离不开随机数。计算机系统生成的随机数都是伪随机数，NumPy 自然也不例外，但它的 random 随机抽样子模块提供了很多便捷的函数，可以满足绝大多数的应用需求。

4.7.1　随机数

np.random.random( ) 是最常用的随机数生成函数，该函数生成的随机数均匀分布于 [0, 1) 区间（左闭右开）。如果不提供参数，np.random.random( ) 函数返回一个浮点型随机数。np.random.random( ) 函数还可以接受一个整型或元组参数，用于指定返回的浮点型随机数数组的结构（shape）。也有很多人习惯使用 np.random.rand( ) 函数生成随机数，其功能和 np.random.random( ) 函数一样，只是 np.random.rand( ) 函数不接受元组参数，必须要写成两个整型参数。

```
>>> np.random.random()
0.5325439713619637
>>> np.random.random(2)
array([0.58230722, 0.59662556])
>>> np.random.random((2,3))
array([[0.30103372, 0.16186198, 0.01281106],
       [0.43598428, 0.58364464, 0.37358535]])
```

np.random.randint( ) 是另一个常用的随机数生成函数，该函数生成的随机整数均匀分布于 [low, high) 区间（左闭右开）。如果省略 low 参数，则默认 low 的值等于 0。np.random.randint( ) 函数还有一个默认参数 size，用于指定返回的整型随机数数组的结构（shape），其代码如下。

```
>>> np.random.randint(10)
3
>>> np.random.randint(10, size=5)
array([4, 5, 3, 0, 0])
>>> np.random.randint(10, size=(2,5))
array([[7, 0, 7, 8, 7],
       [3, 9, 6, 9, 6]])
>>> np.random.randint(10, 100, size=(2,5))
array([[74, 84, 35, 78, 95],
       [36, 28, 61, 25, 21]])
```

4.7.2　随机抽样

随机抽样是从指定的有序列表中随机抽取指定数量的元素。随机抽样的应用比较广泛，如产品抽检、抽签排序等。NumPy 的随机抽样函数是 np.random.choice( )，其原型如下。

```
np.random.choice(a, size=None, replace=True, p=None)
```

参数 a 表示待抽样的全体样本，它只接受整数或一维的数组（列表）。参数 a 如果是整数，相当于将数组 np.arange(a) 作为全体样本。参数 size 用于指定返回抽样结果数组的结构（shape）。参数 replace 用于指定是否允许多次抽取同一个样本，默认为允许。参数 p 是和全体样本集合等长的权重数组，用于指定对应样本被抽中的概率。

```
>>> np.random.choice(1,5) # 抽签样本只有1个元素0
array([0, 0, 0, 0, 0])
>>> np.random.choice(['a','b','c'], size=(3,5), p=[0.5,0.25,0.25]) # 指定权重
array([['a', 'a', 'a', 'c', 'b'],
       ['a', 'b', 'c', 'a', 'a'],
       ['a', 'a', 'a', 'a', 'b']], dtype='<U1')
>>> np.random.choice(np.arange(100), size=(2,5), replace=False) # 不允许重复
array([[39, 83, 57,  1, 45],
       [ 6, 42, 81, 96, 80]])
```

4.7.3 正态分布

使用 np.random.randn( ) 函数是最简单的生成标准正态分布随机数的方法。np.random.randn( ) 函数用于生成均值为 0、标准差为 1 的正态分布（标准正态分布）随机数。该函数可以接受一个或两个整型参数，用来指定返回的符合标准正态分布的随机数数组的结构（shape）。

```
>>> np.random.randn()
-0.6810877665131689
>>> np.random.randn(5)
array([-0.66705291, -0.36616713, -1.16756153,  0.87119457,  0.30739537])
>>> np.random.randn(2,5)
array([[ 0.13724214, -0.71052821,  0.72988774,  0.16853684, -1.89836678],
       [-0.94679367, -0.94165807,  2.31610439, -0.46910794,  0.02178768]])
```

如果需要生成非标准正态分布随机数，则应该使用 np.random.normal( ) 函数。np.random.normal( ) 函数默认生成均值为 0、标准差为 1 的正态分布随机数。参数 loc 用于指定均值，参数 scale 用于指定标准差，参数 size 用于指定返回的符合正态分布的随机数数组的结构（shape）。从下面的代码可以看出，和使用默认标准差相比，指定标准差为 0.2 时，数据分布更加靠近均值。

```
>>> np.random.normal()
0.49623559879844314
>>> np.random.normal(loc=2, size=5)
array([1.53367679, 1.64747689, 2.98585801, 0.41111733, 3.31062258])
>>> np.random.normal(loc=2, scale=0.2, size=(2,5))
array([[2.16220351, 1.73378492, 2.3342871 , 1.60388221, 1.85757531],
       [2.05661231, 1.76707957, 1.90711622, 1.9695985 , 1.90088622]])
```

4.7.4 伪随机数的深度思考

计算机程序或编程语言中的随机数都是伪随机数。因为计算机硬件是确定的，代码是固定的，算法是准确的，通过这些确定的、固定的、准确的东西不会产生真正的随机数，除非引入

这个封闭系统以外的因素。计算机系统的随机数算法一般使用线性同余或平方取中的算法，通过一个种子（通常用时钟代替）产生。这意味着，如果知道了种子和已经产生的随机数，就可能获得接下来随机数序列的信息，这就是伪随机数的可预测性。

NumPy 随机数函数内部使用了一个伪随机数生成器，这个生成器每次实例化时都需要一个种子（整数）完成初始化。如果两次初始化的种子相同，则每次初始化后生成的随机数序列就完全一致。np.random.seed( ) 函数可以指定伪随机数生成器的初始化种子，其代码如下。

```
>>> np.random.seed(12345)
>>> np.random.random(5)
array([0.92961609, 0.31637555, 0.18391881, 0.20456028, 0.56772503])
>>> np.random.random((2,3))
array([[0.5955447 , 0.96451452, 0.6531771 ],
       [0.74890664, 0.65356987, 0.74771481]])
>>> np.random.seed(12345)
>>> np.random.random(5) # 和上面完全一致
array([0.92961609, 0.31637555, 0.18391881, 0.20456028, 0.56772503])
>>> np.random.random((2,3)) # 和上面完全一致
array([[0.5955447 , 0.96451452, 0.6531771 ],
       [0.74890664, 0.65356987, 0.74771481]])
```

从上述代码中可以看出，只要指定相同的种子，接下来的随机序列就完全一致。这意味着，只有从外部引入真正的随机因子（如天空云朵的形状、邻居家无线网络信号的强度等）作为种子，才可以得到真正的随机数。

此外，NumPy 还提供了随机数生成器，可以直接操作这个生成器来生成随机数，其代码如下。

```
>>> r = np.random.RandomState(12345)
>>> r.random(5)
array([0.92961609, 0.31637555, 0.18391881, 0.20456028, 0.56772503])
>>> r.random((2,3))
array([[0.5955447 , 0.96451452, 0.6531771 ],
       [0.74890664, 0.65356987, 0.74771481]])
```

第5章 应用最广泛的绘图库 Matplotlib

在 Python 的世界里，除了 Web 应用开发以外，涉及 2D 绘图或一些简单的 3D 绘图，大多数程序员会首选 Matplotlib 库。Matplotlib 是 Python 比较底层的可视化库，同时又和科学计算库、数据分析库、机器学习库等高度集成，例如 NumPy、SciPy、Pandas、Scikti-learn 等。Matplotlib 拥有丰富的图表资源，风格接近 MATLAB，简单易用，其输出图片的质量可以达到出版级别。Matplotlib 具有很高的可定制性，因此基于 Matplotlib 又衍生出了 seaborn 等可视化模块或新的封装。毫无疑问，Matplotlib 已经成为 Python 生态圈中应用最广泛的绘图库。

5.1 快速入门

Matplotlib 中的概念比较复杂，对初学者来说可能会比较困难。这里用一个简单的示意图来帮助读者建立基本概念。

在 Matplotlib 中，绘图前需要先创建一个画布（figure），然后在这个画布上可以画一幅或多幅图，每一幅图都是一个子图（axes），如图 5-1 所示。

子图是 Matplotlib 中非常重要的类，所有的线条、矩形、文字、图像都是在子图上呈现的。子图在画布上可以存在一个或多个。子图上除了绘制线条、矩形、文字、图像等元素外，还可以设置 x 轴的标注（x axis label）和 y 轴的标注（y axis label）、刻度（tick）、子图中的网格（grid）以及图例（legend）等。

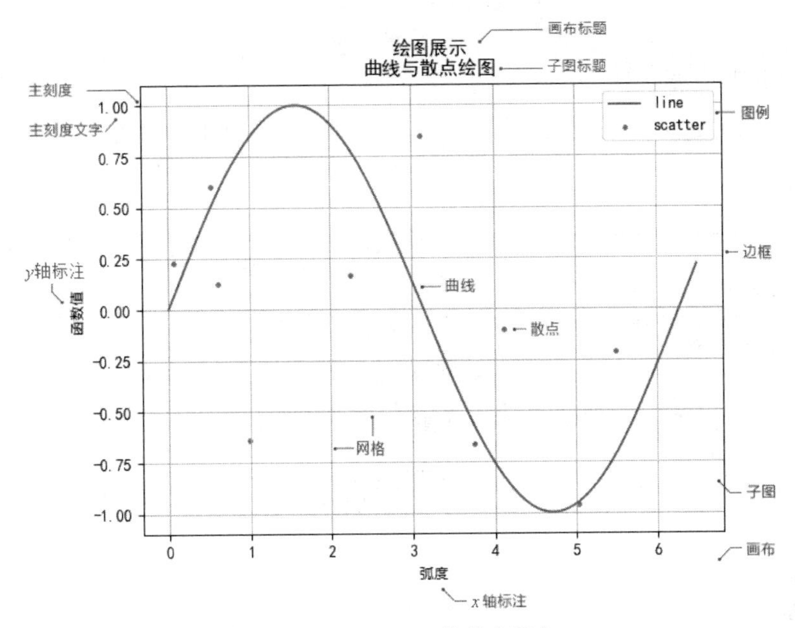

图 5-1　Matplotlib 的基本概念

5.1.1　画布

在 Matplotlib 中 figure 被称为画布。画布是一个顶级的容器（container），里面可以放置其他低阶容器，如子图（axes）。figure 对应现实中的画布，可以设置它的大小和颜色等属性。

```
>>> from matplotlib import pyplot as plt # 导入模块
>>> fig = plt.figure() # 创建画布
>>> fig.set_size_inches(5, 3) # 设置画布大小，单位是英寸
>>> fig.set_facecolor('gray') # 设置画布颜色
>>> fig.show() # 显示画布
```

以交互方式执行上面的代码会弹出一个灰色背景的绘图窗口，这就是通过代码定义的画布，如图 5-2 所示。这个窗口下方提供了放大、拖曳、保存文件等操作按钮。

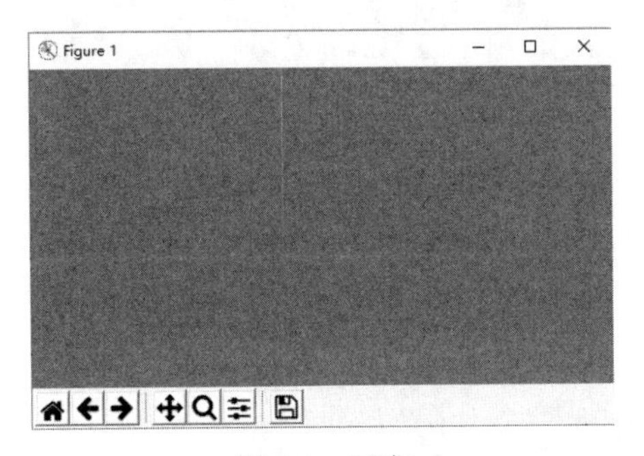

图 5-2　画布

5.1.2　子图与子图布局

在画布上可以添加一个或多个子图（axes）。子图是具有数据空间的绘图区域，在子图上可以绘制各种图形。在画布中添加子图有两种方式，第 1 种方式的代码如下。

```
>>> from matplotlib import pyplot as plt
>>> plt.rcParams['font.sans-serif'] = ['FangSong'] # 设置字体以便正确显示中文
>>> fig = plt.figure()
>>> ax1 = fig.add_axes([0.1, 0.1, 0.8, 0.8]) # 添加子图1
>>> ax2 = fig.add_axes([0.5, 0.5, 0.4, 0.2]) # 添加子图2
>>> ax1.set_title("子图1") # 设置子图1的标题
Text(0.5, 1.0, '子图1')
>>> ax2.set_title("子图2") # 设置子图2的标题
Text(0.5, 1.0, '子图2')
>>> ax1.set_facecolor('#E0E0E0') # 设置子图1的背景色
>>> ax2.set_facecolor('#F0F0F0') # 设置子图2的背景色
>>> fig.show()
```

使用 add_axes( ) 函数添加子图时，需要传入一个四元组参数，用于指定子图左下角（坐标原点）在画布上距离左边、底边的距离分别与画布宽度和高度的比例，以及子图的宽度和高度分别占画布宽度和高度的比例，如图 5-3 所示。使用 add_axes( ) 函数添加子图可以实现子图叠加的效果。

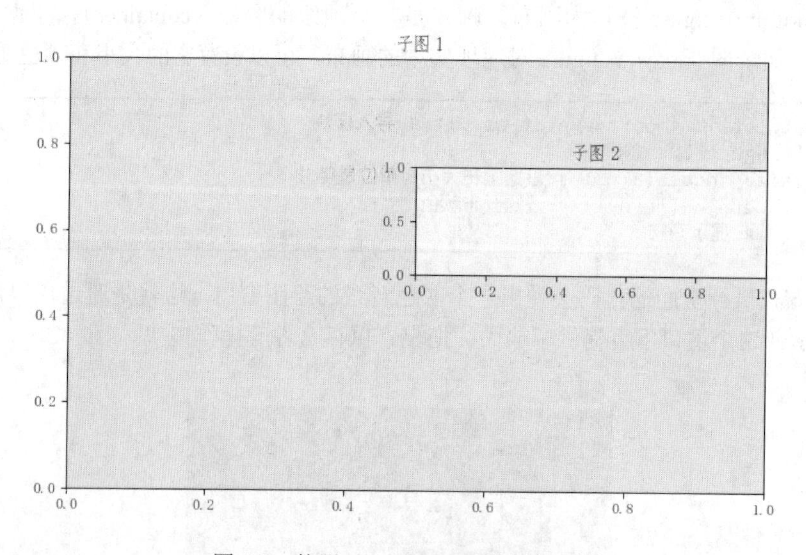

图 5-3　使用 add_axes( ) 函数添加子图

常用的添加子图的第 2 种方式是使用 add_subplot( ) 函数，此方式可以批量生成子图，且各个子图在画布上以网格方式排版，其代码如下。

```
>>> from matplotlib import pyplot as plt
>>> plt.rcParams['font.sans-serif'] = ['FangSong'] # 设置字体以便正确显示中文
>>> fig = plt.figure()
>>> fig.suptitle("add_subplot方法示例") # 画布标题
Text(0.5, 0.98, 'add_subplot方法示例')
>>> ax1 = fig.add_subplot(221)
>>> ax1.set_title("2行2列中的第1个子图")
Text(0.5, 1.0, '2行2列中的第1个子图')
>>> ax2 = fig.add_subplot(222)
>>> ax2.set_title("2行2列中的第2个子图")
Text(0.5, 1.0, '2行2列中的第2个子图')
>>> ax3 = fig.add_subplot(223)
>>> ax3.set_title("2行2列中的第3个子图")
Text(0.5, 1.0, '2行2列中的第3个子图')
>>> ax3 = fig.add_subplot(224)
>>> ax3.set_title("2行2列中的第4个子图")
Text(0.5, 1.0, '2行2列中的第4个子图')
>>> fig.show()
```

使用 add_subplot( ) 函数添加子图需要传入子图网格的行数、列数，以及当前生成的子图的序号，序号从 1 开始，优先从水平方向上进行排序。例如，画布上 2 行 2 列共 4 个子图，当前添加的子图位于第 2 行第 2 列，序号为 4，传入的参数既可以写成 add_subplot(2, 2, 4)，也可以写成 add_subplot(224)，如图 5-4 所示。

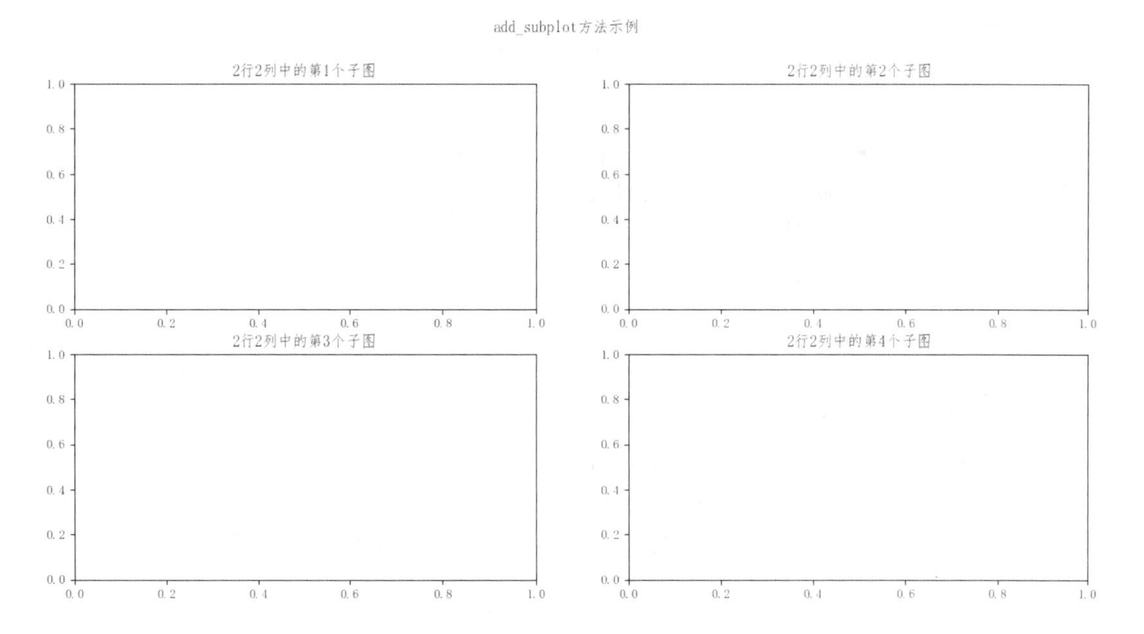

图 5-4　使用 add_subplot( ) 函数添加子图

5.1.3　坐标轴与刻度的名称

axis 是坐标轴，tick 是刻度，二者的等级相同。axis 和 tick 相互配合可以设置坐标轴的值域范围、刻度显示、刻度的字符和刻度字符格式化，从而精确地控制刻度位置和标签。

```
>>> import numpy as np
>>> from matplotlib import pyplot as plt
>>> from matplotlib.ticker import MultipleLocator, FormatStrFormatter
>>> plt.rcParams['font.sans-serif'] = ['FangSong'] # 设置字体以便正确显示中文
>>> plt.rcParams['axes.unicode_minus'] = False # 正确显示连字符
>>> x = np.linspace(-10,10,50)
>>> y = np.power(x, 2)
>>> fig = plt.figure()
>>> axes = fig.add_axes([0.2, 0.2, 0.7, 0.7])
>>> axes.set_title("设置坐标轴的刻度和名称", fontdict={'size':16}) # 设置子图标题
Text(0.5, 1.0, '设置坐标轴的刻度和名称')
>>> axes.plot(x, y) # 绘制连线
[<matplotlib.lines.Line2D object at 0x00000252F0962C08>]
>>> xmajorLocator = MultipleLocator(4)
>>> xmajorFormatter = FormatStrFormatter('%1.1f')
>>> axes.xaxis.set_major_locator(xmajorLocator) # 设置刻度的疏密
>>> axes.xaxis.set_major_formatter(xmajorFormatter) # 设置刻度字符格式
>>> axes.set_xlabel('x', fontdict={'size':14}) # 设置x轴标注
Text(0.5, 0, 'x')
>>> axes.set_ylabel('$y=x^2$', fontdict={'size':14}) # 设置y轴标注
Text(0, 0.5, '$y=x^2$')
>>> fig.show()
```

上述代码中设置 y 轴名称时，使用了 LaTex 语法。Matplotlib 很好地支持了 LaTex 语法，可以在坐标轴的名称、画布标题和子图标题、图例等元素中使用 LaTex 语法加入数学公式，如图 5-5 所示。

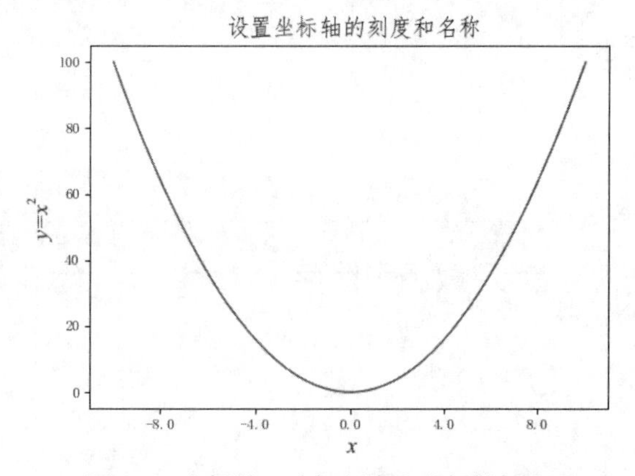

图 5-5　坐标轴、坐标刻度和坐标轴标注

5.1.4　图例和文本标注

数据可视化是用图表来展示数据本质的含义，而图例和文本标注可以帮助我们更加深刻地理解图表所要表达的意义和想要传递的信息。

```
>>> import numpy as np
>>> from matplotlib import pyplot as plt
>>> plt.rcParams['font.sans-serif'] = ['FangSong'] # 设置字体以便正确显示中文
>>> plt.rcParams['axes.unicode_minus'] = False # 正确显示连字符
>>> x = np.linspace(-4, 4, 200)
>>> y1 = np.power(10, x)
>>> y2 = np.power(np.e, x)
>>> y3 = np.power(2, x)
>>> fig = plt.figure()
>>> axes = fig.add_axes([0.1, 0.1, 0.8, 0.8])
>>> axes.plot(x, y1, 'r', ls='-', linewidth=2, label='$10^x$')
[<matplotlib.lines.Line2D object at 0x00000252F0A741C8>]
>>> axes.plot(x, y2, 'b', ls='--', linewidth=2, label='$e^x$')
[<matplotlib.lines.Line2D object at 0x00000252F0A53948>]
>>> axes.plot(x, y3, 'g', ls=':', linewidth=2, label='$2^x$')
[<matplotlib.lines.Line2D object at 0x00000252F097C7C8>]
>>> axes.axis([-4, 4, -0.5, 8]) # 设置坐标轴范围
[-4, 4, -0.5, 8]
>>> axes.text(1, 7.5, r'$10^x$', fontsize=16) # 添加文本标注
Text(1, 7.5, '$10^x$')
>>> axes.text(2.2, 7.5, r'$e^x$', fontsize=16) # 添加文本标注
Text(2.2, 7.5, '$e^x$')
>>> axes.text(3.2, 7.5, r'$2^x$', fontsize=16) # 添加文本标注
Text(3.2, 7.5, '$2^x$')
>>> axes.legend(loc='upper left') # 生成图例
<matplotlib.legend.Legend object at 0x00000252F6237848>
>>> fig.show()
```

在上述代码中，使用 plot( ) 函数绘制曲线时，设置了颜色、线型、线宽，并使用了 label 参数。生成图例时，Matplotlib 会自动将各条曲线的颜色、线型、线宽和 label 添加到图例中。最终效果如图 5-6 所示。

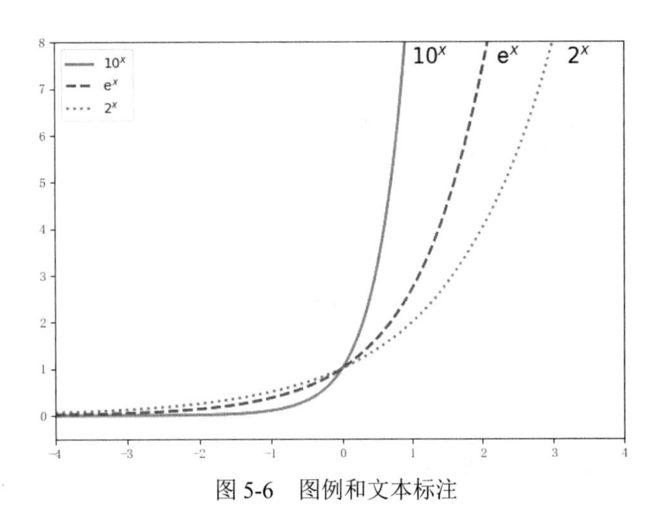

图 5-6　图例和文本标注

5.1.5　显示和保存

使用画布的 show( ) 函数可以显示画布，并且只能显示一次。事实上，画布及画布上的子图依然存在，只是因为 show( ) 函数调用 tkinter 这个 GUI 库时做了限制。在任何情况下都可以使用画布的 savefig( ) 函数将画布保存为文件，只需要向 savefig( ) 函数传递一个文件名即可。如果需要，还可以指定生成图像文件的分辨率。

```
>>> import numpy as np
>>> from matplotlib import pyplot as plt
>>> plt.rcParams['font.sans-serif'] = ['FangSong'] # 设置字体以便正确显示中文
>>> plt.rcParams['axes.unicode_minus'] = False # 正确显示连字符
>>> fig = plt.figure()
>>> fig.set_size_inches(5, 3) # 设置画布的宽为5英寸、高为3英寸
>>> axes = fig.add_axes([0.1, 0.1, 0.8, 0.8])
>>> x = np.random.rand(50) # 随机生成散点x坐标
>>> y = np.random.rand(50) # 随机生成散点y坐标
>>> color = 2 * np.pi * np.random.rand(50) # 随机生成散点颜色
>>> axes.scatter(x, y, c=color, alpha=0.5, cmap='jet') # 绘制散点图
<matplotlib.collections.PathCollection object at 0x00000252F0A84488>
>>> axes.set_title("散点图")
Text(0.5, 1.0, '散点图')
>>> fig.savefig('scatter.png', dpi=300) # 保存为文件，同时设置分辨率为300dot/in
```

通常 savefig( ) 函数会根据文件名选择保存的图像格式，也可以使用 format 参数指定图像格式。最终保存的图像文件如图 5-7 所示。

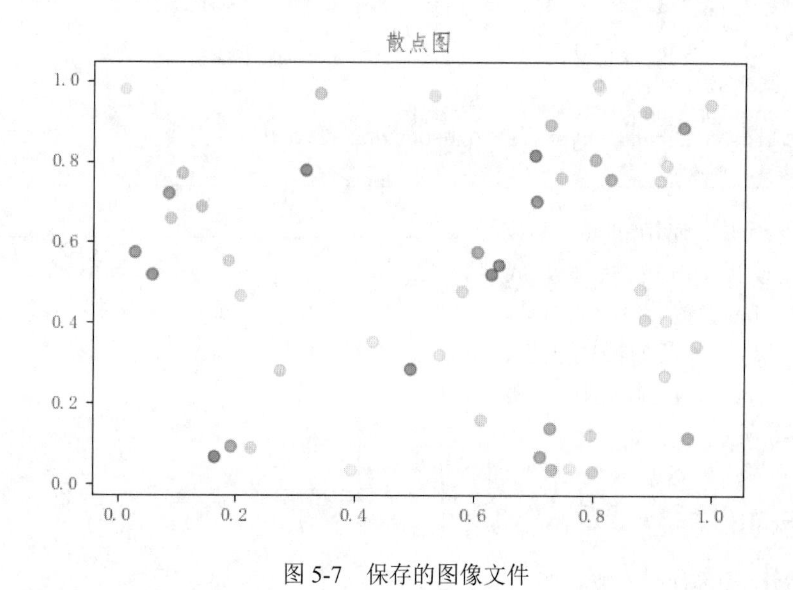

图 5-7　保存的图像文件

5.1.6　两种使用风格

为了保持概念的清晰，前面的小节中每个绘图示例在绘图前都是先生成一块画布，并在画布上添加一个或多个子图，调用的 plot( ) 或 show( ) 等函数都是画布或子图的方法。使用 Matplotlib 时，推荐使用这种面向对象的使用风格。

除此之外，Matplotlib 还提供一种类 MATLAB 风格的 API，网络上大部分的绘图示例都是

这种风格的。这种使用方式没有画布和子图的概念，或默认有一块画布，并且画布上已经存在一个子图，只需调用 pyplot 的函数即可绘图和显示。

```
>>> import numpy as np
>>> from matplotlib import pyplot as plt
>>> x = np.linspace(0,10,100)
>>> y = np.exp(-x)
>>> plt.plot(x, y) # 调用pyplot的plot()函数
[<matplotlib.lines.Line2D object at 0x000002D603456A88>]
>>> plt.show() # 调用pyplot的show()函数
```

类 MATLAB 风格的使用方式不需要创建画布，也不用添加子图，使用起来非常简单。如果需要绘制多个子图，pyplot 提供了 subplot( ) 函数来实现类似添加子图的功能。

```
>>> import numpy as np
>>> from matplotlib import pyplot as plt
>>> x = np.linspace(0,10,100)
>>> y1 = np.exp(-x)
>>> y2 = np.sin(x)
>>> plt.subplot(121) # 现在开始在1行2列的第1个位置绘图
<matplotlib.axes._subplots.AxesSubplot object at 0x000002D67E5748C8>
>>> plt.plot(x,y1)
[<matplotlib.lines.Line2D object at 0x000002D6037A5308>]
>>> plt.subplot(122) # 现在开始在1行2列的第2个位置绘图
<matplotlib.axes._subplots.AxesSubplot object at 0x000002D603917608>
>>> plt.plot(x,y2)
[<matplotlib.lines.Line2D object at 0x000002D6039175C8>]
>>> plt.show()
```

上面的代码绘制了 1 行 2 列共两个子图，如图 5-8 所示。

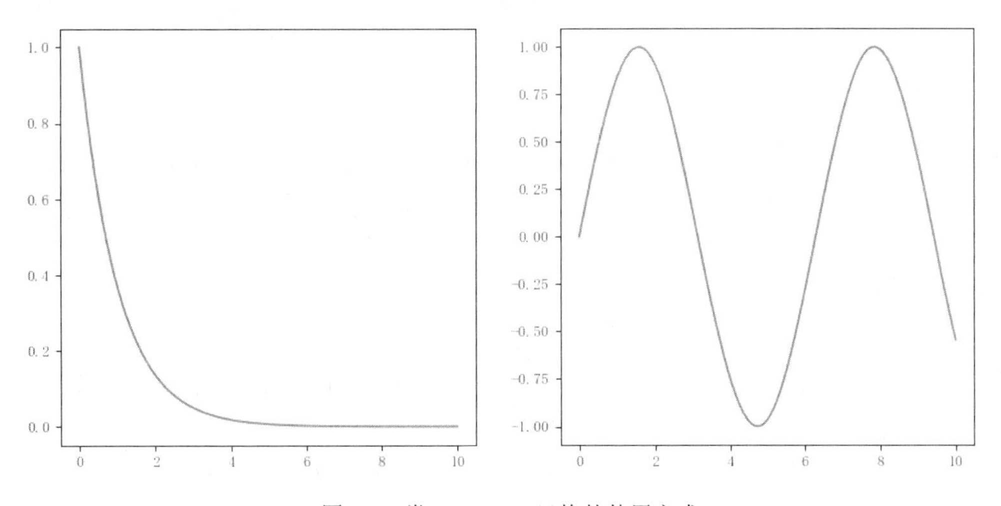

图 5-8　类 MATLAB 风格的使用方式

很多情况下，这两种使用风格没有严格的区分，经常混合使用。例如，下面的代码以面向对象的使用风格创建了两块画布，最后以类 MATLAB 风格的使用方式显示画布，结果是同时弹出两个画布窗口。

```
>>> import numpy as np
>>> from matplotlib import pyplot as plt
>>> f1 = plt.figure() # 以面向对象的使用风格创建画布
>>> f2 = plt.figure() # 以面向对象的使用风格创建画布
>>> ax1 = f1.add_axes([0.1, 0.1, 0.8, 0.8]) # 以面向对象的使用风格添加子图
>>> ax2 = f2.add_axes([0.1, 0.1, 0.8, 0.8]) # 以面向对象的使用风格添加子图
>>> x = np.arange(5)
>>> ax1.plot(x) # 以面向对象的使用风格绘图
[<matplotlib.lines.Line2D object at 0x000001A13DC1DC88>]
>>> ax2.plot(x) # 以面向对象的使用风格绘图
[<matplotlib.lines.Line2D object at 0x000001A13DAD4C08>]
>>> plt.show() # 以类MATLAB风格的使用方式显示画布
```

请仔细体会两种使用风格的差异。类 MATLAB 风格的使用方式代码简洁，面向对象的使用风格提供了更多的格式和界面的控制方法，可以更精准地定制可视化结果。

5.2　丰富多样的图形

Matplotlib 是一个 2D 绘图库，只需要几行代码就可以生成多种高质量的图形。在后面的示例中，默认已经通过执行以下代码导入了必要的模块，并进行了必要的设置。

```
>>> import numpy as np
>>> from matplotlib import pyplot as plt
>>> plt.rcParams['font.sans-serif'] = ['FangSong'] # 设置字体以便正确显示中文
>>> plt.rcParams['axes.unicode_minus'] = False # 正确显示连字符
```

5.2.1　曲线图

使用 axes 子图对象的 plot( ) 函数可以绘制曲线图。严格来说，plot( ) 函数绘制的是折线图而非曲线图，因为该函数只是将顺序相邻的点以直线连接，并未做任何平滑处理。该函数有两种调用方式，函数原型及主要参数说明如下。

```
plot([x], y, [fmt], **kwargs)
plot([x], y, [fmt], [x2], y2, [fmt2], ..., **kwargs)
```

- x、y：长度相同的一维数组，表示离散点的 x 坐标和 y 坐标。如果省略 x，则以 y 的索引序号代替。
- fmt：格式字符串，用来快速设置颜色、线型等属性，例如，“ro”代表红圈。所有参数都可以通过关键字参数进行设置。

- 关键字参数 color：简写为 c，字符串类型，用于设置颜色。
- 关键字参数 linestyle：简写为 ls，浮点数类型，用于设置线型。
- 关键字参数 linewidth：简写为 lw，浮点数类型，用于设置线宽。
- 关键字参数 marker：字符串类型，用于设置点的样式。
- 关键字参数 markersize：简写为 ms，浮点数类型，用于设置点的大小。
- 关键字参数 markerfacecolor：简写为 mfc，字符串类型，用于设置点的颜色。
- 关键字参数 markeredgecolor：简写为 mec，字符串类型，用于设置点的边缘颜色。
- 关键字参数 label：字符串类型，用于设置在图例中显示的曲线名称。

以下代码演示了 plot( ) 函数及其参数的用法。绘图效果如图 5-9 所示。关于线型、颜色等参数的选项和格式，在 5.3 节中有详细讲解。

```
>>> x = np.linspace(-4, 4, 100)
>>> y1 = np.power(np.e, x)
>>> y2 = np.sin(x)*10 + 30
>>> fig = plt.figure()
>>> axes = fig.add_axes([0.1, 0.1, 0.8, 0.8])
>>> axes.plot(x, y1, c='green', label='$e^x$', ls='-.', alpha=0.6, lw=2)
[<matplotlib.lines.Line2D object at 0x000002D67E451708>]
>>> axes.plot(x, y2, c='m', label='$10*sin(x)+10$', ls=':', alpha=1, lw=3)
[<matplotlib.lines.Line2D object at 0x000002D6030C6748>]
>>> axes.legend()
<matplotlib.legend.Legend object at 0x000002D6030C6108>
>>> plt.show()
```

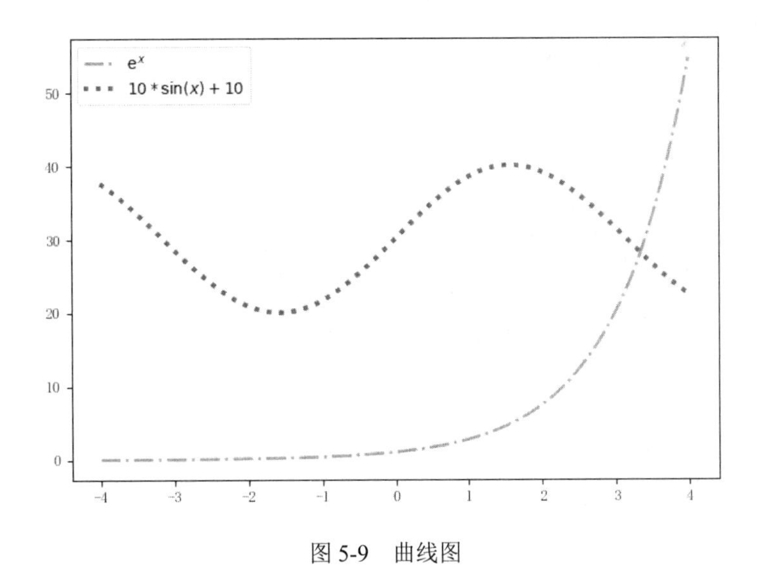

图 5-9　曲线图

除了 plot( ) 函数，semilogx( )、semilogy( ) 和 loglog( ) 函数也可以用来绘制曲线图，只不过

它们分别绘制 x 轴为对数坐标、y 轴为对数坐标或两个坐标轴都为对数坐标的数据。

```
>>> x = np.arange(100)
>>> y = np.exp(x)
>>> fig = plt.figure()
>>> ax1 = fig.add_subplot(221)
>>> ax2 = fig.add_subplot(222)
>>> ax3 = fig.add_subplot(223)
>>> ax4 = fig.add_subplot(224)
>>> ax1.set_title("plot")
Text(0.5, 1.0, 'plot')
>>> ax1.plot(x,y,c='r')
[<matplotlib.lines.Line2D object at 0x000002D6033E5508>]
>>> ax2.set_title("semilogx")
Text(0.5, 1.0, 'semilogx')
>>> ax2.semilogx(x,y,c='g')
[<matplotlib.lines.Line2D object at 0x000002D6035E7288>]
>>> ax3.set_title("semilogy")
Text(0.5, 1.0, 'semilogy')
>>> ax3.semilogy(x,y,c='m')
[<matplotlib.lines.Line2D object at 0x000002D603446BC8>]
>>> ax4.set_title("loglog")
Text(0.5, 1.0, 'loglog')
>>> ax4.loglog(x,y,c='k')
[<matplotlib.lines.Line2D object at 0x000002D603818F88>]
>>> plt.show()
```

图 5-10 显示了对同一组数据分别使用 plot( )、semilogx( )、semilogy( ) 和 loglog( ) 这 4 个函数绘制出来的效果。

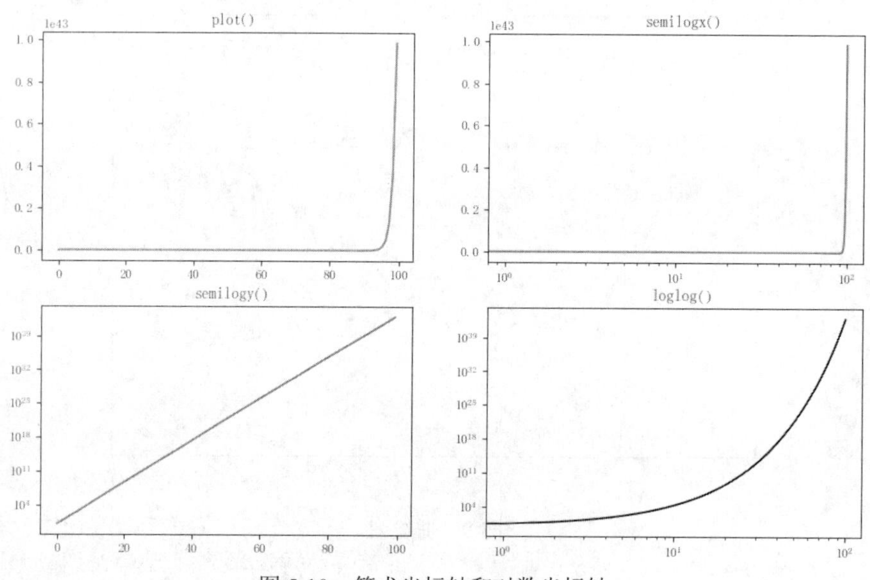

图 5-10　算术坐标轴和对数坐标轴

5.2.2　散点图

散点图是指离散数据点在直角坐标系平面上的分布图。离散的数据点之间是相互独立的，没有顺序关系。使用子图的 scatter( ) 函数可以绘制散点图，该函数原型及主要参数说明如下。

```
scatter(x, y, s=None, c=None, marker=None, cmap=None, alpha=None, **kwargs)
```

- x、y：长度相同的一维数组，表示离散点的 x 坐标和 y 坐标。
- s：标量或数组，表示离散点的大小。
- c：颜色或颜色数组，表示离散点的颜色；如果是数值数组，则由映射调色板映射为离散点的颜色。
- cmap：用于指定映射调色板，将分层 Z 值映射到颜色。pyplot. colormaps ( ) 函数返回可用的映射调色板名称。如果同时给出 colors 参数和 cmap 参数，则会引发错误。
- alpha：[0,1] 之间的浮点数，表示离散点的透明度。
- 关键字参数 edgecolors：用于设置离散点的边缘颜色。默认为无边缘色。

以下代码演示了 scatter( ) 函数及其参数的用法。本例随机生成了 50 个符合标准正态分布的点。绘图输出效果如图 5-11 所示。

```
>>> x = np.random.randn(50) # 随机生成50个符合标准正态分布的点（x坐标）
>>> y = np.random.randn(50) # 随机生成50个符合标准正态分布的点（y坐标）
>>> color = 10 * np.random.rand(50) # 随机数，用于映射颜色
>>> area = np.square(30*np.random.rand(50)) # 随机数表示点的面积
>>> fig = plt.figure()
>>> ax = fig.add_axes([0.1, 0.1, 0.8, 0.8])
>>> ax.scatter(x, y, c=color, s=area, cmap='hsv', marker='o', edgecolor='r', alpha=0.5)
<matplotlib.collections.PathCollection object at 0x000001A13BA2F588>
>>> plt.show()
```

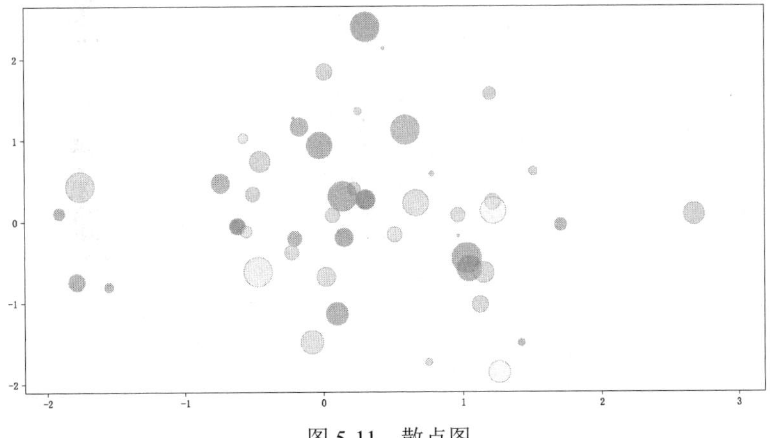

图 5-11　散点图

5.2.3 等值线图

等值线图也被称为等高线图，是一种在二维平面上显示三维表面的方法。Matplotlib API 提供了两个等值线图的绘制方法：contour( ) 函数用于绘制带轮廓线的等值线图，contourf( ) 函数用于绘制带填充色的等值线图。这两个函数的原型及主要参数说明如下。

```
contour([X, Y,] Z, [levels], **kwargs)
contourf([X, Y,] Z, [levels], **kwargs)
```

- Z 是二维数组。X 和 Y 是与 Z 形状相同的二维数组；或 X 和 Y 都是一维的，且 X 的长度等于 Z 的列数，Y 的长度等于 Z 的行数。如果 X 和 Y 没有给出，则假定它们是整数索引。
- levels：表示 Z 值分级数量。如果是整数 n，则绘制 n+1 条等高线；如果是数组且值是递增的，则在指定的 Z 值上绘制等高线。
- 关键字参数 colors：用于指定层次（轮廓线条或轮廓区域）的颜色。
- 关键字参数 cmap：用于指定映射调色板，将分层 Z 值映射到颜色。如果同时给出 colors 参数和 cmap 参数，则会引发错误。

以下代码演示了使用 contour( ) 函数和 contourf( ) 函数绘制等值线图的方法，同时也演示了为子图添加 ColorBar（颜色棒或色卡）的方法。

```
>>> y, x = np.mgrid[-3:3:600j, -4:4:800j]
>>> z = (1-y**5+x**5)*np.exp(-x**2-y**2)
>>> fig = plt.figure()
>>> ax1 = fig.add_subplot(121)
>>> ax1.set_title('无填充的等值线图')
Text(0.5, 1.0, '无填充的等值线图')
>>> c1 = ax1.contour(x, y, z, levels=8, cmap='jet') # 无填充的等值线
>>> ax1.clabel(c1, inline=1, fontsize=12) # 为等值线标注值
<a list of 6 text.Text objects>
>>> ax2 = fig.add_subplot(122)
>>> ax2.set_title('有填充的等值线图')
Text(0.5, 1.0, '有填充的等值线图')
>>> c2 = ax2.contourf(x, y, z, levels=8, cmap='jet') # 有填充的等值线
>>> fig.colorbar(c1, ax=ax1) # 添加ColorBar
<matplotlib.colorbar.Colorbar object at 0x000001A13B94CC48>
>>> fig.colorbar(c2, ax=ax2) # 添加ColorBar
<matplotlib.colorbar.Colorbar object at 0x000001A14006D848>
>>> plt.show()
```

图 5-12 显示了无填充色和有填充色两种等值线图的效果。请注意代码中为不同等值线标注数值的方法，以及为子图添加 ColorBar 的方法。

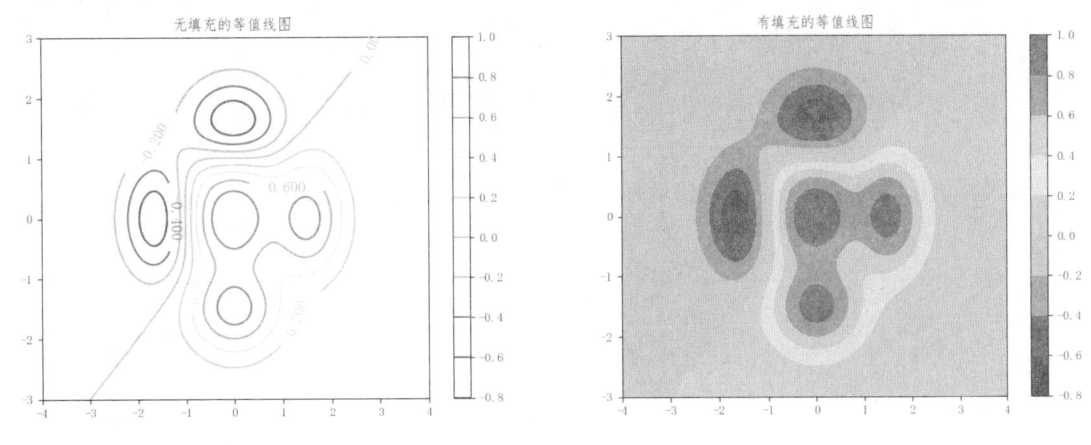

图 5-12　等值线图

5.2.4　矢量合成图

矢量合成图以箭头的形式绘制矢量，因此也被称为箭头图。矢量合成图以箭头的方向表示矢量的方向，以箭头的长度表示矢量的大小。Matplotlib API 使用 quiver( ) 函数绘制矢量合成图，该函数有多种调用方法，函数原型及主要参数说明如下。

```
quiver(U, V, **kw)
quiver(U, V, C, **kw)
quiver(X, Y, U, V, **kw)
quiver(X, Y, U, V, C, **kw)
```

- U、V：一维或二维数组。U 表示矢量的水平分量，V 表示矢量的垂直分量。
- X 和 Y：一维或二维数组，表示矢量箭头的位置。如果没有给出 X 和 Y，则根据 U 和 V 的维数生成一个统一的整数网格。
- C：一维或二维数组，由映射调色板映射箭头颜色，不支持显示颜色。如果想直接设置颜色，需要使用关键字参数 color。
- 关键字参数 color：颜色或颜色数组，用于设置箭头颜色。
- 关键字参数 cmap：用于指定映射调色板，将 C 参数的值映射成颜色。

下面的代码生成了一个二维网格，网格上每个点对应一个矢量。用每个点的 x 坐标表示该点对应矢量的水平分量 U，用每个点的 y 坐标表示该点对应矢量的垂直分量 V，将每个分量的长度映射为颜色。

```
>>> y, x = np.mgrid[-3:3:12j, -5:5:20j]
>>> p = np.hypot(x,y)
```

```
>>> fig = plt.figure()
>>> ax = fig.add_axes([0.1, 0.1, 0.8, 0.8])
>>> ax.quiver(x, y, x, y, p, cmap='hsv')
<matplotlib.quiver.Quiver object at 0x000002408845DF08>
>>> plt.show()
```

很容易就可以想象出来，每个矢量都会指向远离原点的方向，输出效果如图 5-13 所示。

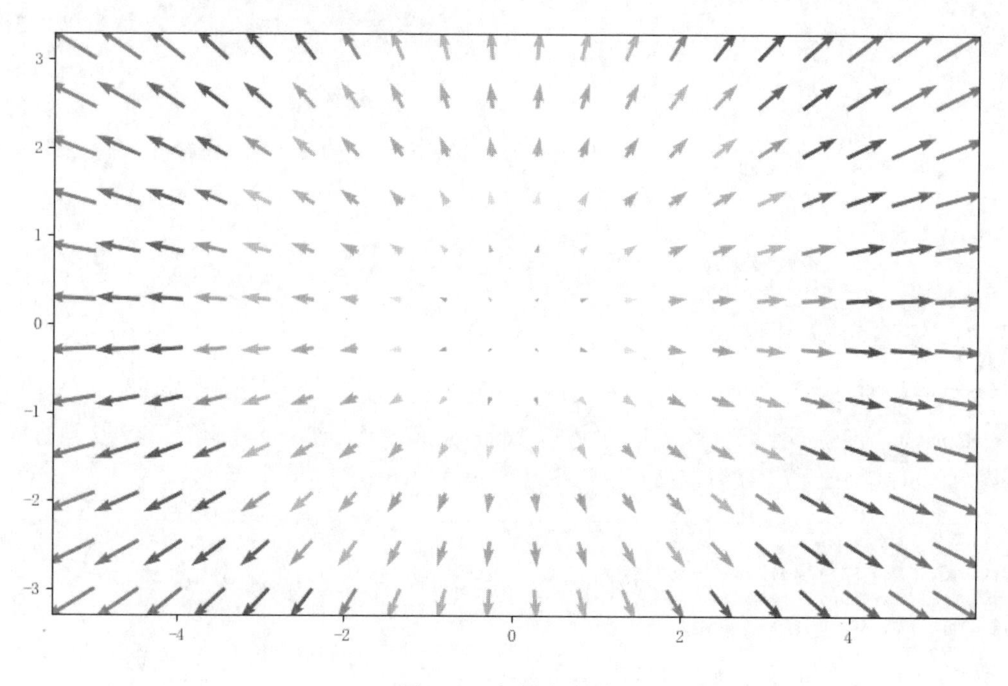

图 5-13　矢量合成图

5.2.5　直方图

直方图是数值数据分布的精确图形表示。绘制直方图前需要将数值范围分割成等长的间隔，然后计算每个间隔中有多少个数值。Matplotlib API 使用 hist( ) 函数绘制直方图。该函数有很多参数，可以灵活定制输出样式。该函数原型及主要参数说明如下。

```
hist(x, bins=None, range=None, histtype='bar', orientation='vertical',
align='mid', rwidth=None, color=None, label=None, stacked=False, **kwargs)
```

- x：输入数据，是一个单独的数组或一组不需要具有相同长度的数组。
- bins：分段方式。如果是整数，表示分段数量；如果是从小到大的一维数组，则表示分割点，也可以是“auto”“fd”“doane”“scott”“stone”“rice”“sturges”“sqrt”等选项之一。

- range：一个二元组，表示统计范围。默认是 x 的值域范围。
- histtype：设置直方图的形状，有“bar”“barstacked”“step”“stepfilled”等 4 个选项。
- align：设置水平对齐方式，有“left”“right”“mid”等 3 个选项。
- rwidth：设置每一个数据条的相对宽度。
- orientation：设置直方图的方向，有“horizontal”和“vertical”两个选项。
- color：表示颜色或颜色数组，设置颜色。
- alpha：[0,1] 之间的浮点数，设置透明度。
- stackedbool：设置是否允许堆叠。

以下代码使用 hist( ) 函数分别绘制了堆叠样式的、无填充色的以及横向的直方图。

```
>>> x1 = np.random.randn(1000)
>>> x2 = np.random.randn(800)
>>> c = ['r', 'b']
>>> fig = plt.figure()
>>> ax1 = fig.add_subplot(131)
>>> ax1.set_title('两个数据集堆叠')
Text(0.5, 1.0, '两个数据集堆叠')
>>> ax1.hist([x1,x2], bins=8, histtype='bar', color=c, stacked=True)
([array([  1.,   9.,  72., 212., 331., 263.,  98.,  14.]), array([  1.,  20., 117.,
379., 613., 478., 166.,  26.])], array([-4.00087134, -3.13438113, -2.26789092,
-1.4014007 , -0.53491049, 0.33157972,  1.19806993,  2.06456014,  2.93105036]), <a
list of 2 Lists of Patches objects>)
>>> ax2 = fig.add_subplot(132)
>>> ax2.set_title('单个数据集，无填充色')
Text(0.5, 1.0, '单个数据集，无填充色')
>>> ax2.hist(x1, bins=8, histtype='step')
(array([  1.,   9.,  72., 212., 331., 263.,  98.,  14.]), array([-4.00087134,
-3.13438113, -2.26789092, -1.4014007 , -0.53491049, 0.33157972,  1.19806993,
2.06456014,  2.93105036]), <a list of 1 Patch objects>)
>>> ax3 = fig.add_subplot(133)
>>> ax3.set_title('横向直方图')
Text(0.5, 1.0, '横向直方图')
>>> ax3.hist([x1,x2], bins=8, histtype='bar', color=c, orientation='horizontal')
([array([  1.,   9.,  72., 212., 331., 263.,  98.,  14.]), array([  0.,  11.,  45.,
167., 282., 215.,  68.,  12.])], array([-4.00087134, -3.13438113, -2.26789092,
-1.4014007 , -0.53491049, 0.33157972,  1.19806993,  2.06456014,  2.93105036]), <a
list of 2 Lists of Patches objects>)
>>> plt.show()
```

直方图输出效果如图 5-14 所示。

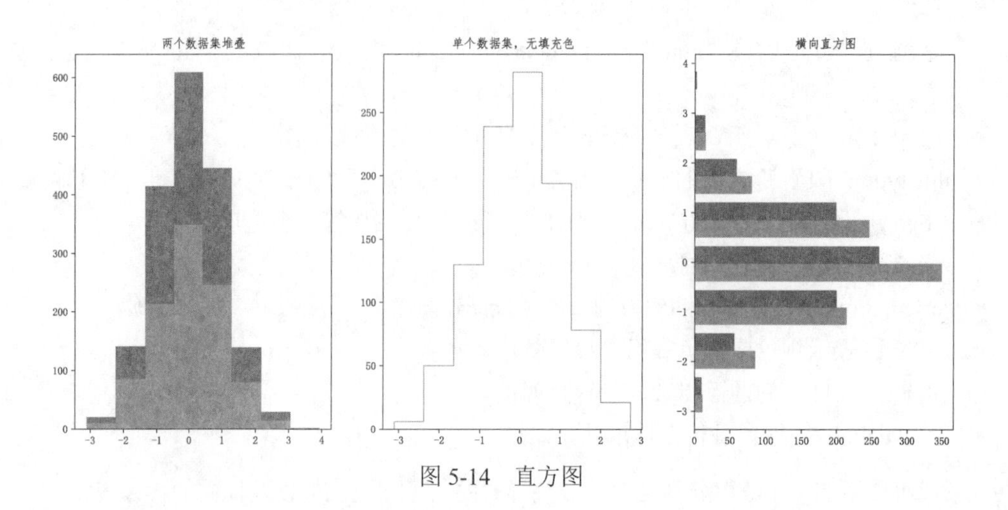

图 5-14　直方图

5.2.6　饼图

饼图以二维或三维形式显示每一个数值相对于全部数值之和的大小。Matplotlib API 使用 pie( ) 函数绘制饼图。该函数原型及主要参数说明如下。

```
pie(x, explode=None, labels=None, colors=None, autopct=None, shadow=False,
labeldistance=1.1, startangle=None, center=(0, 0))
```

- x：一维数组，表示输入数据。
- explode：与 x 等长的一维数组或为 None，用于设置饼图各部分偏离中心点的距离相对于半径的比例。
- labels：与 x 等长的一维字符串数组或为 None，用于设置饼图各部分的标签。
- colors：与 x 等长的一维颜色数组或为 None，用于设置饼图各部分的颜色。
- autopct：一个函数或格式化字符串，用于标记饼图各部分的数值。
- shadow：一个布尔型参数，用于设置饼图是否显示阴影。
- labeldistance：一个浮点数，用于设置标签位置；如果为 None，则可以使用 legend( ) 函数显示图例。
- startangle：表示从 x 轴逆时针旋转饼图的起始角度，默认为 0。
- center：一个二元组，用于设置饼图中心。

以下代码演示了使用 pie( ) 函数绘制饼图的一般性用法。

```
>>> x = np.array([10, 10, 5, 70, 2, 10])
>>> labels = ['娱乐', '育儿', '饮食', '房贷', '交通', '其他']
>>> explode = (0, 0, 0, 0.1, 0 ,0)
>>> fig = plt.figure()
```

```
>>> ax = fig.add_axes([0.1, 0.1, 0.8, 0.8])
>>> ax.pie(x, explode=explode, labels=labels, autopct='%1.1f%%', startangle=150)
>>> plt.show()
```

最终输出的饼图效果如图 5-15 所示。

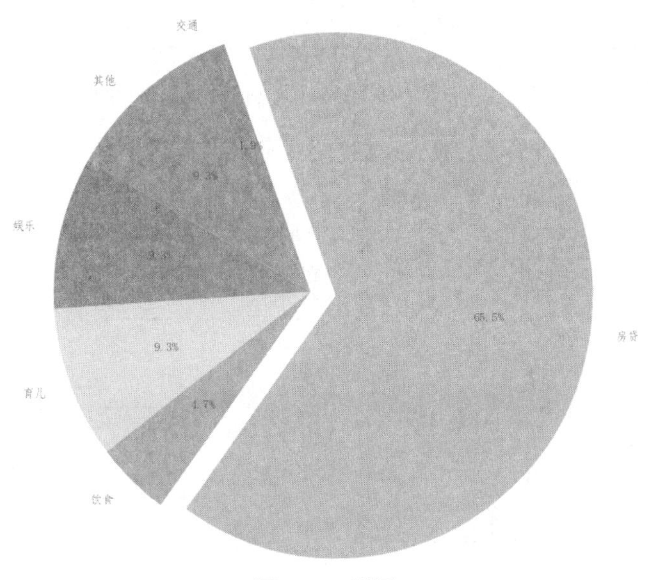

图 5-15　饼图

5.2.7　箱线图

箱线图一般用来表现数据的分布状况，如分布范围的上下限、上下四分位值、中位数等，也可以用箱线图来反映数据的异常情况，如离群值（异常值）等。Matplotlib API 使用 boxplot( ) 函数绘制箱线图。该函数原型及主要参数说明如下。

```
boxplot(x, vert=None, whis=None, labels=None)
```

- x：表示输入数据，既可以是一维数组，也可以是二维数组。二维数组的每一列为一个数据集。
- vert：一个布尔型参数，用于设置箱线图是否是垂直方向。
- whis：一个浮点数或浮点数二元组，用于设置上下限的位置，超出上下限的值被视为异常值。
- labels：与数据集数量等长的一维字符串数组或为 None，用于设置数据集的标签。

以下代码演示了使用 boxplot( ) 函数绘制箱线图的一般性用法。

```
>>> x = np.random.randn(500,4)
>>> labels = list('ABCD')
>>> fig = plt.figure()
>>> ax1 = fig.add_subplot(121)
>>> ax1.boxplot(x, labels=labels)
>>> ax2 = fig.add_subplot(122)
>>> ax2.boxplot(x, labels=labels, vert=False)
>>> plt.show()
```

图 5-16（a）和图 5-16（b）分别显示了根据 4 个标准正态分布的数据集绘制的垂直和水平两种箱线图。

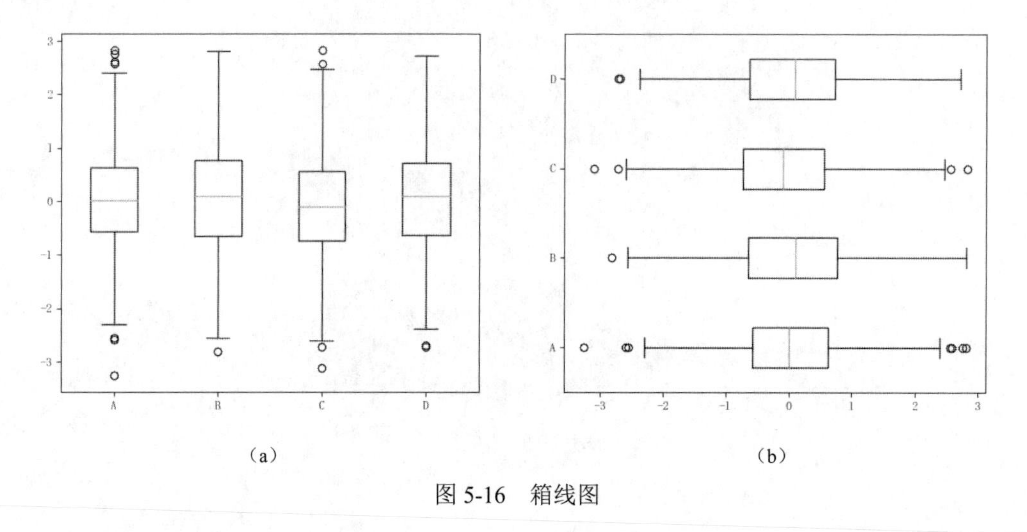

（a）　　　　（b）

图 5-16　箱线图

5.2.8　绘制图像

无论是灰度图像数据，还是 RGB 或 RGBA 的彩色图像数据，都可以使用 Matplotlib API 提供的 imshow( ) 函数绘制成图像。对于二维的非图像数据，也可以映射为灰度或伪彩色图像，因此 imshow( ) 函数也常被用来绘制热力图。该函数原型及主要参数说明如下。

```
imshow(X, cmap=None, aspect=None, alpha=None, origin=None)
```

- X：表示数据，既可以是二维数组（灰度图像数据或数值数据），也可以是三维数组（RGB 或 RGBA 彩色图像数据）。
- cmap：用于指定映射调色板，将标量数据映射为颜色。对于 RGB（A）彩色图像数据，此参数将被忽略。
- aspect：用于控制轴的纵横比，有“equal”和“auto”两个选项。默认为“equal”，即宽高比为 1。
- alpha：0 ～ 1 的浮点数，或是一个和 X 的结构相同的数组，表示像素的透明度。

- origin：用于设置首行数据显示在上方还是下方，有“upper”和”lower”两个选项，默认为“upper”。

以下代码生成了一幅渐变的 RGBA 彩色图像，每个像素的透明度随机生成，然后使用 imshow( ) 函数绘制成图。

```
>>> r = np.tile(np.linspace(128,255, 10, dtype=np.uint8), (20,1)).T # 红色通道
>>> g = np.tile(np.linspace(128,255, 20, dtype=np.uint8), (10,1)) # 绿色通道
>>> b = np.ones((10,20), dtype=np.uint8)*96 # 蓝色通道
>>> a = np.random.randint(100, 256, (10,20), dtype=np.uint8) # 透明通道
>>> v = np.dstack((r,g,b,a)) # 合成RGBA彩色图像数据
>>> fig = plt.figure()
>>> ax = fig.add_axes([0.1, 0.1, 0.8, 0.8])
>>> ax.imshow(v)
<matplotlib.image.AxesImage object at 0x000001A309564E88>
>>> plt.show()
```

绘制图像效果如图 5-17 所示。纵轴上的数值（对应数组的行）越大越靠近横轴，像素宽高自动保持等比例。

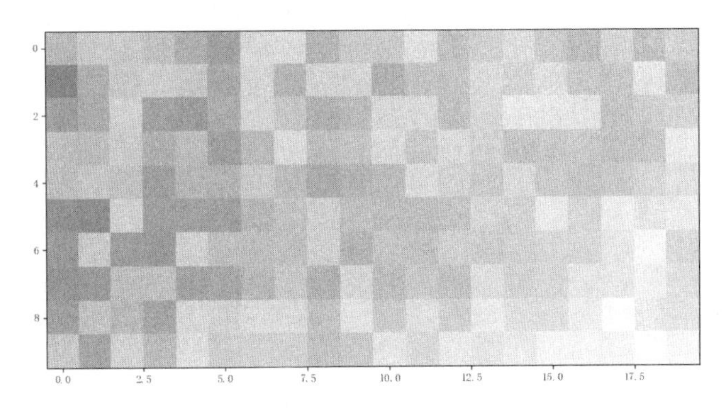

图 5-17　绘制图像效果

5.2.9　极坐标绘图

极坐标系不同于笛卡儿坐标系，极坐标系中的点是由角度和距离来表示的。有些曲线，如椭圆或螺线，适合用极坐标方程来表示。如果使用普通的绘图函数，就需要先把极坐标方程转为笛卡儿直角坐标方程。幸好 Matplotlib API 提供了一些极坐标绘图函数，从而可以直接使用极坐标方式绘图。这些函数的原型如下。

```
polar(theta, r, **kwargs)
thetagrids(angles, labels=None, fmt=None, **kwargs)
rgrids(radii, labels=None, angle=22.5, fmt=None, **kwargs)
```

polar( ) 函数相当于绘制曲线的 plot( ) 函数，只是将 x 和 y 坐标替换成了极坐标的角度 *theta* 和半径 r，其他参数大致相同。thetagrids( ) 函数用于标注极坐标角度，rgrids( ) 函数用于标注极坐标半径。以下代码以极坐标方式绘制了 3 条曲线，并标注了 8 个方位。

```
>>> theta = np.linspace(0, 2*np.pi, 500)
>>> r1 = 1.4*np.cos(5*theta)
>>> r2 = 1.8*np.cos(4*theta)
>>> r3 = theta/5
>>> angles = range(0, 360, 45)
>>> tlabels = ('东','东北','北','西北','西','西南','南','东南')
>>> plt.polar(theta, r1, c='r')
[<matplotlib.lines.Line2D object at 0x000001A3093EB088>]
>>> plt.polar(theta, r2, lw=2)
[<matplotlib.lines.Line2D object at 0x000001A309021B08>]
>>> plt.polar(theta, r3, ls='--', lw=3)
[<matplotlib.lines.Line2D object at 0x000001A309595988>]
>>> plt.thetagrids(angles, tlabels)
(<a list of 16 Line2D thetagridline objects>, <a list of 8 Text thetagridlabel objects>)
>>> plt.rgrids(np.arange(-1.5, 2, 0.5))
(<a list of 7 Line2D rgridline objects>, <a list of 7 Text rgridlabel objects>)
>>> plt.show()
```

极坐标绘图效果如图 5-18 所示。

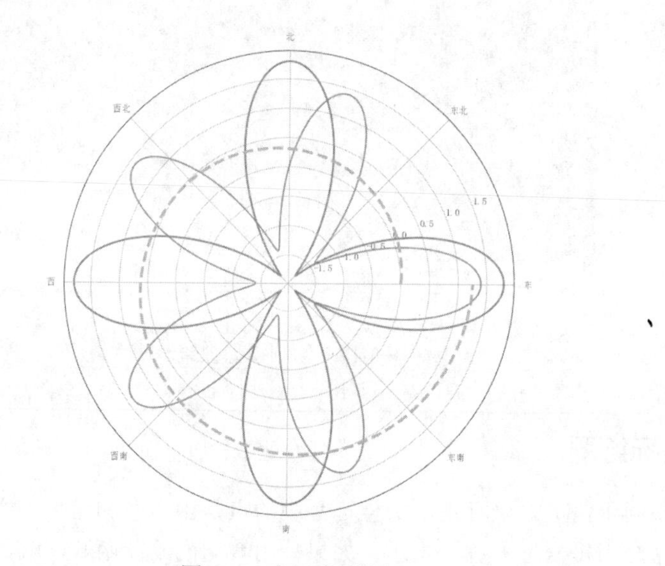

图 5-18　极坐标绘图

5.3　风格和样式

Matplotlib 是一个“博大精深”的绘图库，除了基本的绘图函数，还支持大量的格式控制和风格设置函数。前面几节重点讲解如何绘制一些简单的图形，如果想精确地控制图像输出，绘制出需要的图形样式，还需要学习一些技巧。

5.3.1　画布设置

绘图前需要先创建画布，最方便的生成方法是实例化 pyplot 模块的 figure 类。如果想要精准定义画布，就必须掌握表 5-1 列出的设置画布的主要参数。

表 5-1　设置画布的主要参数

参　　数	含　　义
figsize	画布大小，以英寸为单位，默认为 4 英寸
dpi	每英寸点数，默认为 100
facecolor	画布颜色
edgecolor	画布的边缘颜色
linewidth	画布的边线宽度

表 5-2 汇总了画布的常用函数。

表 5-2　画布的常用函数

函 数 名 称	描　　述
add_axes()	添加一个子图
add_subplot()	添加多个子图
clear/clf()	清空当前画布下的内容
show()	显示画布内容
savefig()	保存图像
suptitle()	添加图像的标题
text()	在图像区域内的任意位置显示文字

需要注意的是，使用 savefig( ) 函数保存图像时，默认 facecolor 和 edgecolor 为白色，而不是画布当前的 facecolor 和 edgecolor 设置。如果需要修改保存这两个参数的当前设置，则需要重新设置 savefig( ) 函数的这两个参数。

5.3.2　子图布局

使用画布的 add_subplot( ) 函数可以在画布上添加多个子图，实现简单的网格布局。Matplotlib 还提供了一个专用的子图布局函数 GridSpec( )，可以实现任意复杂的布局需求。GridSpec( ) 函数的主要参数及其含义如表 5-3 所示。

表 5-3　子图布局函数 GridSpec() 的主要参数和含义

参　数	含　义
nrows	网格的行数
ncols	网格的列数
left, right, top, bottom	分别表示左右上下的距离
wspace	网格间的横向间距
hspace	网格间的纵向间距
width_ratios	调整列之间的宽度比值
height_ratios	调整行之间的高度比值

以下代码演示了 GridSpec( ) 函数的使用方法。

```
>>> from matplotlib import pyplot as plt
>>> import matplotlib.gridspec as gspec
>>> fig = plt.figure()
>>> gs = gspec.GridSpec(3, 4, width_ratios=[1,1,2,1], height_ratios=[1,1,1])
>>> ax1 = fig.add_subplot(gs[0, :-1])
>>> ax2 = fig.add_subplot(gs[:-1, -1])
>>> ax3 = fig.add_subplot(gs[1:, :2])
>>> ax4 = fig.add_subplot(gs[1, 2])
>>> ax5 = fig.add_subplot(gs[-1, 2:])
>>> plt.show()
```

上述代码实现的是 5 个子图的交错布局，效果如图 5-19 所示。

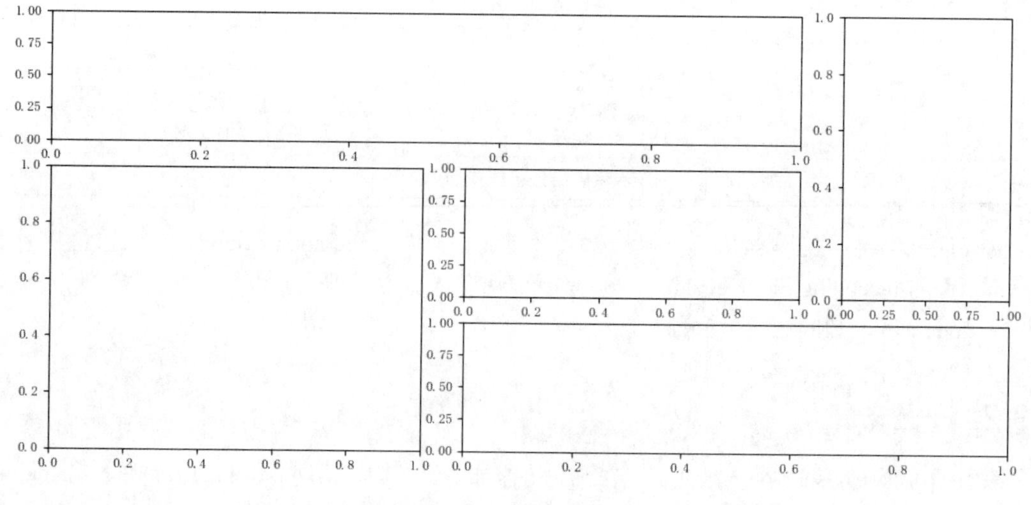

图 5-19　复杂的子图布局

5.3.3　颜色

Matplotlib 支持灰度、彩色、带透明通道的彩色等多种颜色的表示方法，归纳起来有以下 4 种。

（1）RGB 或 RGBA 浮点型元组，值域范围在 [0, 1]。例如，(0.1, 0.2, 0.5) 和 (0.1, 0.2, 0.5, 0.3) 都是合法的颜色表示。

（2）RGB 或 RGBA 十六进制字符串，例如，“#0F0F0F”和“#0F0F0F0F”都是合法的颜色表示。

（3）使用 [0, 1] 的浮点值的字符串表示灰度，例如，“0.5”表示中灰。

（4）使用颜色名称或名称缩写的字符串。

- 蓝色：'b' (blue)。
- 绿色：'g' (green)。
- 红色：'r' (red)。
- 墨绿：'c' (cyan)。
- 洋红：'m' (magenta)。
- 黄色：'y' (yellow)。
- 黑色：'k'(black)。
- 白色：'w'(white)。

5.3.4　线条和点的样式

使用 plot( ) 函数或对数函数绘制线条时，可以使用 linestyle 或 ls 参数设置线条样式。表 5-4 列出了可选的线条样式。

表 5-4　线条样式选项

参　　数	含　　义	参　　数	含　　义
'-'	实线样式	':'	点虚线样式
'--'	虚线样式	'none'	不显示线条
'-.'	点画线样式		

使用 plot( ) 函数或对数函数绘制线条时，使用 marker 参数可以将数据点用特殊的形状标识出来。表 5-5 列出了可选的点样式。

表 5-5　点样式选项

参　　数	含　　义	参　　数	含　　义
'.'	点标记	's'	方形标记
'o'	圆形标记	'p'	五边形标记
'v'	向下的三角形标记	'*'	星型标记
'^'	向上的三角形标记	'+'	加号标记
'<'	向左的三角形标记	'x'	“X” 型标记
'>'	向右的三角形标记	'D'	钻石状标记

下面的代码演示了常用的线条和点的样式，效果如图 5-20 所示。

```
>>> import numpy as np
>>> from matplotlib import pyplot as plt
>>> x = np.linspace(0, 2*np.pi, 15)
>>> y = np.sin(x)
>>> plt.plot(x, y, ls='-', marker='o', label="ls='-', marker='o'")
[<matplotlib.lines.Line2D object at 0x000001A308D14408>]
>>> plt.plot(x, y+0.1, ls='--', marker='x', label="ls='--', marker='x'")
[<matplotlib.lines.Line2D object at 0x000001A37F3287C8>]
>>> plt.plot(x, y+0.2, ls=':', marker='v', label="ls=':', marker='v'")
[<matplotlib.lines.Line2D object at 0x000001A3090C8E88>]
>>> plt.plot(x, y+0.3, ls='-.', marker='*', label="ls='-.', marker='*'")
[<matplotlib.lines.Line2D object at 0x000001A308F38C08>]
>>> plt.plot(x, y+0.4, ls='none', marker='D', label="ls='none', marker='D'")
[<matplotlib.lines.Line2D object at 0x000001A308D27B88>]
>>> plt.legend()
<matplotlib.legend.Legend object at 0x000001A308D27A48>
>>> plt.show()
```

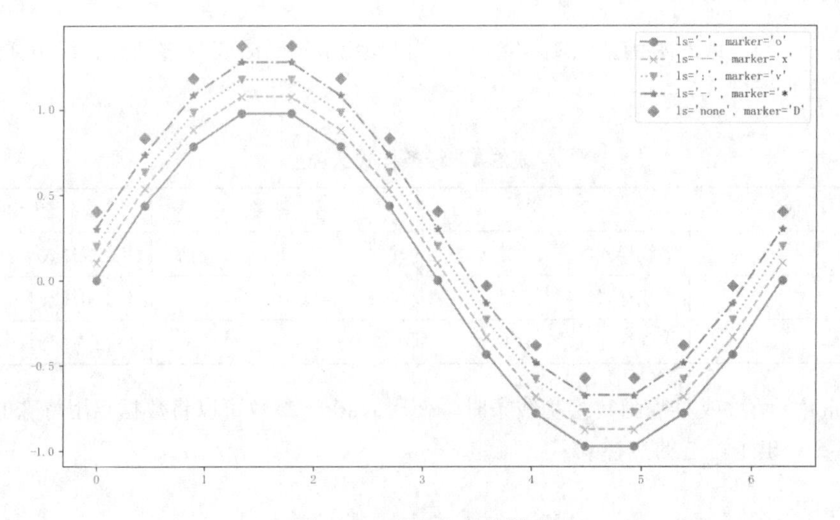

图 5-20　线条和点的样式

5.3.5　坐标轴

除了画布和子图，坐标轴（axis）也是一种容器。Matplotlib 提供了定制坐标轴的功能，使用该功能既可以轻松设置坐标轴的范围、反转坐标轴，也可以实现双 x 轴或双 y 轴的显示效果。

1. 设置坐标轴范围

使用 axes.set_xlim(left, right) 和 axes.set_ylim(bottom, top) 函数设置 x 轴与 y 轴的显示范围。函数参数分别是能够显示的最小值和最大值，如果最大值或最小值为 None，则表示只限制坐标轴一端的值域范围。

```
>>> import numpy as np
>>> from matplotlib import pyplot as plt
>>> x = np.linspace(0, 2*np.pi, 100)
>>> y = np.sin(x)
>>> fig = plt.figure()
>>> ax1 = fig.add_subplot(121)
>>> ax1.plot(x, y, c='r')
[<matplotlib.lines.Line2D object at 0x000001A30900D8C8>]
>>> ax1.set_ylim(-0.8, 0.8)
(-0.8, 0.8)
>>> ax2 = fig.add_subplot(122)
>>> ax2.plot(x, y, c='g')
[<matplotlib.lines.Line2D object at 0x000001A303387188>]
>>> ax2.set_xlim(-np.pi, 3*np.pi)
(-3.141592653589793, 9.42477796076938)
>>> plt.show()
```

以上代码重新设置了子图坐标轴范围，效果如图 5-21 所示。图 5-21（a）缩小了 y 轴的范围，图 5-21（b）扩大了 x 轴的范围。

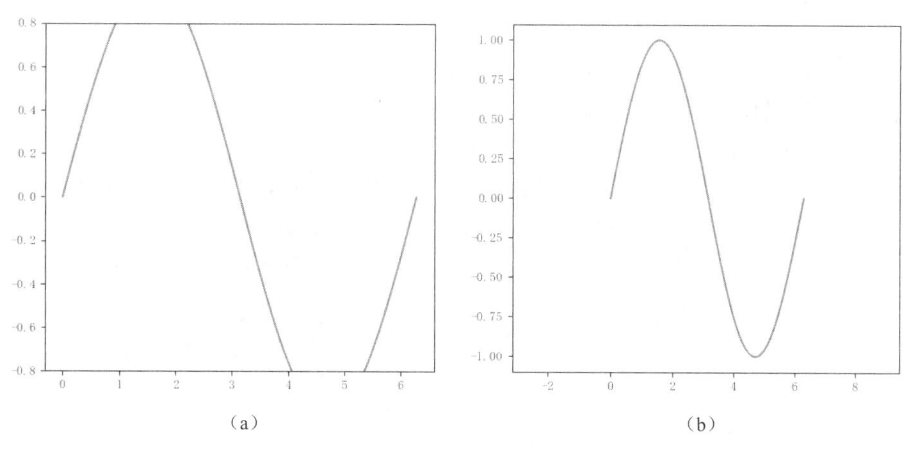

（a）　　　　（b）

图 5-21　设置坐标轴范围

2. 反转坐标轴

使用 axes.invert_xaxis( ) 函数和 axes.invert_yaxis( ) 函数可分别反转 x 轴和 y 轴。这两个函数均不需要任何参数。

下面的例子使用图像绘制函数 imshow( ) 来演示反转轴。imshow( ) 函数通过 origin 参数实现 y 轴反转，这里将其固定为“lower”。

```
>>> import numpy as np
>>> from matplotlib import pyplot as plt
>>> plt.rcParams['font.sans-serif'] = ['FangSong']
>>> plt.rcParams['axes.unicode_minus'] = False
>>> y, x = np.mgrid[-2:2:200j, -3:3:300j]
>>> z = np.exp(-x**2-y**2) - np.exp(-(x-1)**2-(y-1)**2)
>>> fig = plt.figure()
>>> ax1 = fig.add_subplot(221)
>>> ax2 = fig.add_subplot(222)
>>> ax3 = fig.add_subplot(223)
>>> ax4 = fig.add_subplot(224)
>>> ax1.imshow(z, cmap='jet', origin='lower')
<matplotlib.image.AxesImage object at 0x000001A3033B0508>
>>> ax2.imshow(z, cmap='jet', origin='lower')
<matplotlib.image.AxesImage object at 0x000001A307ACE4C8>
>>> ax3.imshow(z, cmap='jet', origin='lower')
<matplotlib.image.AxesImage object at 0x000001A307ACAC08>
>>> ax4.imshow(z, cmap='jet', origin='lower')
<matplotlib.image.AxesImage object at 0x000001A307ACA108>
>>> ax2.invert_xaxis()
>>> ax3.invert_yaxis()
>>> ax4.invert_xaxis()
>>> ax4.invert_yaxis()
>>> ax1.set_title("正常的x轴、y轴")
Text(0.5, 1.0, '正常的x轴、y轴')
>>> ax2.set_title("反转x轴")
Text(0.5, 1.0, '反转x轴')
>>> ax3.set_title("反转y轴")
Text(0.5, 1.0, '反转y轴')
>>> ax4.set_title("反转x轴、y轴")
Text(0.5, 1.0, '反转x轴、y轴')
>>> plt.show()
```

反转轴后的效果如图 5-22 所示。

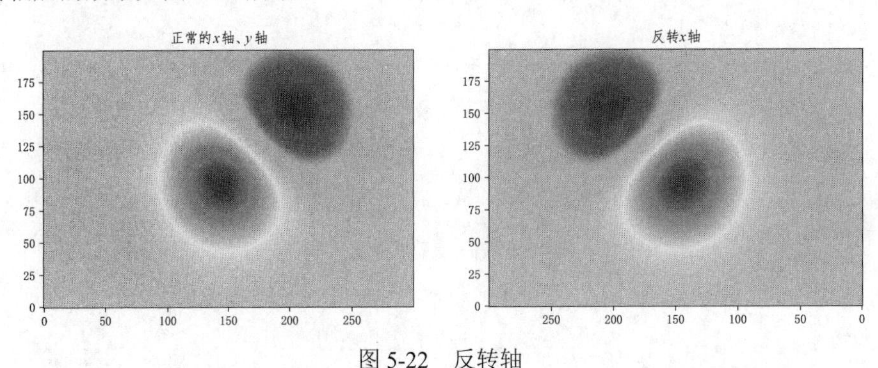

图 5-22　反转轴

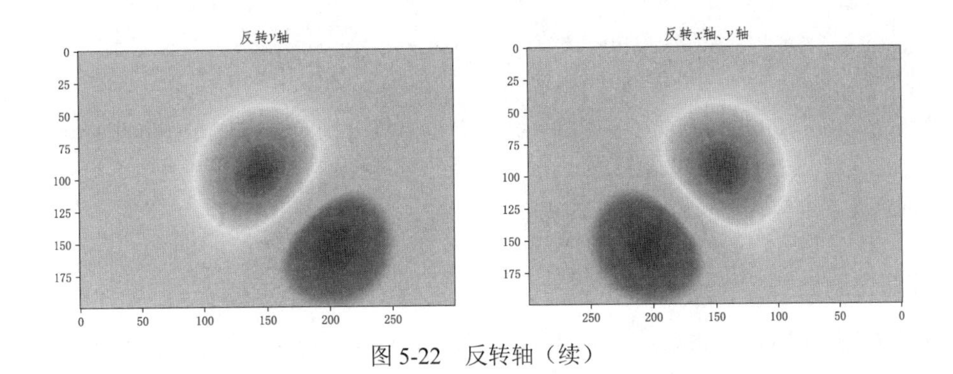

图 5-22　反转轴（续）

3. 显示双轴

Matplotlib 支持在一个子图上显示两个 *x* 轴或两个 *y* 轴。使用 axes.twinx( ) 函数可显示双 *x* 轴，使用 axes.twiny( ) 函数可显示双 *y* 轴。

以下代码演示了使用 axes.twiny( ) 函数显示双 *y* 轴，效果如图 5-23 所示。

```
>>> x = np.linspace(-2*np.pi, 2*np.pi, 200)
>>> y1 = np.square(x)
>>> y2 = np.cos(x)
>>> fig = plt.figure()
>>> ax = fig.add_axes([0.1, 0.1, 0.8, 0.8])
>>> ax_twinx = ax.twinx()
>>> ax.plot(x, y1, c='r')
[<matplotlib.lines.Line2D object at 0x000001A303279588>]
>>> ax_twinx.plot(x, y2, c='g', ls='-.')
[<matplotlib.lines.Line2D object at 0x000001A308CD9108>]
>>> plt.show()
```

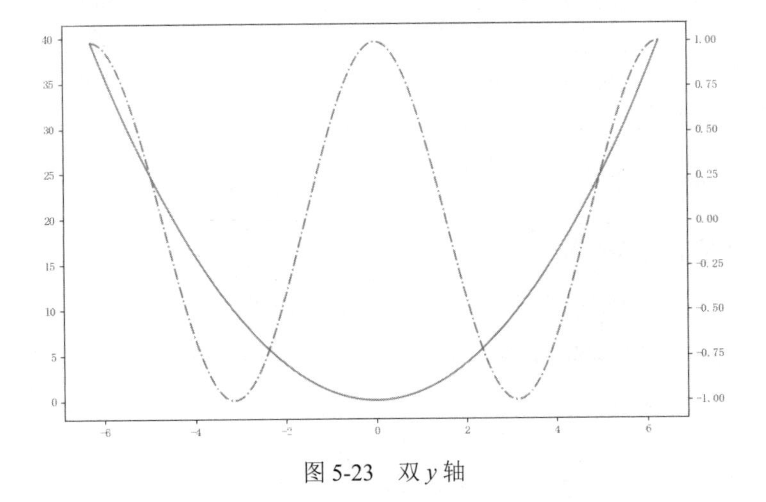

图 5-23　双 *y* 轴

5.3.6 刻度

刻度（tick）是 Matplotlib 的 4 个容器（其他 3 个容器分别是画布、子图和坐标轴）中最复杂的一个，也是绘图时定制需求最多的一个。常用的刻度操作有设置主副刻度、设置刻度显示密度、设置刻度文本样式、设置刻度文本内容等。

1. 设置主副刻度

主副刻度常用于日期时间轴，如主刻度显示年份，副刻度显示月份。非线性的对数轴往往也需要显示副刻度。子图提供了 4 个函数来设置 x 轴和 y 轴的主副刻度。

- ax.xaxis.set_major_locator(locator)：用于设置 x 轴主刻度。
- ax.xaxis.set_minor_locator(locator)：用于设置 x 轴副刻度。
- ax.yaxis.set_major_locator(locator)：用于设置 y 轴主刻度。
- ax.yaxis.set_minor_locator(locator)：用于设置 y 轴副刻度。

函数的 locator 参数实例有两种，分别是来自 ticker 和 dates 两个子模块中有关刻度的子类实例。下面的代码演示了在 x 轴上设置日期时间相关的主副刻度。

```
>>> import numpy as np
>>> from matplotlib import pyplot as plt
>>> import matplotlib.dates as mdates
>>> x = np.arange('2019-01', '2019-06', dtype='datetime64[D]')
>>> y = np.random.rand(x.shape[0])
>>> fig = plt.figure()
>>> ax = fig.add_axes([0.1, 0.1, 0.8, 0.8])
>>> ax.plot(x, y, c='g')
[<matplotlib.lines.Line2D object at 0x000002438101D7C8>]
>>> ax.xaxis.set_major_locator(mdates.MonthLocator())
>>> ax.xaxis.set_major_formatter(mdates.DateFormatter('\n%Y-%m-%d'))
>>> ax.xaxis.set_minor_locator(mdates.DayLocator(bymonthday=(1,11,21)))
>>> ax.xaxis.set_minor_formatter(mdates.DateFormatter('%d'))
>>> plt.show()
```

设置主副刻度的输出结果如图 5-24 所示。

2. 设置刻度显示密度

Matplotlib 的 ticker 子模块包含的 Locator 类是所有刻度类的基类，负责根据数据的范围自动调整视觉间隔以及刻度位置的选择。MultipleLocator 是 Locator 的派生类，能够控制刻度的疏密。

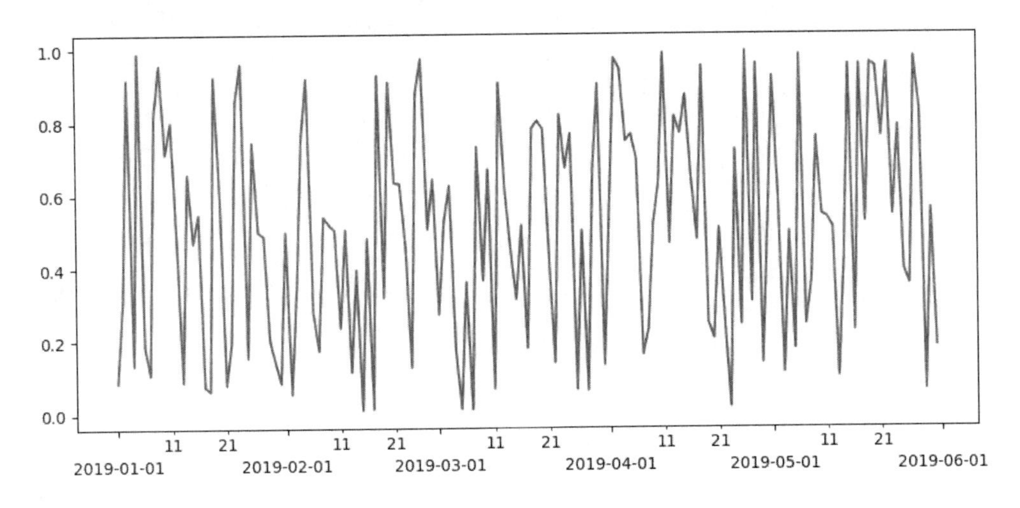

图 5-24　设置主副刻度

```
>>> import numpy as np
>>> from matplotlib import pyplot as plt
>>> from matplotlib.ticker import MultipleLocator
>>> plt.rcParams['font.sans-serif'] = ['FangSong']
>>> plt.rcParams['axes.unicode_minus'] = False
>>> x = np.linspace(0, 4*np.pi, 500)
>>> fig = plt.figure()
>>> ax1 = fig.add_subplot(121)
>>> ax1.plot(x, np.sin(x), c='m')
[<matplotlib.lines.Line2D object at 0x0000024380D5F2C8>]
>>> ax1.yaxis.set_major_locator(MultipleLocator(0.3))
>>> ax2 = fig.add_subplot(122)
>>> ax2.plot(x, np.sin(x), c='m')
[<matplotlib.lines.Line2D object at 0x00000243FE96B808>]
>>> ax2.xaxis.set_major_locator(MultipleLocator(3))
>>> ax2.xaxis.set_minor_locator(MultipleLocator(0.6))
>>> ax1.set_title('x轴刻度自动调整，y轴设置刻度间隔0.3')
Text(0.5, 1.0, 'x轴刻度自动调整，y轴设置刻度间隔0.3')
>>> ax2.set_title('x轴设置主刻度间隔3副刻度间隔0.6，y轴刻度自动调整')
Text(0.5, 1.0, 'x轴设置主刻度间隔3副刻度间隔0.6，y轴刻度自动调整')
>>> plt.show()
```

以上代码创建了两个子图，绘图结果如图 5-25 所示，图 5-25（a）演示了如何设置 y 轴的主刻度密度，图 5-25（b）演示了如何设置 x 轴主刻度和副刻度的密度。

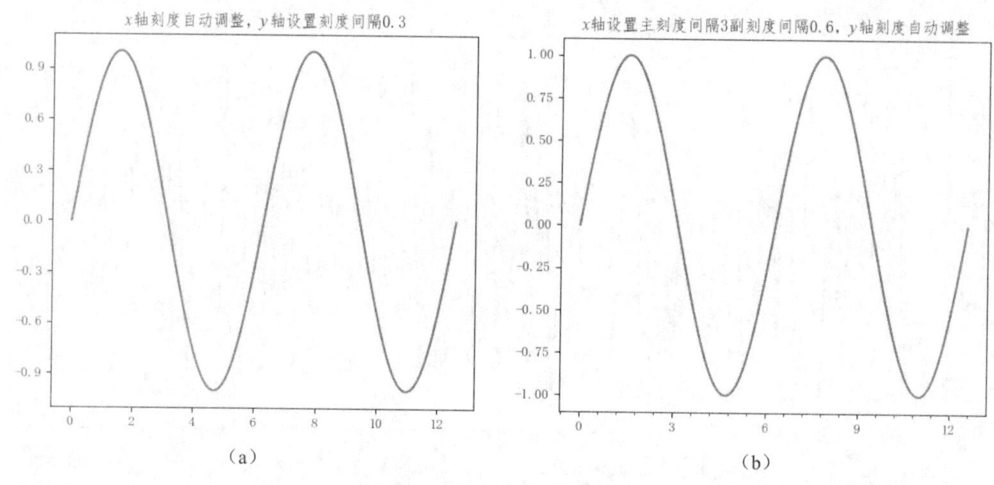

图 5-25　设置刻度显示密度

3. 设置刻度文本样式

设置刻度文本的颜色、字体、字号或旋转文本等样式，需要使用 axes.get_xticklabels( ) 或 axes.get_yticklabels( ) 函数获取 *x* 轴或 *y* 轴的文本对象列表。文本对象中包含设置文本大小、颜色、旋转角度的函数，使用对应函数即可完成设置。

```
>>> import numpy as np
>>> from matplotlib import pyplot as plt
>>> import matplotlib.dates as mdates
>>> x = np.arange('2019-01', '2020-01', dtype='datetime64[D]')
>>> y = np.random.rand(x.shape[0])
>>> fig = plt.figure()
>>> ax = fig.add_axes([0.1, 0.3, 0.8, 0.6])
>>> ax.plot(x, y, c='g')
[<matplotlib.lines.Line2D object at 0x0000024380C78448>]
>>> ax.xaxis.set_major_locator(mdates.MonthLocator())
>>> ax.xaxis.set_major_formatter(mdates.DateFormatter('%Y/%m/%d'))
>>> for lobj in ax.get_xticklabels():
    lobj.set_rotation(35)
    lobj.set_size(12)
    lobj.set_color('blue')

>>> plt.show()
```

以上代码设置 *x* 轴的刻度文本字号大小为 12 号、颜色为蓝色，并将刻度文本逆时针旋转 35°，绘图结果如图 5-26 所示。

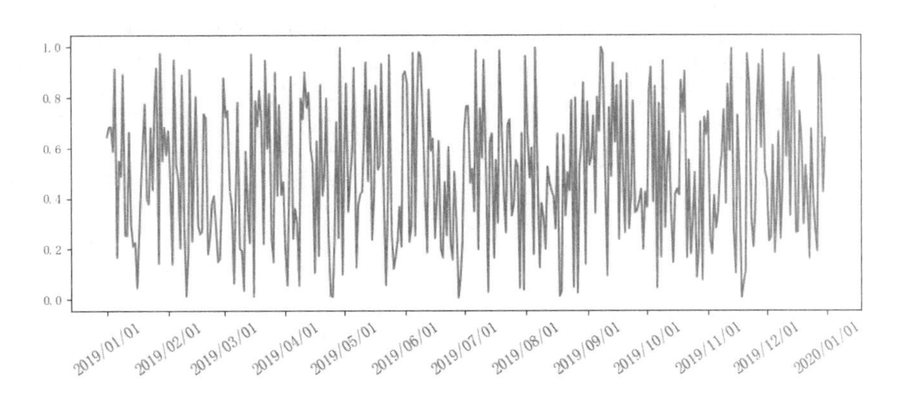

图 5-26　设置刻度文本样式

4. 设置刻度文本内容

在有些应用场景中，需要将 x 轴或 x 轴刻度上的文字设置为更有标识意义的内容。使用 set_xticklabels( ) 和 set_yticklabels( ) 函数可以替换刻度文本，不过只适用于所有可能的取值都已经显示在坐标轴上的情况。例如，x 轴对应的是列表 [0,1,2,3]，共 4 个取值，显示的刻度也是 4 个，此时可以使用 [' 一季度 ',' 二季度 ',' 三季度 ',' 四季度 '] 替换对应的数值。

Matplotlib 提供了强大的刻度文本格式化功能，ticker.Formatter 作为基类派生出了多种形式的格式化类，FuncFormatter 就是其中之一。使用 FuncFormatter 可以更加灵活地设置刻度文本内容。

```
>>> import numpy as np
>>> from matplotlib import pyplot as plt
>>> from matplotlib.ticker import FuncFormatter
>>> plt.rcParams['font.sans-serif'] = ['FangSong'] # 设置字体以便正确显示中文
>>> plt.rcParams['axes.unicode_minus'] = False # 正确显示连字符
>>> x = np.linspace(0, 10, 200)
>>> y = np.square(x)
>>> def func_x(x, pos):
    return '%0.2f秒'%x

>>> def func_y(y, pos):
    return '%0.2f℃'%y

>>> formatter_x = FuncFormatter(func_x)
>>> formatter_y = FuncFormatter(func_y)
>>> fig = plt.figure()
>>> ax = fig.add_axes([0.1, 0.1, 0.8, 0.8])
>>> ax.plot(x, y, c='r')
[<matplotlib.lines.Line2D object at 0x0000024380C1F7C8>]
>>> ax.xaxis.set_major_formatter(formatter_x)
>>> ax.yaxis.set_major_formatter(formatter_y)
>>> plt.show()
```

以上代码将 x 轴和 y 轴的刻度文本格式化为百分之一的精度，并附带度量单位，绘图结果如图 5-27 所示。

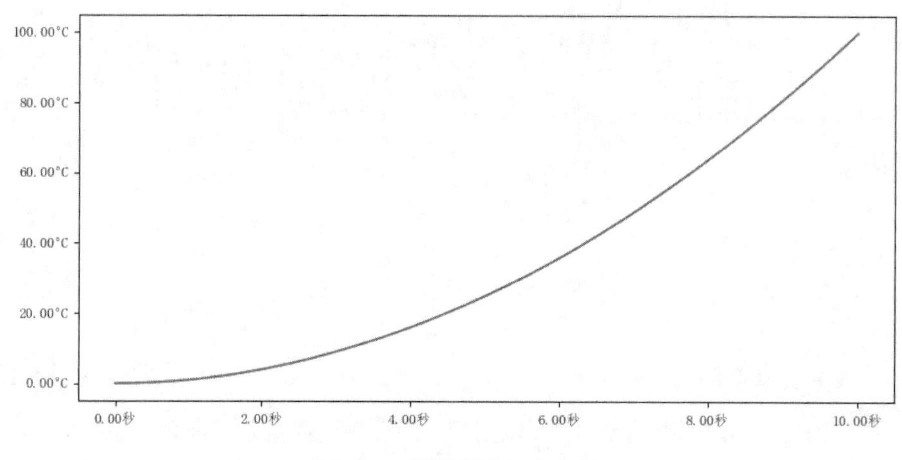

图 5-27　设置刻度文本内容

5.3.7　文本

Matplotlib 默认配置中的首选字体为西文字体，如果不做修改，使用中文字体时就会出现问题。修改默认配置是一个解决方法，更普遍的做法是在绘图前，先设置默认的字体为系统可用的一种中文字体，其代码如下。

```
>>> from matplotlib import pyplot as plt
>>> plt.rcParams['font.sans-serif'] = ['FangSong'] # 设置字体以便正确显示中文
>>> plt.rcParams['axes.unicode_minus'] = False # 正确显示连字符
```

如果一个画布上有多个子图，有一个统一的标题是非常有必要的。使用 figure.suptitle( ) 函数可以设置画布标题。该函数的主要参数中：text 参数为标题文本，支持 LaTex 语法；其他默认参数用于设置标题样式。该函数原型如下。

```
suptitle(text, x=0.5, y=0.98, ha='center', va='top', size=None, weight=None)
```

画布上的每个子图可以使用 axes. set_title( ) 函数单独设置子图标题。该函数的主要参数包括：label 参数为标题文本，支持 LaTex 语法；fontdict 参数是一个设置标题字体、字号、颜色等属性的字典；loc 参数用于设置标题水平对齐方式，默认居中对齐；pad 参数用于设置标题距离子图顶部的距离。

```
axes.set_title(label, fontdict=None, loc='cneter', pad=6.0)
```

使用 axes. set_xlabel( ) 和 axes.set_ylabel( ) 函数可以分别设置 *x* 轴和 *y* 轴的名称。这两个函数的使用几乎完全一致，主要参数包括：label 参数为坐标轴名称，支持 LaTex 语法；fontdict 参数是一个设置坐标轴名称的字体、字号、颜色等属性的字典；labelpad 参数用于设置坐标轴名称距离子图边框的距离，其函数原型如下。

```
axes.set_ xlabel(label, fontdict=None, labelpad=None)
axes.set_ ylabel(label, fontdict=None, labelpad=None)
```

axes.text( ) 函数可以在子图中的任意位置上绘制文本；figure.figtext( ) 函数可以在画布的任意位置上绘制函数。axes.annotate( ) 函数可以在子图中的任意位置显示文字。与 axes.text( ) 函数不同的是，axes.annotate( ) 函数除了可以设置显示字体的位置外，还可以设置一个箭头指向的位置。

```
>>> fig = plt.figure()
>>> fig.suptitle('画布标题')
Text(0.5, 0.98, '画布标题')
>>> ax = fig.add_axes([0.1, 0.2, 0.8, 0.6])
>>> ax.set_title('子图标题')
Text(0.5, 1.0, '子图标题')
>>> ax.set_xlabel('x轴标注文本', fontdict={'fontsize':14})
Text(0.5, 0, 'x轴标注文本')
>>> ax.set_ylabel('y轴标注文本', fontdict={'fontsize':14})
Text(0, 0.5, 'y轴标注文本')
>>> ax.text(3, 8, '边框颜色', style='italic', bbox={'facecolor':'red', 'alpha':0.5, 'pad':10})
Text(3, 8, '边框颜色')
>>> ax.text(2, 6, r'LaTex: $E=mc^2$', fontsize=15)
Text(2, 6, 'LaTex: $E=mc^2$')
>>> ax.text(0.95, 0.01, '坐标内绿色文字', verticalalignment='bottom',
horizontalalignment='right', transform=ax.transAxes, color='green', fontsize=15)
Text(0.95, 0.01, '坐标内绿色文字')
>>> ax.plot([2], [1], 'o')
[<matplotlib.lines.Line2D object at 0x0000024380EB1288>]
>>> ax.annotate('annotate文字', xy=(2, 1), xytext=(3, 4),
arrowprops={'facecolor':'black', 'shrink':0.05})
Text(3, 4, 'annotate文字')
>>> ax.set_xlim(0,10)
(0, 10)
>>> ax.set_ylim(0,10)
(0, 10)
>>> plt.show()
```

以上代码演示了各种文本的绘制方式，效果如图 5-28 所示。

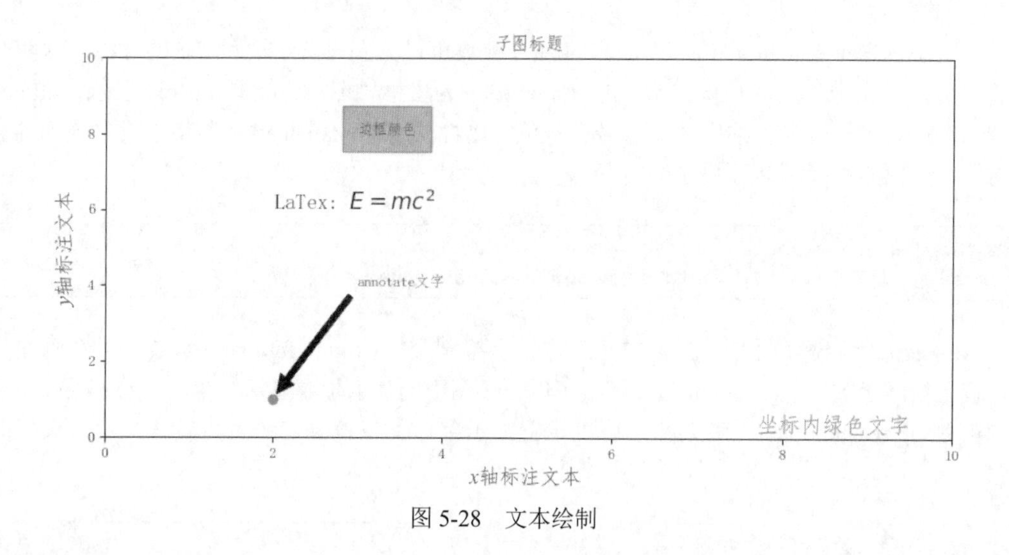

图 5-28　文本绘制

5.3.8　图例

如果在一个子图上绘制多个图形元素，通常需要添加图例以便区分不同的图形元素。在 Matpoltlib 中，使用 axes.legend( ) 函数来生成图例。表 5-6 列出了 axes.legend( ) 函数的主要参数及含义。

表 5-6　生成图例 axes.legend() 函数的主要参数及含义

参　数	含　义
loc	图例的位置，选项有 upper right、center、best 等
bbox_to_anchor	更高级的定位方法，基于 loc 的位置定位
ncol	图例内容的列数
prop	字体参数字典
facecolor	面板颜色
edgecolor	边框颜色
shadow	是否设置阴影
framealpha	设置透明度，取值范围为 0 ～ 1

5.3.9　网格设置

网格是坐标刻度的辅助观察线，可以显示主要刻度、次要刻度或两者都显示的网格，同时可以设置网格线条的颜色样式等。Matplotlib 使用 axes.grid( ) 函数设置子图中的网格标尺。表 5-7 列出了 axes.grid( ) 函数的主要参数及含义。

表 5-7　网格设置 axes.grid() 函数的主要参数及含义

参　　数	含　　义
b	是否显示网格，默认为 True
which	默认显示主要刻度网格，可以选择显示次要刻度网格或都显示
axis	设置显示 *x* 轴、*y* 轴或双轴显示
ls	网格线型
color	网格颜色

5.4 Matplotlib扩展

虽然 Matplotlib 主要用于绘图，并且主要是绘制二维的图形，但是它也有一些不同的扩展，使得我们可以在地理图上绘图，可以把 Excel 和 3D（三维）图表结合起来。在 Matplotlib 的生态圈里，这些扩展被称为工具包（toolkits）。工具包是针对某个主题或领域（如 3D 绘图）的特定函数的集合。比较流行的工具包有 Basemap、GTK 工具、Excel 工具、Natgrid、AxesGrid 和 mplot3d。

5.4.1 使用Basemap绘制地图

Basemap 是 Matplotlib 的扩展工具包之一，用来在地图上绘制各种图形。Basemap 在气象、地理、地球物理等学科中有着广泛的应用。Basemap 可以直接使用 pip 命令安装，安装命令会自动下载安装匹配的版本。

```
PS C:\Users\xufive> python -m pip install basemap
```

使用 Basemap 绘制带有地图的图像前，要先创建一个 Basemap 实例，而实例化 Basemap 需要传入一个重要的参数，就是子图。传入子图后即可使用这个 Basemap 实例进行绘图。Basemap 常用的绘图函数有以下几种。

- Basemap.drawcoastlines()：绘制海岸线。线宽参数 linewidth 默认为 1.0，线型参数 linestyle 默认为 solid，颜色参数 color 默认为 k（黑色）。
- Basemap.drawcounties()：绘制国界线。线宽参数 linewidth 默认为 0.5，线型参数 linestyle 默认为 solid，颜色参数 color 默认为 k（黑色）。
- Basemap.drawrivers()：绘制主要河流。线宽参数 linewidth 默认为 0.5，线型参数 linestyle 默认为 solid，颜色参数 color 默认为 k（黑色）。
- Basemap.drawparallels()：绘制纬度线。线宽参数 linewidth 默认为 1.0，线型参数 dashes 默认为 [1,1]，颜色参数 color 默认为 k（黑色），文本颜色参数 textcolor 默认为 k（黑色）。

- Basemap.drawmeridians()：绘制经度线。线宽参数 linewidth 默认为 1.0，线型参数 dashes 默认为 [1,1]，颜色参数 color 默认为 k（黑色），文本颜色参数 textcolor 默认为 k（黑色）。
- Basemap.scatter()：在地图上用标记绘制点。参数 x 和 y 表示点的位置。如果 latlon 关键字设置为 True，则 x、y 表示经度和纬度（以度为单位）；如果 latlon 为 False（默认值），则 x 和 y 被假定为映射投影坐标。该函数支持的关键字参数包括 cmap、alpha、marker、edgecolors 等，和 axes.scatter( ) 函数完全一致。

5.4.2 3D绘图工具包

3D 绘图工具包 mplot3d 已经成为 Matplotlib 的标准工具包，被包含在 mpl_toolkits 模块内，无须另外进行安装。导入 mplot3d 工具包，即可开始绘制三维图形。mplot3d 常用的绘图函数有以下几种。

- Axes3D.plot(xs, ys, *args, **kwargs)：绘制 2D 或 3D 曲线，这取决于是否给出 zs 参数。参数 xs、ys 和 zs 是一组连续点的坐标集，函数按照点的顺序用直线连接所有点。该函数支持的关键字参数包括 color（c）、alpha 等，和 axes.plot( ) 函数完全一致。
- Axes3D.scatter(xs, ys, zs=0, s=20, c=None, *args, **kwargs)：绘制 3D 散点图。参数 xs、ys 和 zs 是一组散列点的坐标集。参数 s 表示点的大小，既可以是标量，也可以是和点的数量匹配的数组。参数 c 既可以是单个颜色名称，也可以是和点的数量匹配的颜色数组或数值数组；若是数值数组，则需要 cmap 参数指定的颜色映射调色板将其映射为点的颜色。该函数支持的关键字参数包括 cmap、alpha、marker、edgecolors 等，和 axes.scatter( ) 函数完全一致。
- Axes3D.plot_surface(X, Y, Z, *args, **kwargs)：绘制曲面。参数 X 和 Y 是二维数组，对应二维平面网格的 x 和 y 坐标集。参数 Z 是二维平面网格上各个点的值，同时 Z 值可以被由 cmap 参数指定的颜色映射调色板映射为点的颜色。颜色也可以使用参数 color 或 facecolors 指定，前者指定曲面颜色，后者指定每个点的颜色。
- Axes3D.quiver(X, Y, Z, U, V, W, **kwargs)：绘制矢量合成图，以箭头方向表示矢量方向，以箭头长度表示矢量大小。参数 X、Y、Z 表示矢量箭头的位置坐标数据集，参数 U、V、W 表示矢量在 x、y、z 这 3 个坐标轴方向上的分量。

以下代码以绘制曲面为例，演示了 3D 绘图工具包的一般性使用方式。

```
>>> import numpy as np
>>> from matplotlib import pyplot as plt
>>> from mpl_toolkits.mplot3d import Axes3D
>>> y, x = np.mgrid[-5:5:100j, -5:5:100j]
>>> r = np.hypot(x, y)
>>> z = np.sin(r)
```

```
>>> fig = plt.figure()
>>> ax = fig.add_axes([0.1, 0.1, 0.8, 0.8], projection='3d')
>>> surf = ax.plot_surface(x, y, z, cmap='hsv', linewidth=0, antialiased=False)
>>> fig.colorbar(surf, shrink=0.5, aspect=5)
<matplotlib.colorbar.Colorbar object at 0x0000024381A00408>
>>> plt.show()
```

绘图结果如图 5-29 所示。

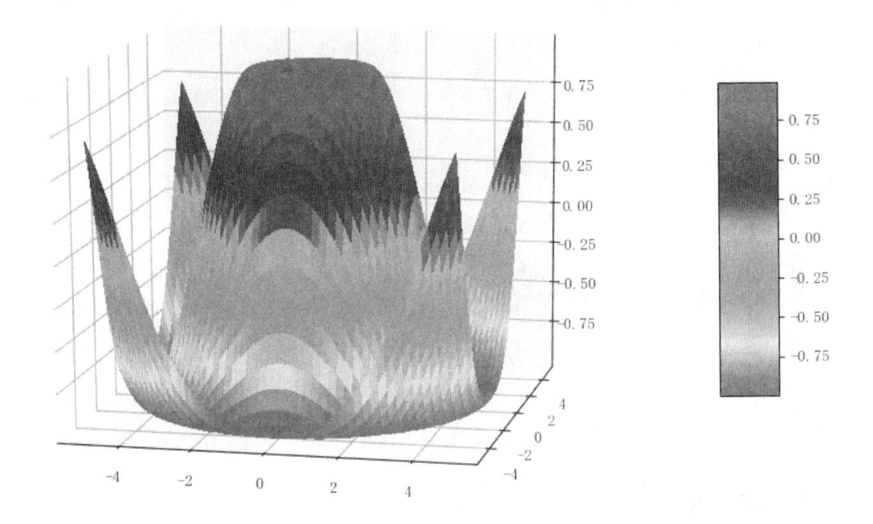

图 5-29　3D 绘图工具包

第6章

结构化数据分析工具 Pandas

作为 Python 科学计算的基础软件包，NumPy 已经足够强大，却不够完美，因为 NumPy 不支持异构列表格数据。异构列表格数据是指在一个二维数据结构中允许不同的列拥有不同的数据类型。尽管 NumPy 支持任意维度的数据结构，但在实际工作中，无论是传统软件开发领域还是机器学习领域，使用的数据大多数都是二维异构列表格数据。Pandas 正是为处理此类数据而生的，它为处理和 SQL 或 Excel 表类似的异构列表格数据提供了灵活、便捷的数据结构，从而迅速成为 Python 的核心数据分析支持库。

6.1 Pandas概览

Pandas 是一个基于 NumPy 的分析结构化数据的工具集，NumPy 为其提供了高性能的数据处理能力。Pandas 被普遍用于数据挖掘和数据分析，同时也提供数据清洗、数据 I/O、数据可视化等辅助功能。

6.1.1 安装和使用

Pandas 可以使用 pip 命令直接安装，安装命令如下。如果默认的模块安装源下载速度慢，可以使用 -i 参数选择下载速度更快的清华、阿里、中科大等镜像源。

```
PS C:\Users\xufive> python -m pip install pandas
```

因为 NumPy 是 Pandas 的依赖包，如果当前系统没有安装 NumPy，上面的安装命令还会自动安装最新版本的 NumPy 模块。类似导入 NumPy 模块时使用简写，导入 Pandas 模块时，pandas 通常都会简写为 pd，这几乎成为程序员们约定俗成的规则。

```
>>> import pandas as pd
>>> idx = ['2020','2019','2018']
```

```
>>> colname = ['北京','广州','上海','杭州']
>>> data = [[35200.00, 30500.00,31800.00,26300.00],
    [35500.00,31300.00,32200.00,28100.00],
    [34900.00,29600.00,30100.00,24700.00]]
>>> df = pd.DataFrame(data, columns=colname, index=idx)
>>> df
       北京       广州       上海       杭州
2020  35200.0  30500.0  31800.0  26300.0
2019  35500.0  31300.0  32200.0  28100.0
2018  34900.0  29600.0  30100.0  24700.0
```

上面的代码构建了一个带标签的二维数据表格。北京、广州、上海、杭州是每列数据的标签，所有列的标签称为列名；2020、2019、2018 是每一行数据的标签，所有行的标签称为索引。这个带标签的二维数据表格就是 Pandas 最核心的数据结构 DataFrame，所有关于 Pandas 的操作和技巧几乎都是针对 DataFrame 这个结构的。

本章所有的示例代码中，如果使用了 Pandas 或 NumPy 模块的简写 pd 和 np，意味着在此之前已经使用下面的代码导入了 Pandas 和 NumPy 模块。

```
>>> import numpy as np
>>> import pandas as pd
```

6.1.2 Pandas的特点

Pandas 诞生于 2008 年，最初是专为金融、统计领域的数据处理者而非程序员量身定制的，其以符合使用者思维习惯的方式提供了几乎所有可能需要的功能。Pandas 追求的目标是尽可能屏蔽所有软件工程的概念，仅保留数据的物理属性和逻辑。例如：用户无须了解 HTTP 协议和 HTML 解析技术，只需一行代码即可实现网络数据的抓取和解析，其代码形式如下。

```
>>> data = pd.read_html('http://www.nssdc.ac.cn/')
>>> data[1]
                         0                      1
0  2020年3月3日发布嫦娥四号首批科学数据      2020-03-03
1  HXMT首批观测数据                         2019-04-10
2  2018年9月19日发布地磁Dst指数数据集         2018-09-20
3  2018年9月7日发布地磁Ap指数数据集           2018-09-20
4  2018年8月27日发布地磁Kp指数数据集          2018-09-20
```

但是，对用户过分的“迁就和溺爱”其实是一把双刃剑。正如 Pandas 之父 Wes McKinney（韦斯・麦金尼）所说，Pandas 正在背离他最初所期望的简洁和易用，变得越来越臃肿和不可控制。我非常认同 Wes McKinney 的观点，甚至觉得当 Pandas“抛弃”了 panel 这个概念时，就已经“走火入魔”了。panel 是 Pandas 最初为处理更高维数据提出的方案，非常接近 HDF 或 netCDF 的理念。后来 Pandas 使用“层次化索引”来处理更高维数据，导致其结构趋于复杂，使得程序员无法专注于事务逻辑的处理。

不过，瑕不掩瑜，虽然因此让人感到有点遗憾，但这也难掩 Pandas 的光芒。Pandas 不只是简洁，还拥有出众的数据处理能力和完备的辅助功能。归纳起来，Pandas 有以下 5 大特点。

（1）具有极强的自适应能力。无论是 Python 还是 NumPy 的数据对象，即使是结构不规则的数据也可以轻松转换为 DataFrame。Pandas 还可以自动处理缺失数据，类似 NumPy 的掩码数组。

（2）NumPy 为其提供了快速的数据组织和处理能力。Pandas 支持任意增删数据列，支持合并、连接、重塑、透视数据集，支持聚合、转换、切片、花式索引、子集分解等操作。

（3）完善的时间序列。Pandas 支持日期范围生成、频率转换、移动窗口统计、移动窗口线性回归、日期位移等时间序列功能。

（4）拥有全面的 I/O 工具。Pandas 支持读取文本文件（CSV 等支持分隔符的文件）、Excel 文件、HDF 文件、SQL 表数据、json 数据、html 数据，甚至可以直接从 url 下载并解析数据，也可以将数据保存为 CSV 文件或 Excel 文件。

（5）对用户友好的显示格式。不管数据复杂程度如何，Pandas 展现出的数据结构总是最清晰的，它支持自动对齐对象和标签，必要时也可以忽略标签。

6.2 Pandas的数据结构

学习 Pandas 的最佳方式是从了解它的数据结构开始。有些人说，Pandas 很简单，只有 Series 和 DataFrame 两种数据结构。但是不管是 Series 还是 DataFrame，它们都有一个索引 Index，Index 也是 Pandas 基本的数据结构之一。

6.2.1 索引Index

索引类似一维数组，在 Pandas 的其他数据结构中作为标签使用。虽然不了解索引的信息也可以使用 Pandas，但要想精通 Pandas，深刻理解索引（如层次化索引 MultiIndex）是非常有必要的。

```
>>> pd.Index([3,4,5])
Int64Index([3, 4, 5], dtype='int64')
>>> pd.Index(['x','y','z'])
Index(['x', 'y', 'z'], dtype='object')
>>> pd.Index(range(3))
RangeIndex(start=0, stop=3, step=1)
>>> idx = pd.Index(['x','y','z'])
```

使用数组、列表、迭代器等都可以创建索引。索引看起来像一维数组，但无法修改元素的值。这一点非常重要，只有这样才能保证多个数据结构之间的安全共享。

实际上，索引有很多种类型，除了一维索引数据组，还有时间纳秒级戳索引、层次化索引等。此外，索引也有删除、插入、连接、交集、并集等操作。

6.2.2　带标签的一维同构数组Series

Series 是由一组同一类型的数据和一组与数据对应的标签（Index）组成的数据结构，数据对应的标签又称为索引，索引是允许重复的。Pandas 提供了多种生成 Series 的方式。

以下代码使用整型列表和字符串列表创建了两个 Series。因为没有指定索引，Series 生成器自动添加了默认索引。默认索引是从 0 开始的整型序列。

```
>>> pd.Series([0,1,2]) # 用列表生成Series，使用默认索引
0    0
1    1
2    2
dtype: int64
>>> pd.Series(['a','b','c']) # 用列表生成Series，使用默认索引
0    a
1    b
2    c
dtype: object
```

创建 Series 时，也可以同时指定索引。不过，索引长度一定要和列表长度相等，否则会抛出异常。另外，Series 生成器也接受迭代对象作为参数。

```
>>> pd.Series([0,1,2], index=['a','b','c']) # 用列表生成Series
a    0
b    1
c    2
dtype: int64
>>> pd.Series(range(3), index=list('abc')) # 用迭代对象生成Series
a    0
b    1
c    2
dtype: int64
```

使用字典创建 Series 时，如果没有指定索引，则使用字典的键作为索引；如果指定了索引，则不要求和字典的键匹配。

```
>>> pd.Series({'a':1,'b':2,'c':3}) # 用字典生成Series，使用字典的键做索引
a    1
b    2
c    3
dtype: int64
>>> pd.Series({'a':1,'b':2,'c':3}, index=list('abxy')) # 指定索引
```

```
a    1.0
b    2.0
x    NaN
y    NaN
dtype: float64
```

Series 有很多属性和方法，其中大部分和 NumPy 类似，甚至完全一致。这些属性和方法会在后面的应用中被用到，初学者现阶段了解下面这三个属性即可。

```
>>> s = pd.Series({'a':1,'b':2,'c':3})
>>> s.dtype # Series的数据类型是最重要的三个属性之一
dtype('int64')
>>> s.values # Series的数组是最重要的三个属性之二
array([1, 2, 3], dtype=int64)
>>> s.index # Series的索引是最重要的三个属性之三
Index(['a', 'b', 'c'], dtype='object')
```

深刻理解 Series 需要牢记两点：第一，Series 的所有数据都是同一种数据类型，也就是一个 Series 一定有一个数据类型；第二，Series 的每一个数据对应一个索引，但索引是允许重复的。

6.2.3　带标签的二维异构表格DataFrame

DataFrame 可以看作由多个 Series 组成的二维表格型数据结构。每一个 Series 作为 DataFrame 的一列，每一列都有一个列名，都可以拥有独立的数据类型，所有的 Series 共用一个索引。列名称为 DataFrame 的列标签，索引称为 DataFrame 的行标签。

需要说明一点，DataFrame 虽然是二维结构的，但并不意味着它不能处理更高维度的数据。事实上，依赖层次化索引，DataFrame 可以轻松处理高维度数据。

创建 DataFrame 的方法有多种。例如，二维 NumPy 数组或掩码数组，由数组、列表、元组、字典、Series 等组成的字典或列表等，甚至是 DataFrame，都可以转换为 DataFrame。对于结构不规则的数据，也可以轻松转换，因为 DataFrame 生成器拥有极强的容错能力。

将字典转换为 DataFrame 是最常见的创建方法，字典的键对应 DataFrame 的列，键名自动称为列名。如果没有指定索引，则使用默认索引。

```
>>> data = {
    '华东科技': [1.91, 1.90, 1.86, 1.84],
    '长安汽车': [11.27, 11.14, 11.28, 11.71],
    '紫金矿业': [7.89, 7.79, 7.61, 7.50],
    '重庆啤酒': [50.46, 50.17, 50.28, 50.28]
}
>>> pd.DataFrame(data)
   华东科技    长安汽车   紫金矿业    重庆啤酒
0  1.91       11.27      7.89       50.46
1  1.90       11.14      7.79       50.17
```

```
2  1.86      11.28    7.61      50.28
3  1.84      11.71    7.50      50.28
```

创建 DataFrame 时可以指定索引。这里直接使用日期字符串做索引，正确的做法是使用日期索引对象，其代码如下。

```
>>> idx = ['2020-03-10','2020-03-11','2020-03-12','2020-03-13']
>>> pd.DataFrame(data, index=idx)
             华东科技     长安汽车   紫金矿业     重庆啤酒
2020-03-10   1.91        11.27     7.89        50.46
2020-03-11   1.90        11.14     7.79        50.17
2020-03-12   1.86        11.28     7.61        50.28
2020-03-13   1.84        11.71     7.50        50.28
```

在创建 DataFrame 时，即使数据以字典形式提供，也可以指定列标签，DataFrame 生成器不要求列标签和字典的键全部匹配。对于不存在的键，DataFrame 生成器会自动填补 NaN 值。

```
>>> data = {
    '华东科技': [1.91, 1.90, 1.86, 1.84],
    '长安汽车': [11.27, 11.14, 11.28, 11.71],
    '紫金矿业': [7.89, 7.79, 7.61, 7.50],
    '重庆啤酒': [50.46, 50.17, 50.28, 50.28]
}
>>> idx = ['2020-03-10','2020-03-11','2020-03-12','2020-03-13']
>>> colnames = ['华东科技', '长安汽车', '杭钢股份', '紫金矿业', '重庆啤酒']
>>> pd.DataFrame(data, columns=colnames, index=idx)
             华东科技     长安汽车 杭钢股份    紫金矿业     重庆啤酒
2020-03-10   1.91        11.27    NaN        7.89        50.46
2020-03-11   1.90        11.14    NaN        7.79        50.17
2020-03-12   1.86        11.28    NaN        7.61        50.28
2020-03-13   1.84        11.71    NaN        7.50        50.28
```

二维数组或列表也可以直接转换成 DataFrame，同时可以指定索引和列标签。如果没有指定索引或列标签，DataFrame 生成器则会自动添加从 0 开始的索引对象作为索引或列标签。

```
>>> data = np.array([
    [ 1.91, 11.27,  7.89, 50.46],
    [ 1.9 , 11.14,  7.79, 50.17],
    [ 1.86, 11.28,  7.61, 50.28],
    [ 1.84, 11.71,  7.5 , 50.28]
])
>>> idx = ['2020-03-10','2020-03-11','2020-03-12','2020-03-13']
>>> colnames = ['华东科技', '长安汽车', '紫金矿业', '重庆啤酒']
>>> pd.DataFrame(data, columns=colnames, index=idx)
             华东科技     长安汽车   紫金矿业     重庆啤酒
2020-03-10   1.91        11.27     7.89        50.46
2020-03-11   1.90        11.14     7.79        50.17
2020-03-12   1.86        11.28     7.61        50.28
2020-03-13   1.84        11.71     7.50        50.28
```

DataFrame 可以看作多个 Series 的集合，每个 Series 都可以拥有各自独立的数据类型，因此，DataFrame 没有自身唯一的数据类型，自然也就没有 dtype 属性了。不过，DataFrame 多了一个 dtypes 属性，这个属性的类型是 Series 类。除了 dtypes 属性，DataFrame 的 values 属性、index 属性、columns 属性也都非常重要，需要牢记在心。

```
>>> df = pd.DataFrame(data, columns=colnames, index=idx)
>>> df.dtypes # dtypes属性，是由所有列的数据类型组成的Series
华东科技      float64
长安汽车      float64
紫金矿业      float64
重庆啤酒      float64
dtype: object
>>> df.values # DataFrame的重要属性之一
array([[ 1.91, 11.27,  7.89, 50.46],
       [ 1.9 , 11.14,  7.79, 50.17],
       [ 1.86, 11.28,  7.61, 50.28],
       [ 1.84, 11.71,  7.5 , 50.28]])
>>> df.index # DataFrame的重要属性之一
DatetimeIndex(['2020-03-10', '2020-03-11', '2020-03-12', '2020-03-13'],
dtype='datetime64[ns]', freq=None)
>>> df.columns # DataFrame的重要属性之一
Index(['华东科技', '长安汽车', '紫金矿业', '重庆啤酒'], dtype='object')
```

6.3 基本操作

DataFrame 几乎被打造成了一个“全能小怪兽”：它有字典的影子，有 NumPy 数组的性能，甚至继承了 NumPy 数组的很多属性和方法；它可以在一个结构内存储和处理多种不同类型的数据；它看起来像是二维的结构，却能处理更高维度的数据；它可以处理包括日期时间在内的任意类型的数据，它能读写几乎所有的数据格式；它提供了数不胜数的方法，派生出无穷的操作技巧。想在较短的篇幅内详尽讲解 DataFrame 的操作是不现实的，本节只对 DataFrame 最基本、最核心的操作进行讲解。

为了便于演示，这里构造一个多只股票在同一天的开盘价、收盘价、成交量等信息的 DataFrame，并以 stack 命名，其代码如下。

```
>>> data = np.array([
    [10.70, 11.95, 10.56, 11.71, 789.10, 68771048],
    [7.28, 7.59, 7.17, 7.50, 57.01, 7741802],
    [48.10, 50.59, 48.10, 50.28, 223.06, 4496598],
    [66.70, 69.28, 66.66, 68.92, 1196.14, 17662768],
    [7.00, 7.35, 6.93, 7.11, 783.15, 109975919],
    [2.02, 2.10, 2.01, 2.08, 56.32, 27484360]
])
>>> colnames = ['开盘价','最高价','最低价','收盘价','成交额','成交量']
>>> idx = ['000625.SZ','000762.SZ','600132.SH','600009.SH','600126.SH','000882.SZ']
>>> stock = pd.DataFrame(data, columns=colnames, index=idx)
```

6.3.1　数据预览

1. 显示开始的 5 行和最后的 5 行

```
>>> stock.head() # 开始的5行
              开盘价    最高价    最低价    收盘价      成交额          成交量
000625.SZ  10.70  11.95  10.56  11.71   789.10   68771048.0
000762.SZ   7.28   7.59   7.17   7.50    57.01    7741802.0
600132.SH  48.10  50.59  48.10  50.28   223.06    4496598.0
600009.SH  66.70  69.28  66.66  68.92  1196.14   17662768.0
600126.SH   7.00   7.35   6.93   7.11   783.15  109975919.0
>>> stock.tail() # 最后的5行
              开盘价    最高价    最低价    收盘价      成交额          成交量
000762.SZ   7.28   7.59   7.17   7.50    57.01    7741802.0
600132.SH  48.10  50.59  48.10  50.28   223.06    4496598.0
600009.SH  66.70  69.28  66.66  68.92  1196.14   17662768.0
600126.SH   7.00   7.35   6.93   7.11   783.15  109975919.0
000882.SZ   2.02   2.10   2.01   2.08    56.32   27484360.0
```

2. 查看均值、方差、极值等统计量

```
>>> stock.describe()
             开盘价        最高价        最低价       收盘价         成交额           成交量
count   6.000000   6.000000   6.000000   6.00000     6.000000  6.000000e+00
mean   23.633333  24.810000  23.571667  24.60000   517.463333  3.935542e+07
std    26.951297  28.016756  26.975590  27.91178   472.508554  4.166194e+07
min     2.020000   2.100000   2.010000   2.08000    56.320000  4.496598e+06
25%     7.070000   7.410000   6.990000   7.20750    98.522500  1.022204e+07
50%     8.990000   9.770000   8.865000   9.60500   503.105000  2.257356e+07
75%    38.750000  40.930000  38.715000  40.63750   787.612500  5.844938e+07
max    66.700000  69.280000  66.660000  68.92000  1196.140000  1.099759e+08
```

3. 转置

```
>>> stock.T
      000625.SZ   000762.SZ  ...     600126.SH    000882.SZ
开盘价        10.70        7.28  ...  7.000000e+00         2.02
最高价        11.95        7.59  ...  7.350000e+00         2.10
最低价        10.56        7.17  ...  6.930000e+00         2.01
收盘价        11.71        7.50  ...  7.110000e+00         2.08
成交额       789.10       57.01  ...  7.831500e+02        56.32
成交量  68771048.00  7741802.00  ...  1.099759e+08  27484360.00

[6 rows x 6 columns]
```

4. 排序

```
>>> stock.sort_index(axis=0) # 按照索引排序
           开盘价    最高价    最低价    收盘价    成交额        成交量
000625.SZ  10.70  11.95  10.56  11.71   789.10   68771048.0
000762.SZ   7.28   7.59   7.17   7.50    57.01    7741802.0
000882.SZ   2.02   2.10   2.01   2.08    56.32   27484360.0
600009.SH  66.70  69.28  66.66  68.92  1196.14   17662768.0
600126.SH   7.00   7.35   6.93   7.11   783.15  109975919.0
600132.SH  48.10  50.59  48.10  50.28   223.06    4496598.0
>>> stock.sort_index(axis=1) # 按照列标签排序
           开盘价         成交量     成交额    收盘价   最低价    最高价
000625.SZ  10.70   68771048.0   789.10  11.71  10.56  11.95
000762.SZ   7.28    7741802.0    57.01   7.50   7.17   7.59
600132.SH  48.10    4496598.0   223.06  50.28  48.10  50.59
600009.SH  66.70   17662768.0  1196.14  68.92  66.66  69.28
600126.SH   7.00  109975919.0   783.15   7.11   6.93   7.35
000882.SZ   2.02   27484360.0    56.32   2.08   2.01   2.10
>>> stock.sort_values(by='成交量') # 按照指定列的数值排序
           开盘价    最高价    最低价    收盘价    成交额        成交量
600132.SH  48.10  50.59  48.10  50.28   223.06    4496598.0
000762.SZ   7.28   7.59   7.17   7.50    57.01    7741802.0
600009.SH  66.70  69.28  66.66  68.92  1196.14   17662768.0
000882.SZ   2.02   2.10   2.01   2.08    56.32   27484360.0
000625.SZ  10.70  11.95  10.56  11.71   789.10   68771048.0
600126.SH   7.00   7.35   6.93   7.11   783.15  109975919.0
```

6.3.2 数据选择

1. 行选择

DataFrame 支持类似数组或列表的切片操作，如 stock[2:3]，但不能像 stock[2] 这样直接索引。

```
>>> stock[2:3] # 切片
           开盘价   最高价   最低价   收盘价   成交额       成交量
600132.SH  48.1  50.59  48.1  50.28  223.06  4496598.0
>>> stock[::2] # 步长为2的切片
           开盘价   最高价    最低价   收盘价   成交额        成交量
000625.SZ  10.7  11.95  10.56  11.71  789.10   68771048.0
600132.SH  48.1  50.59  48.10  50.28  223.06    4496598.0
600126.SH   7.0   7.35   6.93   7.11  783.15  109975919.0
```

还可以对行标签（索引）切片。切片顺序基于 DataFrame 的 Index，返回结果包含指定切片的两个索引项，类似数学上的闭区间。

```
>>> stock['000762.SZ':'600009.SH']
             开盘价    最高价    最低价    收盘价       成交额          成交量
000762.SZ   7.28   7.59   7.17   7.50     57.01   7741802.0
600132.SH  48.10  50.59  48.10  50.28    223.06   4496598.0
600009.SH  66.70  69.28  66.66  68.92   1196.14  17662768.0
```

2. 列选择

DataFrame 仅允许选择单列数据返回 Series。如果要选择多列，必须同时指定选择的行。

```
>>> stock['开盘价'] # 选择单列，也可以使用stock.开盘价
000625.SZ    10.70
000762.SZ     7.28
600132.SH    48.10
600009.SH    66.70
600126.SH     7.00
000882.SZ     2.02
Name: 开盘价, dtype: float64
```

3. 行列选择

使用行列选择器 loc 可以同时选择行和列。行选择使用切片，列选择使用列表。

```
>>> stock.loc['000762.SZ':'600009.SH', ['开盘价', '收盘价', '成交量']]
             开盘价    收盘价         成交量
000762.SZ   7.28   7.50   7741802.0
600132.SH  48.10  50.28   4496598.0
600009.SH  66.70  68.92  17662768.0
```

如果想和访问二维数组一样访问 DataFrame，可以使用 at、iat 或 iloc 等行列选择器。

```
>>> stock.at['000762.SZ', '开盘价']
7.28
>>> stock.iat[1, 0]
7.28
>>> stock.iloc[1:4, 0:3]
             开盘价    最高价    最低价
000762.SZ   7.28   7.59   7.17
600132.SH  48.10  50.59  48.10
600009.SH  66.70  69.28  66.66
```

4. 条件选择

如果熟悉 NumPy，就可以很容易理解 DataFrame 的条件选择。

```
>>> stock[(stock['成交额']>500)&(stock['开盘价']>10)] # 支持复合条件
           开盘价    最高价    最低价    收盘价     成交额        成交量
000625.SZ  10.7  11.95  10.56  11.71   789.10  68771048.0
600009.SH  66.7  69.28  66.66  68.92  1196.14  17662768.0
>>> stock[stock['成交额'].isin([56.32,57.01,223.06])] # 使用isin()筛选多个特定值
           开盘价    最高价    最低价    收盘价     成交额        成交量
000762.SZ   7.28   7.59   7.17   7.50   57.01   7741802.0
600132.SH  48.10  50.59  48.10  50.28  223.06   4496598.0
000882.SZ   2.02   2.10   2.01   2.08   56.32  27484360.0
```

6.3.3　改变数据结构

1. 重新索引

DataFrame 的 reindex( ) 函数可以重新定义行标签或列标签，并返回一个新的对象，原有的数据结构不会被改变。重新索引既可以删除已有的行或列，也可以增加新的行或列。如果不指定填充值，新增的行或列的值默认为 NaN。

```
>>> stock.reindex(index=idx, columns=colnames)
            开盘价    收盘价    成交额          成交量   涨跌幅
000762.SZ   7.28   7.50   57.01   7741802.0  NaN
000625.SZ  10.70  11.71  789.10  68771048.0  NaN
600132.SH  48.10  50.28  223.06   4496598.0  NaN
000955.SZ    NaN    NaN     NaN         NaN  NaN
>>> stock.reindex(index=idx, columns=colnames, fill_value=0)
            开盘价    收盘价    成交额          成交量   涨跌幅
000762.SZ   7.28   7.50   57.01   7741802.0  0.0
000625.SZ  10.70  11.71  789.10  68771048.0  0.0
600132.SH  48.10  50.28  223.06   4496598.0  0.0
000955.SZ   0.00   0.00    0.00         0.0  0.0
```

2. 删除行或列

DataFrame 的 drop( ) 函数可以删除指定轴的指定项，返回一个新的对象，原有的数据结构不会被改变。

```
>>> stock.drop(['000762.SZ', '600132.SH'], axis=0) # 删除指定行
           开盘价    最高价    最低价    收盘价     成交额         成交量
000625.SZ  10.70  11.95  10.56  11.71   789.10   68771048.0
600009.SH  66.70  69.28  66.66  68.92  1196.14   17662768.0
600126.SH   7.00   7.35   6.93   7.11   783.15  109975919.0
000882.SZ   2.02   2.10   2.01   2.08    56.32   27484360.0
>>> stock.drop(['成交额', '最高价', '最低价'], axis=1) # 删除指定列
           开盘价   收盘价          成交量
000625.SZ  10.70  11.71   68771048.0
000762.SZ   7.28   7.50    7741802.0
```

```
600132.SH  48.10  50.28    4496598.0
600009.SH  66.70  68.92   17662768.0
600126.SH   7.00   7.11  109975919.0
000882.SZ   2.02   2.08   27484360.0
```

3. 行扩展

DataFrame 的 append( ) 函数可以在对象的尾部追加另一个 DataFrame，实现行扩展。行扩展并不强制要求两个 DataFrame 列标签匹配。行扩展会返回一个新的数据结构，其列标签是两个 DataFrame 列标签的并集。行扩展不会改变原有的数据结构。

```
>>> idx = ['600161.SH', '600169.SH']
>>> colnames = ['开盘价', '收盘价', '成交额', '成交量', '涨跌幅']
>>> data = np.array([
       [31.00, 32.16, 284.02, 8932594, 0.03],
       [2.02, 2.13, 115.87, 54146894, 0.05]
])
>>> s = pd.DataFrame(data, columns=colnames, index=idx)
>>> stock.append(s)
           开盘价    最高价    最低价    收盘价      成交额         成交量    涨跌幅
000625.SZ  10.70  11.95  10.56  11.71    789.10   68771048.0    NaN
000762.SZ   7.28   7.59   7.17   7.50     57.01    7741802.0   NaN
600132.SH  48.10  50.59  48.10  50.28    223.06    4496598.0    NaN
600009.SH  66.70  69.28  66.66  68.92   1196.14   17662768.0    NaN
600126.SH   7.00   7.35   6.93   7.11    783.15  109975919.0   NaN
000882.SZ   2.02   2.10   2.01   2.08     56.32   27484360.0   NaN
600161.SH  31.00   NaN    NaN  32.16   284.02    8932594.0  0.03
600169.SH   2.02   NaN    NaN   2.13   115.87   54146894.0  0.05
```

Pandas 命名空间下的 concat( ) 函数也可以实现多个 DataFrame 的垂直连接，用起来比 append( ) 函数更方便。

```
>>> pd.concat((stock, s))
           开盘价    最高价    最低价    收盘价      成交额         成交量    涨跌幅
000625.SZ  10.70  11.95  10.56  11.71    789.10   68771048.0    NaN
000762.SZ   7.28   7.59   7.17   7.50     57.01    7741802.0   NaN
600132.SH  48.10  50.59  48.10  50.28    223.06    4496598.0    NaN
600009.SH  66.70  69.28  66.66  68.92   1196.14   17662768.0    NaN
600126.SH   7.00   7.35   6.93   7.11    783.15  109975919.0   NaN
000882.SZ   2.02   2.10   2.01   2.08     56.32   27484360.0   NaN
600161.SH  31.00   NaN    NaN  32.16   284.02    8932594.0  0.03
600169.SH   2.02   NaN    NaN   2.13   115.87   54146894.0  0.05
```

4. 列扩展

直接对新列赋值即可实现列扩展。赋值时，数据长度必须和 DataFrame 的长度匹配。这里需要特别说明一点，其他改变数据结构的操作都是返回新的数据结构，原有的数据结构不会被改变，而赋值操作会改变原有的数据结构。

```
>>> stock['涨跌幅'] = [0.02, 0.03, 0.05, 0.01, 0.02, 0.03]
>>> stock
           开盘价   最高价   最低价   收盘价      成交额          成交量    涨跌幅
000625.SZ  10.70  11.95  10.56  11.71   789.10   68771048.0  0.02
000762.SZ   7.28   7.59   7.17   7.50    57.01    7741802.0  0.03
600132.SH  48.10  50.59  48.10  50.28   223.06    4496598.0  0.05
600009.SH  66.70  69.28  66.66  68.92  1196.14   17662768.0  0.01
600126.SH   7.00   7.35   6.93   7.11   783.15  109975919.0  0.02
000882.SZ   2.02   2.10   2.01   2.08    56.32   27484360.0  0.03
```

6.3.4　改变数据类型

类似 NumPy 数组，Series 提供了 astype( ) 函数来改变数据类型。不过 astype( ) 函数只是返回了一个新的 Series，并没有真正改变原有的 Series。DataFrame 没有提供改变某一列数据类型的方法，如果想要这样做，则需要对这一列重新赋值。

```
>>> stock['涨跌幅'].dtype
dtype('float64')
>>> stock['涨跌幅'] = stock['涨跌幅'].astype('float32').values
>>> stock['涨跌幅'].dtype
dtype('float32')
```

6.3.5　广播与矢量化运算

Pandas 是基于 NumPy 数组的扩展，继承了 NumPy 数组的广播和矢量化特性。不管是 Series 内部，还是 Series 之间，甚至是 DataFrame 之间，所有的运算都支持广播和矢量化。此外，NumPy 数组的数学和统计函数几乎都可以应用在 Pandas 的数据结构上。

```
>>> stock
           开盘价   最高价   最低价   收盘价      成交额         成交量
000625.SZ  10.70  11.95  10.56  11.71   789.10  34385524.0
000762.SZ   7.28   7.59   7.17   7.50    57.01   3870901.0
600132.SH  48.10  50.59  48.10  50.28   223.06   2248299.0
600009.SH  66.70  69.28  66.66  68.92  1196.14   8831384.0
600126.SH   7.00   7.35   6.93   7.11   783.15  54987959.5
000882.SZ   2.02   2.10   2.01   2.08    56.32  13742180.0
>>> stock['成交量'] /= 2 # 成交量减半
>>> stock
           开盘价   最高价   最低价   收盘价      成交额          成交量
000625.SZ  10.70  11.95  10.56  11.71   789.10  17192762.00
000762.SZ   7.28   7.59   7.17   7.50    57.01   1935450.50
600132.SH  48.10  50.59  48.10  50.28   223.06   1124149.50
600009.SH  66.70  69.28  66.66  68.92  1196.14   4415692.00
600126.SH   7.00   7.35   6.93   7.11   783.15  27493979.75
```

```
000882.SZ   2.02   2.10   2.01   2.08    56.32   6871090.00
>>> stock['最高价'] += stock['最低价'] # 最高价加上最低价
>>> stock
          开盘价     最高价    最低价    收盘价      成交额          成交量
000625.SZ  10.70   22.51  10.56  11.71   789.10  17192762.00
000762.SZ   7.28   14.76   7.17   7.50    57.01   1935450.50
600132.SH  48.10   98.69  48.10  50.28   223.06   1124149.50
600009.SH  66.70  135.94  66.66  68.92  1196.14   4415692.00
600126.SH   7.00   14.28   6.93   7.11   783.15  27493979.75
000882.SZ   2.02    4.11   2.01   2.08    56.32   6871090.00
# 开盘价标准化：去中心化（减开盘价均值），再除以开盘价的标准差
>>> stock['开盘价'] = (stock['开盘价']-stock['开盘价'].mean())/stock['开盘价'].std()
>>> stock
               开盘价     最高价    最低价    收盘价      成交额          成交量
000625.SZ -0.479878   22.51  10.56  11.71   789.10  17192762.00
000762.SZ -0.606774   14.76   7.17   7.50    57.01   1935450.50
600132.SH  0.907810   98.69  48.10  50.28   223.06   1124149.50
600009.SH  1.597944  135.94  66.66  68.92  1196.14   4415692.00
600126.SH -0.617163   14.28   6.93   7.11   783.15  27493979.75
000882.SZ -0.801940    4.11   2.01   2.08    56.32   6871090.00
```

对 DataFrame 进行广播运算同样是可行的，两个 DataFrame 之间也可以进行算术运算。两个 DataFrame 进行算术运算时，对应列标签的索引项之间做算术运算，无对应项的元素自动填充 NaN 值，其代码如下。

```
>>> df_a = pd.DataFrame(np.arange(6).reshape((2,3)), columns=list('abc'))
>>> df_b = pd.DataFrame(np.arange(6,12).reshape((3,2)), columns=list('ab'))
>>> df_a
   a  b  c
0  0  1  2
1  3  4  5
>>> df_b
    a   b
0   6   7
1   8   9
2  10  11
>>> df_a + 1 # 对DataFrame的广播运算
   a  b  c
0  1  2  3
1  4  5  6
>>> df_a + df_b # 两个DataFrame的矢量运算
      a     b   c
0   6.0   8.0 NaN
1  11.0  13.0 NaN
2   NaN   NaN NaN
```

6.3.6　行列级广播函数

NumPy 数组的大部分数学函数和统计函数都是广播函数，可以被隐式地映射到数组的各个元素上。NumPy 数组支持自定义广播函数。Pandas 的 apply( ) 函数类似于 NumPy 数组的自定义

广播函数，可以将函数映射到 DataFrame 的特定行或列上，也就是以行或列的一维数组作为函数的输入参数，而不是以行或列的各个元素作为函数的输入参数。这是 Pandas 的 apply( ) 函数有别于 NumPy 数组自定义广播函数的地方，其代码如下。

```
>>> stock
               开盘价     最高价    最低价    收盘价       成交额          成交量
000625.SZ -0.479878   22.51  10.56  11.71   789.10  17192762.00
000762.SZ -0.606774   14.76   7.17   7.50    57.01   1935450.50
600132.SH  0.907810   98.69  48.10  50.28   223.06   1124149.50
600009.SH  1.597944  135.94  66.66  68.92  1196.14   4415692.00
600126.SH -0.617163   14.28   6.93   7.11   783.15  27493979.75
000882.SZ -0.801940    4.11   2.01   2.08    56.32   6871090.00
>>> f = lambda x:(x-x.min())/(x.max()-x.min()) # 定义归一化函数
>>> stock.apply(f, axis=0) # 0轴（行方向）归一化
                开盘价       最高价      最低价       收盘价      成交额      成交量
000625.SZ  0.134199  0.139574  0.132251  0.144075  0.642891  0.609356
000762.SZ  0.081323  0.080786  0.079814  0.081089  0.000605  0.030766
600132.SH  0.712430  0.717439  0.712916  0.721125  0.146286  0.000000
600009.SH  1.000000  1.000000  1.000000  1.000000  1.000000  0.124822
600126.SH  0.076994  0.077145  0.076102  0.075254  0.637671  1.000000
000882.SZ  0.000000  0.000000  0.000000  0.000000  0.000000  0.217936
>>> stock.apply(f, axis=1) # 1轴（列方向）归一化
           开盘价       最高价           最低价           收盘价      成交额  成交量
000625.SZ  0.0  1.337183e-06  6.421236e-07  7.090122e-07  0.000046  1.0
000762.SZ  0.0  7.939634e-06  4.018068e-06  4.188571e-06  0.000030  1.0
600132.SH  0.0  8.698333e-05  4.198038e-05  4.391963e-05  0.000198  1.0
600009.SH  0.0  3.042379e-05  1.473429e-05  1.524610e-05  0.000271  1.0
600126.SH  0.0  5.418336e-07  2.745024e-07  2.810493e-07  0.000029  1.0
000882.SZ  0.0  7.148705e-07  4.092422e-07  4.194298e-07  0.000008  1.0
```

6.4　高级应用

DataFrame 作为数据分析的利器，其作用体现在两个方面：一是用来暂存形式复杂的数据，二是提供高效的处理手段。前一节偏重于讲解暂存数据方面，本节则偏重于讲解如何高效地处理数据。

6.4.1　分组

分组与聚合是数据处理中最常见的应用场景。例如，对多只股票多个交易日的成交量分析，需要按股票和交易日两种分类方式进行统计，其代码如下。

```
>>> data = {
'日期': ['2020-03-11','2020-03-11','2020-03-11','2020-03-11','2020-03-11',
       '2020-03-12','2020-03-12','2020-03-12','2020-03-12','2020-03-12',
       '2020-03-13','2020-03-13','2020-03-13','2020-03-13','2020-03-13'],
```

```
'代码': ['000625.SZ','000762.SZ','600132.SH','600009.SH','000882.SZ',
        '000625.SZ','000762.SZ','600132.SH','600009.SH','000882.SZ',
        '000625.SZ','000762.SZ','600132.SH','600009.SH','000882.SZ'],
'成交额': [422.08,73.65,207.04,510.59,63.28,
        471.78,59.2,156.82,853.83,52.84,
        789.1,57.01,223.06,1196.14,56.32],
'成交量': [37091400,9315300,4127800,7233100,28911100,
        42471700,7724200,3143100,12350400,24828900,
        68771048,7741802,4496598,17662768,27484360]
}
>>> vo = pd.DataFrame(data)
>>> vo
           日期         代码       成交额        成交量
0   2020-03-11  000625.SZ   422.08  37091400
1   2020-03-11  000762.SZ    73.65   9315300
2   2020-03-11  600132.SH   207.04   4127800
3   2020-03-11  600009.SH   510.59   7233100
4   2020-03-11  000882.SZ    63.28  28911100
5   2020-03-12  000625.SZ   471.78  42471700
6   2020-03-12  000762.SZ    59.20   7724200
7   2020-03-12  600132.SH   156.82   3143100
8   2020-03-12  600009.SH   853.83  12350400
9   2020-03-12  000882.SZ    52.84  24828900
10  2020-03-13  000625.SZ   789.10  68771048
11  2020-03-13  000762.SZ    57.01   7741802
12  2020-03-13  600132.SH   223.06   4496598
13  2020-03-13  600009.SH  1196.14  17662768
14  2020-03-13  000882.SZ    56.32  27484360
```

使用 groupby( ) 函数按照日期分组，返回的分组结果是一个迭代器，遍历这个迭代器，可以得到 3 个由组名（日期）和该组的 DataFrame 组成的元组，其代码如下。

```
>>> for name, df in vo.groupby('日期'):
        print('组名：%s'%name)
        print('------------------------------------------')
        print(df)
        print()

组名：2020-03-11
-------------------------------------------
          日期         代码      成交额        成交量
0  2020-03-11  000625.SZ  422.08  37091400
1  2020-03-11  000762.SZ   73.65   9315300
2  2020-03-11  600132.SH  207.04   4127800
3  2020-03-11  600009.SH  510.59   7233100
4  2020-03-11  000882.SZ   63.28  28911100

组名：2020-03-12
-------------------------------------------
          日期         代码      成交额        成交量
5  2020-03-12  000625.SZ  471.78  42471700
6  2020-03-12  000762.SZ   59.20   7724200
```

```
7  2020-03-12  600132.SH  156.82   3143100
8  2020-03-12  600009.SH  853.83  12350400
9  2020-03-12  000882.SZ   52.84  24828900

组名：2020-03-13
-------------------------------------------
           日期         代码      成交额         成交量
10  2020-03-13  000625.SZ   789.10  68771048
11  2020-03-13  000762.SZ    57.01   7741802
12  2020-03-13  600132.SH   223.06   4496598
13  2020-03-13  600009.SH  1196.14  17662768
14  2020-03-13  000882.SZ    56.32  27484360
```

使用 groupby( ) 函数按照股票代码分组，返回的分组结果是一个迭代器，遍历这个迭代器，可以得到 5 个由组名（股票代码）和该组的 DataFrame 组成的元组，其代码如下。

```
>>> for name, df in vo.groupby('代码'):
        print('组名：%s'%name)
        print('-------------------------------------------')
        print(df)
        print()


组名：000625.SZ
-------------------------------------------
           日期         代码      成交额         成交量
0   2020-03-11  000625.SZ  422.08  37091400
5   2020-03-12  000625.SZ  471.78  42471700
10  2020-03-13  000625.SZ  789.10  68771048

组名：000762.SZ
-------------------------------------------
           日期         代码     成交额       成交量
1   2020-03-11  000762.SZ  73.65  9315300
6   2020-03-12  000762.SZ  59.20  7724200
11  2020-03-13  000762.SZ  57.01  7741802

组名：000882.SZ
-------------------------------------------
           日期         代码     成交额       成交量
4   2020-03-11  000882.SZ  63.28  28911100
9   2020-03-12  000882.SZ  52.84  24828900
14  2020-03-13  000882.SZ  56.32  27484360

组名：600009.SH
-------------------------------------------
           日期         代码     成交额       成交量
3   2020-03-11  600009.SH   510.59   7233100
8   2020-03-12  600009.SH   853.83  12350400
13  2020-03-13  600009.SH  1196.14  17662768
```

```
组名: 600132.SH
-----------------------------------------
         日期         代码      成交额      成交量
2   2020-03-11  600132.SH  207.04  4127800
7   2020-03-12  600132.SH  156.82  3143100
12  2020-03-13  600132.SH  223.06  4496598
```

6.4.2　聚合

理解了分组，接下来就可以根据分组进行数据处理。例如，统计所有股票每天的成交总额和成交总量等，其代码如下。

```
>>> vo.groupby('日期').sum() # 按日期统计全部股票的成交总额和成交总量
              成交额          成交量
日期
2020-03-11  1276.64   86678700
2020-03-12  1594.47   90518300
2020-03-13  2321.63  126156576
>>> vo.groupby('代码').mean() # 统计单只股票多个交易日的平均成交额和平均成交量
              成交额              成交量
代码
000625.SZ  560.986667  4.944472e+07
000762.SZ   63.286667  8.260434e+06
000882.SZ   57.480000  2.707479e+07
600009.SH  853.520000  1.241542e+07
600132.SH  195.640000  3.922499e+06
```

可以直接应用在分组结果上的函数包括计数（count）、求和（sum）、均值（mean）、中位数（median）、有效值的乘积（prod）、方差（var）和标准差（std）、最大值（max）和最小值（min）、第一个有效值（first）和最后一个有效值（last）等。

如果对分组结果实施自定义的函数，或对分组结果做更多的统计分析，此时就要用到聚合函数 agg( )，其代码如下。

```
>>> def scope(x): # 返回最大值和最小值之差（波动幅度）的函数
        return x.max()-x.min()
>>> vo.groupby('代码').agg(scope) # 统计每只股票成交额和成交量的波动幅度
            成交额        成交量
代码
000625.SZ  367.02  31679648
000762.SZ   16.64   1591100
000882.SZ   10.44   4082200
600009.SH  685.55  10429668
600132.SH   66.24   1353498
>>> vo.groupby('代码').agg(['mean', scope]) # 统计成交额和成交量的均值和波动幅度
```

```
                  成交额                    成交量
                   mean    scope           mean      scope
代码
000625.SZ  560.986667  367.02  4.944472e+07  31679648
000762.SZ   63.286667   16.64  8.260434e+06   1591100
000882.SZ   57.480000   10.44  2.707479e+07   4082200
600009.SH  853.520000  685.55  1.241542e+07  10429668
600132.SH  195.640000   66.24  3.922499e+06   1353498
```

聚合函数 agg( ) 还可以对不同的列实施不同的函数操作。例如，下面的代码对成交额实施均值操作，对成交量实施自定义的波动幅度函数。

```
>>> vo.groupby('代码').agg({'成交额':'mean', '成交量':scope})
                  成交额       成交量
代码
000625.SZ  560.986667  31679648
000762.SZ   63.286667   1591100
000882.SZ   57.480000   4082200
600009.SH  853.520000  10429668
600132.SH  195.640000   1353498
```

6.4.3　层次化索引

在分组和聚合的例子中，日期 - 股票代码 - 成交额和成交量这样的数据结构就是三维的了，依然可以用 DataFrame 暂存和处理。这样的数据结构尽管可以通过分组获得多个二维的 DataFrame，但毕竟无法直接索引或选择。层次化索引可以很好地解决这个问题，为 DataFrame 处理更高维度的数据指明了方向。

这里依旧使用日期字符串做索引，正确的做法是使用日期索引，其代码如下。

```
>>> dt = ['2020-03-11', '2020-03-12','2020-03-13']
>>> sc = ['000625.SZ','000762.SZ','600132.SH','600009.SH','600126.SH']
>>> cn = ['成交额', '成交量']
>>> idx = pd.MultiIndex.from_product([dt, sc], names=['日期', '代码'])
>>> data = np.array([
    [422.08, 37091400],
    [73.65, 9315300],
    [207.04, 4127800],
    [510.59, 7233100],
    [63.28, 28911100],
    [471.78, 42471700],
    [59.2, 7724200],
    [156.82, 3143100],
    [853.83, 12350400],
    [52.84, 24828900],
    [789.1, 68771048],
    [57.01, 7741802],
    [223.06, 4496598],
```

```
    [1196.14, 17662768],
    [56.32, 27484360]
])
>>> vom1 = pd.DataFrame(data, index=idx, columns=cn)
>>> vom1
                           成交额          成交量
日期         代码
2020-03-11 000625.SZ   422.08  37091400.0
           000762.SZ    73.65   9315300.0
           600132.SH   207.04   4127800.0
           600009.SH   510.59   7233100.0
           600126.SH    63.28  28911100.0
2020-03-12 000625.SZ   471.78  42471700.0
           000762.SZ    59.20   7724200.0
           600132.SH   156.82   3143100.0
           600009.SH   853.83  12350400.0
           600126.SH    52.84  24828900.0
2020-03-13 000625.SZ   789.10  68771048.0
           000762.SZ    57.01   7741802.0
           600132.SH   223.06   4496598.0
           600009.SH  1196.14  17662768.0
           600126.SH    56.32  27484360.0
```

层次化索引数据 vom1 有日期和代码两个索引项。层次化索引还有另外一种形式，即在行标签上使用层次化索引，其代码如下。

```
>>> dt = ['2020-03-11', '2020-03-12','2020-03-13']
>>> sc = ['000625.SZ','000762.SZ','600132.SH','600009.SH','000882.SZ']
>>> cn = ['成交额', '成交量']
>>> cols = pd.MultiIndex.from_product([dt, cn], names=['日期', '数据'])
>>> data = np.array([
    [422.08, 37091400, 471.78, 42471700, 789.1, 68771048],
    [73.65, 9315300, 59.2, 7724200, 57.01, 7741802],
    [207.04, 4127800, 156.82, 3143100, 223.06, 4496598],
    [510.59, 7233100, 853.83, 12350400, 1196.14, 17662768],
    [63.28, 28911100, 52.84, 24828900, 56.32, 27484360]
])
>>> vom2 = pd.DataFrame(data, index=sc, columns=cols)
>>> vom2
日期          2020-03-11              2020-03-12              2020-03-13
数据           成交额        成交量       成交额       成交量       成交额       成交量
000625.SZ     422.08  37091400.0    471.78  42471700.0    789.10  68771048.0
000762.SZ      73.65   9315300.0     59.20   7724200.0     57.01   7741802.0
600132.SH     207.04   4127800.0    156.82   3143100.0    223.06   4496598.0
600009.SH     510.59   7233100.0    853.83  12350400.0   1196.14  17662768.0
000882.SZ      63.28  28911100.0     52.84  24828900.0     56.32  27484360.0
```

层次化索引数据的索引和选择类似普通的 DataFrame 对象。

```
>>> vom1.loc['2020-03-11']
            成交额        成交量
second
000625.SZ  422.08  37091400.0
000762.SZ   73.65   9315300.0
600132.SH  207.04   4127800.0
600009.SH  510.59   7233100.0
000882.SZ   63.28  28911100.0
>>> vom1.loc['2020-03-11', '000625.SZ']
成交额          422.08
成交量     37091400.00
Name: (2020-03-11, 000625.SZ), dtype: float64
>>> vom1.loc['2020-03-11', '000625.SZ']['成交量']
37091400.0
>>> vom2['2020-03-11']
数据            成交额        成交量
000625.SZ  422.08  37091400.0
000762.SZ   73.65   9315300.0
600132.SH  207.04   4127800.0
600009.SH  510.59   7233100.0
000882.SZ   63.28  28911100.0
>>> vom2['2020-03-11', '成交额']
000625.SZ    422.08
000762.SZ     73.65
600132.SH    207.04
600009.SH    510.59
000882.SZ     63.28
Name: (2020-03-11, 成交额), dtype: float64
>>> vom2.loc['000625.SZ']
日期          数据
2020-03-11  成交额         422.08
         成交量     37091400.00
2020-03-12  成交额         471.78
         成交量     42471700.00
2020-03-13  成交额         789.10
         成交量     68771048.00
Name: 000625.SZ, dtype: float64
>>> vom2.loc['000625.SZ'][:,'成交额']
日期
2020-03-11    422.08
2020-03-12    471.78
2020-03-13    789.10
Name: 000625.SZ, dtype: float64
```

6.4.4 表级广播函数

行列级广播函数 apply( ) 可以把一个计算函数映射到 DataFrame 的行或列上，并以行或列的一维数组作为计算函数的输入参数。与 apply( ) 函数类似，表级广播函数 pipe( ) 可以把一个计算函数映射到 DataFrame 的每一个元素上，并以每一个元素作为计算函数的第一个输入参数，其代码如下。

```
>>> def scale(x, k): # 对x进行缩放，缩放系数为k
        return x*k

>>> vom1.pipe(scale, 0.2) # 对vom1所有数据执行缩放函数，缩放系数为0.2
                              成交额           成交量
first      second
2020-03-11 000625.SZ   84.416   7418280.0
           000762.SZ   14.730   1863060.0
           600132.SH   41.408    825560.0
           600009.SH  102.118   1446620.0
           000882.SZ   12.656   5782220.0
2020-03-12 000625.SZ   94.356   8494340.0
           000762.SZ   11.840   1544840.0
           600132.SH   31.364    628620.0
           600009.SH  170.766   2470080.0
           000882.SZ   10.568   4965780.0
2020-03-13 000625.SZ  157.820  13754209.6
           000762.SZ   11.402   1548360.4
           600132.SH   44.612    899319.6
           600009.SH  239.228   3532553.6
           000882.SZ   11.264   5496872.0
```

pipe( ) 函数将 DataFrame 作为首个参数，这为链式调用提供了可能性。链式调用以其代码的简洁和易读特性，受到了很多程序员的追捧，其代码如下。

```
>>> def adder(x, dx):
        return x+dx

>>> vom1.pipe(scale, 0.2).pipe(adder, 5) # 链式调用
                              成交额           成交量
first      second
2020-03-11 000625.SZ   89.416   7418285.0
           000762.SZ   19.730   1863065.0
           600132.SH   46.408    825565.0
           600009.SH  107.118   1446625.0
           000882.SZ   17.656   5782225.0
2020-03-12 000625.SZ   99.356   8494345.0
           000762.SZ   16.840   1544845.0
           600132.SH   36.364    628625.0
           600009.SH  175.766   2470085.0
           000882.SZ   15.568   4965785.0
2020-03-13 000625.SZ  162.820  13754214.6
           000762.SZ   16.402   1548365.4
           600132.SH   49.612    899324.6
           600009.SH  244.228   3532558.6
           000882.SZ   16.264   5496877.0
```

6.4.5　日期时间索引

Pandas 对于日期时间类型的数据也有很好的支持，提供了很多非常实用的函数，可以非常

方便地生成、转换日期时间索引。DatetimeIndex 类是索引数组的一种，也是常用的日期时间序列生成和转换工具，既可以由日期时间字符串列表直接生成日期时间索引，也可以将字符串类型的索引、Series 转换成日期时间索引。

```
>>> pd.DatetimeIndex(['2020-03-10', '2020-03-11', '2020-03-12'])
pd.DatetimeIndex(pd.Index(['2020-03-10', '2020-03-11', '2020-03-12']))
>>> idx = pd.Index(['2020-03-10', '2020-03-11', '2020-03-12'])
>>> sdt = pd.Series(['2020-03-10', '2020-03-11', '2020-03-12'])
>>> idx
Index(['2020-03-10', '2020-03-11', '2020-03-12'], dtype='object')
>>> sdt
0    2020-03-10
1    2020-03-11
2    2020-03-12
dtype: object
>>> pd.DatetimeIndex(idx)
DatetimeIndex(['2020-03-10', '2020-03-11', '2020-03-12'],
dtype='datetime64[ns]', freq=None)
>>> pd.DatetimeIndex(sdt)
DatetimeIndex(['2020-03-10', '2020-03-11', '2020-03-12'],
dtype='datetime64[ns]', freq=None)
```

转换函数 pd.to_datetime( ) 的功能类似 DatetimeIndex 类，可以将各种格式的日期时间字符串转换为日期时间索引。

```
>>> pd.to_datetime(['2020-03-10', '2020-03-11', '2020-03-12', '2020-03-13'])
DatetimeIndex(['2020-03-10', '2020-03-11', '2020-03-12', '2020-03-13'],
dtype='datetime64[ns]', freq=None)
>>> pd.to_datetime(idx)
DatetimeIndex(['2020-03-10', '2020-03-11', '2020-03-12'],
dtype='datetime64[ns]', freq=None)
>>> pd.to_datetime(sdt)
0   2020-03-10
1   2020-03-11
2   2020-03-12
dtype: datetime64[ns]
```

给定起止时间、序列长度或分割步长，date_range( ) 函数也可以快速创建日期时间索引。分割步长使用 L、S、T、H、D、M 分别表示毫秒、秒、分钟、小时、天、月等，还可以加上数字，如 3H 表示分割步长为 3 小时，其代码如下。

```
>>> pd.date_range(start='2020-05-12', end='2020-05-18')
DatetimeIndex(['2020-05-12', '2020-05-13', '2020-05-14', '2020-05-15',
               '2020-05-16', '2020-05-17', '2020-05-18'],
              dtype='datetime64[ns]', freq='D')
>>> pd.date_range(start='2020-05-12 08:00:00', periods=6, freq='3H')
DatetimeIndex(['2020-05-12 08:00:00', '2020-05-12 11:00:00',
               '2020-05-12 14:00:00', '2020-05-12 17:00:00',
               '2020-05-12 20:00:00', '2020-05-12 23:00:00'],
```

```
              dtype='datetime64[ns]', freq='3H')
>>> pd.date_range(start='08:00:00', end='9:00:00', freq='15T')
DatetimeIndex(['2020-05-13 08:00:00', '2020-05-13 08:15:00',
               '2020-05-13 08:30:00', '2020-05-13 08:45:00',
               '2020-05-13 09:00:00'], dtype='datetime64[ns]', freq='15T')
```

6.4.6　数据可视化

Pandas 的数据可视化是基于 Matplotlib 的一个封装，但封装得不够彻底，很多地方仍然离不开 Matplotlib。例如，脱离 ipython 或 jupyter 的环境，必须要使用 pyplot.show( ) 函数才能显示绘图结果，解决中文显示问题也必须要显式地导入 matplotlib.pyplot 包，除非手动修改 Matplotlib 的字体配置文件。因此，使用 Pandas 的数据可视化功能前，需要导入模块并设置默认字体。本节的所有示例，均假定已经执行了如下代码。

```
>>> import numpy as np
>>> import pandas as pd
>>> import matplotlib.pyplot as plt
>>> plt.rcParams['font.sans-serif'] = ['FangSong']
>>> plt.rcParams['axes.unicode_minus'] = False
```

Pandas 的数据可视化 API 提供了绘制折线图、柱状图、箱线图、直方图、散点图、饼图等功能。对于 Series 和 DataFrame 的数据可视化，通常以 x 轴表示索引，以 y 轴表示数据。

```
>>> idx = pd.date_range(start='08:00:00',end='9:00:00',freq='T') # 间隔1分钟
>>> y = np.sin(np.linspace(0,2*np.pi,61)) # 0到2π之间的61个点的正弦值
>>> s = pd.Series(y, index=idx) # 创建Series，索引是时间序列
>>> s.plot() # 绘制折线图
<matplotlib.axes._subplots.AxesSubplot object at 0x0000029D4EC95C08>
>>> plt.show() # 显示绘图结果
```

上面的代码调用 Series 的 plot( ) 函数绘制了一条正弦曲线，如图 6-1 所示。Series 的索引是一个日期时间序列，从 8 时到 9 时，间隔 1 分钟。

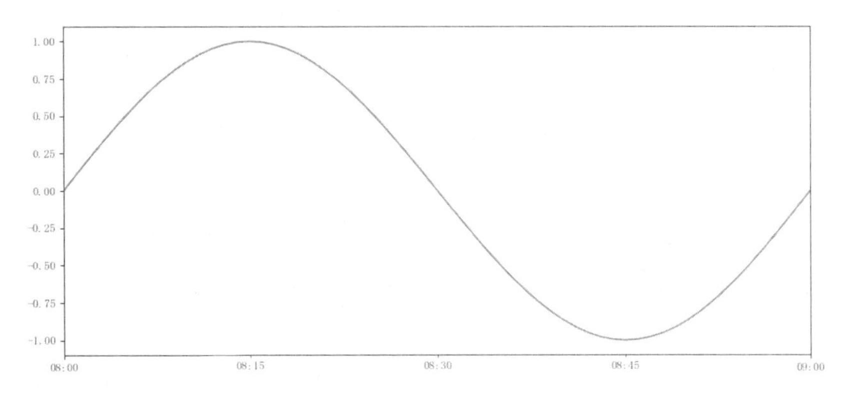

图 6-1　Series 的 plot( ) 函数

对 DataFrame 的数据可视化也是以 x 轴表示索引，多列数据既可以绘制在画布的同一个子图上，也可以绘制在同一张画布的多个子图上，其代码如下。

```
>>> data = np.random.randn(10,4)
>>> idx = pd.date_range('08:00:00', periods=10, freq='H')
>>> df = pd.DataFrame(data, index=idx, columns=list('ABCD'))
>>> df.plot()
<matplotlib.axes._subplots.AxesSubplot object at 0x0000029D525FA548>
>>> plt.show()
```

DataFrame 的 plot( ) 函数同时绘制了 4 列数据并自动生成了图例，这显然比直接使用 Matplotlib 要简洁得多，如图 6-2 所示。

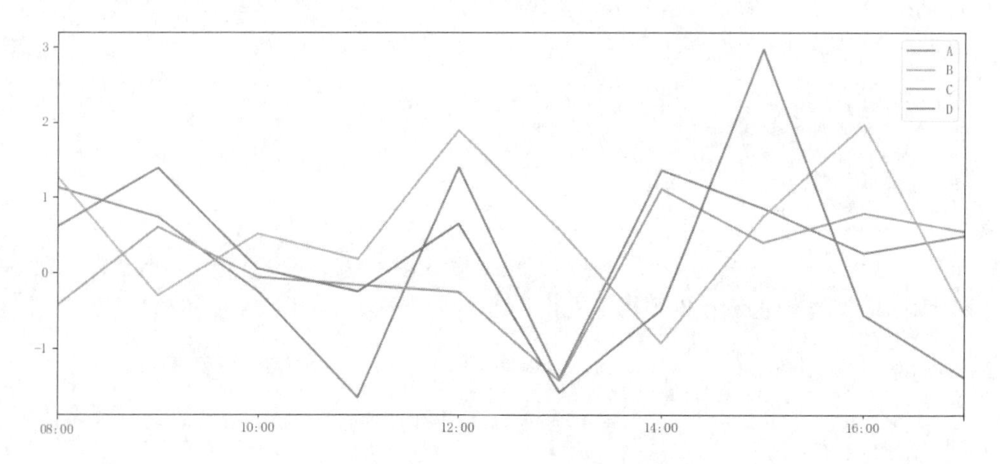

图 6-2　DataFrame 的 plot( ) 函数

了解 Matplotlib 的概念和函数，才能使用 Pandas 的数据可视化 API 在同一张画布上绘制多个子图的柱状图，其代码如下。

```
>>> df = pd.DataFrame(np.random.rand(10,4),columns=list('ABCD'))
>>> fig = plt.figure( )
>>> ax = fig.add_subplot(131)
>>> df.plot.bar(ax=ax)
<matplotlib.axes._subplots.AxesSubplot object at 0x0000029D52A4B288>
>>> ax = fig.add_subplot(132)
>>> df.plot.bar(ax=ax, stacked=True)
<matplotlib.axes._subplots.AxesSubplot object at 0x0000029D56808308>
>>> ax = fig.add_subplot(133)
>>> df.plot.barh(ax=ax, stacked=True)
<matplotlib.axes._subplots.AxesSubplot object at 0x0000029D52606B08>
>>> plt.show()
```

图 6-3 所示的是普通柱状图、堆叠柱状图和水平的堆叠柱状图绘制在同一张画布上的效果。

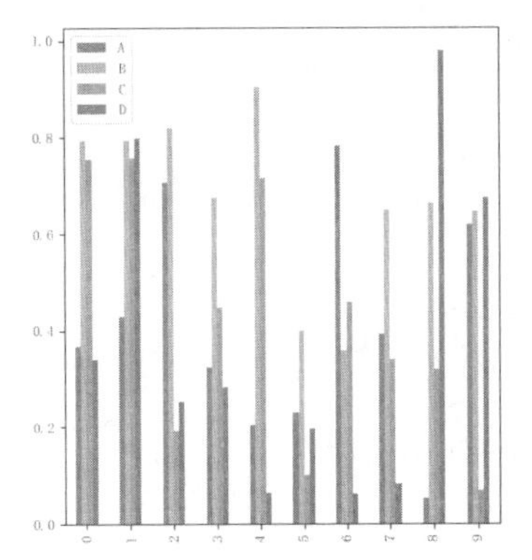
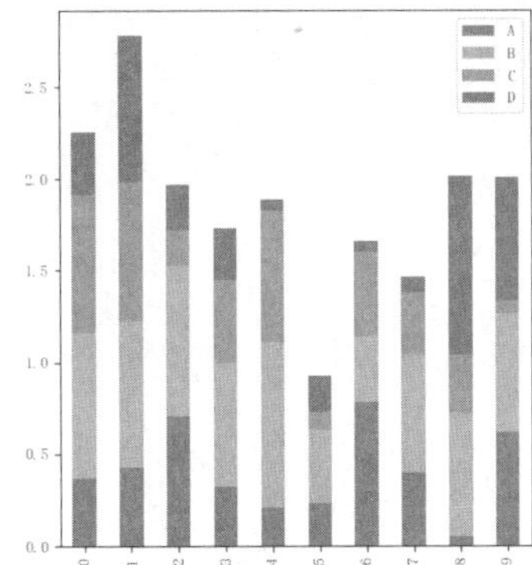
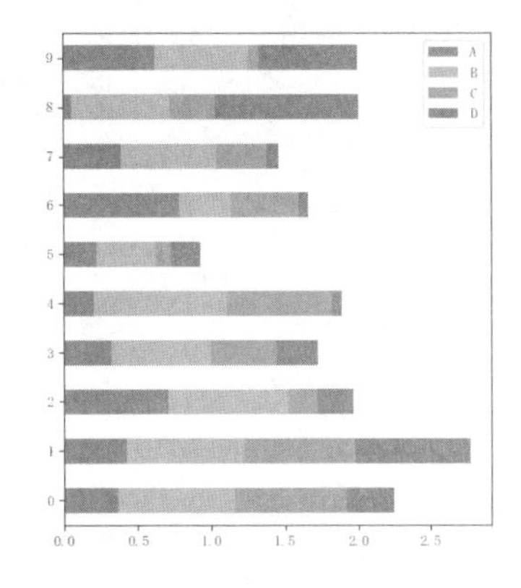

图 6-3　在同一张画布上绘制多个子图的柱状图

Pandas 的可视化绘图函数和 Matplotlib 基本相同，本节不再重复讲解。另外，关于标题、坐标轴名称、标注、网格、颜色、线型等绘图样式的修改，请参考本书的第 5 章。

6.4.7　数据I/O

Pandas 作为数据处理的利器，数据的输入输出自然是必不可少的功能。Pandas 既可以读取不同格式、不同来源的数据，也可以将数据保存成各种格式的数据文件。

1. 读写 CSV 格式的数据文件

写 CSV 格式的数据文件时，索引会被写入首列（0 列）；读取数据时，如果没有指定首列（0 列）为索引，则读取的数据被自动添加默认索引，其代码如下。

```
>>> df = pd.DataFrame(np.random.rand(10,4),columns=list('ABCD')) # 生成模拟数据
>>> df
          A         B         C         D
0  0.367409  0.542233  0.468111  0.732681
1  0.465060  0.172522  0.939913  0.654894
2  0.455698  0.487195  0.980735  0.752743
3  0.951230  0.940689  0.455013  0.682672
4  0.283269  0.421182  0.024713  0.245193
5  0.297696  0.981307  0.513994  0.698454
6  0.034707  0.688815  0.530870  0.921954
7  0.159914  0.185290  0.489379  0.299581
8  0.213631  0.950752  0.128683  0.499867
9  0.403379  0.269299  0.173059  0.939896
>>> df.to_csv('random.csv') # 保存为CSV格式的数据文件
>>> df = pd.read_csv('random.csv') # 读取CSV格式的数据文件
>>> df
   Unnamed: 0         A         B         C         D
0           0  0.367409  0.542233  0.468111  0.732681
```

```
1           1  0.465060  0.172522  0.939913  0.654894
2           2  0.455698  0.487195  0.980735  0.752743
3           3  0.951230  0.940689  0.455013  0.682672
4           4  0.283269  0.421182  0.024713  0.245193
5           5  0.297696  0.981307  0.513994  0.698454
6           6  0.034707  0.688815  0.530870  0.921954
7           7  0.159914  0.185290  0.489379  0.299581
8           8  0.213631  0.950752  0.128683  0.499867
9           9  0.403379  0.269299  0.173059  0.939896
```

读取数据时可以使用 index_col 参数指定首列（0 列）为索引。

```
>>> df = pd.read_csv(r'D:\NumPyFamily\data\random.csv', index_col=0)
>>> df
          A         B         C         D
0  0.367409  0.542233  0.468111  0.732681
1  0.465060  0.172522  0.939913  0.654894
2  0.455698  0.487195  0.980735  0.752743
3  0.951230  0.940689  0.455013  0.682672
4  0.283269  0.421182  0.024713  0.245193
5  0.297696  0.981307  0.513994  0.698454
6  0.034707  0.688815  0.530870  0.921954
7  0.159914  0.185290  0.489379  0.299581
8  0.213631  0.950752  0.128683  0.499867
9  0.403379  0.269299  0.173059  0.939896
```

2. 读写 Excel 文件

读写 Excel 文件时需要用 sheet_name 参数指定表名。写 Excel 文件时，索引会被写入首列（0 列）；读取数据时，如果没有指定首列（0 列）为索引，则会自动添加默认索引，其代码如下。

```
>>> idx = pd.date_range('08:00:00', periods=10, freq='H')
>>> df = pd.DataFrame(np.random.rand(10,4),columns=list('ABCD'),index=idx)
>>> df
                            A         B         C         D
2020-05-14 08:00:00  0.760846  0.926615  0.325205  0.525448
2020-05-14 09:00:00  0.845306  0.176587  0.764530  0.674024
2020-05-14 10:00:00  0.697167  0.861391  0.519662  0.443900
2020-05-14 11:00:00  0.461842  0.418028  0.844132  0.661985
2020-05-14 12:00:00  0.661543  0.619015  0.647476  0.473730
2020-05-14 13:00:00  0.941277  0.740208  0.249476  0.097356
2020-05-14 14:00:00  0.425394  0.639996  0.093368  0.904685
2020-05-14 15:00:00  0.886753  0.153370  0.820338  0.922392
2020-05-14 16:00:00  0.253917  0.068124  0.831815  0.703694
2020-05-14 17:00:00  0.999562  0.894684  0.395017  0.862102
>>> df.to_excel('random.xlsx', sheet_name='随机数')
>>> df = pd.read_excel('random.xlsx', sheet_name='随机数')
>>> df
            Unnamed: 0         A         B         C         D
0 2020-05-14 08:00:00  0.760846  0.926615  0.325205  0.525448
```

```
1 2020-05-14 09:00:00  0.845306  0.176587  0.764530  0.674024
2 2020-05-14 10:00:00  0.697167  0.861391  0.519662  0.443900
3 2020-05-14 11:00:00  0.461842  0.418028  0.844132  0.661985
4 2020-05-14 12:00:00  0.661543  0.619015  0.647476  0.473730
5 2020-05-14 13:00:00  0.941277  0.740208  0.249476  0.097356
6 2020-05-14 14:00:00  0.425394  0.639996  0.093368  0.904685
7 2020-05-14 15:00:00  0.886753  0.153370  0.820338  0.922392
8 2020-05-14 16:00:00  0.253917  0.068124  0.831815  0.703694
9 2020-05-14 17:00:00  0.999562  0.894684  0.395017  0.862102
```

读取数据时，可以使用 index_col 参数指定首列（0 列）为索引。

```
>>> df = pd.read_excel('random.xlsx', sheet_name='随机数', index_col=0)
>>> df
                            A         B         C         D
2020-05-14 08:00:00  0.760846  0.926615  0.325205  0.525448
2020-05-14 09:00:00  0.845306  0.176587  0.764530  0.674024
2020-05-14 10:00:00  0.697167  0.861391  0.519662  0.443900
2020-05-14 11:00:00  0.461842  0.418028  0.844132  0.661985
2020-05-14 12:00:00  0.661543  0.619015  0.647476  0.473730
2020-05-14 13:00:00  0.941277  0.740208  0.249476  0.097356
2020-05-14 14:00:00  0.425394  0.639996  0.093368  0.904685
2020-05-14 15:00:00  0.886753  0.153370  0.820338  0.922392
2020-05-14 16:00:00  0.253917  0.068124  0.831815  0.703694
2020-05-14 17:00:00  0.999562  0.894684  0.395017  0.862102
```

3. 读写 HDF 文件

将数据写入 HDF 文件时，需要使用 key 参数指定数据集的名字。如果 HDF 文件已经存在，to_hdf( ) 函数会以追加方式写入新的数据集，其代码如下。

```
>>> idx = pd.date_range('08:00:00', periods=10, freq='H')
>>> df = pd.DataFrame(np.random.rand(10,4),columns=list('ABCD'),index=idx)
>>> df
                            A         B         C         D
2020-05-14 08:00:00  0.677705  0.644192  0.664254  0.207009
2020-05-14 09:00:00  0.211001  0.596230  0.080490  0.526014
2020-05-14 10:00:00  0.333805  0.687243  0.938533  0.524056
2020-05-14 11:00:00  0.975474  0.575015  0.717171  0.820018
2020-05-14 12:00:00  0.236850  0.955453  0.483227  0.297570
2020-05-14 13:00:00  0.945418  0.977319  0.807121  0.526502
2020-05-14 14:00:00  0.902363  0.106375  0.744314  0.445091
2020-05-14 15:00:00  0.931304  0.253368  0.567823  0.199252
2020-05-14 16:00:00  0.168369  0.916201  0.669356  0.155653
2020-05-14 17:00:00  0.511406  0.277680  0.332807  0.141315
>>> df.to_hdf('random.h5', key='random')
>>> df = pd.read_hdf('random.h5', key='random')
>>> df
                            A         B         C         D
2020-05-14 08:00:00  0.677705  0.644192  0.664254  0.207009
```

```
2020-05-14 09:00:00  0.211001  0.596230  0.080490  0.526014
2020-05-14 10:00:00  0.333805  0.687243  0.938533  0.524056
2020-05-14 11:00:00  0.975474  0.575015  0.717171  0.820018
2020-05-14 12:00:00  0.236850  0.955453  0.483227  0.297570
2020-05-14 13:00:00  0.945418  0.977319  0.807121  0.526502
2020-05-14 14:00:00  0.902363  0.106375  0.744314  0.445091
2020-05-14 15:00:00  0.931304  0.253368  0.567823  0.199252
2020-05-14 16:00:00  0.168369  0.916201  0.669356  0.155653
2020-05-14 17:00:00  0.511406  0.277680  0.332807  0.141315
```

6.5 Pandas扩展

如同 NumPy 数组被很多科学计算包视为底层的数据容器一样，Pandas 定义的以 DataFrame 为代表的数据结构正在成为越来越多的数据处理和可视化模块的依赖包。以 Pandas 为基础构建的项目中，不乏 Statsmodels 和 Seaborn 这样的“明星级”模块。

6.5.1 统计扩展模块Statsmodels

Statsmodels 是著名的统计扩展模块，其使用 Pandas 作为计算的底层数据容器，与 Pandas 密不可分。Statsmodels 提供了比 Pandas 更加强大的统计数据功能，包括计量经济学、分析和建模等。Statsmodels 模块既可以通过 pip 命令进行安装，也可以从 GitHub 上下载。以下列出了 Statsmodels 模块的主要应用接口。

（1）stasmodels.api 用于线性回归（普通最小二乘线性回归、加权最小二乘线性回归、广义最小二乘线性回归）。

- stasmodels.api.OLS(endog,exog,missing,hasconst)
- stasmodels.api.OLS(endog,exog,missing,hasconst).fit( )
- stasmodels.api.GLS(endog,exog,sigma,missing,hasconst)
- stasmodels.api.WLS(endog,exog,weights,missing,hasconst)

（2）statsmodels.tsa 用于时间序列建模分析。statsmodels.tsa 包括基本的线性时间序列模型：自回归模型 AR、向量自回归模型 VAR、自回归移动平均模型 ARMA，以及非线性的马尔可夫转化模型 Markov switching dynamic regression and autoregression。另外也可以获取时间序列的描述统计量，例如该序列的自相关系数和偏自相关系数。模型的参数估计方法可使用条件最大似然和条件最小二乘，卡尔曼滤波也在可选参数范围内。

（3）statsmodels.stats 提供了丰富的统计检验工具，可以独立应用在 statsmodel.api 或 statsmodel.tsa 建立的统计模型中。

- statsmodels.stats.jarque_beta 函数用于正态性检验。

- statsmodels.stats.robust_skewness 函数和 statsmodels.stats.robust_kurtosis 函数用于计算偏度和峰度，一般也用于正态性检验。
- statsmodels.stats.acorr_ljungbox 函数可以给出更详细的 L-B 检验统计量和 P 值，包含大样本情况下的 Q 统计量检验和小样本情况下改进后的 L-B 检验。

（4）statsmodels.graphics 为各种统计模型提供了绘图工具。

- qqplot 函数（在 statsmodels.api.qqplot 也有绘制 QQ 图的工具）。
- boxplots 类中的小提琴图 statsmodels.graphics.boxplots.violinplot 函数。
- 相关系数类中的 statsmodels.graphics.correlation.plot_corr 函数。
- 回归模型中的 statsmodels.graphics.regressionplots.plot_regress_exog 函数。
- 时间序列模型中的 statsmodels.graphics.tsaplots.plot_acf 和 plot_pacf 函数。

下面使用美国的宏观经济数据简单演示 Statsmodels 模块的使用。

```
>>> import numpy as np
>>> import pandas as pd
>>> import statsmodels.api as sm
>>> import matplotlib.pyplot as plt
>>> from statsmodels.datasets.longley import load_pandas
>>> df = load_pandas().data
>>> df
   TOTEMP  GNPDEFL       GNP   UNEMP   ARMED       POP    YEAR
0  60323.0     83.0  234289.0  2356.0  1590.0  107608.0  1947.0
1  61122.0     88.5  259426.0  2325.0  1456.0  108632.0  1948.0
2  60171.0     88.2  258054.0  3682.0  1616.0  109773.0  1949.0
3  61187.0     89.5  284599.0  3351.0  1650.0  110929.0  1950.0
4  63221.0     96.2  328975.0  2099.0  3099.0  112075.0  1951.0
5  63639.0     98.1  346999.0  1932.0  3594.0  113270.0  1952.0
6  64989.0     99.0  365385.0  1870.0  3547.0  115094.0  1953.0
7  63761.0    100.0  363112.0  3578.0  3350.0  116219.0  1954.0
8  66019.0    101.2  397469.0  2904.0  3048.0  117388.0  1955.0
9  67857.0    104.6  419180.0  2822.0  2857.0  118734.0  1956.0
10 68169.0    108.4  442769.0  2936.0  2798.0  120445.0  1957.0
11 66513.0    110.8  444546.0  4681.0  2637.0  121950.0  1958.0
12 68655.0    112.6  482704.0  3813.0  2552.0  123366.0  1959.0
13 69564.0    114.2  502601.0  3931.0  2514.0  125368.0  1960.0
14 69331.0    115.7  518173.0  4806.0  2572.0  127852.0  1961.0
15 70551.0    116.9  554894.0  4007.0  2827.0  130081.0  1962.0
```

该 DataFrame 共有 7 列数据，第一列是总就业数，为因变量；后几列分别是 GNP 平减指数、GNP、失业数、武装力量规模、人口、年份。下面用后几列作为解释变量，对因变量做基础的最小二乘法回归，其代码如下。

```
>>> y = load_pandas().endog
>>> X = load_pandas().exog
>>> X = sm.add_constant(X)
```

```
>>> ols_model = sm.OLS(y,X).fit()
>>> ols_model.summary()
<class 'statsmodels.iolib.summary.Summary'>
"""
                            OLS Regression Results
==============================================================================
Dep. Variable:                 TOTEMP   R-squared:                       0.995
Model:                            OLS   Adj. R-squared:                  0.992
Method:                 Least Squares   F-statistic:                     330.3
Date:                Thu, 14 May 2020   Prob (F-statistic):           4.98e-10
Time:                        14:49:12   Log-Likelihood:                -109.62
No. Observations:                  16   AIC:                             233.2
Df Residuals:                       9   BIC:                             238.6
Df Model:                           6
Covariance Type:            nonrobust
================================================================================
                 coef    std err          t      P>|t|      [0.025      0.975]
--------------------------------------------------------------------------------
const      -3.482e+06    8.9e+05     -3.911      0.004    -5.5e+06   -1.47e+06
GNPDEFL       15.0619     84.915      0.177      0.863    -177.029     207.153
GNP           -0.0358      0.033     -1.070      0.313      -0.112       0.040
UNEMP         -2.0202      0.488     -4.136      0.003      -3.125      -0.915
ARMED         -1.0332      0.214     -4.822      0.001      -1.518      -0.549
POP           -0.0511      0.226     -0.226      0.826      -0.563       0.460
YEAR        1829.1515    455.478      4.016      0.003     798.788    2859.515
================================================================================
Omnibus:                        0.749   Durbin-Watson:                   2.559
Prob(Omnibus):                  0.688   Jarque-Bera (JB):                0.684
Skew:                           0.420   Prob(JB):                        0.710
Kurtosis:                       2.434   Cond. No.                     4.86e+09
================================================================================

Warnings:
[1] Standard Errors assume that the covariance matrix of the errors is correctly specified.
[2] The condition number is large, 4.86e+09. This might indicate that there are
strong multicollinearity or other numerical problems.
"""
```

结果显示，R 方为 0.995，F 统计量为 330，P 值远小于 0.05，说明回归方程显著，该模型比较合适。下面是各个协变量系数的估计值、t 检验统计量和 P 值。P 值小于 0.05，说明该变量显著，能够用来回归因变量。最后的 Warnings 值得注意，条件数过大，存在多重共线性，可能是因为我们使用的数据的各个变量之间存在较强的线性相关关系。

6.5.2　可视化扩展Seaborn

类似 Pandas 的数据可视化 API，Seaborn 也是基于 Matplotlib 实现的可视化库。它提供面向数据集的高度交互式的 API，可以让用户轻松画出更加美观的图形。Seaborn 的美观主要体现在配色更加和谐，以及图形元素的样式更加细腻上。Seaborn 高度兼容 NumPy 和 Pandas 的数据结构，可以在绘制图表时进行统计估计，汇总观察结果，并可视化统计模型的拟合以强调数据集中的模式。

Seaborn 的安装方法非常简单，可以使用 pip 命令直接安装。

```
PS C:\Users\xufive> python -m pip install seaborn
```

下面以 Seaborn 自带的 fmri 数据集为例，展示 Seaborn 的使用方法和绘图风格。绘图输出效果如图 6-4 所示。

```
>>> import numpy as np
>>> import pandas as pd
>>> import matplotlib.pyplot as plt
>>> import seaborn as sns
>>> fn = r'D:\NumPyFamily\data\fmri.csv'
>>> ds = pd.read_csv(fn)
>>> ds
     subject  timepoint event    region    signal
0        s13         18  stim  parietal -0.017552
1         s5         14  stim  parietal -0.080883
2        s12         18  stim  parietal -0.081033
3        s11         18  stim  parietal -0.046134
4        s10         18  stim  parietal -0.037970
...      ...        ...   ...       ...       ...
1059      s0          8   cue   frontal  0.018165
1060     s13          7   cue   frontal -0.029130
1061     s12          7   cue   frontal -0.004939
1062     s11          7   cue   frontal -0.025367
1063      s0          0   cue  parietal -0.006899

[1064 rows x 5 columns]
>>> sns.set(style='darkgrid')
>>> sns.relplot(x='timepoint', y='signal', hue='event', style='event', col='region',
kind='line', data=ds)
<seaborn.axisgrid.FacetGrid object at 0x000001C44AB657C8>
>>> plt.show()
```

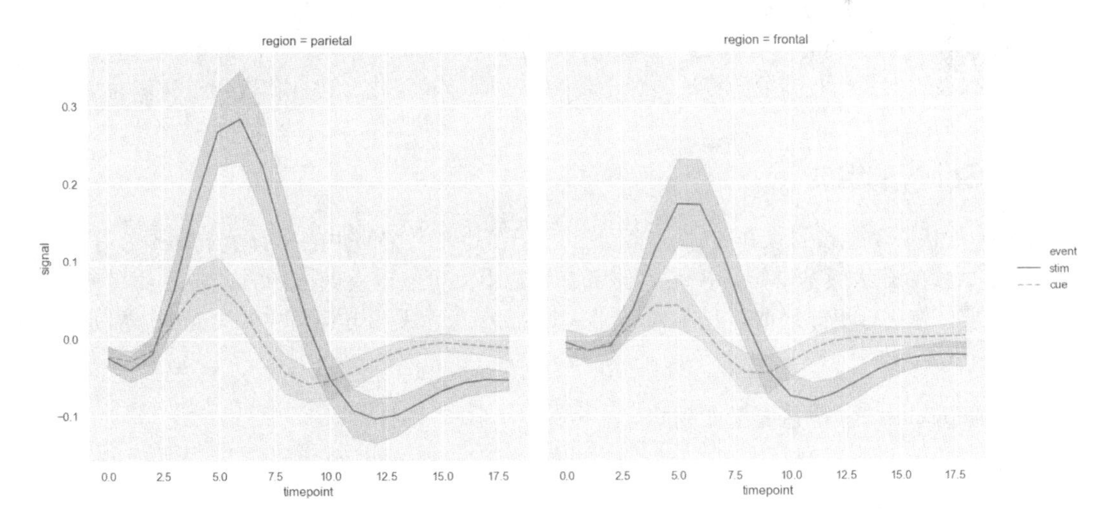

图 6-4　Seaborn 绘图示例

第 7 章

科学计算工具包 SciPy

每一个时代都不缺少英雄。真正的英雄通常会默默无闻地隐于市井，当危难来临时，他们总会在正确的时刻出现在正确的位置上。SciPy 就像是一位这样的英雄，它几乎无所不能，却鲜为人知。SciPy 基于 NumPy 提供的数据结构，构建了大量的数学算法和工程函数，涵盖了数学分析、线性代数、空间向量、形态学、图像处理、信号分析、机器学习等领域。受益于 Python 的模块和 Matplotlib 的辅助，SciPy 在功能上足以与 MATLAB、IDL、Octave、R-Lab 和 SciLab 等系统相媲美，而在使用上远比上述这些系统灵活。

7.1 SciPy概览

SciPy 是一个基于 Python 的应用于数学、科学和工程领域的开源软件生态系统，而 SciPy 模块则是这个生态系统的核心包之一。SciPy 模块依赖于 NumPy，提供了便捷且快速的多维数组操作，以及许多易用且高效的算法，如数值积分、插值、优化、线性代数和统计等。

7.1.1 SciPy的组成

SciPy 的核心功能被封装在 17 个子模块中，子模块命名空间中的所有函数都是公有的。这意味着在后续的升级版本中，子模块中的所有函数不太可能以不兼容的方式被重命名或更改，如果有必要，在进行更改之前，开发者将对一个 SciPy 版本发出弃用警告。下面列出的是 SciPy 的 17 个子模块。

（1）scipy.cluster：聚类算法子模块。

（2）scipy.constants：物理和数学常数子模块。

（3）scipy.fft：离散傅里叶变换子模块。

（4）scipy.fftpack：传统离散傅里叶变换子模块（即将被弃用）。

（5）scipy.integrate：积分子模块。

（6）scipy.interpolate：插值子模块。

（7）scipy.io：输入输出子模块。

（8）scipy.linalg：线性代数子模块。

（9）scipy.misc：例程子模块。

（10）scipy.ndimage：多维图像处理子模块。

（11）scipy.odr：正交距离回归子模块。

（12）scipy.optimize：优化与求根子模块。

（13）scipy.signal：信号处理子模块。

（14）scipy.sparse：稀疏矩阵子模块。

（15）scipy.spatial：空间算法和数据结构子模块。

（16）scipy.special：特殊函数子模块。

（17）scipy.stats：统计函数子模块。

7.1.2　安装和导入

大多数情况下使用 pip 命令就可以将 SciPy 安装在本地计算机上。如果 Python 环境还没有安装 NumPy 和 Matplotlib 等模块，建议一并安装它们。

```
PS C:\Users\xufive> python -m pip install numpy scipy matplotlib
```

SciPy 模块命名空间下面几乎包含了 NumPy 模块命名空间中的所有函数，如 SciPy 模块同样提供 NumPy 模块中的 pi 常数和余弦函数。

```
>>> import scipy as sp
>>> sp.cos(sp.pi)

Warning (from warnings module):
  File "__main__", line 1
DeprecationWarning: scipy.cos is deprecated and will be removed in SciPy 2.0.0, use
numpy.cos instead
-1.0
```

SciPy 模块提供的 NumPy 模块中的常数和函数虽然可以使用，但是会显示警告信息，提醒这些常数和函数从 SciPy 2.0.0 版本之后将弃用。基于 SciPy 家族模块分工的原因，使用这些常数和函数时，应该从 NumPy 模块而非 SciPy 模块导入。

当我们需要调用 SciPy 的子模块函数时，应该导入子模块或从子模块名称空间导入函数。例如，计算定积分时，既可以导入积分子模块 integrate，然后调用 integrate.quad( ) 函数，也可以从积分子模块 scipy.integrate 导入定积分函数 quad( )，这两种方法的代码如下。

```
>>> from scipy import integrate
>>> from scipy.integrate import quad
```

7.2 数据插值

数据插值是数据处理过程中经常用到的技术，大致可分为单变量插值和多变量插值两大类。此外，还有一种插值鲜有资料论述，但在科研和工程领域使用率非常高，那就是离散数据插值到网格。常见的插值算法有线性插值、B 样条插值、临近插值等。SciPy 的插值子模块 interpolate 提供了常用的插值函数。

7.2.1 一维插值

已知离散点数据集，构造一个解析函数，使得函数曲线经过这些点，并能够求出曲线上其他点的值，这一过程称为一维插值。插值子模块 interpolate 提供了 interp1d( ) 函数用于一维插值，其原型如下。为了便于理解，这里省略了几个不重要的参数，这不会影响到该函数的正确使用。

```
scipy.interpolate.interp1d(x, y, kind='linear')
```

参数 x 和 y 表示离散点的 x 坐标和 y 坐标，参数 kind 用于指定插值方法。一维插值最常用的方法是线性插值（linear）和三阶样条插值（cubic），此外还有前点插值（previous）、后点插值（next）、临近点插值（nearest）、零阶样条插值（zero，等同于前点插值）、一阶样条插值（slinear，等同于线性插值）、五阶样条插值（quadratic）等。

图 7-1 所示的是以上 8 种插值方法的效果。很显然，零阶样条插值就是前点插值，一阶样条插值就是线性插值，三阶样条插值和五阶样条插值的结果非常接近。

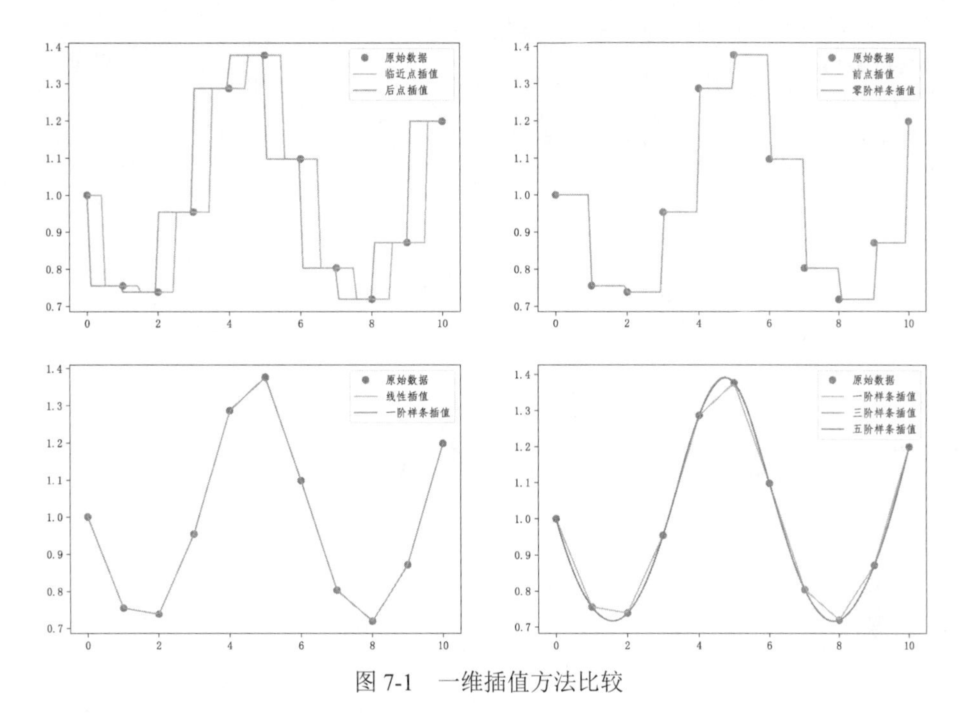

图 7-1　一维插值方法比较

下面的代码分别使用以上 8 种插值方法，演示了一维插值函数 interp1d( ) 的使用，并将插值结果绘制成图。

```
import numpy as np
from scipy import interpolate
import matplotlib.pyplot as plt

plt.rcParams['font.sans-serif'] = ['FangSong']
plt.rcParams['axes.unicode_minus'] = False

x = np.linspace(0,10,11) # 0到10之间的11个离散点
y = np.exp(-np.sin(x)/3.0) # 11个离散点的函数值
x_new = np.linspace(0,10,100) # 期望在0到10之间，插值100个数据点

f_linear = interpolate.interp1d(x, y, kind='linear')
f_nearest = interpolate.interp1d(x, y, kind='nearest')
f_zero = interpolate.interp1d(x, y, kind='zero')
f_slinear = interpolate.interp1d(x, y, kind='slinear')
f_cubic = interpolate.interp1d(x, y, kind='cubic')
f_quadratic = interpolate.interp1d(x, y, kind='quadratic')
f_previous = interpolate.interp1d(x, y, kind='previous')
f_next = interpolate.interp1d(x, y, kind='next')

plt.figure('Demo', facecolor='#eaeaea')
plt.subplot(221)
plt.plot(x, y, "o",  label=u"原始数据")
plt.plot(x_new, f_nearest(x_new), label=u"临近点插值")
plt.plot(x_new, f_next(x_new), label=u"后点插值")
plt.legend()
```

```
plt.subplot(222)
plt.plot(x, y, "o",  label=u"原始数据")

plt.plot(x_new, f_previous(x_new), label=u"前点插值")
plt.plot(x_new, f_zero(x_new), label=u"零阶样条插值")
plt.legend()
plt.subplot(223)
plt.plot(x, y, "o",  label=u"原始数据")
plt.plot(x_new, f_linear(x_new), label=u"线性插值")
plt.plot(x_new, f_slinear(x_new), label=u"一阶样条插值")
plt.legend()

plt.subplot(224)
plt.plot(x, y, "o",  label=u"原始数据")
plt.plot(x_new, f_slinear(x_new), label=u"一阶样条插值")
plt.plot(x_new, f_cubic(x_new), label=u"三阶样条插值")
plt.plot(x_new, f_quadratic(x_new), label=u"五阶样条插值")
plt.legend()

plt.show()
```

7.2.2　二维插值

为了测量一个长 6 米、宽 4 米的房间的地暖温度，在房间地面上均匀设置了 20 行 30 列的温度传感器阵列，输出一个 20 行 30 列的二维数组，数组的每一元素对应一个传感器的实测温度。下面的代码中，数组 z 即为模拟的温度数据。

```
>>> import numpy as np
>>> import matplotlib.pyplot as plt
>>> y, x = np.mgrid[-2:2:20j,-3:3:30j] # 长6米、宽4米的房间，20行30列的温度传感器阵列
>>> z = x*np.exp(-x**2-y**2)*10 + 20 # 模拟温度数据
>>> plt.pcolor(x, y, z, cmap=plt.cm.hsv)
<matplotlib.collections.PolyCollection object at 0x000001E75EB33F08>
>>> plt.colorbar()
<matplotlib.colorbar.Colorbar object at 0x000001E75E72E9C8>
>>> plt.axis('equal')
(-3.0, 3.0, -2.0, 2.0)
>>> plt.show()
```

图 7-2 所示的是温度数据可视化的效果。由于传感器的数量有限，图像存在明显的马赛克。怎么消除图像上面的马赛克呢？对这个二维温度数据进行插值是一个可行的方法。

插值子模块 interpolate 提供了 interp2d( ) 函数用于二维插值，其原型如下。为了便于理解，这里省略了几个不重要的参数，这不会影响该函数的正确使用。

```
scipy.interpolate.interp2d(x, y, z, kind='linear')
```

参数 x、y、z 是用来逼近函数 $z = f(x, y)$ 的数组，x 和 y 是一维数组，z 是二维数组。参数 kind 用于指定插值方法，可选项有线性插值（linear）、三阶样条插值（cubic）和五阶样条插值

（quadratic），默认使用线性插值（linear）。

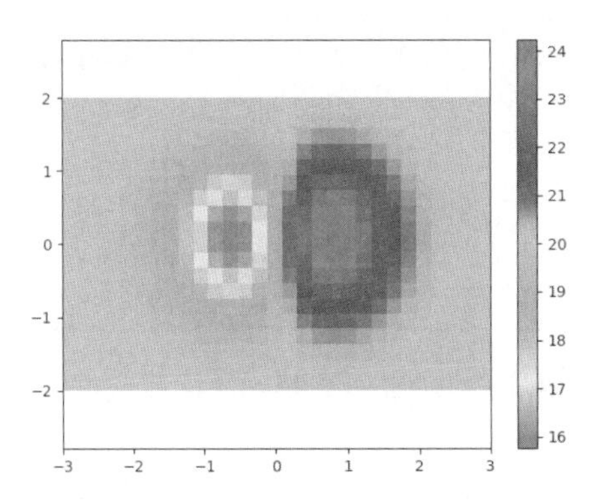

图 7-2　二维地面温度数据的可视化

下面的代码分别使用上述三种插值方法演示了二维插值函数 interp2d( ) 的使用，并将插值结果和原始数据绘制在一张图上。

```
import numpy as np
from scipy import interpolate
import matplotlib.pyplot as plt

plt.rcParams['font.sans-serif'] = ['FangSong']
plt.rcParams['axes.unicode_minus'] = False

y, x = np.mgrid[-2:2:20j,-3:3:30j] # 长6米、宽4米的房间，20行30列的温度传感器阵列
z = x*np.exp(-x**2-y**2)*10 + 20 # 模拟温度数据
y_new, x_new = np.mgrid[-2:2:80j,-3:3:120j] # 插值目标：80行120列

f1 = interpolate.interp2d(x[0,:], y[:,0], z, kind='linear') # 线性插值函数
f2 = interpolate.interp2d(x[0,:], y[:,0], z, kind='cubic') # 三阶样条插值函数
f3 = interpolate.interp2d(x[0,:], y[:,0], z, kind='quintic') # 五阶样条插值函数

z1 = f1(x_new[0,:], y_new[:,0]) # 生成线性插值数据
z2 = f2(x_new[0,:], y_new[:,0]) # 生成三阶样条插值数据
z3 = f3(x_new[0,:], y_new[:,0]) # 生成五阶样条插值数据

fig = plt.figure()
axes_1 = fig.add_subplot(221)
axes_2 = fig.add_subplot(222)
axes_3 = fig.add_subplot(223)
axes_4 = fig.add_subplot(224)

axes_1.set_title('原始数据')
mappable = axes_1.pcolor(x, y, z, cmap=plt.cm.jet)
plt.colorbar(mappable, ax=axes_1)

axes_2.set_title('线性插值')
mappable = axes_2.pcolor(x_new, y_new, z1, cmap=plt.cm.jet)
```

```
fig.colorbar(mappable, ax=axes_2)

axes_3.set_title('三阶样条插值')
mappable = axes_3.pcolor(x_new, y_new, z2, cmap=plt.cm.jet)
fig.colorbar(mappable, ax=axes_3)

axes_4.set_title('五阶样条插值')
mappable = axes_4.pcolor(x_new, y_new, z3, cmap=plt.cm.jet)
fig.colorbar(mappable, ax=axes_4)

plt.show()
```

图 7-3 所示的是原始数据和用三种插值方法得到的插值数据的可视化效果。

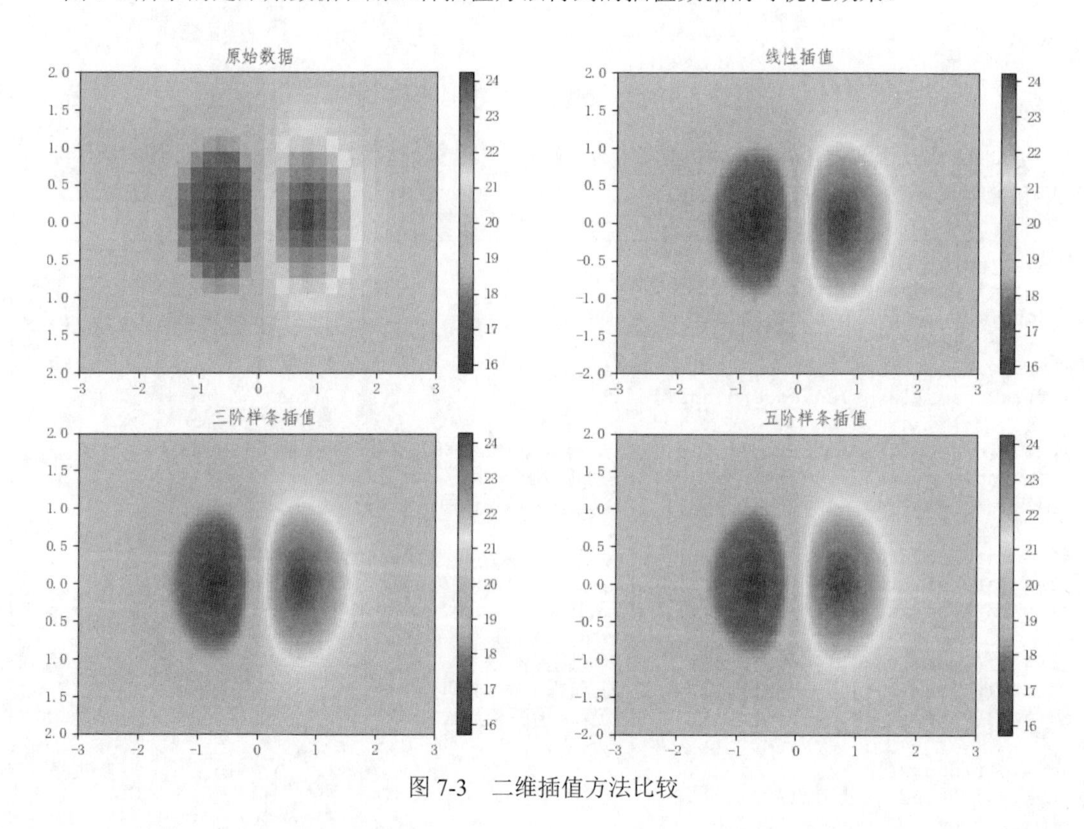

图 7-3　二维插值方法比较

7.2.3　离散数据插值到网格

二维数据插值只能应用在网格数据上，如果原始数据是离散数据它就无能为力了。事实上，在科研和工程领域经常会遇到离散数据插值到网格的需求。例如，在地球表面的某个近似三角形的区域内，有一组离散点的温度数据。我们用下面的代码模拟出这样的数据，然后绘制成图，以便读者有一个直观的概念。

```
>>> import numpy as np
>>> import matplotlib.pyplot as plt
>>> lons = np.random.random(300)*180 # 经度从0°到180°，随机生成300个点
>>> lats = np.random.random(300)*90 # 纬度从0°到90°，随机生成300个点
>>> temp = ((lons-90)/45)*np.exp(-((lons-90)/45)**2-((lats-45)/45)**2)
>>> triangle = np.where(((lons<90)&(lats<lons))|((lons>=90)&(lats<180-lons)))
>>> lons = lons[triangle]
>>> lats = lats[triangle]
>>> temp = temp[triangle]
>>> plt.scatter(lons, lats, s=5, c=temp, cmap=plt.cm.hsv)
<matplotlib.collections.PathCollection object at 0x000001CFA0DB8E08>
>>> plt.show()
```

图 7-4 所示的是离散数据在经度从 0° 到 180° 和纬度从 0° 到 90° 区域内的分布情况。如何将这些离散数据插值到精度为 1° 的经纬度网格上呢？这个问题就是典型的离散数据插值到网格的例子。

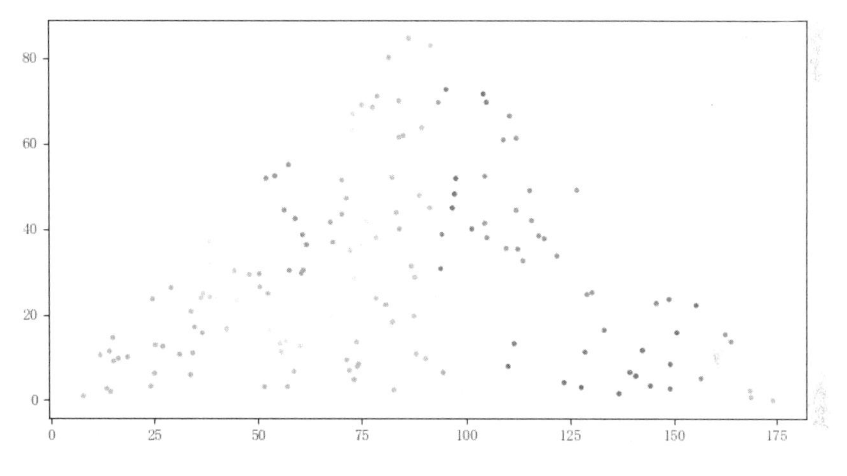

图 7-4　分布在近似三角形区域内的离散数据

插值子模块 interpolate 提供了 griddata ( ) 函数用于离散数据插值到网格，其原型如下。为了便于理解，这里省略了几个不重要的参数，这不会影响该函数的正确使用。

```
scipy.interpolate.griddata(points, values, method='linear')
```

参数 points 表示离散数据点的位置信息的元组，values 表示离散数据点的值的数组。参数 method 用于指定插值方法，可选项有临近点插值（nearest）、线性插值（linear）和三阶样条插值（cubic），默认使用线性插值（linear）。

下面的代码分别使用上述三种插值方法演示了离散数据插值到网格的函数 griddata ( ) 的使用，并将插值结果和原始数据绘制在一张图上。

```
import numpy as np
from scipy.interpolate import griddata
import matplotlib.pyplot as plt

plt.rcParams['font.sans-serif'] = ['FangSong']
plt.rcParams['axes.unicode_minus'] = False

lons = np.random.random(300)*180 # 经度从0°到180°，随机生成300个点
lats = np.random.random(300)*90 # 纬度从0°到90°，随机生成300个点
# 生成300个点的温度数据
temp = ((lons-90)/45)*np.exp(-((lons-90)/45)**2-((lats-45)/45)**2)

# 将矩形区域数据裁剪成三角区域（去掉左上角和右上角）
triangle = np.where(((lons<90)&(lats<lons))|((lons>=90)&(lats<180-lons)))
lons = lons[triangle]
lats = lats[triangle]
temp = temp[triangle]

lat_grid, lon_grid = np.mgrid[0:90:91j, 0:180:181j] # 生成目标网格
# 使用三种插值方法生成插值数据
temp_nearest = griddata((lons,lats), temp, (lon_grid, lat_grid), method='nearest')
temp_linear = griddata((lons,lats), temp, (lon_grid, lat_grid), method='linear')
temp_cubic = griddata((lons,lats), temp, (lon_grid, lat_grid), method='cubic')

plt.subplot(221)
plt.title('原始数据')
plt.scatter(lons, lats, s=3, c=temp, cmap=plt.cm.hsv)
plt.axis('equal')

plt.subplot(222)
plt.title('临近点插值')
plt.scatter(lon_grid, lat_grid, s=3, c=temp_nearest, cmap=plt.cm.hsv)
plt.axis('equal')

plt.subplot(223)
plt.title('线性插值')
plt.scatter(lon_grid, lat_grid, s=3, c=temp_linear, cmap=plt.cm.hsv)
plt.axis('equal')

plt.subplot(224)
plt.title('三阶样条插值')
plt.scatter(lon_grid, lat_grid, s=3, c=temp_cubic, cmap=plt.cm.hsv)
plt.axis('equal')

plt.show()
```

图 7-5 所示的是离散数据插值到网格的三种方法的实际效果。

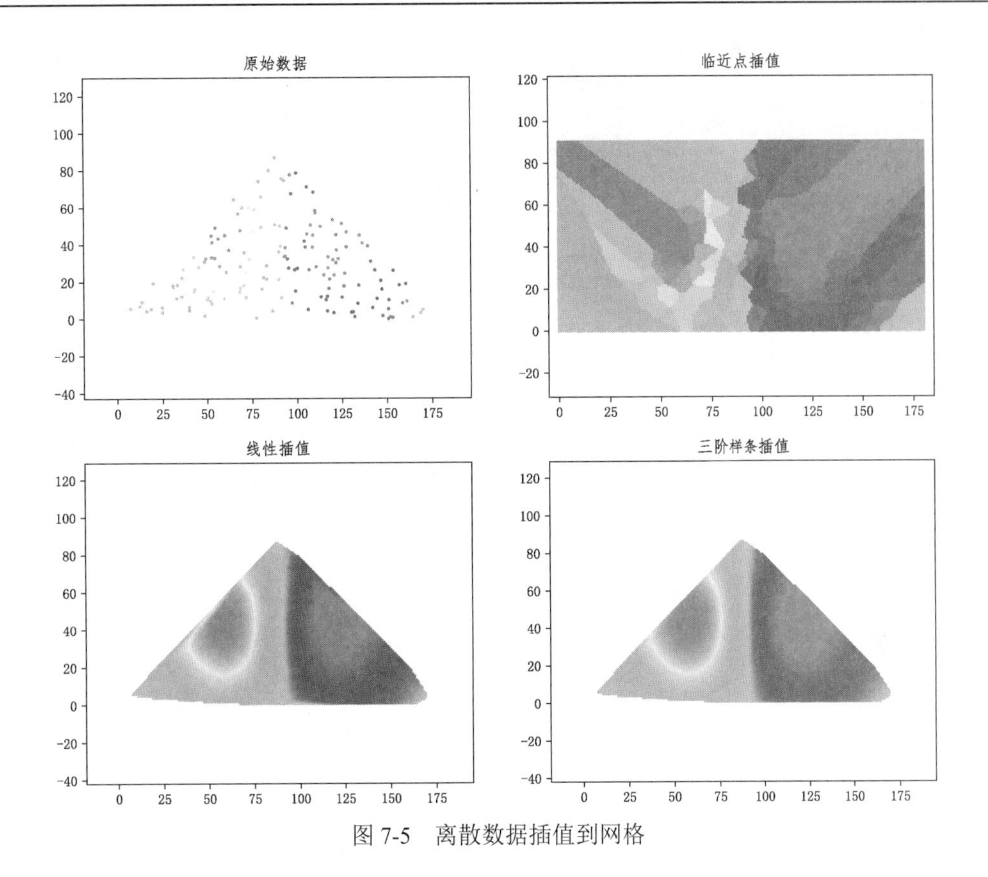

图 7-5　离散数据插值到网格

7.3　曲线拟合

所谓曲线拟合，就是针对平面上 N 个离散的点（xi, yi），其中 i 表示从 1 到 N，找到一个函数 $y=f(x)$，使函数曲线尽可能经过或接近每一个离散点。一般用 $yi-f(xi)$ 的方差或标准差来考察函数曲线与离散点之间的拟合程度。

7.3.1　最小二乘法拟合

SciPy 在优化与求根子模块（sciPy.optimize）中提供了一个最小二乘法函数 least_squares( )。最小二乘法又被称为最小平方法，通过最小化误差的平方来寻找数据的最佳函数匹配，常用于曲线拟合。下面用一个曲线拟合的例子演示最小二乘法函数 least_squares( ) 的使用要点。

在某个试验中，数组 _x 是一组离散的自变量，_y 是其对应的因变量。多次重复试验的数据表明，自变量和因变量之间存在稳定的关系。那么，如何找到一个确定函数 $y=f(x)$ 来描述这个稳定的关系呢？

```
>>> import numpy as np
>>> import matplotlib.pyplot as plt
>>> plt.rcParams['font.sans-serif'] = ['FangSong']
>>> plt.rcParams['axes.unicode_minus'] = False
>>> _x = np.array([0.0 , 0.2, 0.4, 0.6, 0.8, 1.0 , 1.2, 1.4, 1.6, 1.8, 2.0 ])
>>> _y = np.array([1.68, 2.25, 2.42, 3.18, 4.00, 4.00, 6.64, 8.65, 11.42, 15.42, 20.60])
>>> plt.plot(_x, _y, 'o', c='m')
[<matplotlib.lines.Line2D object at 0x000001A5AF57DF08>]
>>> plt.show()
```

图 7-6 所示的是这一组离散数据点在平面图上的直观表现。很容易看出，这些离散的数据点分布在一条指数曲线上。假定这条指数曲线的函数可以写成 $f(x)=ae^{bx}+c$，其中 a、b、c 是三个待定的参数。只要找到一组合适的参数，使这条曲线尽可能经过或接近每一个离散数据点（误差足够小），就可以认为这个函数是对自变量 _x 和因变量 _y 之间稳定关系的描述。

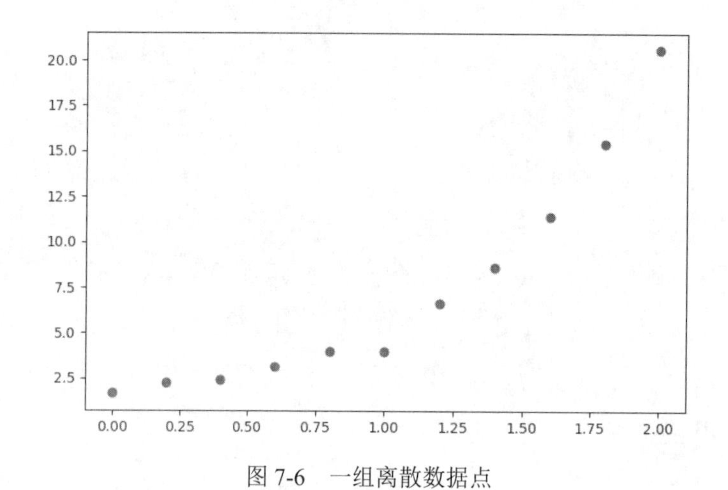

图 7-6　一组离散数据点

最小二乘法函数 least_squares( ) 正是为了寻找目标函数的最优参数而诞生的。为了找到最优参数，除了要给它提供原始的离散数据点，还要传入一个残差函数（返回目标函数值和实际因变量的差）以及一组初始的参数，其代码如下。

```
>>> from scipy.optimize import least_squares
>>> def func(p, x): # 定义目标函数
        return p[0]*np.exp(p[1]*x) + p[2]

>>> def residual(p, x, oy): # 定义残差函数
        return func(p, x) - oy

>>> p0 = [1,1,0] # 初始的参数
>>> res = least_squares(residual, p0, args=(_x, _y)) # 调用最小二乘法函数
>>> res.x # 这就是最优的一组参数
array([0.80283453, 1.60228346, 0.92933568])
```

```
>>> x = np.linspace(0, 2, 100) # 在原始自变量的值域范围内生成一组新的自变量
>>> y = func(res.x, x) # 使用拟合函数生成因变量
>>> plt.plot(_x, _y, 'o', c='m')
[<matplotlib.lines.Line2D object at 0x000001A5ACC99988>]
>>> plt.plot(x, y)
[<matplotlib.lines.Line2D object at 0x000001A5AF2F9A08>]
>>> plt.show()
```

图 7-7 所示的是原始离散数据点和使用最小二乘法拟合得到的函数曲线。

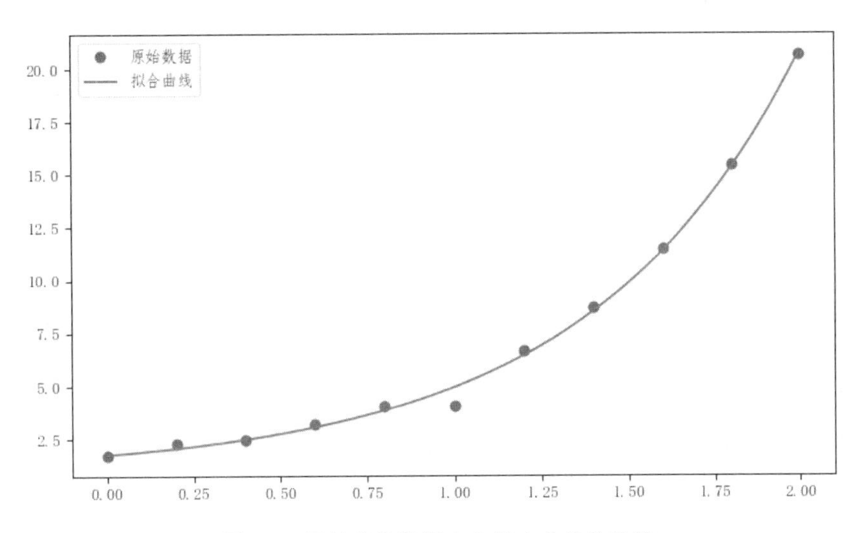

图 7-7　原始离散数据点和拟合曲线的比较

7.3.2　使用curve_fit( )函数拟合

最小二乘法函数虽然很强大，但使用时稍显麻烦，还需要定义一个残差函数作为参数。为了简化应用，SciPy 在优化与求根子模块（sciPy.optimize）中还提供了一个更便捷的曲线拟合函数 curve_fit( )，使用时，只需要传入目标函数就可以返回最优的拟合参数。下面以拟合一条正弦曲线为例，演示曲线拟合函数 curve_fit( ) 的用法。

```
>>> import numpy as np
>>> from scipy import optimize
>>> import matplotlib.pyplot as plt
>>> plt.rcParams['font.sans-serif'] = ['FangSong']
>>> plt.rcParams['axes.unicode_minus'] = False
>>> _x = np.linspace(0, 12, 13)
>>> _y = np.array([17,19,21,28,33,38,37,37,31,23,19,18,17])
>>> plt.plot(_x, _y, 'o', c='m')
[<matplotlib.lines.Line2D object at 0x000001A5AF320748>]
>>> plt.show()
```

如图 7-8 所示，这些离散数据点分布在 x 轴上的 0 到 12 之间，近似于半个周期的正弦曲线，其起始相位大约在 $-270°$ 附近。这条曲线可以写成 $f(x)=a\sin\left(\frac{x\pi}{6}+b\right)+c$ 的形式。

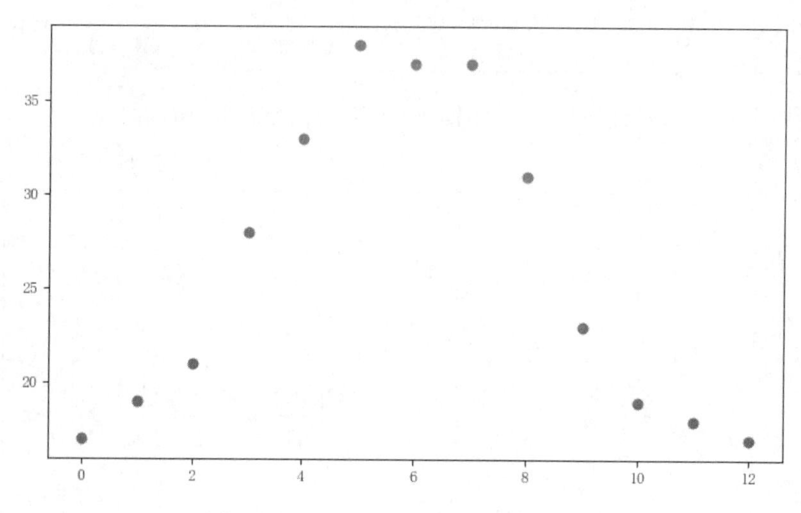

图 7-8　近似于正弦曲线的离散数据点

有了目标函数就可以使用曲线拟合函数 curve_fit( ) 来拟合曲线了。本质上，curve_fit( ) 函数仍然是最小二乘法，返回的仍然是一组最优的参数，其代码如下。

```
>>> def func(x,a,b,c): # 定义目标函数
        return a*np.sin(x*np.pi/6+b)+c

>>> fita, fitb = optimize.curve_fit(func, _x, _y, [1,1,1]) # 拟合
>>> fita # 这是一组最优的拟合参数a、b、c
array([-10.79163779,  -4.56569935,  26.82121073])
>>> np.degrees(-4.56569935) # 这是初始相位参数b的弧度值，换算成度
-261.59530324889755
>>> x = np.linspace(0, 12, 100) # 在原始自变量的值域范围内生成一组新的自变量
>>> y = func(x, *fita) # 使用拟合参数生成因变量
>>> plt.plot(_x, _y, 'o', c='m', label='原始数据')
[<matplotlib.lines.Line2D object at 0x000001A5AF576C48>]
>>> plt.plot(x, y, label='拟合曲线')
[<matplotlib.lines.Line2D object at 0x000001A5AF2372C8>]
>>> plt.legend()
<matplotlib.legend.Legend object at 0x000001A5AF2D1508>
>>> plt.show()
```

图 7-9 所示的是原始离散数据点和使用曲线拟合函数拟合得到的函数曲线。

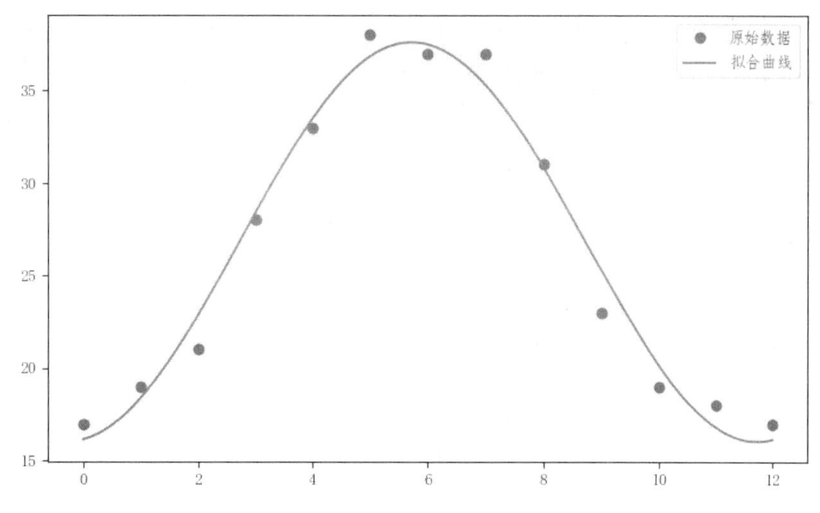

图 7-9　原始离散数据点和拟合曲线的比较

7.3.3　多项式拟合

无论是使用最小二乘法函数 least_squares( )，还是使用曲线拟合函数 curve_fit( ) 来拟合曲线，都需要根据原始离散数据点的分布情况给出一个带参数的近似函数，再寻求一组最优参数。实际上，在很多情况下，很难找到这样的一个近似函数。那么，有没有一个通用的方法，无论原始离散数据点如何分布，都可以对其施以拟合呢？当然有，这个通用的方法就是多项式拟合。所谓多项式拟合，就是对函数 $f(x)$ 使用一个 k 次多项式去近似，公式为

$$f(x) \approx g(x) = a_0 + a_1 x + a_2 x^2 + a_3 x^3 + \cdots + a_k x^k$$

通过选择合适的系数（最佳系数）可以使 $f(x)$ 和 $g(x)$ 的误差最小。最小二乘法被用于寻找多项式最佳系数。

NumPy 提供了一个非常简单易用的多项式拟合函数 np.polyfit( )，只需要输入一组自变量的离散值 x 和一组对应的 $f(x)$，指定多项式次数 k，就可以返回一组最佳系数。np.poly1d( ) 函数则可以将一组最佳系数转换成 $g(x)$ 函数。关于 NumPy 的多项式拟合，请参考本书 4.4.6 小节。

SciPy 没有提供专用的多项式拟合函数，不过我们可以自行封装一个。下面的代码利用 least_squares( ) 函数实现了多项式拟合，输入一组离散值和多项式次数即可返回拟合函数，这比 np.polyfit( ) 函数使用起来更方便。

```
# -*- coding: utf-8 -*-

import numpy as np
from scipy import optimize
```

```
import matplotlib.pyplot as plt

plt.rcParams['font.sans-serif'] = ['FangSong']
plt.rcParams['axes.unicode_minus'] = False

def sci_polyfit(_x, _y, k):
    """多项式拟合函数"""

    def residual(p, x, oy):
        result = 0
        for i in range(k+1):
            result += p[i]*np.power(x,i)
        return result - oy

    p0 = np.ones(k+1)
    res = optimize.least_squares(residual, p0, args=(_x, _y))

    def func(x):
        result = 0
        for i in range(k+1):
            result += res.x[i]*np.power(x,i)
        return result

    return func

_x = np.linspace(0, 12, 13) # 原始离散值
_y = np.array([17,19,21,28,33,38,37,37,31,23,19,18,17]) # 原始离散值
x = np.linspace(0, 12, 100) # 验证拟合结果的自变量

f2 = sci_polyfit(_x, _y, 2) # 2次多项式函数
f3 = sci_polyfit(_x, _y, 3) # 3次多项式函数
f4 = sci_polyfit(_x, _y, 4) # 4次多项式函数
f5 = sci_polyfit(_x, _y, 5) # 5次多项式函数
f6 = sci_polyfit(_x, _y, 6) # 6次多项式函数
f7 = sci_polyfit(_x, _y, 7) # 7次多项式函数

err2 = (f2(_x)-_y).std() # 2次多项式残差的标准差
err3 = (f3(_x)-_y).std() # 3次多项式残差的标准差
err4 = (f4(_x)-_y).std() # 4次多项式残差的标准差
err5 = (f5(_x)-_y).std() # 5次多项式残差的标准差
err6 = (f6(_x)-_y).std() # 6次多项式残差的标准差
err7 = (f7(_x)-_y).std() # 7次多项式残差的标准差

plt.plot(_x, _y, 'o', c='m', label='原始数据')
plt.plot(x, f2(x), label='2次多项式拟合，误差%0.6f'%err2)
plt.plot(x, f3(x), label='3次多项式拟合，误差%0.6f'%err3)
plt.plot(x, f4(x), label='4次多项式拟合，误差%0.6f'%err4)
plt.plot(x, f5(x), label='5次多项式拟合，误差%0.6f'%err5)
plt.plot(x, f6(x), label='6次多项式拟合，误差%0.6f'%err6)
plt.plot(x, f7(x), label='7次多项式拟合，误差%0.6f'%err7)
plt.legend()
plt.show()
```

图 7-10 所示的是使用 7.3.2 小节的例子的离散数据绘制的原始数据，以及使用 2 次到 7 次多项式拟合的结果。

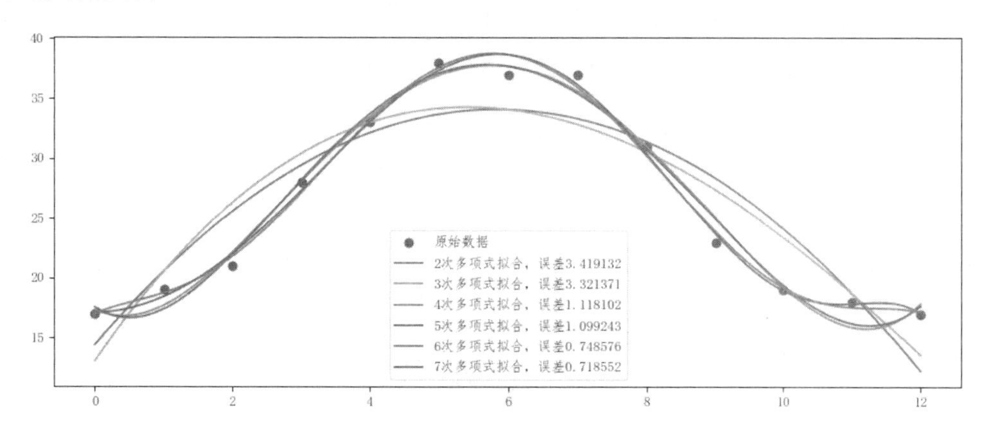

图 7-10　自定义的多项式拟合函数

7.4　傅里叶变换

傅里叶变换是一种信号分析的方法，它既可以将信号分解为若干不同频率、不用相位、不同幅度的正弦波分量，也可以将这些正弦波分量还原成信号。虽然也可以使用方波、锯齿波等其他波形作为信号分量，但傅里叶变换一般使用正弦波作为信号分量。

如果不加限定，傅里叶变换的处理对象是连续的，但是连续的模拟信号数据量太大，也不方便存储和处理。实际应用中使用的都是离散傅里叶变换（Discrete Fourier Transform），简称 DFT 算法。即便是 DFT 算法，其计算量也非常大，后来又出现了计算量更小的快速傅里叶变换（Fast Fourier Transform），简称 FFT 算法。

7.4.1　时域到频域的转换

用数学语言描述傅里叶变换不是程序员喜欢的方式，因此这里从物理意义上解释它的神奇和魔力：任何一种周期性变化的连续信号都可以分解成若干个不同频率、不同相位的正弦波。傅里叶变换的本质就是把一个在时间轴上连续变化的周期性信号（时域）分解成多个不同频率、不同相位的正弦波信号（频域），也就是通常所说的时域到频域的转换。

SciPy 的快速傅里叶变换子模块（scipy.fft）提供了一维、二维和多维的快速傅里叶变换函数，以及对应的反变换函数。我们用一个简单的例子来感受一下傅里叶变换的神奇之处，并尝试解读 SciPy 的快速傅里叶变换子模块中的一维快速傅里叶变换函数 fft( ) 和一维反变换函数 ifft( ) 生成的数据。

假设信号 s 是由 s1、s2 和 s3 三个分量组成，s1 是频率为 2Hz 的正弦波，幅度为 1；s2 是 s1 的三倍频，幅度为 0.4；s3 是 s1 的五倍频，幅度为 0.3。运用前面学过的知识可以很容易地构造出这些信号，并把它们直观地画出来。

对于频率为 2Hz 的 s1，以及它的三倍频 s2、五倍频 s3，分别在两个周期（0 ～ 4π）、六个周期（0 ～ 12π）和十个周期（0 ～ 20π）内用 257 个离散数据点描绘，相当于采样频率为 256Hz。只要采样频率大于信号最高频率的两倍就不会丢失信号的频率信息，这就是采样定理，又称香农采样定理或奈奎斯特采样定理。采样定理架起了模拟信号和离散信号之间的桥梁，使得我们可以用一组离散的数据表示一个连续的模拟信号。

```
>>> import numpy as np
>>> import matplotlib.pyplot as plt
>>> plt.rcParams['font.sans-serif'] = ['FangSong']
>>> plt.rcParams['axes.unicode_minus'] = False
>>> x = np.linspace(0, 4*np.pi, 257) # 以256Hz的采样频率采样1秒（0~4π）
>>> s1 = np.sin(x)
>>> s2 = 0.4*np.sin(3*x)
>>> s3 = 0.3*np.sin(5*x)
>>> s = s1 + s2 + s3
>>> plt.plot(x, s1, label='s1-2Hz分量')
[<matplotlib.lines.Line2D object at 0x00000251C894A2C8>]
>>> plt.plot(x, s2, label=' s2-6Hz分量')
[<matplotlib.lines.Line2D object at 0x00000251C8B08E48>]
>>> plt.plot(x, s3, label=' s3-10Hz分量 ')
[<matplotlib.lines.Line2D object at 0x00000251C8B08348>]
>>> plt.plot(x, s, label='s-复合信号')
[<matplotlib.lines.Line2D object at 0x00000251C89D8C88>]
>>> plt.legend()
<matplotlib.legend.Legend object at 0x00000251C89D8308>
>>> plt.show()
```

图 7-11 所示的是 s1、s2、s3 三个信号分量以及复合信号 s 的形态。

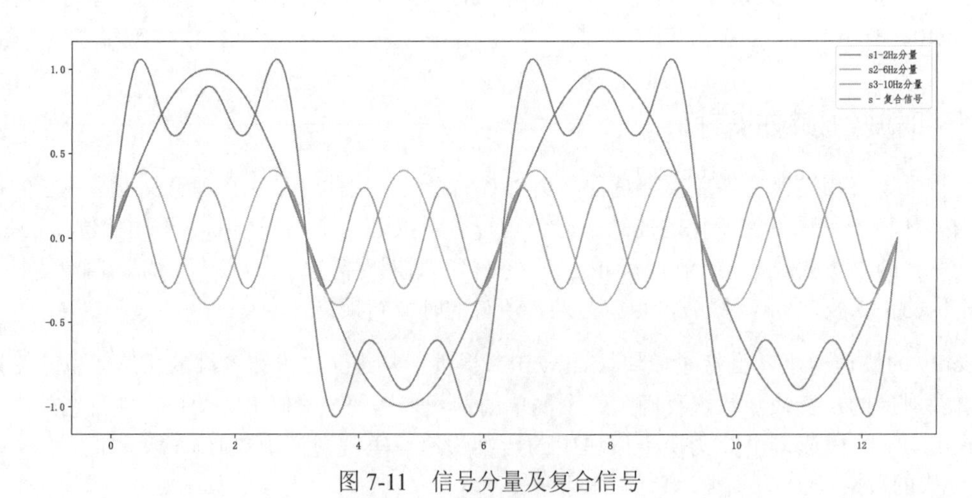

图 7-11　信号分量及复合信号

接下来就是傅里叶变换大显身手了。对复合信号 s 使用一维快速傅里叶变换函数 fft( )，得到的结果是什么呢？

```
>>> from scipy import fft as spfft # 导入傅里叶变换子模块
>>> fd = spfft.fft(s) # fd是对复合信号s进行一维快速傅里叶变换的结果
>>> s.shape, fd.shape # fd是一个和s形状相同的数组
((257,), (257,))
>>> fd[:12] # fd的元素类型是复数（这里只显示了前12个元素）
array([-3.35842465e-15-0.00000000e+00j,  9.29547015e-03-7.60384015e-01j,
        3.13999590e+00-1.28409098e+02j, -3.11577028e-02+8.49244370e-01j,
       -2.69851899e-03+5.51445291e-02j,  4.79751310e-02-7.83949601e-01j,
        3.74849033e+00-5.10162655e+01j, -1.05344211e-01+1.22810105e+00j,
       -3.03341737e-02+3.09198863e-01j,  7.09082532e-02-6.41919208e-01j,
        4.60793084e+00-3.75075269e+01j, -2.86612232e-01+2.11863780e+00j])
>>> fd[-12:] # 最后12个元素
array([-1.86603102e-01-1.26296153e+00j, -2.86612232e-01-2.11863780e+00j,
        4.60793084e+00+3.75075269e+01j,  7.09082532e-02+6.41919208e-01j,
       -3.03341737e-02-3.09198863e-01j, -1.05344211e-01-1.22810105e+00j,
        3.74849033e+00+5.10162655e+01j,  4.79751310e-02+7.83949601e-01j,
       -2.69851899e-03-5.51445291e-02j, -3.11577028e-02-8.49244370e-01j,
        3.13999590e+00+1.28409098e+02j,  9.29547015e-03+7.60384015e-01j])
```

仔细观察就会发现，一维快速傅里叶变换结果的数组的长度和输入的离散数据长度一致，元素类型是复数，每个元素都由实数和虚数两部分组成。如果去掉第 1 个元素（索引为 0 的元素），剩余元素中第 1 个元素和最后 1 个元素相同，第 2 个元素和倒数第 2 个元素相同，依次类推。

原来，结果数组的元素相当于复数平面上的一个向量，对应着信号分解后的各个不同频率、不同相位的正弦波信号，复数的模表示振幅，复数的幅角表示相位。数组的前一半元素中（后一半元素和前一半重复），索引为 0 的元素对应频率为 0 的信号，也就是直流信号；索引为 k 的元素对应频率为 k 的信号。

用 NumPy 的 abs( ) 函数和 angle( ) 函数可以求得每一个信号分量的振幅和相位。图 7-12 所示的是复合信号的频谱图和相位图，可以看到 2Hz、6Hz 和 10Hz 分量的强度明显高于其他分量。

```
>>> fig = plt.figure()
>>> axes_1 = fig.add_subplot(221)
>>> axes_2 = fig.add_subplot(222)
>>> axes_3 = fig.add_subplot(223)
>>> axes_4 = fig.add_subplot(224)
>>> axes_1.set_title('双边频谱图')
Text(0.5, 1.0, '双边频谱图')
>>> axes_1.plot(np.abs(fd)) # 复数的模表示振幅
[<matplotlib.lines.Line2D object at 0x00000251C806D048>]
>>> axes_2.set_title('双边相位图')
Text(0.5, 1.0, '双边相位图')
>>> axes_2.plot(np.angle(fd)) # 复数的幅角表示相位
[<matplotlib.lines.Line2D object at 0x00000251C8180F08>]
```

```
>>> axes_3.set_title('单边频谱图')
Text(0.5, 1.0, '单边频谱图')
>>> axes_3.plot(np.abs(fd[:129]/257)) # 只展示前一半数据，并标准化（除以采样总数）
[<matplotlib.lines.Line2D object at 0x00000251C8159508>]
>>> axes_4.set_title('单边相位图')
Text(0.5, 1.0, '单边相位图') # 只展示前一半数据
>>> axes_4.plot(np.angle(fd[:129]/257))
[<matplotlib.lines.Line2D object at 0x00000251C86F6448>]
>>> plt.show()
```

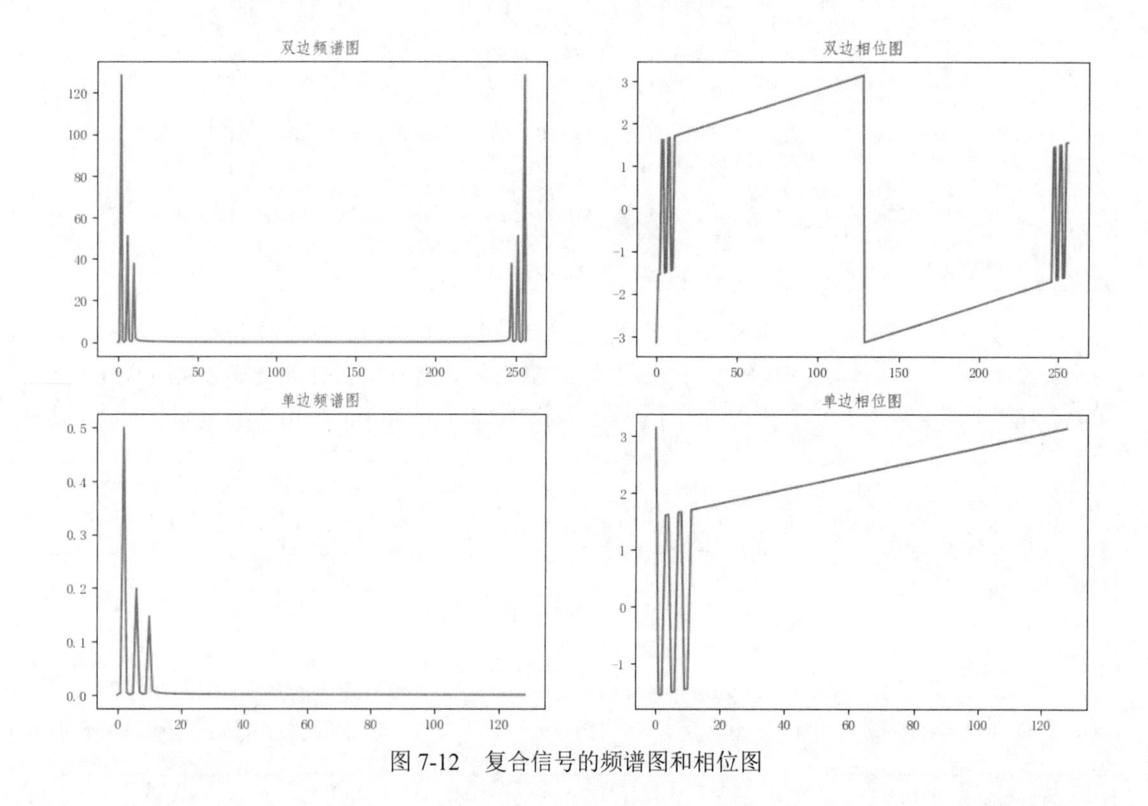

图 7-12　复合信号的频谱图和相位图

一维反变换函数 ifft( ) 是一维快速傅里叶变换函数 fft( ) 的逆过程。图 7-13 所示的是从傅里叶变换的结果数组还原复合信号 s 的效果。

```
>>> td = spfft.ifft(fd) # 将频域信号反变换为时域信号
>>> plt.plot(x, td)
[<matplotlib.lines.Line2D object at 0x00000251C80B99C8>]
>>> plt.show()
```

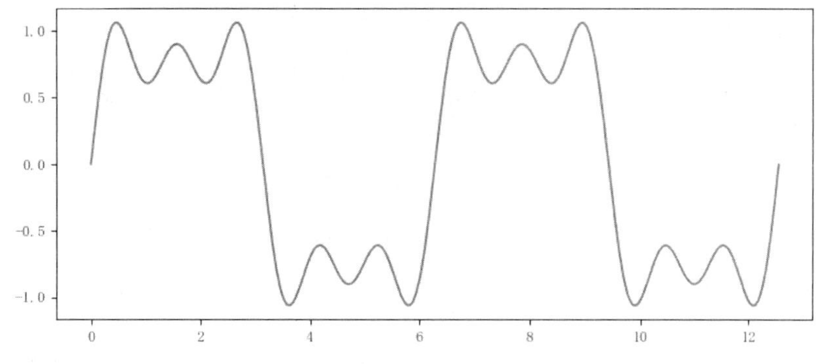

图 7-13　从频域信号反变换为时域信号

7.4.2　一维傅里叶变换的应用

使用傅里叶变换这个强大的工具可以对信号进行频谱分析。例如，我们可以从声卡采集声音信号并对信号进行分析，从中找到强度最大的信号分量（最强分量）的频率，这就是一个实用的音频信号频率计。

那么如何从声卡采集声音信号的数据呢？pyAudio 是一个跨平台的音频 I/O 库，提供录音、播放、生成 WAV 格式文件等功能，用来采集声音非常方便。下面这段代码以大约 0.5 秒的间隔连续从声卡读取固定长度（采样数）的声音数据，并通过傅里叶变换取得当前声音最强分量的频率。

```
# -*- encoding:utf-8 -*-

import pyaudio as pa
import numpy as np
from scipy import fft as spfft

def spectrum_analyser(data, rate):
    """频谱分析

    data    - 采集到的声音信号离散数据
    rate    - 采样频率
    """

    T = (data.shape[0]-1)/rate # 信号时长
    valid = int(np.ceil(data.shape[0]/2)) # 采样数量的一半
    fd = spfft.fft(data) # 快速傅里叶变换
    dforce = np.abs(fd[:valid])/data.shape[0] # 标准化的单边频谱数据
    f = np.argmax(dforce)/T # 最强分量的信号频率

    return f

def start(rate=8000, chunk=1024):
    """连续测试声音频率
```

```
    rate     - 采样频率
    chunk    - 声卡读写缓冲区大小
    """

    ac = pa.PyAudio()
    stream = ac.open(
        format = pa.paInt16,               # 设置量化精度：每个采样数据占用的位数（2字节）
        channels = 1,                      # 设置单声道模式
        rate = rate,                       # 设置采样频率
        frames_per_buffer = chunk,         # 设置声卡读写缓冲区
        input = True                       # 设置声卡输出模式
    )

    while True:
        data = b''
        while len(data) < 8000: # 至少采集8000字节
            data += stream.read(chunk) # 采集声音数据

        data = np.frombuffer(data[2000:6000], dtype=np.int16) # 去掉首尾的噪声
        f = spectrum_analyser(data, rate)
        print(f)

if __name__ == '__main__':
    # 启动频率计
    start()
```

7.4.3　二维傅里叶变换的应用

二维傅里叶变换最典型的应用是图像处理。在一幅图像中，图像的细节部分对应高频分量，大面积的背景或变化平缓的部分对应低频分量。图像噪声一般呈现的是细节，因此噪声属于高频分量。通常低频分量的强度高于高频分量的强度。图像的频率是图像中灰度变化剧烈程度的指标，是灰度在平面空间上的梯度。对图像进行二维傅里叶变换得到的频谱图就是图像梯度的分布图。

下面的代码对图像做二维傅里叶变换，得到原始频谱二维数组，高频分量位于数组中心；使用移频函数得到低频分量位于数组中心的频谱数组；将原始频谱数组中的高频分量去除，得到低频分量数组；将低频分量数组做反变换，得到去除高频分量后的新图像。

```
>>> from scipy import fft as spfft
>>> import numpy as np
>>> import cv2
>>> import matplotlib.pyplot as plt
>>> plt.rcParams['font.sans-serif'] = ['FangSong']
>>> plt.rcParams['axes.unicode_minus'] = False
>>> im = cv2.imread(r'D:\NumPyFamily\res\flower.jpg', cv2.IMREAD_GRAYSCALE)
>>> fd = spfft.fft2(im) # 对图像进行二维傅里叶变换
>>> fd.shape # 和原始图像数组形状相同，元素类型、含义类似一维傅里叶变换
(600, 600)
>>> fds = spfft.fftshift(fd) # 将低频分量移到数组中心，高频分量移到数组外层
>>> fd_abs = np.log(np.abs(fd)) # 计算各分量强度
```

```
>>> fds_abs = np.log(np.abs(fds)) # 计算移频后的各分量强度
>>> fd_top = np.hstack((fd[:100,:100], fd[:100, 500:])) # 取左上角、右上角
>>> fd_bot = np.hstack((fd[500:,:100], fd[500:, 500:])) # 取左下角、右下角
>>> fd_low = np.vstack((fd_top, fd_bot)) # 四角合并，相当于去掉了数组中心的高频分量
>>> im_low = np.abs(spfft.ifft2(fd_low)) # 去掉高频分量，再反变换成灰度图像
>>> plt.subplot(221)
>>> plt.title('原始灰度图')
Text(0.5, 1.0, '原始灰度图')
>>> plt.imshow(im, cmap=plt.cm.gray)
<matplotlib.image.AxesImage object at 0x00000251C89C1D88>
>>> plt.subplot(222)
>>> plt.title('频谱图，低频在四角')
Text(0.5, 1.0, '频谱图，低频在四角')
>>> plt.imshow(fd_abs, cmap=plt.cm.jet)
<matplotlib.image.AxesImage object at 0x00000251C81FECC8>
>>> plt.subplot(223)
>>> plt.title('去除高频分量的灰度图')
Text(0.5, 1.0, '去除高频分量的灰度图')
>>> plt.imshow(im_low, cmap=plt.cm.gray)
<matplotlib.image.AxesImage object at 0x00000251C888E3C8>
>>> plt.subplot(224)
>>> plt.title('频谱图，低频在中心')
Text(0.5, 1.0, '频谱图，低频在中心')
>>> plt.imshow(fds_abs, cmap=plt.cm.jet)
<matplotlib.image.AxesImage object at 0x00000251C8061DC8>
>>> plt.show()
```

图 7-14（a）为原始灰度图；图 7-14（c）为去除高频分量的灰度图；图 7-14（b）是未移频的频谱图，强度高的低频分量分布于图像的四角；图 7-14（d）是移频后的频谱图，强度低的高频分量转换到了图像的四角。

图 7-14　利用傅里叶变换去除特定频率分量

图 7-14　利用傅里叶变换去除特定频率分量（续）

7.5　图像处理

虽然 SciPy 不以图像处理见长，但是它的多维图像处理子模块 scipy.ndimage 却提供了 5 大类 70 多个图像处理函数，涵盖几何变换、滤波、插值、形态学等图像处理领域。本节不会罗列全部的图像处理函数，也不进行重复常规的图像操作，而是以图像卷积、边缘检测、侵蚀和膨胀、图像测量为例，展示 SciPy 在图像处理领域的能力和影响力，同时也帮助读者强化“图像即数组”的概念。

7.5.1　图像卷积

很多程序员了解卷积是从卷积神经网络（CNN）开始的。实际上，卷积是分析数学中一种重要的运算，可以简单理解为两个变量在某范围内相乘后求和的结果。一维卷积最容易理解的例子就是加权滑动均值，如股价的五日均线。二维卷积最容易理解的例子就是图像卷积。图像卷积本质上就是将每个像素点的值替换为它与相邻元素的值的加权和，相邻元素的选择范围和权重由一个权重数组决定。对图像周边的像素做卷积时，权重数组若无对应像素，则使用镜像像素、邻近像素或固定常数（由卷积算法的参数指定）。如图 7-15 所示。

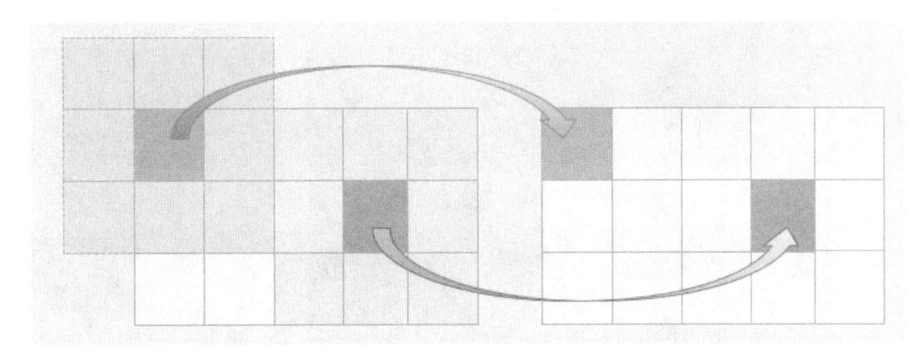

图 7-15　图像卷积示意图

对图像做卷积计算，其视觉效果是图像模糊，模糊程度取决于权重数组的大小。下面的代码分别使用了 3×3 和 9×9 的权重数组对图像做卷积。

```
>>> import cv2
>>> import numpy as np
>>> from scipy import ndimage
>>> import matplotlib.pyplot as plt
>>> plt.rcParams['font.sans-serif'] = ['FangSong']
>>> plt.rcParams['axes.unicode_minus'] = False
>>> im = cv2.imread(r'D:\NumPyFamily\res\flower.jpg', cv2.IMREAD_GRAYSCALE)
>>> w3 = np.ones((3,3)) # 生成3×3的权重数组
>>> w3 /= np.sum(w3) # 累计权重为1
>>> w9 = np.ones((9,9)) # 生成9×9的权重数组
>>> w9 /= np.sum(w9) # 累计权重为1
>>> im_w3 = ndimage.convolve(im, w3) # 使用3×3的权重数组对图像做卷积
>>> im_w9 = ndimage.convolve(im, w9) # 使用9×9的权重数组对图像做卷积
>>> plt.subplot(131)
<matplotlib.axes._subplots.AxesSubplot object at 0x000001AD039862C8>
>>> plt.title('原始灰度图')
Text(0.5, 1.0, '原始灰度图')
>>> plt.imshow(im, cmap=plt.cm.gray)
<matplotlib.image.AxesImage object at 0x000001AD02330848>
>>> plt.subplot(132)
<matplotlib.axes._subplots.AxesSubplot object at 0x000001AD02328E48>
>>> plt.title('3×3卷积灰度图')
Text(0.5, 1.0, '3×3卷积灰度图')
>>> plt.imshow(im_w3, cmap=plt.cm.gray)
<matplotlib.image.AxesImage object at 0x000001AD023222C8>
>>> plt.subplot(133)
<matplotlib.axes._subplots.AxesSubplot object at 0x000001AD02322888>
>>> plt.title('9×9卷积灰度图')
Text(0.5, 1.0, '9×9卷积灰度图')
>>> plt.imshow(im_w9, cmap=plt.cm.gray)
<matplotlib.image.AxesImage object at 0x000001AD78BD5D08>
>>> plt.show()
```

图 7-16 所示的是原始灰度图像以及使用 3×3 和 9×9 的权重数组对图像做卷积的效果。

图 7-16　图像卷积效果对比

7.5.2　边缘检测

如果图像中某些像素的灰度在一个很小的区域内发生了很大的变化，我们就称这个区域为边缘。边缘是图像最重要的结构性特征，往往存在于目标和背景之间、不同目标之间。有的边缘是开放的，有的则是封闭的。封闭的边缘可以作为一个区域来识别。

因为边缘是像素灰度急剧变化区域，所以可以用一阶导数和二阶偏导数来求解。多维图像处理子模块 scipy.ndimage 提供了一阶的 prewitt 算法和 sobel 算法，用于计算图像的边缘。由于图像是二维数组存储的，使用一阶算法时，需要先分别从两个轴的方向求导后，再合并结果。基于近似二阶导数的多维 laplace 算法（拉普拉斯滤波器）则可以一次完成两个方向的求导。

下面的代码分别使用 prewitt 算法、sobel 算法和 laplace 算法对咖啡杯的图像做边缘检测。

```
>>> import cv2
>>> import numpy as np
>>> from scipy import ndimage
>>> import matplotlib.pyplot as plt
>>> plt.rcParams['font.sans-serif'] = ['FangSong']
>>> plt.rcParams['axes.unicode_minus'] = False
>>> im = cv2.imread(r'D:\NumPyFamily\res\cup.jpg', cv2.IMREAD_GRAYSCALE)
>>> pwt0 = ndimage.prewitt(im, axis=0) # 对0轴做prewitt边缘检测
>>> pwt1 = ndimage.prewitt(im, axis=1) # 对1轴做prewitt边缘检测
>>> im_pwt = np.zeros(im.shape, dtype=np.uint8)
>>> im_pwt[(pwt0>128)|(pwt1>128)] = 255 # 合并prewitt边缘检测结果
>>> sob0 = ndimage.sobel(im, axis=0) # 对0轴做sobel边缘检测
>>> sob1 = ndimage.sobel(im, axis=1) # 对1轴做sobel边缘检测
>>> im_sob = np.zeros(im.shape, dtype=np.uint8)
>>> im_sob[(sob0>128)|(sob1>128)] = 255 # 合并sobel边缘检测结果
>>> im_lap = ndimage.laplace(im) # laplace边缘检测
>>> plt.subplot(221)
<matplotlib.axes._subplots.AxesSubplot object at 0x000001AD025B8B48>
>>> plt.title('原始灰度图')
Text(0.5, 1.0, '原始灰度图')
```

```
>>> plt.imshow(im, cmap=plt.cm.gray)
<matplotlib.image.AxesImage object at 0x000001AD02484D88>
>>> plt.subplot(222)
<matplotlib.axes._subplots.AxesSubplot object at 0x000001AD02272488>
>>> plt.title('prewitt边缘检测')
Text(0.5, 1.0, 'prewitt边缘检测')
>>> plt.imshow(im_pwt, cmap=plt.cm.gray)
<matplotlib.image.AxesImage object at 0x000001AD02471688>
>>> plt.subplot(223)
<matplotlib.axes._subplots.AxesSubplot object at 0x000001AD02471988>
>>> plt.title('sobel边缘检测')
Text(0.5, 1.0, 'sobel边缘检测')
>>> plt.imshow(im_sob, cmap=plt.cm.gray)
<matplotlib.image.AxesImage object at 0x000001AD02645788>
>>> plt.subplot(224)
<matplotlib.axes._subplots.AxesSubplot object at 0x000001AD0262E0C8>
>>> plt.title('laplace边缘检测')
Text(0.5, 1.0, 'laplace边缘检测')
>>> plt.imshow(im_lap, cmap=plt.cm.gray)
<matplotlib.image.AxesImage object at 0x000001AD0261AE88>
>>> plt.show()
```

图 7-17 所示的是原始灰度图及使用三种边缘检测算法得到的边缘检测结果。

图 7-17　不同算法的边缘检测结果

7.5.3 侵蚀和膨胀

侵蚀和膨胀是最基本的形态学运算，通常应用于二值图像上。膨胀操作相当于扩张图像中的白色区域；侵蚀操作与之相反，扩张的是图像中的黑色区域。一般情况下，侵蚀和膨胀是成对组合执行的，用来增强目标特征。先侵蚀后膨胀可以消除黑色区域内的白色噪点，称为开操作（Opening）；先膨胀后侵蚀可以消除白色区域内的黑色噪点，称为闭操作（Closing）。

以上节的 laplace 边缘检测结果为例，分别对其实施开操作和闭操作，来体会两种操作的应用差异，其代码如下。

```
>>> import cv2
>>> import numpy as np
>>> from scipy import ndimage
>>> import matplotlib.pyplot as plt
>>> plt.rcParams['font.sans-serif'] = ['FangSong']
>>> plt.rcParams['axes.unicode_minus'] = False
>>> im = cv2.imread(r'D:\NumPyFamily\res\cup.jpg', cv2.IMREAD_GRAYSCALE)
>>> im_lap = ndimage.laplace(im) # laplace边缘检测
>>> open_ero = ndimage.binary_erosion(im_lap) # 开操作：先侵蚀
>>> im_open_ero = np.zeros(im_lap.shape)
>>> im_open_ero[open_ero] = 255
>>> open_dil = ndimage.binary_dilation(im_open_ero) # 开操作：后膨胀
>>> im_open_dil = np.zeros(im_lap.shape)
>>> im_open_dil[open_dil] = 255
>>> close_dil = ndimage.binary_dilation(im_lap) # 闭操作：先膨胀
>>> im_close_dil= np.zeros(im_lap.shape)
>>> im_close_dil[close_dil] = 255
>>> close_ero = ndimage.binary_erosion(im_close_dil) # 闭操作：后侵蚀
>>> im_close_ero= np.zeros(im_lap.shape)
>>> im_close_ero[close_ero] = 255
>>> plt.subplot(131)
<matplotlib.axes._subplots.AxesSubplot object at 0x000001C13417A3C8>
>>> plt.title('laplace边缘检测')
Text(0.5, 1.0, 'laplace边缘检测')
>>> plt.imshow(im_lap, cmap=plt.cm.gray)
<matplotlib.image.AxesImage object at 0x000001C138C3CBC8>
>>> plt.subplot(132)
<matplotlib.axes._subplots.AxesSubplot object at 0x000001C138C47C08>
>>> plt.title('开操作：先侵蚀后膨胀')
Text(0.5, 1.0, '开操作：先侵蚀后膨胀')
>>> plt.imshow(im_open_dil, cmap=plt.cm.gray)
<matplotlib.image.AxesImage object at 0x000001C137261688>
>>> plt.subplot(133)
<matplotlib.axes._subplots.AxesSubplot object at 0x000001C13721AC48>
>>> plt.title('闭操作：先膨胀后侵蚀')
Text(0.5, 1.0, '闭操作：先膨胀后侵蚀')
>>> plt.imshow(im_close_ero, cmap=plt.cm.gray)
<matplotlib.image.AxesImage object at 0x000001C13750E108>
>>> plt.show()
```

图 7-18 所示的是对 laplace 边缘检测结果分别实施开操作和闭操作的结果。很明显，开操作减少了黑色背景上的白色噪点，闭操作减少了白色区域内部的黑色噪点。

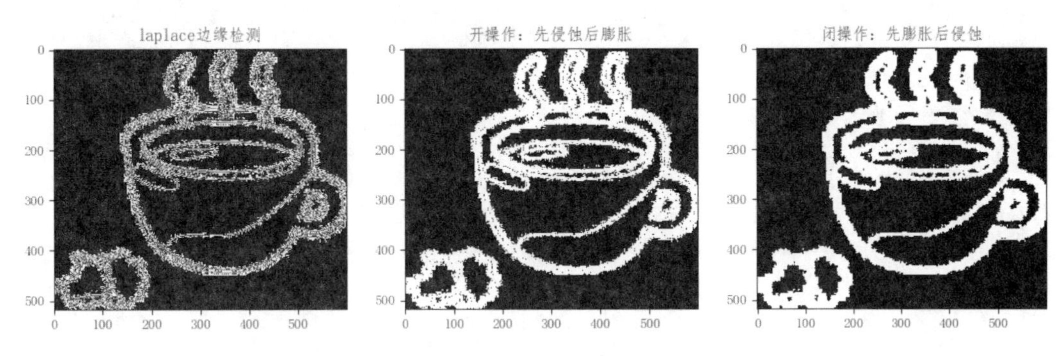

图 7-18　开操作和闭操作的结果

7.5.4　图像测量

图像测量是对图像中目标或区域的特征进行测量和估计，如计算图像的灰度特征、纹理特征和几何特征等。直方图是表现图像灰度特征的方式之一，其横轴表示灰度值，纵轴表示像素数量。下面的代码演示了直方图函数 histogram( ) 的使用方法。

```
>>> import cv2
>>> import numpy as np
>>> from scipy import ndimage
>>> import matplotlib.pyplot as plt
>>> plt.rcParams['font.sans-serif'] = ['FangSong']
>>> plt.rcParams['axes.unicode_minus'] = False
>>> im = cv2.imread(r'D:\NumPyFamily\res\cup.jpg', cv2.IMREAD_GRAYSCALE)
>>> hist = ndimage.histogram(im, 0, 255, 256)
>>> hist = hist.astype(np.float)
>>> hist[hist==0] = np.nan
>>> plt.subplot(121)
<matplotlib.axes._subplots.AxesSubplot object at 0x000001C1396ACC48>
>>> plt.title('浅灰像素数量远多于深灰')
Text(0.5, 1.0, '浅灰像素数量远多于深灰')
>>> plt.bar(np.arange(256), hist, align="center", width=1, alpha=0.5)
<BarContainer object of 256 artists>
>>> plt.subplot(122)
<matplotlib.axes._subplots.AxesSubplot object at 0x000001C1372BD048>
>>> plt.title('纵轴取对数，显示深灰分布细节')
Text(0.5, 1.0, '纵轴取对数，显示深灰分布细节')
>>> plt.bar(np.arange(256), np.log(hist), align="center", width=1, alpha=0.5)
<BarContainer object of 256 artists>
>>> plt.show()
```

当某些灰度值像素数量远大于其他灰度值像素数量时，需要对纵轴取对数才能看到灰度分布的细节特征。图 7-19 所示的是两种直方图的实际效果。

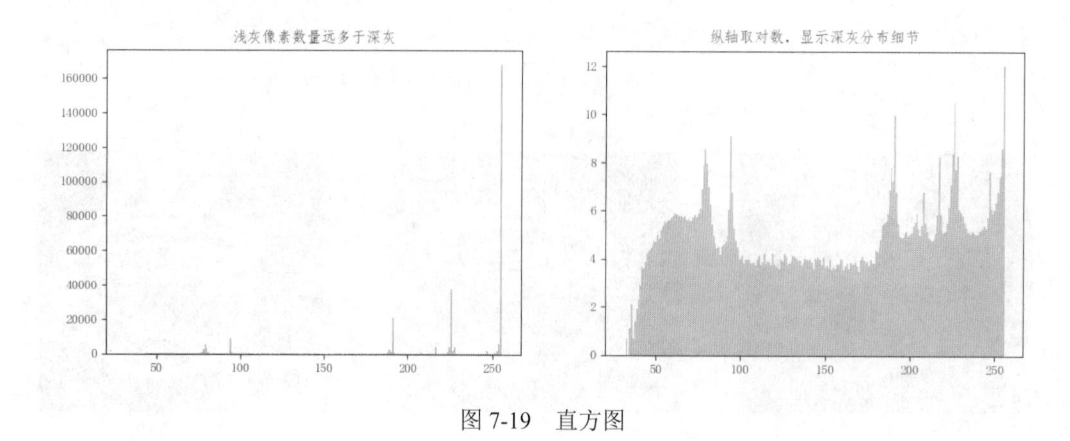

图 7-19　直方图

7.6　积分

SciPy 的积分子模块 scipy.integrate 提供对函数或对样本数据的定积分、多重定积分、多元积分、高斯积分等多种积分函数，以及常微分方程求解器的基类和初值、边值等问题的解决方案。本节仅以简单的问题来演示一重积分函数和二重积分函数的使用方法。

7.6.1　对给定函数的定积分

定积分是积分的一种，是函数在积分区间内积分和的极限。函数定积分的几何意义是函数曲线和坐标轴在积分区间内围成的区域的面积。如图 7-20 所示，函数 y=e^{-x} 在 [−1，1] 内的定积分，就是灰色区域的面积。

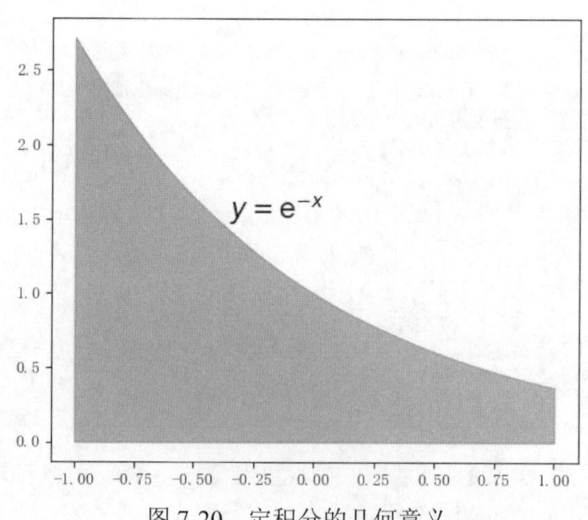

图 7-20　定积分的几何意义

SciPy 积分子模块中用于计算一重定积分的函数是 quad( )，只要传入积分函数 $f(x)$、积分下限 a 和积分上限 b 即可返回一个由定积分结果和误差组成的元组，公式为

$$\text{scipy.integrade.quad}(f,a,b)=\int_a^b f(x)\mathrm{d}x$$

```
>>> from scipy import integrate
>>> def fe(x):
        return np.exp(-x)

>>> integrate.quad(fe, -1, 1) # 积分函数的三个参数：积分函数、积分下限和积分上限
(2.3504023872876028, 2.609470847500631e-14)
```

7.6.2　对给定样本的定积分

将区间 [−1, 1] 切分成等长的若干小段，使用经典微分法同样可以求得图 7-20 中灰色区域的近似面积，精度取决于分段数量，分段越多，精度越高。

```
>>> import numpy as np
>>> x = np.linspace(-1, 1, 1000, endpoint=False)
>>> np.sum(np.exp(-x)*0.002)
2.3527535731423006
```

上面的代码将区间 [−1, 1] 切分成等长的 1000 小段，使用经典微分法得到的灰色区域面积，和使用定积分函数得到的结果相比存在较大误差。

其实，SciPy 的积分子模块已经提供了类似经典微分法的定积分函数 trapz( )，只要输入函数曲线上一组离散的点，不需要曲线函数就可以获得高精度的积分结果。

```
>>> import numpy as np
>>> from scipy import integrate
>>> x = np.linspace(-1, 1, 1000)
>>> y = np.exp(-x)
>>> integrate.trapz(y, x)
2.3504031723243015
```

同样是将区间 [−1, 1] 切分成等长的 1000 小段，定积分函数 trapz( ) 的计算精度远高于经典微分法。用 trapz( ) 函数求解定积分，尤其适用于那些不方便给出积分函数，只有离散数据的情况。

7.6.3　二重定积分

二重积分是二元函数在空间上的积分，同定积分类似，是某种特定形式的和的极限。二重定积分的本质是求曲顶柱体的体积。SciPy 积分子模块中用于计算二重定积分的函数是 dblquad( )，

只要传入积分函数 $f(x,y)$、关于 x 的积分下限 a 和积分上限 b、关于 y 的积分下限 $g(x)$ 和积分上限 $h(x)$，即可返回一个由定积分结果和误差组成的元组。

$$\text{scipy.integrate.dblquad}(f,a,b,g,h)=\int_{g(x)}^{h(x)}\left(\int_a^b f(x,y)\mathrm{d}x\right)\mathrm{d}y$$

下面的代码使用二重定积分函数 dblquad( ) 来计算半径为 1 的半球体积。已知球心在原点、半径为 1 的球体方程为 $x^2+y^2+z^2=1$，半球体积为 $\frac{2}{3}\pi$，约等于 2.1。

```
>>> from scipy import integrate
>>> def z(x, y): # 定义函数z = √(1 - x² - y²)
        return np.sqrt(1 - x*x - y*y)

>>> def g(x): # y的积分下限是-√(1 - x²)
        return -np.sqrt(1-x*x)

>>> def h(x): # y的积分上限是√(1 - x²)
        return np.sqrt(1-x*x)

>>> integrate.dblquad(z, -1, 1, g, h) # x的积分区间是[-1,1]
(2.0943951023931984, 1.0002354500215915e-09)
```

7.7 非线性方程求解

非线性方程是指未知数的幂不是 1 的方程。线性方程有很多求解方法，很容易就可以得到结果，而求解非线性方程就非常困难，往往很难得到精确解，通常只能求得近似解。SciPy 的优化与求根子模块 scipy.optimize 提供了非线性方程的求解方案。使用 SciPy 求解非线性方程要求将方程表示为 $f(x)=0$ 或 $f(x,y,\cdots)=0$ 的形式，这里的函数 f 就是求根函数的参数。如果函数 f 只有一个未知数，则称为标量函数，可用 optimize.root_scalar( ) 函数求根；如果函数 f 包含多个未知数，则称为向量函数，可用 optimize.root( ) 函数求根。

7.7.1 非线性方程

对标量函数求根的函数 optimize.root_scalar( ) 除了需要传入标量函数这个必要参数，还接受 method（求根方法）、bracket（求根区间）、fprime（标量函数是否可导）等参数。大多数情况下，只需要给出 bracket 参数即可。以求解如下的非线性方程为例，演示非线性方程的一般性解法。

$$x^2-\sin x-0.2=0$$

```
>>> import numpy as np
>>> from scipy import optimize
>>> def f(x):
        return x*x - np.sin(x) - 0.2

>>> result = optimize.root_scalar(f, bracket=[0, 2]) # 使用bracket参数指定求根区间
>>> result.function_calls # 函数被调用的次数
11
>>> result.iterations # 迭代求解的次数
10
>>> result.root # 方程的根
1.0276644793407497
```

7.7.2　非线性方程组

对向量函数求根的函数 optimize.root ( ) 除了需要传入向量函数这个必要参数，还要提供一个猜测的初始向量（即每个未知数的猜测值），此外也接受 method（求根方法）等其他若干可选的参数。大多数情况下，只需要给出初始向量即可。以求解如下的非线性方程组为例，演示非线性方程组的一般性解法。

$$\begin{cases} 4x^2 - 2\sin(yz) = 0 \\ 5y + 3 = 0 \\ xz - 1.5 = 0 \end{cases}$$

```
>>> import numpy as np
>>> from scipy import optimize
>>> def f(v): # v为未知数x、y、z组成的向量
        return [4*v[0]*v[0]-2*np.sin(v[1]*v[2]), 5*v[1]+3, v[0]*v[2]-1.5]

>>> result = optimize.root(f, [1,1,1]) # 第二个参数为猜测的初始向量
>>> result.success # 成功标志
True
>>> result.x # 方程组的根
array([ 0.27341748, -0.6       ,  5.48611603])
>>> f(result.x) # 将求得的根代入向量函数，返回的向量都接近于0
[-2.609024107869118e-15, 0.0, 5.10702591327572e-15]
```

7.8　线性代数

NumPy 的线性代数子模块（linalg）提供了 20 余个函数，用于求解行列式、逆矩阵、特征值、特征向量，以及矩阵分解等。SciPy 的线性代数子模块（同样名为 linalg）更为庞大，提供了超过一百个函数。两个 linalg 子模块的同名函数基本保持了相同的功能，有些函数可能略有差异。为了尽可能同时给出两个模块同名函数的应用示例，本节的代码同时导入两个子模块，

一个命名为 sla，另一个命名为 nla。

```
>>> import numpy as np
>>> from scipy import linalg as sla
>>> from numpy import linalg as nla
```

7.8.1 计算矩阵的行列式

行列式在本质上可以视为线性变换的伸缩因子，因此行列式是一个标量。如果一个方阵（行数和列数相等的矩阵）的行列式等于 0，则该方阵为奇异矩阵，否则为非奇异矩阵。计算矩阵的行列式虽然简单，但手工计算很容易出错，而使用 linalg.det( ) 函数来计算则是易如反掌。

```
>>> m = np.mat('0 1 2; 1 0 3; 4 -3 8')
>>> sla.det(m) # scipy.linalg
-1.9999999999999982
>>> nla.det(m) # numpy.linalg
-2.0
```

7.8.2 求解逆矩阵

矩阵可逆的条件是非奇异，也就是行列式不等于 0。从数学的角度看，矩阵可逆或非奇异是好的属性，类似函数的可微、可导。尽管 matrix 对象本身有逆矩阵的属性，但用 linalg 子模块求解矩阵的逆，也是非常简单的。

```
>>> m = np.mat('0 1 2; 1 0 3; 4 -3 8')
>>> m.I # matrix对象的逆矩阵属性
matrix([[-4.5,  7. , -1.5],
        [-2. ,  4. , -1. ],
        [ 1.5, -2. ,  0.5]])
>>> m*m.I # 矩阵和其逆矩阵的乘积为单位矩阵
matrix([[1., 0., 0.],
        [0., 1., 0.],
        [0., 0., 1.]])
>>> sla.inv(m) # scipy.linalg
array([[-4.5,  7. , -1.5],
       [-2. ,  4. , -1. ],
       [ 1.5, -2. ,  0.5]])
>>> nla.inv(m) # numpy.linalg
matrix([[-4.5,  7. , -1.5],
        [-2. ,  4. , -1. ],
        [ 1.5, -2. ,  0.5]])
```

7.8.3 计算特征向量和特征值

对于 n 阶矩阵 $\boldsymbol{A}$，若存在标量 λ 和 n 维非零列向量 $\boldsymbol{x}$，使得 $\boldsymbol{A}x=\lambda\boldsymbol{x}$，那么标量 λ 就称为矩阵 $\boldsymbol{A}$ 的特征值，向量 $\boldsymbol{x}$ 就称为矩阵 $\boldsymbol{A}$ 的特征向量。n 阶矩阵存在 n 个特征值，每个特征值对应一个特征向量。

```
>>> A = np.mat('0 1 2; 1 0 3; 4 -3 8') # 生成3阶矩阵
>>> sla.eigvals(A) # 返回3个特征值
array([ 7.96850246+0.j, -0.48548592+0.j,  0.51698346+0.j])
>>> sla.eig(A) # 返回3个特征值和3个特征向量组成的元组
(array([ 7.96850246+0.j, -0.48548592+0.j, 0.51698346+0.j]),
array([[ 0.26955165, 0.90772191, -0.74373492],
       [ 0.36874217,  0.24316331, -0.65468206],
       [ 0.88959042, -0.34192476,  0.13509171]]))
>>> nla.eigvals(A) # 返回3个特征值
array([ 7.96850246, -0.48548592,  0.51698346])
>>> nla.eig(A) # 返回3个特征值和3个特征向量组成的元组
(array([ 7.96850246, -0.48548592,  0.51698346]),
matrix([[ 0.26955165, 0.90772191, -0.74373492],
        [ 0.36874217,  0.24316331, -0.65468206],
        [ 0.88959042, -0.34192476,  0.13509171]]))
```

7.8.4 矩阵的奇异值分解

特征向量和特征值是矩阵最重要的特征，特征向量表示特征是什么，特征值表示这个特征有多重要。特征向量和特征值是通过对矩阵的特征分解获得的，不过特征分解只适用于方阵。实际应用中，很多矩阵并不是方阵，要想获取矩阵特征就要使用矩阵的奇异值分解。

对 $m \times n$ 阶矩阵进行奇异值分解，返回一个三元组：以左奇异向量为列的矩阵 $\boldsymbol{U}$，形状为 (m, m) 或 (m, k)；按降序排列的奇异值向量 $\boldsymbol{s}$，形状为 $(k,)$，其中 $k=\min(m, n)$；以右奇异向量为行的矩阵 $\boldsymbol{V}$，形状为 (n, n) 或 (k, n)。

```
>>> A = np.mat(np.random.randint(0,10,(3,4)))
>>> A
matrix([[6, 7, 8, 1],
        [7, 4, 9, 6],
        [4, 6, 2, 1]])
>>> U, s, V = sla.svd(A)
>>> U.shape, s.shape, V.shape
((3, 3), (3,), (4, 4))
>>> U
array([[-0.63408037, -0.38759249, -0.66911445],
       [-0.68934803,  0.67538003,  0.26203265],
       [-0.35034465, -0.62740249,  0.69543134]])
>>> s
array([18.88807714,  5.14426409,  2.40355755])
```

```
>>> V
array([[-0.53109149, -0.49226941, -0.63412832, -0.27109764],
       [-0.02089797, -0.73402962,  0.33491192,  0.59042171],
       [ 0.2501572 ,  0.22338451, -0.66724387,  0.66506116],
       [-0.80927528,  0.41106046,  0.20124835,  0.36824166]])
>>> U, s, V = nla.svd(A)
>>> U
matrix([[-0.63408037, -0.38759249, -0.66911445],
        [-0.68934803,  0.67538003,  0.26203265],
        [-0.35034465, -0.62740249,  0.69543134]])
>>> s
array([18.88807714,  5.14426409,  2.40355755])
>>> V
matrix([[-0.53109149, -0.49226941, -0.63412832, -0.27109764],
        [-0.02089797, -0.73402962,  0.33491192,  0.59042171],
        [ 0.2501572 ,  0.22338451, -0.66724387,  0.66506116],
        [-0.80927528,  0.41106046,  0.20124835,  0.36824166]])
```

7.8.5　求解线性方程组

求解线性方程组对中学生来说是一件轻松的事情，但是用代码来实现，其实并不容易。线性代数子模块 linalg 提供了一个通用且高效的解决方案，只要把各个方程的常数项写在等号右边，提取出系数数组和常数数组，调用 linalg.solve( ) 函数即可一步求解。下面的代码演示了如下线性方程组的求解过程。

$$\begin{cases} x-2y+z=0 \\ 2y-8z=8 \\ -4x+5y+9z=-9 \end{cases}$$

```
>>> A = np.array([[1,-2,1],[0,2,-8],[-4,5,9]]) # 系数数组
>>> b = np.array([0,8,-9]) #常数数组
>>> sla.solve(A, b) # 调用scipy.linalg的solve()函数，返回x、y、z的方程解
array([29., 16.,  3.])
>>> nla.solve(A, b) # 调用numpy.linalg的solve()函数，返回x、y、z的方程解
array([29., 16.,  3.])
```

7.9　聚类

常言道，物以类聚，人以群分。分类是自然存在的，和人类的社会实践、科研活动等密切相关。聚类是将物理或抽象对象的集合分成若干簇，同一个簇中的对象具有共同的特性，且与其他簇中的对象存在明显差异。SciPy 的聚类算法子模块 scipy.cluster 提供了两种聚类包：vq 包和 hierarchy 包。vq 包只支持矢量量化和 k-means 聚类，hierarchy 包支持层次聚类和凝聚聚类，

功能包括从距离矩阵生成层次集群、计算集群的统计数据、通过切割链接生成扁平集群以及使用树状图可视化集群。

7.9.1　k-means聚类

k-means 聚类的原理很简单：对给定的样本集按照样本之间的距离大小，将样本集划分为 *k* 个簇，使得簇内的点尽可能靠近簇的质心而远离其他簇的质心。k-means 聚类的实现过程如下。

（1）随机或按照某种规则选取 *k* 个样本点作为 *k* 个簇的初始质心。

（2）针对每一个样本点计算与 *k* 个质心的距离，并将其归入距离最近的质心所在的簇。

（3）根据每簇的样本点重新计算每个簇的质心。

（4）重复第 2 和第 3 步，直至每个簇的样本点不再变动。

vq 包提供了一个白化函数 vq.whiten( ) 以及两个 k-means 聚类实现：kmeans( ) 函数和 kmeans2( ) 函数。在聚类运算前，通常需要用 vq.whiten( ) 函数对样本集的各个特征维进行缩放，即每个特征维除以自身的标准差，得到单位方差。kmeans( ) 函数返回 *k* 个簇质心和质心到各样本点的平均距离，kmeans2( ) 函数返回 *k* 个簇质心和各样本点所属簇的序号。两个函数的迭代次数都可以使用参数 iter 指定。kmeans( ) 函数多用于考察 k 参数是否合理，此时 k 参数可能是一个猜测值。kmeans2( ) 函数多用于 k 参数确定的场合，初始的 *k* 个簇质心会影响到聚类结果，因此 kmeans2( ) 函数支持使用 minitstr 设置初始化方式，minitstr 选项有以下 4 种（默认使用 random 方式）。

- random：从一个高斯分布中产生 *k* 个中心体，根据数据估计平均值和方差。
- point：从初始中心体的数据中随机选择 *k* 个样本点。
- ++：根据 kmeans++ 方法选择 *k* 个样本点。
- matrix：将 k 参数解释为初始中心体的数组。

下面的代码定义了一个生成平面样本点的函数，随机生成了一组测试数据，然后调用 kmeans2( ) 函数输出聚类结果。

```
>>> import numpy as np
>>> from scipy.cluster import vq # 导入聚类模块的vq包
>>> import matplotlib.pyplot as plt
>>> plt.rcParams['font.sans-serif'] = ['FangSong']
>>> plt.rcParams['axes.unicode_minus'] = False
>>> def create_data_set(*cores): # 生成k-means聚类测试用数据集
        ds = list()
        for x0, y0, z0 in cores:
            x = np.random.normal(x0, 0.1+np.random.random()/3, z0)
            y = np.random.normal(y0, 0.1+np.random.random()/3, z0)
            ds.append(np.stack((x,y), axis=1))
```

```
        return np.vstack(ds)

>>> ds = create_data_set((1,2,100),(3,2,100),(2,3,100)) # 生成300个测试样本
>>> dsw = vq.whiten(ds) # 样本归一化
>>> core, label = vq.kmeans2(dsw, 3, iter=10) # 聚类，迭代10次
>>> c = ['b', 'g', 'm'] # 为3个簇指定3种颜色
>>> for i in range(3): # 根据聚类结果，使用不同的颜色，分簇画出样本点
        g = dsw[label==i]
        plt.scatter(g[:,0], g[:,1], c=c[i])

<matplotlib.collections.PathCollection object at 0x0000014C95EC46C8>
<matplotlib.collections.PathCollection object at 0x0000014C95EC4588>
<matplotlib.collections.PathCollection object at 0x0000014C95EBB308>
>>> plt.scatter(core[:,0], core[:,1], c='r', marker='x') # 画出3个质心
<matplotlib.collections.PathCollection object at 0x0000014C9338FFC8>
>>> plt.show()
```

图 7-21 所示的是针对 300 个样本点，随机选择初始质心，迭代 10 次的聚类结果。

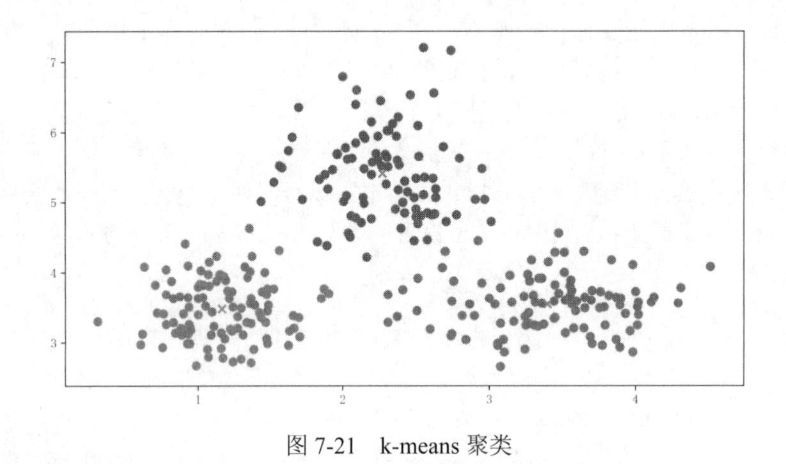

图 7-21　k-means 聚类

7.9.2 层次聚类

层次聚类也是一种非常简单、直观的算法。层次聚类的结果有两个含义：距离越近的样本点，分属的层越接近；距离其他样本点越远，层次越高。层次聚类既可以从下而上地进行（凝聚式），也可以从上而下地进行（分裂式）。以凝聚式为例，层次聚类的实现过程如下。

（1）将每一个样本点视为一个簇。

（2）计算各个簇之间的距离。

（3）将距离最近的两个簇聚合成一个新簇。

（4）重复第（2）和第（3）步，直至最后一簇。

实现层次聚类最基本的一项处理就是计算全部样本点之间的距离。尽管 SciPy 的聚类算法子模块 scipy.cluster 目前还保留了 distance 包用于计算多维样本点之间的距离，但官方推荐从空间算法和数据结构子模块 scipy.spatial 中导入 distance 包。

计算出全部样本点之间的距离后，调用聚类子模块 cluster.hierarchy 的 linkage( ) 函数即可得到层次聚类的连接矩阵（实际是一个 NumPy 的数组）。调用聚类子模块 cluster.hierarchy 的 dendrogram ( ) 函数可将层次聚类的连接矩阵绘制成树状图。另外，聚类子模块 .cluster.hierarchy 的 fcluster( ) 函数可将层次聚类的连接矩阵转成平面聚类。dendrogram( ) 函数隐式调用了 Matplotlib，因此，函数调用之后可以使用 pyplot 的 show( ) 函数直接显示为树状图或使用 pyplot 的 savefig( ) 函数将其另存为图像文件。

下面的代码随机生成了三维空间中的标准正态分布的 20 个样本点，并对其实施层次聚类，绘制层次聚类的树状图，打印平面聚类结果。

```
>>> import numpy as np
>>> from scipy.spatial.distance import pdist # 导入计算样本点距离的包
>>> import scipy.cluster.hierarchy as sch # 导入层次聚类的包
>>> import matplotlib.pylab as plt
>>> ps = np.random.randn(20,3) # 生成标准正态分布的随机点
>>> dist = pdist(ps) # 计算20个样本点之间的距离，返回190个距离
>>> Z = sch.linkage(dist, method='average') # 返回此次层次聚类的连接矩阵
>>> Z # 查看结果，索引号为0和14的两点距离最近，5和7次之
array([[ 0.        , 14.        ,  0.31363858,  2.        ],
       [ 5.        ,  7.        ,  0.31657293,  2.        ],
       [20.        , 21.        ,  0.44309145,  4.        ],
       [ 1.        , 16.        ,  0.55441809,  2.        ],
       [11.        , 13.        ,  0.71381844,  2.        ],
       [ 9.        , 23.        ,  0.75617589,  3.        ],
       [17.        , 19.        ,  0.76363657,  2.        ],
       [ 8.        , 24.        ,  0.8649528 ,  3.        ],
       [15.        , 22.        ,  0.87971318,  5.        ],
       [25.        , 28.        ,  1.10957771,  8.        ],
       [ 3.        ,  4.        ,  1.29068856,  2.        ],
       [ 6.        , 27.        ,  1.34657845,  4.        ],
       [ 2.        , 26.        ,  1.47121266,  3.        ],
       [10.        , 12.        ,  1.48761062,  2.        ],
       [18.        , 30.        ,  1.70303711,  3.        ],
       [31.        , 33.        ,  1.70351879,  6.        ],
       [29.        , 32.        ,  1.95525492, 11.        ],
       [34.        , 36.        ,  2.13274955, 14.        ],
       [35.        , 37.        ,  2.54224335, 20.        ]])
>>> S = sch.fcluster(Z, t=1, criterion='inconsistent') # 返回平面聚类
>>> print(S)
[5 4 8 3 3 6 1 6 1 4 2 1 2 1 5 7 4 8 3 8]
>>> P = sch.dendrogram(Z) # 绘制层次聚类的树状图
>>> plt.show()
```

图 7-22 所示的是 20 个样本点的层次聚类树状图。图上 x 轴是 20 个样本的索引号，y 轴表示样本点之间的距离。

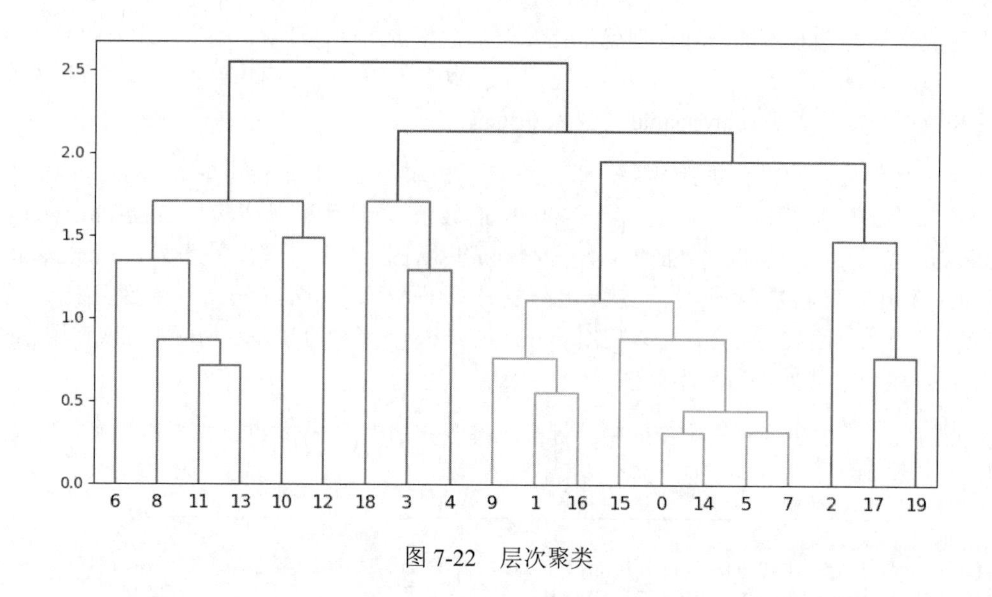

图 7-22　层次聚类

7.10　空间计算

在 3D 显示领域，空间变换是最基础、最重要的理论。研究机器人形态也离不开空间变换。空间变换包括平移、缩放和旋转。三维空间的任意形状刚体的位置或姿态的改变都可以用旋转和位移来表述。本节主要介绍三维旋转的基本概念，以及 SciPy 的空间算法和数据结构子模块 scipy.spatial 中的三维旋转类的使用。

7.10.1　空间旋转的表述

表述三维空间的旋转有很多种方式，最常用的有欧拉角、轴角、旋转向量、四元组和旋转矩阵等 5 种方式，它们之间可以相互转换。

1. 欧拉角

欧拉角代表一系列的三维基本旋转。刚体在三维空间的旋转，都可以分解为从一个初始状态围绕一个构建在刚体上的三维坐标系各个轴的一系列旋转。严谨的定义理解起来比较困难，我们可以闭上眼睛，把自己想象成一个刚体。我们可以前滚翻后滚翻——俯仰（pitch），可以侧空翻——桶滚（roll），还可以原地转圈——偏航（yaw）。从最初的立正姿势开始，无论最终是什么姿态，都可以分解为这三个动作的组合。因为三个轴可以组合出 12 种欧拉角旋转序列，一个欧拉角包括一个旋转序列和三个角度。例如，欧拉角旋转序列是（z, x, y），旋转角度是（30, 0, 90），表示绕 z 轴旋转 30°，再绕 y 轴旋转 90°。

2. 轴角

轴角是绕三维空间中的某一条轴旋转一定角度。用欧拉角表示旋转需要旋转多次才能完成最终的姿态，而轴角只通过绕轴旋转一次就可以一步到位。用轴角表示方向需要四个参数，其中三个用于表示旋转轴，另一个用于表示旋转角大小。

3. 旋转向量

在轴角的概念中，如果用旋转轴的范数（向量长度）表示旋转角的大小（弧度），则只需要三个参数就能表示一个三维旋转，此时轴角变成了旋转向量。

4. 四元组

使用轴角表示旋转看起来简单，但存在一个问题，就是当旋转角度为 0° 或 180° 时，轴角和旋转矩阵的变换会出现奇异矩阵。而使用四元组就可以避免这个问题。四元组在形式上有四个实数（w, x, y, z），实际表示一个有三虚部的复数，形如 $q=w+\mathrm{i}x+\mathrm{j}y+\mathrm{k}z$，其中 i、j、k 是虚数单位。

5. 旋转矩阵

不管是欧拉角、轴角，还是四元组，都是描述旋转姿态的方式，最终都需要转换成旋转矩阵才能应用到旋转计算中。

7.10.2　三维旋转

SciPy 的空间算法和数据结构子模块 scipy.spatial 有两个包，一个是用于计算空间距离的 distance 包，另一个是用于空间变换的 transform 包。在讲解层次聚类时，我们已经使用过 distance 包的 pdist( ) 函数来计算样本点之间的距离，这些样本点不限于二维或三维，pdist( ) 函数支持更高维度的距离计算。在 transform 包中，Rotation 类提供了一个接口来初始化四元组、欧拉角、旋转向量和旋转矩阵等四种表述空间旋转的数据结构，为空间计算提供了强有力的工具支持。

和普通的类不同，Rotation 类不能直接实例化，而只能通过调用以下四个函数生成实例。调用时需要传入相应的表述空间旋转的数据结构。

- Rotation.from_quat(quat[, normalized])：从四元组初始化。
- Rotation.from_euler(seq, angles[, degrees])：从欧拉角初始化。
- Rotation.from_rotvec(rotvec)：从旋转向量初始化。
- Rotation.from_matrix(matrix)：从旋转矩阵初始化。

一个 Rotation 类实例就表示一个或一系列的三维旋转。不管是用哪一种方式创建的实例都可以变换成其他形式的表述空间旋转的数据结构。

- Rotation.as_quat(self)：返回四元组。
- Rotation.as_matrix(self)：返回旋转矩阵。
- Rotation.as_rotvec(self)：返回旋转向量。
- Rotation.as_euler(self, seq[, degrees])：返回欧拉角。

Rotation 类还提供了将一个三维旋转应用到一个空间向量的方法，即向量乘旋转矩阵，相当于 numpy.dot( ) 函数运算。

- Rotation.apply(self, vectors[, inverse])：将这个旋转应用到一组向量上。

Rotation 类的使用非常简单，使用之前先导入这个类，其代码如下。

```
from scipy.spatial.transform import Rotation as R
```

假定一个空间旋转可以分解为两步：先绕 z 轴旋转 45°，再绕 x 轴旋转 −30°。下面的代码使用欧拉角生成表述这个三维旋转的一个 Rotation 实例。

```
r = R.from_euler('zx', [45, -30], degrees=True)
```

这个三维旋转很容易转换四元组，也就是 $w+\mathrm{i}x+\mathrm{j}y+\mathrm{k}z$ 的 $[w,x,y,z]$。

```
>>> r.as_quat()
array([-0.23911762,  0.09904576,  0.36964381,  0.8923991 ])
```

将这个三维旋转表示为旋转向量也很容易。旋转向量的范数就是以弧度表示的旋转角度。

```
>>> import numpy as np
>>> r.as_rotvec()
array([-0.49616211,  0.20551707,  0.76700016])
>>> np.sqrt(np.sum(np.square(_))) # 向量长度，表示旋转弧度
0.9363243808091234
>>> np.degrees(_) # 转为角度数
53.64743527556286
```

尽管实例 r 是用欧拉角生成的，但仍可以转换成其他顺序的欧拉角。

```
>>> r.as_euler('zxy', degrees=True) # zxy顺序，y轴旋转角度几乎为0
array([ 4.5000000e+01, -3.0000000e+01,  1.8362941e-15])
>>> r.as_euler('zxz', degrees=True) # zxz顺序，两次转到z轴
array([-135.,   30.,  180.])
>>> r.as_euler('zyx', degrees=True) # zyx顺序，y轴旋转角度为0
array([ 45.,   0., -30.])
```

查看实例 r 对应的旋转矩阵。

```
>>> r.as_matrix()
array([[ 7.07106781e-01, -7.07106781e-01,  2.77555756e-17],
       [ 6.12372436e-01,  6.12372436e-01,  5.00000000e-01],
       [-3.53553391e-01, -3.53553391e-01,  8.66025404e-01]])
```

以下代码演示了一个球心在点（1, 0, 0）处、半径为 1 的球体，先绕 z 轴旋转 45°，再绕 x 轴旋转 −30°，最后绕 y 轴旋转 90° 后，球的位置和姿态。

```
import numpy as np
from scipy.spatial.transform import Rotation as R
import matplotlib.pyplot as plt
import mpl_toolkits.mplot3d

plt.rcParams['font.sans-serif'] = ['FangSong']
plt.rcParams['axes.unicode_minus'] = False

# 生成球面网格
lats, lons = np.mgrid[-0.5*np.pi:0.5*np.pi:19j, 0:2*np.pi:37j]
z = np.sin(lats) # 网格点的z坐标
x = np.cos(lats)*np.cos(lons) + 1 # 网格点的x坐标
y = np.cos(lats)*np.sin(lons) # 网格点的z坐标
v = np.dstack((x,y,z)) # 每个点的x、y、z坐标

# 先绕z轴旋转45°，再绕x轴旋转-30°，最后绕y轴旋转90°
r = R.from_euler('zxy', [45, -30, 90], degrees=True) # 生成旋转实例
v = r.apply(v.reshape((-1, 3))) # 变成二维数组，对球面上每一个点实施旋转
v = v.reshape((*z.shape, 3)) # 恢复成三维数组
o = r.apply(np.array([1,0,0]))
print('旋转后的球心位置：', o)

ax = plt.subplot(111, projection='3d')
ax.plot_surface(x, y, z, cmap=plt.cm.hsv, alpha=0.8)
ax.plot_surface(v[:,:,0], v[:,:,1], v[:,:,2], cmap=plt.cm.hsv, alpha=0.8)

ax.set_xlabel('x')
ax.set_ylabel('y')
ax.set_zlabel('z')
plt.show()
```

旋转后，球心位置在（−0.35355339, 0.61237244, −0.70710678）处，效果如图 7-23 所示。

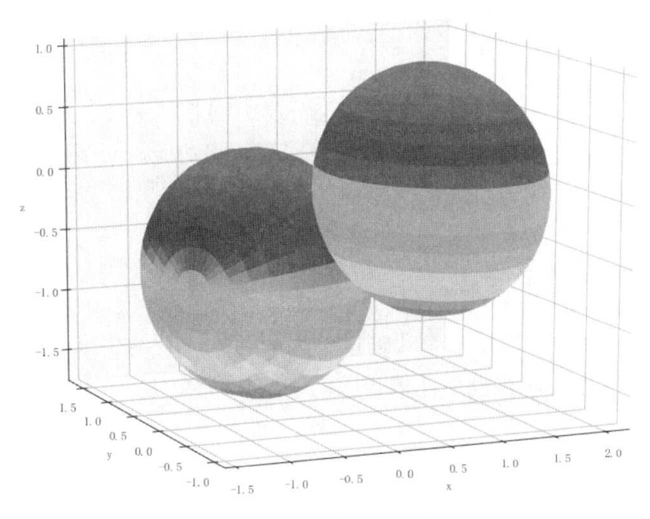

图 7-23　球的三维旋转

第8章

机器学习工具包 Scikit-learn

谈到Python在机器学习领域的应用，程序员们一定会想起Scikit-learn模块，以及Tensorflow、Keras、PyTorch等深度学习框架，但谁也不会否认这样一个事实：Scikit-learn是非常基础和友好的机器学习模块。Scikit-learn是基于NumPy和SciPy的众多开源项目中的一个，由数据科学家David Cournapeau在2007年发起，需要NumPy和SciPy等其他模块的支持，是Python中专门针对机器学习应用而发展起来的一个模块。

相比其他机器学习项目，Scikit-learn显得有些“低调”。这是因为Scikit-learn的研究领域完全不涉及深度学习领域，并且Scikit-learn只提供经典的、经过广泛验证的算法。我个人非常喜欢Scikit-learn，不仅是因为它的低调和内涵，更重要的原因是它很贴心地为学习者提供了大量的数据、丰富的参考样例和详细的说明文档。

8.1 Scikit-learn概览

Scikit-learn的基本功能可以分为6大部分：分类、回归、聚类、数据降维、模型选择和数据预处理。本章并不会逐一讲解Scikit-learn的全部算法和功能，而是通过一些经典模型的应用演示Scikit-learn的学习和使用方法，从而帮助初学者快速上手机器学习。

8.1.1 Scikit-learn的子模块

Scikit-learn提供了很多子模块，大致可以分为两类：一类是和机器学习的算法模型相关的子模块，另一类是数据预处理和模型评估相关的子模块。因为这个分类并不严格，所以下面列出的子模块并没有遵循这个分类。

- linear_model：线性模型子模块，包括最小二乘法、逻辑回归、随机梯度下降SGD等。
- cluster：聚类子模块，包括k-means聚类、DBSCAN、谱聚类、层次聚类、高斯混合等。

- neighbors：近邻算法子模块，包括最近邻算法、最近邻分类、最近邻回归等。
- discriminant_analysis：线性和二次判别分析子模块。
- kernel_ridge：内核岭回归子模块。
- svm：支持向量机子模块。
- gaussian_process：高斯过程子模块，包括高斯过程回归（GPR）、高斯过程分类（GPC）。
- cross_decomposition：交叉分解子模块，包括偏最小二乘法、典型相关分析等。
- naive_bayes：朴素贝叶斯子模块。
- tree：决策树子模块。
- ensemble：集成子模块，包括 Bagging、Boosting、随机森林等。
- multiclass：多类和多标签分类算法子模块。
- feature_selection：特征选择算法子模块，包括方差阈值、单变量、递归性特征消除等。
- semi_supervised：半监督学习子模块。
- isotonic：等式回归子模块。
- calibration：概率校正子模块。
- neural_network：神经网络子模块，包括多层感知器（MLP）、限制玻尔兹曼机等。
- mixture：混合模型算法子模块，包括高斯混合和变分贝叶斯高斯混合。
- manifold：流形学习子模块。
- decomposition：成分分析子模块。
- datasets：加载和获取数据集的子模块。
- utils：工具函数子模块。
- preprocessing：预处理数据子模块，包括缩放、中心化、归一化、离散化、二值化、非线性变换、类别特征编码、缺值补全等。
- model_selection：模型选择子模块，包括数据集处理、交叉验证、网格搜索、验证曲线、学习曲线等。
- metrics：模型评估指标子模块，包括各种打分、表现指标、pairwise 指标、距离计算、混淆矩阵、分类报告、精确度分数等。
- feature_extraction：特征提取子模块。
- pipeline：链式评估器（管道）和特征联合（FeatureUnion）。
- impute：缺失值插补的转换器子模块，包括 SimpleImputer、IterativeImputer、MissingIndicator 等。
- random_projection：随机投影子模块。
- kernel_approximation：内核近似子模块。
- inspection：模型检查子模块。

- compose：使用转换器构建复合模型的元评估器子模块。
- covariance：协方差估计子模块。
- dummy：Dummy 评估器子模块。

8.1.2 安装和导入

Scikit-learn 的安装依赖 NumPy、SciPy 和 Matplotlib 等模块。截至本书编写时，Scikit-learn 的最新版本是 0.22.2，它所依赖的模块及版本如下。

- Python（3.5 及以上版本）
- NumPy（1.11.0 及以上版本）
- SciPy（0.17.0 及以上版本）
- Matplotlib（1.5.1 及以上版本）

如果计算机中已经安装了上述模块的可用版本（这 4 个模块正是本书介绍的主要内容），安装 Scikit-learn 就是一个轻松的过程，安装命令如下。否则，请先安装 Scikit-learn 的依赖模块。

```
PS C:\Users\xufive> python -m pip install scikit-learn
```

使用 Scikit-learn 时，需要导入代码中用到的各个子模块或直接从子模块中导入需要的函数和类。

```
>>> from sklearn import datasets
>>> from sklearn.datasets import load_digits
```

8.2 数据集

在传统的软件开发中，程序员主要关注的对象是代码而非数据，但在机器学习中，程序员却需要拿出更多的精力来关注数据。在训练机器学习模型时，数据的质量和数量都会影响训练结果的准确性和有效性。因此，无论是学习还是实际应用机器学习模型，前提都是要有足够多且足够好的数据集。

8.2.1 Scikit-learn自带的数据集

Scikit-learn 的数据集子模块 datasets 提供了两类数据集：一类是模块内置的小型数据集，这类数据集有助于理解和演示机器学习模型或算法，但由于数据规模较小，无法代表真实世界的机器学习任务；另一类是需要从外部数据源下载的数据集，这类数据集规模都比较大，对于研究机器学习来说更有实用价值。前者使用 loaders 加载数据，函数名以 load 开头，后者使用 fetchers 加载数据，函数名以 fetch 开头，详细函数如下。

- datasets.load_boston([return_X_y])：加载波士顿房价数据集（回归）。
- datasets.load_breast_cancer([return_X_y])：加载威斯康星州乳腺癌数据集（分类）。
- datasets.load_diabetes([return_X_y])：加载糖尿病数据集（回归）。
- datasets.load_digits([n_class, return_X_y])：加载数字数据集（分类）。
- datasets.load_iris([return_X_y])：加载鸢尾花数据集（分类）。
- datasets.load_linnerud([return_X_y])：加载体能训练数据集（多元回归）。
- datasets.load_wine([return_X_y])：加载葡萄酒数据集（分类）。
- datasets.fetch_20newsgroups([data_home, …])：加载新闻文本分类数据集。
- datasets.fetch_20newsgroups_vectorized([…])：加载新闻文本向量化数据集（分类）。
- datasets.fetch_california_housing([…])：加载加利福尼亚住房数据集（回归）。
- datasets.fetch_covtype([data_home, …])：加载森林植被数据集（分类）。
- datasets.fetch_kddcup99([subset, data_home, …])：加载网络入侵检测数据集（分类）。
- datasets.fetch_lfw_pairs([subset, …])：加载人脸（成对）数据集。
- datasets.fetch_lfw_people([data_home, …])：加载人脸（带标签）数据集（分类）。
- datasets.fetch_olivetti_faces([data_home, …])：加载 Olivetti 人脸数据集（分类）。
- datasets.fetch_rcv1([data_home, subset, …])：加载路透社英文新闻文本分类数据集（分类）。
- datasets.fetch_species_distributions([…])：加载物种分布数据集。

我们以加载成对的人脸数据集为例，来看一看这个人脸数据集到底提供了什么数据。如果是第一次加载，函数 fetch_lfw_pairs( ) 运行会花费较长的时间（因网络环境而不同）。

```
>>> from sklearn import datasets as dss
>>> lfwp = dss.fetch_lfw_pairs()
>>> lfwp.keys() # 数据集带有若干子集
dict_keys(['data', 'pairs', 'target', 'target_names', 'DESCR'])
>>> lfwp.data.shape, lfwp.data.dtype # data子集有2200个样本
((2200, 5828), dtype('float32'))
>>> lfwp.pairs.shape, lfwp.pairs.dtype # pairs子集有2200个样本，每个样本有两张图片
((2200, 2, 62, 47), dtype('float32'))
>>> lfwp.target_names # 有两个标签：不是同一个人、是同一个人
array(['Different persons', 'Same person'], dtype='<U17')
>>> lfwp.target.shape, lfwp.target.dtype # 2200个样本的标签，表示样本是否是同一个人
((2200,), dtype('int32'))
>>> import matplotlib.pyplot as plt
>>> plt.subplot(121)
<matplotlib.axes._subplots.AxesSubplot object at 0x00000161A91A33C8>
>>> plt.imshow(lfwp.pairs[0,0], cmap=plt.cm.gray)
<matplotlib.image.AxesImage object at 0x00000161AC5F8908>
>>> plt.subplot(122)
<matplotlib.axes._subplots.AxesSubplot object at 0x00000161AC6054C8>
>>> plt.imshow(lfwp.pairs[0,1], cmap=plt.cm.gray)
<matplotlib.image.AxesImage object at 0x00000161AC605E88>
>>> plt.show()
```

查看该数据的子集，显示有 data、paris、target、target_names、DESCR 等子集。在这个数据集里，data 子集存放了 2200 个样本，每个样本有两张分辨率为 62×47 的人脸数据，共计 5828 个像素点。paris 子集和 data 子集重复，只是将每个样本的两张人脸数据分成两个二维数组，paris 子集就变成四维结构。target_names 定义了两个标签：0 表示不是同一个人、1 表示是同一个人，target 为每个样本贴上了 0 或 1 的标签。DESCR 子集通常是关于数据集的介绍。图 8-1 所示的是由该数据集的第一个样本的两张人脸数据绘制而成，该样本标签显示这两张人脸是同一个人。

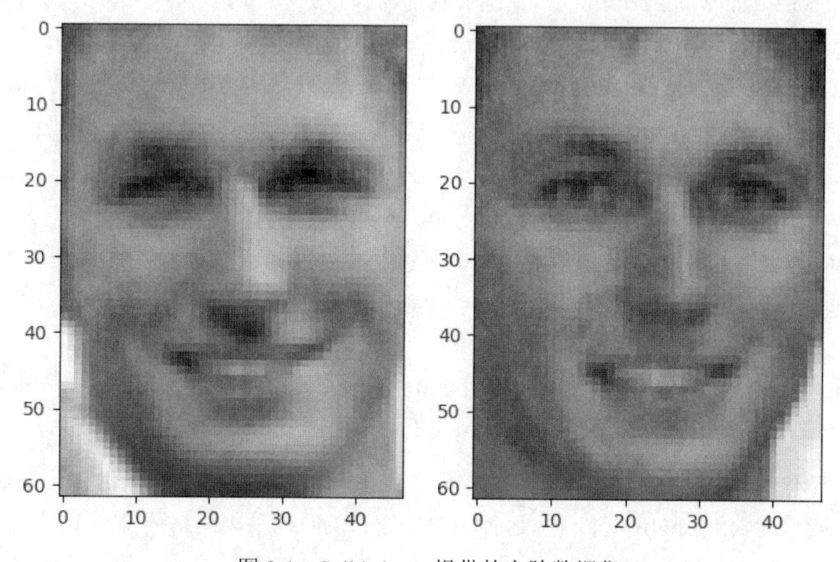

图 8-1　Scikit-learn 提供的人脸数据集

Scikit-learn 提供的其他数据集基本上都类似人脸数据集的形式。有了这些数据集，并了解各个子集的意义、数据结构、数据类型，我们就可以非常方便地学习分类、聚类、回归、降维等基础的机器学习模型了。

8.2.2　样本生成器

除了内置数据集，Scikit-learn 还提供了各种随机样本的生成器，可以创建样本数量和复杂度均可控制的模拟数据集，用这些数据集来测试或验证各种模型的参数优化。这些样本生成器都有相似的 API，如参数 n_samples 表示样本数量，参数 n_features 表示特征维数，参数 noise 表示噪声标准差等。

样本生成器种类较多，下面的代码演示了其中三种样本生成器的用法。make_blobs( ) 常用于创建多类数据集，对于中心和各簇的标准偏差提供了更好的控制，可用于演示聚类。make_circles( ) 和 make_moon( ) 生成二维分类数据集时可以帮助确定算法（如质心聚类或线性分类），包括可以选择性加入高斯噪声。它们可以很容易地实现可视化。make_circles( ) 生成高斯数据，带有球面决策边界以用于二进制分类，而 make_moon( ) 生成两个交叉的半圆。

```
>>> from sklearn import datasets as dss
>>> import matplotlib.pyplot as plt
>>> plt.rcParams['font.sans-serif'] = ['FangSong']
>>> plt.rcParams['axes.unicode_minus'] = False
>>> plt.subplot(131)
<matplotlib.axes._subplots.AxesSubplot object at 0x000001BD080A7CC8>
>>> plt.title('make_blobs()')
Text(0.5, 1.0, 'make_blobs()')
>>> X, y = dss.make_blobs(n_samples=100)
>>> plt.plot(X[:,0], X[:,1], 'o')
[<matplotlib.lines.Line2D object at 0x000001BD0BFFB1C8>]
>>> plt.subplot(132)
<matplotlib.axes._subplots.AxesSubplot object at 0x000001BD0D7B16C8>
>>> plt.title('make_circles()')
Text(0.5, 1.0, 'make_circles()')
>>> X, y = dss.make_circles(n_samples=100, noise=0.05, factor=0.5)
>>> plt.plot(X[:,0], X[:,1], 'o')
[<matplotlib.lines.Line2D object at 0x000001BD0D973648>]
>>> plt.subplot(133)
<matplotlib.axes._subplots.AxesSubplot object at 0x000001BD0D973EC8>
>>> plt.title('make_moons()')
Text(0.5, 1.0, 'make_moons()')
>>> X, y = dss.make_moons(n_samples=100, noise=0.05)
>>> plt.plot(X[:,0], X[:,1], 'o')
[<matplotlib.lines.Line2D object at 0x000001BD0C140D08>]
>>> plt.show()
```

图 8-2（a）～（c），分别是 make_blobs( )、make_circles( ) 和 make_moon( ) 等三种样本生成器生成的 100 个样本点的实例。

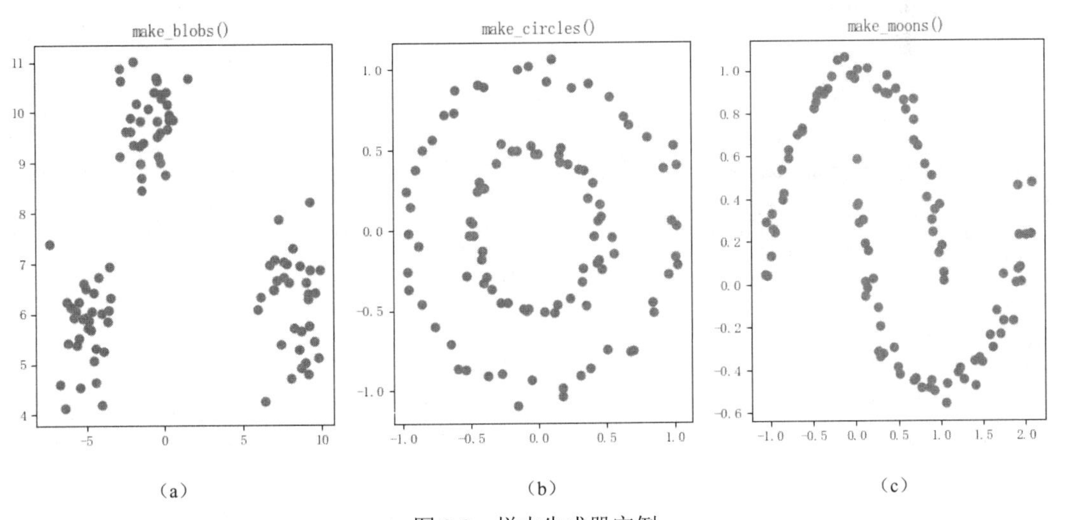

图 8-2　样本生成器实例

8.2.3 加载其他数据集

尽管 Scikit-learn 的数据集子模块 datasets 提供了一些样本生成器，但我们仍然希望获得更加真实的数据。在 datasets 子模块提供的众多函数中，fetch_openml( ) 函数正是用来从 openml.org 下载数据集的。openml.org 是一个机器学习数据和实验的数据仓库，它允许每个人上传开放的数据集。在 openml.org 这个数据仓库中，每个数据集都有名字和版本，data_id 是数据集的唯一标识。fetch_openml( ) 函数通过名称或数据集的 id 从 openml.org 获取数据集。

以下代码从 openml.org 下载了名为 kropt 的数据集。这是一个和国际象棋相关的数据集，提供了 28056 个样本，根据白王、白车和黑王的位置可以对棋类游戏进行分类。从 openml.org 下载的数据集和 Scikit-learn 提供的其他数据集保持着相似的数据结构。

```
>>> from sklearn import datasets as dss
>>> chess = dss.fetch_openml(name='kropt')
>>> print(chess.DESCR)
Classify a chess game based on the position of the white king, the white rook and the
black king.

Downloaded from openml.org.
>>> chess.keys()
dict_keys(['data', 'target', 'frame', 'feature_names', 'target_names', 'DESCR',
'details', 'categories', 'url'])
>>> chess.data.shape, chess.data.dtype
((28056, 6), dtype('float64'))
```

8.3 数据预处理

机器学习的本质是从数据集中发现数据内在的特征，而数据的内在特征往往被样本的规格、分布范围等外在特征所掩盖。数据预处理正是为了最大限度地帮助机器学习模型或算法找到数据内在特征所做的一系列操作，主要是无量纲化。无量纲化是将不同规格的数据转换到同一规格，或不同分布的数据转换到某个特定分布。标准化、归一化等数据预处理属于无量纲化。除了无量纲化，数据预处理还包括特征编码、缺失值补全等。

8.3.1 标准化

假定样本集是二维平面上的若干个点，横坐标 x 分布于区间 [0,100] 内，纵坐标 y 分布于区间 [0,1] 内。显然，样本集的 x 特征列和 y 特征列的动态范围相差巨大，对于机器学习模型（如 k-近邻或 k-means 聚类）的影响也会有显著差别。标准化处理正是为了避免某一个动态范围过大的特征列对计算结果造成影响，同时还可以提升模型精度。标准化的实质是对样本集的每个特征列减去该特征列均值进行中心化，再除以标准差进行缩放。

Scikit-learn 的预处理子模块 preprocessing 提供了一个快速标准化函数 scale( )，使用该函数可以直接返回标准化后的数据集，其代码如下。

```
>>> import numpy as np
>>> from sklearn import preprocessing as pp
>>> d = np.array([[ 1., -5.,  8.], [ 2.,  -3.,  0.], [ 0.,  -1., 1.]])
>>> d
array([[ 1., -5.,  8.],
       [ 2., -3.,  0.],
       [ 0., -1.,  1.]])
>>> d_scaled = pp.scale(d) # 对数据集d做标准化
>>> d_scaled
array([[ 0.        , -1.22474487,  1.40487872],
       [ 1.22474487,  0.        , -0.84292723],
       [-1.22474487,  1.22474487, -0.56195149]])
>>> d_scaled.mean(axis=0) # 标准化以后的数据集，各特征列的均值为0
array([0., 0., 0.])
>>> d_scaled.std(axis=0) # 标准化以后的数据集，各特征列的标准差为1
array([1., 1., 1.])
```

预处理子模块 preprocessing 还提供了一个实用类 StandardScaler，它保存了训练集上各特征列的均值和标准差，以便以后在测试集上应用相同的变换。此外，实用类 StandardScaler 还可以通过 with_mean 和 with_std 参数指定是否中心化和是否按标准差缩放，其代码如下。

```
>>> import numpy as np
>>> from sklearn import preprocessing as pp
>>> X_train = np.array([[ 1., -5.,  8.], [ 2.,  -3.,  0.], [ 0.,  -1., 1.]])
>>> scaler = pp.StandardScaler().fit(X_train)
>>> scaler
StandardScaler(copy=True, with_mean=True, with_std=True)
>>> scaler.mean_ # 训练集各特征列的均值
array([ 1., -3.,  3.])
>>> scaler.scale_ # 训练集各特征列的标准差
array([0.81649658, 1.63299316, 3.55902608])
>>> scaler.transform(X_train) # 标准化训练集
array([[ 0.        , -1.22474487,  1.40487872],
       [ 1.22474487,  0.        , -0.84292723],
       [-1.22474487,  1.22474487, -0.56195149]])
>>> X_test = [[-1., 1., 0.]] # 使用训练集的缩放标准来标准化测试集
>>> scaler.transform(X_test)
array([[-2.44948974,  2.44948974, -0.84292723]])
```

8.3.2 归一化

标准化是用特征列的均值进行中心化，用标准差进行缩放。如果用数据集各个特征列的最小值进行中心化后，再按极差（最大值－最小值）进行缩放，即数据减去特征列的最小值，并

且会被收敛到区间 [0,1] 内，这个过程就叫作数据归一化。需要说明的是，有很多人把这个操作称为“将特征缩放至特定范围内”，而把“归一化”这个名字交给了正则化。

预处理子模块 preprocessing 提供 MinMaxScaler 类来实现归一化功能。MinMaxScaler 类有一个重要参数 feature_range，该参数用于设置数据压缩的范围，默认是 [0,1]。

```
>>> import numpy as np
>>> from sklearn import preprocessing as pp
>>> X_train = np.array([[ 1., -5.,  8.], [ 2.,  -3.,  0.], [ 0.,  -1., 1.]])
>>> scaler = pp.MinMaxScaler().fit(X_train) # 默认数据压缩范围为[0,1]
>>> scaler
MinMaxScaler(copy=True, feature_range=(0, 1))
>>> scaler.transform(X_train)
array([[0.5  , 0.   , 1.   ],
       [1.   , 0.5  , 0.   ],
       [0.   , 1.   , 0.125]])
>>> scaler = pp.MinMaxScaler(feature_range=(-2, 2)) # 设置数据压缩范围为[-2,2]
>>> scaler = scaler.fit(X_train)
>>> scaler.transform(X_train)
array([[ 0. , -2. ,  2. ],
       [ 2. ,  0. , -2. ],
       [-2. ,  2. , -1.5]])
```

因为归一化对异常值非常敏感，所以大多数机器学习算法会选择标准化来进行特征缩放。在主成分分析（Principal Component Analysis，PCA）、聚类、逻辑回归、支持向量机、神经网络等算法中，标准化往往是最好的选择。归一化在不涉及距离度量、梯度、协方差计算，以及数据需要被压缩到特定区间时被广泛使用，如数字图像处理中量化像素强度时，都会使用归一化将数据压缩在区间 [0,1] 内。

8.3.3　正则化

归一化是对数据集的特征列的操作，而正则化是将每个数据样本的范数单位化，是对数据集的行操作。如果打算使用点积等运算来量化样本之间的相似度，那么正则化将非常有用。

预处理子模块 preprocessing 提供了一个快速正则化函数 normalize( )，使用该函数可以直接返回正则化后的数据集。normalize( ) 函数使用参数 norm 指定 I1 范式或 I2 范式，默认使用 I2 范式。I1 范式可以理解为单个样本各元素的绝对值之和为 1；I2 范式可理解为单个样本各元素的平方和的算术根为 1，相当于样本向量的模（长度）。

```
>>> import numpy as np
>>> from sklearn import preprocessing as pp
>>> X_train = np.array([[ 1., -5.,  8.], [ 2.,  -3.,  0.], [ 0.,  -1., 1.]])
>>> pp.normalize(X_train) # 使用I2范式正则化，每行的范数为1
array([[ 0.10540926, -0.52704628,  0.84327404],
       [ 0.5547002 , -0.83205029,  0.        ],
       [ 0.        , -0.70710678,  0.70710678]])
```

```
>>> pp.normalize(X_train, norm='I1') # 使用I1范式正则化，每行的范数为1
array([[ 0.07142857, -0.35714286,  0.57142857],
       [ 0.4       , -0.6       ,  0.        ],
       [ 0.        , -0.5       ,  0.5       ]])
```

8.3.4　离散化

离散化（Discretization）是将连续特征划分为离散特征值，典型的应用是灰度图像的二值化。如果使用等宽的区间对连续特征离散化，则被称为 K-bins 离散化。预处理子模块 preprocessing 提供了 Binarizer 类和 KbinsDiscretizer 类来进行离散化，前者用于二值化，后者用于 K-bins 离散化。

```
>>> import numpy as np
>>> from sklearn import preprocessing as pp
>>> X = np.array([[-2,5,11],[7,-1,9],[4,3,7]])
>>> X
array([[-2,  5, 11],
       [ 7, -1,  9],
       [ 4,  3,  7]])
>>> bina = pp.Binarizer(threshold=5) # 指定二值化阈值为5
>>> bina.transform(X)
array([[0, 0, 1],
       [1, 0, 1],
       [0, 0, 1]])
>>> est = pp.KBinsDiscretizer(n_bins=[2, 2, 3], encode='ordinal').fit(X)
>>> est.transform(X) # 三个特征列离散化为2段、2段、3段
array([[0., 1., 2.],
       [1., 0., 1.],
       [1., 1., 0.]])
```

8.3.5　特征编码

机器学习模型只能处理数值数据，但实际应用中有很多数据不是数值型的，如程序员的性别以及他们喜欢使用的浏览器、编辑器等，都不是数值型的，而是标称型的（categorical）。这些原始的数据特征在传入模型前需要编码成整数。

预处理子模块 preprocessing 提供 OrdinalEncoder 类，用来把 n 个标称型特征转换为 0 到 $n-1$ 的整数编码。下面的代码中，x 的每一个样本有三个特征项：性别、习惯使用的浏览器和编辑器。

```
>>> import numpy as np
>>> from sklearn import preprocessing as pp
>>> X = [['male', 'firefox', 'vscode'],
    ['female', 'chrome', 'vim'],
    ['male', 'safari', 'pycharme']]
```

```
>>> oenc = pp.OrdinalEncoder().fit(X)
>>> oenc
OrdinalEncoder(categories='auto', dtype=<class 'numpy.float64'>)
>>> oenc.transform(X)
array([[1., 1., 2.],
       [0., 0., 1.],
       [1., 2., 0.]])
```

然而，这样的整数特征带来了一个新的问题：各种浏览器、编辑器之间原本是无序的，现在却因为整数的连续性产生了 2 比 1 更接近 3 的关系。

另一种将标称型特征转换为能够在 Scikit-learn 模型中使用的编码是 one-of-K，又称为独热码，由 OneHotEncoder 类实现。该类把每一个具有 *n* 个标称型的特征变换为长度为 *n* 的二进制特征向量，只有一位是 1，其余都是 0。

```
>>> import numpy as np
>>> from sklearn import preprocessing as pp
>>> X = [['male', 'firefox', 'vscode'],
    ['female', 'chrome', 'vim'],
    ['male', 'safari', 'pycharme']]
>>> ohenc = pp.OneHotEncoder().fit(X)
>>> ohenc.transform(X).toarray()
array([[0., 1., 0., 1., 0., 0., 0., 1.],
       [1., 0., 1., 0., 0., 0., 1., 0.],
       [0., 1., 0., 0., 1., 1., 0., 0.]])
```

上述代码中，性别有两个标称项，占用两位；浏览器和编辑器各有三个标称项，分别占用三位。编码之后的每一个样本有 8 列。

8.3.6　缺失值补全

虽然 Scikit-learn 的标准化和归一化可以自动忽略数据集中的无效值（numpy.nan），但这不意味着 Scikit-learn 的模型或算法可以接受有缺失的数据集。大多数的模型或算法都默认数组中的元素是数值，所有的元素都是有意义的。如果使用的数据集不完整，一个简单的策略就是舍弃整行或整列包含缺失值的数据，但这会浪费部分有效数据。更好的策略是从已有的数据推断出缺失值，也就是所谓的缺失值补全。

缺失值补全可以基于一个特征列的非缺失值来插补该特征列中的缺失值，也就是单变量插补。Scikit-learn 的缺失值插补子模块 impute 提供 SimpleImputer 类用于实现基于一个特征列的插补。

```
>>> import numpy as np
>>> from sklearn.impute import SimpleImputer
>>> X = np.array([[3, 2], [np.nan, 3], [4, 6], [8, 4]]) # 首列有缺失
>>> X
```

```
array([[ 3.,  2.],
       [nan,  3.],
       [ 4.,  6.],
       [ 8.,  4.]])
>>> simp = SimpleImputer().fit(X) # 默认插补均值，当前均值为5
>>> simp.transform(X)
array([[3., 2.],
       [5., 3.],
       [4., 6.],
       [8., 4.]])
>>> simp = SimpleImputer(strategy='median').fit(X) # 中位数插补，当前中位数为4
>>> simp.transform(X)
array([[3., 2.],
       [4., 3.],
       [4., 6.],
       [8., 4.]])
>>> simp = SimpleImputer(strategy='constant', fill_value=0).fit(X) # 插补0
>>> simp.transform(X)
array([[3., 2.],
       [0., 3.],
       [4., 6.],
       [8., 4.]])
```

8.4 分类

通过训练已知分类的数据集，从中可以发现分类规则，并以此预测新数据的所属类别，这被称为分类算法。按照类别标签的多少，分类算法可分为二分类算法和多分类算法。分类算法属于监督学习。Scikit-learn 中最常用的分类算法包括支持向量机（SVM）、最近邻、朴素贝叶斯、随机森林、决策树等。尽管 Scikit-learn 也支持多层感知器（MLP），不过 Scikit-learn 本身既不支持深度学习，也不支持 GPU 加速，因此 MLP 不适用于大规模数据应用。如果想借助 GPU 提高运行速度，建议使用 Tensorflow、Keras、PyTorch 等深度学习框架。

8.4.1 k-近邻分类

k- 近邻分类是最简单、最容易的分类方法，其模型无须训练，只要有训练集即可。训练集是一组有标签的样本。对于待分类的样本，从训练集中找出 k 个和它距离最近的样本，考察这些样本中哪一个标签最多，就给待分类样本贴上该标签。k 值的最佳选择高度依赖数据，通常较大的 k 值会抑制噪声的影响，但同时也会使分类界限不明显。通常 k 值是不大于 20 的整数。

Scikit-learn 的近邻算法模块 neighbors 提供了两种不同的最近邻分类器：一种是基于待分类样本点的 k 个最近邻实现，其中 k 是用户指定的整数值；另一种是基于待分类样本点的固定半径 r 内的邻居数量实现，其中 r 是用户指定的浮点数值。

下面以 Scikit-learn 内置的鸢尾花数据集为例，演示 k- 近邻分类模型的使用。下面先来看一看鸢尾花数据集中的样本集和分类标签集。

```
>>> from sklearn.datasets import load_iris
>>> iris = load_iris() # 获取鸢尾花数据集
>>> iris.data.shape # 150个样本，每个样本4项特征：花萼的长度和宽度，花瓣的长度和宽度
(150, 4)
>>> iris.target_names # 鸢尾花3个品种的名字
array(['setosa', 'versicolor', 'virginica'], dtype='<U10')
>>> iris.target # 150个样本的分类标签编号，0、1、2分别对应3个品种
array([0, 0, 0, 0, 0, 0, 0, 0, 0, 0, 0, 0, 0, 0, 0, 0, 0, 0, 0, 0, 0, 0,
       0, 0, 0, 0, 0, 0, 0, 0, 0, 0, 0, 0, 0, 0, 0, 0, 0, 0, 0, 0, 0, 0,
       0, 0, 0, 0, 0, 0, 1, 1, 1, 1, 1, 1, 1, 1, 1, 1, 1, 1, 1, 1, 1, 1,
       1, 1, 1, 1, 1, 1, 1, 1, 1, 1, 1, 1, 1, 1, 1, 1, 1, 1, 1, 1, 1, 1,
       1, 1, 1, 1, 1, 1, 1, 1, 1, 1, 1, 1, 2, 2, 2, 2, 2, 2, 2, 2, 2, 2,
       2, 2, 2, 2, 2, 2, 2, 2, 2, 2, 2, 2, 2, 2, 2, 2, 2, 2, 2, 2, 2, 2,
       2, 2, 2, 2, 2, 2, 2, 2, 2, 2, 2, 2, 2, 2, 2, 2, 2, 2])
```

在研究机器学习算法时，通常从样本集中随机抽取部分样本作为测试集，其余样本作为训练集。Scikit-learn 提供了 train_test_split( )，使用它可以将样本集按照指定的比例随机分割成训练集和测试集。下面使用 10% 的样本作为测试集对鸢尾花进行分类，模型精度在 93% 左右。

```
>>> from sklearn.datasets import load_iris
>>> from sklearn.neighbors import KNeighborsClassifier # 导入k-近邻分类模型
>>> from sklearn.model_selection import train_test_split as tsplit
>>> X, y = load_iris(return_X_y=True) # 获取鸢尾花数据集，返回样本集和标签集
>>> X_train, X_test, y_train, y_test = tsplit(X, y, test_size=0.1) # 拆分
>>> m = KNeighborsClassifier() # 实例化模型。n_neighbors参数指定k值，默认k=5
>>> m.fit(X_train, y_train) # 模型训练
KNeighborsClassifier(algorithm='auto', leaf_size=30, metric='minkowski',
                     metric_params=None, n_jobs=None, n_neighbors=5, p=2,
                     weights='uniform')
>>> m.score(X_test, y_test) # 模型测试精度（介于0~1）
0.9333333333333333
```

k- 近邻分类模型理论成熟，计算精度高，对异常值不敏感，但相对其他分类模型而言计算量大，占用内存多。由于 k- 近邻分类模型主要靠周围有限的邻近样本，而不是靠判别类域的方法来确定所属类别，因此对于类域交叉或重叠较多的待分类样本集来说，k- 近邻分类模型相较其他模型来说更为合适。k- 近邻分类模型比较适用于样本数量比较大的自动分类，当样本数量较小时容易产生错误分类。

8.4.2　贝叶斯分类

贝叶斯分类是基于朴素贝叶斯算法的模型。之所以称其为朴素贝叶斯，是因为它假设每个输入变量都是独立的，尽管这个硬性假设在实际应用中很难满足，但是对于解决绝大部分的复杂问题非常有效。朴素贝叶斯分类模型的原理是：在给出的待分类样本中，找出当前条件下出

现概率最大的类别，此类别即为待分类样本的所属类别。

在 Scikit-learn 朴素贝叶斯子模块 naive_bayes 中，一共有三个朴素贝叶斯分类模型类，其中 GaussianNB 是先验分布为高斯分布的朴素贝叶斯，MultinomialNB 是先验分布为多项式分布的朴素贝叶斯，而 BernoulliNB 是先验分布为伯努利分布的朴素贝叶斯。

这三个类适用的分类场景各不相同，一般情况下，如果样本特征的分布大部分是连续值，使用 GaussianNB 分类会比较合适，如上一节的鸢尾花分类，GaussianNB 分类的精度不比 k- 近邻分类低。如果样本特征的分布大部分是多元离散值，使用 MultinomialNB 分类比较合适，如垃圾文本过滤、情感预测、推荐系统等。而如果样本特征是二元离散值或很稀疏的多元离散值，则应该使用 BernoulliNB 分类。

下面以 Scikit-learn 内置的 20 个新闻组数据集为例，演示贝叶斯分类模型的使用。下面先来了解一下这个数据集的结构和内容。

```
>>> from sklearn.datasets import fetch_20newsgroups
>>> news = fetch_20newsgroups()
>>> news.keys()
dict_keys(['data', 'filenames', 'target_names', 'target', 'DESCR'])
>>> news.target_names
['alt.atheism', 'comp.graphics', 'comp.os.ms-windows.misc',
'comp.sys.ibm.pc.hardware', 'comp.sys.mac.hardware', 'comp.windows.x',
'misc.forsale', 'rec.autos', 'rec.motorcycles', 'rec.sport.baseball',
'rec.sport.hockey', 'sci.crypt', 'sci.electronics', 'sci.med', 'sci.space',
'soc.religion.christian', 'talk.politics.guns', 'talk.politics.mideast',
'talk.politics.misc', 'talk.religion.misc']
>>> len(news.data)
11314
>>> news.target.shape
(11314,)
>>> news.data[0]
" From: lerxst@wam.umd.edu (where's my thing)\nSubject: WHAT car is this!?\nNntp-
Posting-Host: rac3.wam.umd.edu\nOrganization: University of Maryland, College Park\
nLines: 15\n\n I was wondering if anyone out there could enlighten me on this car
I saw\nthe other day. It was a 2-door sports car, looked to be from the late 60s/\
nearly 70s. It was called a Bricklin. The doors were really small. In addition,\nthe
front bumper was separate from the rest of the body. This is \nall I know. If anyone
can tellme a model name, engine specs, years\nof production, where this car is made,
history, or whatever info you\nhave on this funky looking car, please e-mail.\n\
nThanks,\n- IL\n   ---- brought to you by your neighborhood Lerxst ----\n\n\n\n\n"
```

数据集下载后以 news 命名。news.data 是新闻样本集，共有 11314 个样本，每个样本是一段新闻文本。news.target_names 是新闻分组标签，共有 20 个分组。news.target 是对应新闻样本集的标签编号集。

因为机器学习模型只能处理数值数据，所以新闻样本集里的每一个文本样本都要转为 TF-IDF 向量。实际上，Scikit-learn 内置的数据集已经包含了转为 TF-IDF 向量的数据集，和下面的转换结果一致。

```
>>> from sklearn.feature_extraction.text import TfidfVectorizer
>>> vectorizer = TfidfVectorizer()
>>> vdata = vectorizer.fit_transform(news.data)
>>> vdata.shape # 11314个样本转为TF-IDF向量
(11314, 130107)
>>> vdata.nnz # 非零元素数量
1787565
```

新闻样本集里的一个文本样本大多是几百个字符，转为 TF-IDF 向量后，特征维超过 13 万个，而每个样本的非零特征维平均只有 158 个，可见这个数据集是非常稀疏的，适用于先验分布为多项式分布的朴素贝叶斯分类模型 MultinomialNB。

下面是使用 10% 的样本作为测试集的新闻分类的完整代码，模型精度在 85% 左右。代码中使用了分类结果报告函数 classification_report( )，返回的平均值包括宏平均值（每个标签的非加权平均值的平均值）、加权平均值（每个标签的支持加权平均值的平均值）和样本平均值（仅用于多标签分类）。

```
>>> from sklearn.datasets import fetch_20newsgroups
>>> from sklearn.feature_extraction.text import TfidfVectorizer # TF-IDF向量
>>> from sklearn.naive_bayes import MultinomialNB # 导入多项式分布的朴素贝叶斯模型
>>> from sklearn.model_selection import train_test_split as tsplit
>>> from sklearn.metrics import classification_report # 导入分类结果报告函数
>>> X, y = fetch_20newsgroups(return_X_y=True) # 获取新闻数据集和分类标签集
>>> vectorizer = TfidfVectorizer()
>>> vdata = vectorizer.fit_transform(X) # 文本转为TF-IDF向量
>>> x_train, x_test, y_train, y_test = tsplit(vdata, y, test_size=0.1)
>>> m = MultinomialNB() # 实例化多项式分布的朴素贝叶斯分类模型
>>> m.fit(x_train, y_train) # 模型训练
MultinomialNB(alpha=1.0, class_prior=None, fit_prior=True)
>>> precision = m.score(x_test, y_test)
>>> print('测试集分类准确率：%0.2f'%precision)
测试集分类准确率：0.85
>>> y_pred = m.predict(x_test)
>>> report = classification_report(y_test, y_pred)
>>> print('测试集分类结果报告：\n', report)
测试集分类结果报告：
              precision    recall  f1-score   support

           0       0.89      0.65      0.75        51
           1       0.90      0.72      0.80        60
           2       0.92      0.91      0.91        53
           3       0.77      0.81      0.79        62
           4       0.90      0.92      0.91        50
           5       0.91      0.84      0.87        74
           6       0.98      0.70      0.81        69
           7       0.89      0.91      0.90        55
           8       0.95      0.95      0.95        59
           9       0.96      0.95      0.96        57
          10       0.89      1.00      0.94        50
          11       0.82      0.99      0.89        69
```

```
          12       0.93      0.81      0.86        63
          13       0.93      0.89      0.91        45
          14       0.91      0.98      0.94        51
          15       0.44      1.00      0.62        60
          16       0.77      0.98      0.86        51
          17       0.95      0.98      0.97        61
          18       1.00      0.58      0.73        57
          19       1.00      0.09      0.16        35

    accuracy                           0.84      1132
   macro avg       0.89      0.83      0.83      1132
weighted avg       0.88      0.84      0.84      1132
```

8.4.3　决策树分类

决策树是一种树形结构，用于为决策提供依据。决策树的每一个节点都是可以用是或否来回答的问题，节点的分支表示一次选择（是或否），每片树叶对应一个决策。决策树通过树形结构将各种情况组合表示出来，直到所有组合都表示完毕，最终给出正确答案。决策树分类就是基于使用训练样本构建的决策树对测试样本进行分类的过程。

Scikit-learn 的决策树子模块 tree 提供了 DecisionTreeClassifier 分类模型，还提供了一个树形结构导出工具 export_graphviz( ) 函数。借助 graphviz 绘图库，可以将决策树绘制成树形图。不过 graphviz 绘图库的安装有些复杂，不仅要安装 graphviz 模块（使用 pip 命令安装即可），还要安装 graphviz 软件。有兴趣的读者可以自行检索相关资料，这里不再深入进行讲解。

下面以 Scikit-learn 内置的葡萄酒数据集为例，演示决策树分类模型的使用。葡萄酒数据集共有 178 个葡萄酒样本，每个样本都有酒精度、苹果酸、总酚类化合物、类黄酮、原花青素、脯氨酸等 13 项指标。这些样本分属 3 种不同的类型，每个葡萄酒样本都对应一个分类编号。以下代码使用 90% 的葡萄酒样本训练模型，使用 10% 的样本测试模型，模型精度在 94% 左右。

```
>>> from sklearn.datasets import load_wine # 导入葡萄酒数据集模块
>>> from sklearn import tree # 导入决策树子模块
>>> from sklearn.model_selection import train_test_split as tsplit
>>> from sklearn.metrics import classification_report
>>> X, y = load_wine(return_X_y=True) # 获取葡萄酒数据集和分类标签集
>>> x_train, x_test, y_train, y_test = tsplit(X, y, test_size=0.1)
>>> m = tree.DecisionTreeClassifier() # 实例化决策树分类模型
>>> m.fit(x_train, y_train)
DecisionTreeClassifier(ccp_alpha=0.0, class_weight=None, criterion='gini',
                       max_depth=None, max_features=None, max_leaf_nodes=None,
                       min_impurity_decrease=0.0, min_impurity_split=None,
                       min_samples_leaf=1, min_samples_split=2,
                       min_weight_fraction_leaf=0.0, presort='deprecated',
                       random_state=None, splitter='best')
>>> precision = m.score(x_test, y_test)
>>> print('测试集分类准确率：%0.2f'%precision)
```

```
测试集分类准确率: 0.94
>>> y_pred = m.predict(x_test)
>>> report = classification_report(y_test, y_pred)
>>> print('测试集分类结果报告: \n', report)
测试集分类结果报告:
              precision    recall  f1-score   support

           0       0.88      0.88      0.88         8
           1       0.83      0.83      0.83         6
           2       1.00      1.00      1.00         4

    accuracy                           0.89        18
   macro avg       0.90      0.90      0.90        18
weighted avg       0.89      0.89      0.89        18
```

图 8-3 是这个决策树分类模型使用葡萄酒样本数据集训练得到的决策树的树形图。

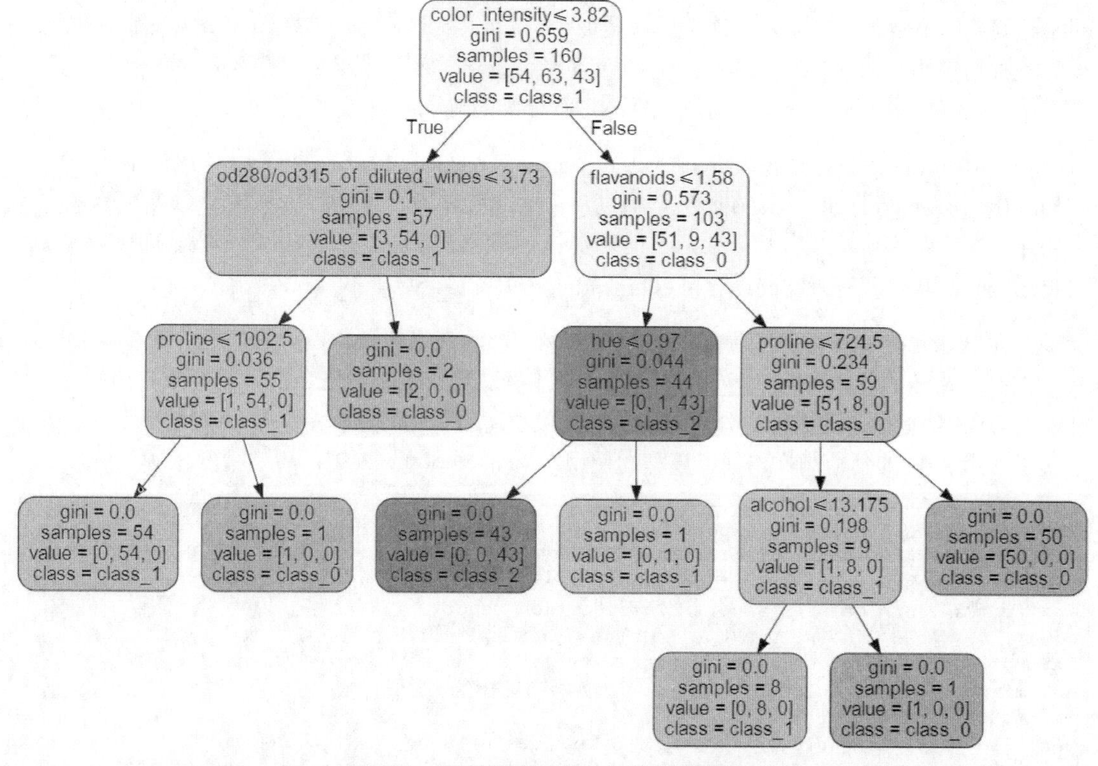

图 8-3　用于葡萄酒样本分类的决策树

决策树分类模型非常直观，易于理解，模型训练也不需要太多的数据。不过，决策树分类模型的稳定性比较低，因为数据中的微小变化可能会导致生成完全不同的决策树。另外，决策树分类模型容易产生一个过于复杂的模型，因此模型的泛化性不是很理想。

8.4.4 随机森林分类

随机森林是一种相对较新的机器学习算法，几乎能预测任何数据类型的问题，拥有广泛的应用前景。熟悉了决策树就能很容易理解随机森林。随机森林就是将多棵决策树集成在一起的算法，它的基本单元是决策树，而它本质上属于机器学习的一大分支——集成学习（Ensemble Learning）方法。

随机森林包含的每棵决策树都是一个分类模型，对于一个输入样本，每个分类模型都会产生一个分类结果，类似投票表决。随机森林集成了所有的"投票"分类结果，并将"投票"次数最多的类别指定为最终的输出类别。随机森林每颗决策树的训练样本都是随机的，决策树中训练集的特征列也是随机选择确定的。正是因为这两个随机性的存在，使得随机森林不容易陷入过拟合，并且具有很好的抗噪能力。

考虑到随机森林的每一棵决策树中训练集的特征列是随机选择确定的，因此它更适合处理具有多特征列的数据，所以选择 Scikit-learn 内置的威斯康星州乳腺癌数据集来演示随机森林分类模型的使用。该数据集有 569 个乳腺癌样本，每个样本包含半径、纹理、周长、面积、是否平滑、是否紧凑、是否凹凸等 30 个特征。

```
>>> from sklearn.datasets import load_breast_cancer
>>> ds = load_breast_cancer() # 加载威斯康星州乳腺癌数据集
>>> ds.data.shape # 569个乳腺癌样本，每个样本包含30个特征
(569, 30)
```

下面的代码使用交叉验证函数 cross_val_score( ) 来评估决策树分类模型和随机森林分类模型的精度。交叉验证的原理是将样本分成 n 份，每次用其中的 n-1 份作训练集，剩余 1 份作测试集，训练 n 次，返回每次的训练结果。随机森林分类模型从 Scikit-learn 的集成子模块（ensemble）导入。

```
>>> from sklearn.tree import DecisionTreeClassifier
>>> from sklearn.ensemble import RandomForestClassifier
>>> from sklearn.model_selection import cross_val_score
>>> dtc = DecisionTreeClassifier() # 实例化决策树分类模型
>>> rfc = RandomForestClassifier() # 实例化随机森林分类模型
>>> dtc_scroe = cross_val_score(dtc, ds.data, ds.target, cv=10) # 交叉验证
>>> dtc_scroe # 决策树分类模型交叉验证10次的结果
array([0.94736842, 0.87719298, 0.92982456, 0.89473684, 0.94736842,
       0.87719298, 0.89473684, 0.94736842, 0.92982456, 0.91071429])
>>> dtc_scroe.mean() # 决策树分类模型交叉验证10次的平均精度
0.9156328320802005
>>> rfc_scroe = cross_val_score(rfc, ds.data, ds.target, cv=10) # 交叉验证
>>> rfc_scroe # 随机森林分类模型交叉验证10次的结果
array([0.98245614, 0.89473684, 0.94736842, 0.94736842, 0.98245614,
       0.98245614, 0.96491228, 0.98245614, 0.94736842, 0.96428571])
>>> rfc_scroe.mean()# 随机森林分类模型交叉验证10次的平均精度
0.9595864661654134
```

决策树分类模型和随机森林分类模型的交叉验证结果表明，随机森林分类模型的分类精度明显优于决策树分类模型。而且合理选择参数（参数调优），随机森林分类模型的分类精度还有提升空间。

在当前所有算法中，随机森林分类模型具有很高的准确率，能够处理很高维度（特征很多）的数据，并且不用做特征选择（因为特征子集是随机选择的）。随机森林分类模型包含的各个决策树之间是相互独立的，可以通过并行训练提升训练速度。不过，随机森林分类模型也不是完美无缺的，它的参数调优相对复杂，在某些噪声较大的分类或回归问题上会出现过拟合。

8.4.5 支持向量机分类

支持向量机（Support Vector Machine，SVM）的基本原理是找到一个将所有数据样本分割成两部分的超平面，使所有样本到这个超平面的累计距离最短。什么是超平面呢？超平面是指 n 维线性空间中维度为 $n-1$ 的子空间。例如，在二维平面中，一维的直线可以将二维平面分割成两部分；在三维空间中，二维的平面可以将空间分成两部分。

显然，SVM 是一种二分类模型。SVM 在解决小样本、非线性及高维模式识别中表现出许多特有的优势，并且还能够推广应用到函数拟合等其他机器学习问题中。不过，SVM 解决多元分类问题时效率较低，也难以对大规模训练样本实施训练。

Scikit-learn 的支持向量机子模块（svm）提供了三个分类模型：LinearSVC、NuSVC 和 SVC。SVC 分类模型和 NuSVC 分类模型的方法类似，都是基于 libsvm 实现，它们的区别是损失函数的度量方式不同（NuSVC 分类模型中的 nu 参数和 SVC 分类模型中的 C 参数）；LinearSVC 分类模型实现了线性分类支持向量机，基于 liblinear 实现，既可以用于二类分类，也可以用于多类分类。

在 8.4.4 小节中使用的威斯康星州乳腺癌数据集只有良性和恶性两个标签，正好适合测试支持向量机分类模型。以下代码使用交叉验证函数测试了三个分类模型的分类精度。其中 SVC 分类模型和 NuSVC 分类模型均使用默认参数，而 LinearSVC 分类模型指定了参数 dual 为 False（当样本数量大于特征数量时，参数 dual 倾向为 False，否则 liblinear 不收敛）。

```
>>> from sklearn.datasets import load_breast_cancer
>>> from sklearn.model_selection import cross_val_score
>>> from sklearn import svm
>>> ds = load_breast_cancer() # 加载威斯康星州乳腺癌数据集
>>> msvc = svm.SVC() # 实例化SVC分类模型
>>> mnusvc = svm.NuSVC() # 实例化NuSVC分类模型
>>> mlsvc = svm.LinearSVC(dual=False) # 实例化LinearSVC分类模型
>>> score_msvc = cross_val_score(msvc, ds.data, ds.target, cv=10)
>>> score_mnusvc = cross_val_score(mnusvc, ds.data, ds.target, cv=10)
>>> score_mlsvc = cross_val_score(mlsvc, ds.data, ds.target, cv=10)
>>> score_msvc.mean() # SVC分类模型交叉验证10次的平均精度
0.9138784461152882
```

```
>>> score_mnusvc.mean() # NuSVC分类模型交叉验证10次的平均精度
0.8734962406015038
>>> score_mlsvc.mean() # LinearSVC分类模型交叉验证10次的平均精度
0.9542931402580526
```

针对威斯康星州乳腺癌数据集的分类，LinearSVC 分类模型的表现最好，准确率超过 95%，NuSVC 分类模型和 SVC 分类模型的表现只能算差强人意。

8.5　回归

回归是指研究一组随机变量（输入变量）和另一组变量（输出变量）之间关系的统计分析方法。如果输入变量的值发生变化时，输出变量随之改变，则可以使用回归算法预测输入变量和输出变量之间的关系。回归用于预测与给定对象相关联的连续值属性，而分类用于预测与给定对象相关联的离散属性，这是区分分类和回归问题的重要标志。和分类问题一样，回归问题也属于监督学习的一类。回归问题按照输入变量的个数，可以分为一元回归和多元回归；按照输入变量与输出变量之间的关系，可以分为线性回归和非线性回归。

评价一个分类模型的性能相对容易，因为一个样本属于某个类别是一个是非判断问题，分类模型对某个样本的分类只有正确和错误两种结果。但是评价一个回归模型的性能就要复杂得多。例如用回归预测某地区房价，其结果并无正确与错误之分，只能用偏离实际价格的程度来评价这个结果。

8.5.1　线性回归

若输出变量与一个或多个输入变量之间存在线性关系，则对此关系的研究称为线性回归。一个常见的线性回归模型为

$$y = w_0 + w_1x_1 + w_2x_2 + \cdots + w_px_p$$

在 Scikit-learn 的线性模型子模块（linear_model）中，向量 $\boldsymbol{w}=(w_1, w_2, \cdots, w_p)$ 被定义为 coef_，w_0 被定义为 intercept_。LinearRegression 回归模型利用最小二乘法拟合一个带有系数 $(w_1, w_2, \cdots, w_p)$ 的线性模型，使得数据集实际观测数据和预测数据（估计值）之间的残差平方和最小。

以下代码使用样本生成器 make_sparse_uncorrelated( ) 生成了有 4 个固定系数的线性组合，然后使用 LinearRegression 回归模型实现回归。

```
>>> from sklearn.datasets import make_sparse_uncorrelated
>>> from sklearn.linear_model import LinearRegression
>>> from sklearn.model_selection import train_test_split as tsplit
```

```
>>> X, y = make_sparse_uncorrelated(n_samples=100, n_features=4)
>>> X.shape # 生成有4个特征维的100个样本
(100, 4)
>>> y.shape
(100,)
>>> X_train, X_test, y_train, y_test = tsplit(X, y, test_size=0.1)
>>> reg = LinearRegression() # 实例化最小二乘法线性回归模型
>>> reg.fit(X_train, y_train) # 训练
LinearRegression(copy_X=True, fit_intercept=True, n_jobs=None, normalize=False)
>>> y_pred = reg.predict(X_test) # 预测
>>> y_pred # 预测结果
array([-1.19447686,  2.02005782,  4.04782835, -0.1486067 , -4.57228115,
       -0.41483865,  0.38927926,  1.75847807, -2.5458123 , -4.34608263])
>>> y_test # 实际结果
array([-1.75205189,  2.30606061,  5.38758422,  1.77522356, -5.44545423,
        1.13737928, -0.04875574,  2.06188724, -2.94278265, -5.42752369])
```

回归模型经过训练，对 10 个测试样本做出的预测结果为 y_pred 数组，实际结果为 y_test 数组，那么如何评估这个回归模型的性能呢？模型评估指标子模块 metrics 提供了几个评估方法，其中 mean_squared_error( ) 函数，即均方误差（MSE）最为常用；r2_score( ) 函数，即复相关系数（R^2）也经常被用到。

```
>>> from sklearn import metrics
>>> metrics.mean_squared_error(y_test, y_pred) # 均方误差
1.067159988298905
>>> metrics.r2_score(y_test, y_pred) # 复相关系数
0.9055728458557337
>>> metrics.median_absolute_error(y_test, y_pred) # 中位数绝对误差
0.7153740507262739
```

要想直观地看到回归模型的预测结果和实际结果的吻合程度，残差图将是一个很好的选择。残差就是预测值和实际值的差。残差图的纵坐标表示残差，横坐标通常是测试样本序号。我个人更喜欢类似实际值—预测值图，即 Q-Q 图样式的残差图，用横坐标表示实际值，用纵坐标表示预测值。

```
>>> import matplotlib.pyplot as plt
>>> import numpy as np
>>> plt.rcParams['font.sans-serif'] = ['FangSong']
>>> plt.rcParams['axes.unicode_minus'] = False
>>> plt.subplot(121)
<matplotlib.axes._subplots.AxesSubplot object at 0x000001BD0DE7E888>
>>> plt.title('残差图')
Text(0.5, 1.0, '残差图')
>>> plt.plot(y_pred-y_test, 'o')
[<matplotlib.lines.Line2D object at 0x000001BD0AE512C8>]
>>> plt.plot(np.array([0,9]),np.array([0,0]))
[<matplotlib.lines.Line2D object at 0x000001BD0E02BF88>]
>>> plt.xlabel('测试样本序号')
Text(0.5, 0, '测试样本序号')
```

```
>>> plt.ylabel('残差：预测值-实际值')
Text(0, 0.5, '残差：预测值-实际值')
>>> plt.subplot(122)
<matplotlib.axes._subplots.AxesSubplot object at 0x000001BD0AE60108>
>>> plt.title('实际值-预测值')
Text(0.5, 1.0, '实际值-预测值')
>>> plt.plot(y_test, y_pred, 'o')
[<matplotlib.lines.Line2D object at 0x000001BD0DECE3C8>]
>>> y_range = np.linspace(y_test.min(), y_test.max(), 100)
>>> plt.plot(y_range, y_range)
[<matplotlib.lines.Line2D object at 0x000001BD0DECE548>]
>>> plt.xlabel('实际值')
Text(0.5, 0, '实际值')
>>> plt.ylabel('预测值')
Text(0, 0.5, '预测值')
>>> plt.show()
```

在图 8-4（a）所示的残差图中，残差围绕直线 y=0 上下波动。在图 8-4（b）所示的实际值—预测值图中，预测值分布在直线 y=x 周围，如果恰好落在这条直线上，说明预测值和实际值相同。

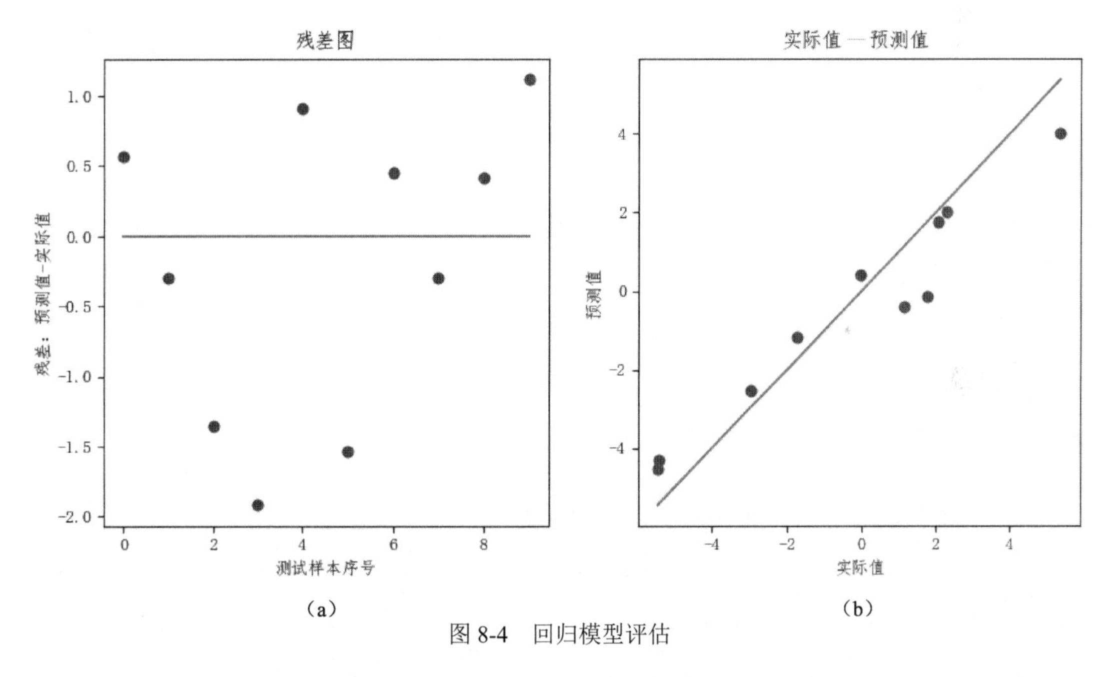

（a）　　（b）

图 8-4　回归模型评估

由于最小二乘法线性回归模型对特征项的相关性非常敏感，导致最小二乘估计对随机误差非常敏感，可能会产生很大的方差。Ridge 岭回归模型通过对系数的大小施加惩罚来避免最小二乘法线性回归模型对特征项相关性异常敏感的问题。

线性模型子模块（linear_model）提供了 Ridge 岭回归模型，用参数 alpha 来控制系数收缩量的复杂性，值越大，收缩量越大，模型对共线性的鲁棒性也更强。

```
>>> from sklearn import linear_model
>>> X = np.array([[0, 0], [0, 0], [1, 1]]) # 样本特征相关性强
>>> y = np.array([0, .1, 1])
>>> reg_linear = linear_model.LinearRegression() # 实例化最小二乘法线性回归模型
>>> reg_ridge = linear_model.Ridge(alpha=0.5) # 实例化岭回归模型
>>> reg_linear.fit(X, y) # 训练
LinearRegression(copy_X=True, fit_intercept=True, n_jobs=None, normalize=False)
>>> reg_ridge.fit(X, y) # 训练
Ridge(alpha=0.5, copy_X=True, fit_intercept=True, max_iter=None,
      normalize=False, random_state=None, solver='auto', tol=0.001)
>>> reg_linear.coef_ # 受样本的特征项强相关性影响，回归结果明显异常
array([-1.47086948e+14,  1.47086948e+14])
>>> reg_linear.intercept_
0.0854166666666667
>>> reg_ridge.coef_ # alpha参数很好地控制了系数的收缩量
array([0.34545455, 0.34545455])
>>> reg_ridge.intercept_
0.1363636363636363638
```

上面的代码对特征项强相关的一组样本分别应用最小二乘法线性回归模型和岭回归模型。可以看出，Ridge 岭回归模型的结果几乎不受特征项的相关性影响，而最小二乘法线性回归模型结果的偏差却比较大。

8.5.2　支持向量机回归

支持向量机属于监督学习算法，不仅可以用于分类，还可以用于回归。和支持向量机分类类似，支持向量机回归也有三种不同的回归模型，即 SVR、NuSVR 和 LinearSVR。与分类不同的是，这三个模型的 fit( ) 方法调用的 y 参数向量是浮点型而不是整型。

```
>>> import numpy as np
>>> import matplotlib.pyplot as plt
>>> import mpl_toolkits.mplot3d
>>> x, y = np.mgrid[-2:2:50j,-2:2:50j] # 生成50×50的网格
>>> z = x*np.exp(-x**2-y**2) # 计算网格上每一点的高度值
>>> _x = np.random.random(100)*4 - 2 # 随机生成区间[-2,2)内的100个x
>>> _y = np.random.random(100)*4 - 2 # 随机生成区间[-2,2)内的100个y
>>> _z = _x*np.exp(-_x**2-_y**2) + (np.random.random(100)-0.5)*0.1
>>> ax = plt.subplot(111, projection='3d')
>>> ax.plot_surface(x,y,z,cmap=plt.cm.hsv,alpha=0.5) # 画50×50的网格曲面
<mpl_toolkits.mplot3d.art3d.Poly3DCollection object at 0x0000020F3B20BE88>
>>> ax.scatter3D(_x, _y, _z, c='r') # 画100个样本点
<mpl_toolkits.mplot3d.art3d.Path3DCollection object at 0x0000020F3B6DE8C8>
>>> plt.show()
```

上面这段代码在已知曲面上随机生成了 100 个样本点，如图 8-5 所示。接下来用支持向量机回归模型来对这 100 个样本做回归分析，观察不同的参数对回归结果的影响。

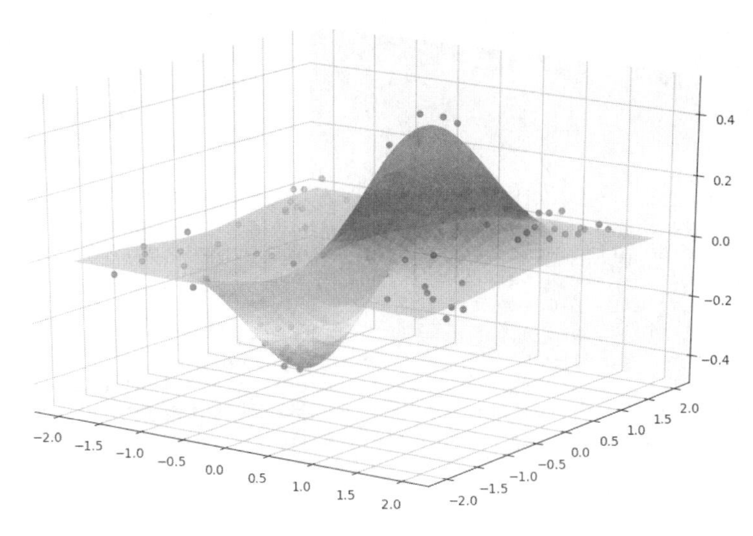

图 8-5　已知曲面上随机生成 10 个样本点

支持向量机回归模型有很多参数，比较重要的有 kernel 参数和 C 参数。kernel 参数用来选择内核算法；C 是误差项的惩罚参数，取值一般为 10 的整数次幂，如 0.001、0.1、1000 等。通常，C 值越大，对误差项的惩罚越大，因此训练集测试时准确率就越高，但泛化能力越弱；C 值越小，对误差项的惩罚越小，因此容错能力越强，泛化能力也相对越强。

```
>>> import numpy as np
>>> import matplotlib.pyplot as plt
>>> import mpl_toolkits.mplot3d
>>> from sklearn.svm import SVR
>>> x, y = np.mgrid[-2:2:50j,-2:2:50j]
>>> z = x*np.exp(-x**2-y**2)
>>> _x = np.random.random(100)*4 - 2
>>> _y = np.random.random(100)*4 - 2
>>> _z = _x*np.exp(-_x**2-_y**2) + (np.random.random(100)-0.5)*0.1
>>> X_train = np.stack((_x, _y), axis=1) # 训练样本集
>>> y_train = _z # 训练标签集
>>> X_test = np.stack((x.ravel(), y.ravel()), axis=1) # 测试样本集
>>> y_test = z.ravel() # 测试标签集
>>> svr_1 = SVR(kernel='rbf', C=0.1) # 实例化SVR模型，rbf核函数，C=0.1
>>> svr_2 = SVR(kernel='rbf', C=100) # 实例化SVR模型，rbf核函数，C=100
>>> svr_1.fit(X_train, y_train) # 模型训练
SVR(C=0.1, cache_size=200, coef0=0.0, degree=3, epsilon=0.1, gamma='scale',
    kernel='rbf', max_iter=-1, shrinking=True, tol=0.001, verbose=False)
>>> svr_2.fit(X_train, y_train) # 模型训练
SVR(C=100, cache_size=200, coef0=0.0, degree=3, epsilon=0.1, gamma='scale',
    kernel='rbf', max_iter=-1, shrinking=True, tol=0.001, verbose=False)
>>> z_1 = svr_1.predict(X_test) # 模型预测
>>> z_2 = svr_2.predict(X_test) # 模型预测
>>> score_1 = svr_1.score(X_test, y_test) # 模型评估
>>> score_2 = svr_2.score(X_test, y_test) # 模型评估
```

```
>>> score_1
0.7704232164121735
>>> score_2
0.8893209908625596
>>> ax = plt.subplot(121, projection='3d')
>>> ax.scatter3D(_x, _y, _z, c='r')
<mpl_toolkits.mplot3d.art3d.Path3DCollection object at 0x0000017EC7E9AD08>
>>> ax.plot_surface(x,y,z_1.reshape(x.shape),cmap=plt.cm.hsv,alpha=0.5)
<mpl_toolkits.mplot3d.art3d.Poly3DCollection object at 0x0000017EC7E9AC48>
>>> plt.title('score:%0.3f@kernel="rbf", C=0.1'%score_1)
Text(0.5, 0.92, 'score:0.761@kernel="rbf", C=0.1')
>>> ax = plt.subplot(122, projection='3d')
>>> ax.scatter3D(_x, _y, _z, c='r')
<mpl_toolkits.mplot3d.art3d.Path3DCollection object at 0x0000017EC2EA2048>
>>> ax.plot_surface(x,y,z_2.reshape(x.shape),cmap=plt.cm.hsv,alpha=0.5)
<mpl_toolkits.mplot3d.art3d.Poly3DCollection object at 0x0000017EC7FBCAC8>
>>> plt.title('score:%0.3f@kernel="rbf", C=100'%score_2)
Text(0.5, 0.92, 'score:0.860@kernel="rbf", C=100')
>>> plt.show()
```

上面的代码指定 kernel 参数为 rbf 核函数（高斯核函数），C 值分别取 0.1 和 100，gamma 参数使用默认值。结果显示，C 值取 100 比 C 值取 0.1 的回归结果更优，它几乎复现了生成样本所依赖的曲面，效果如图 8-6 所示。

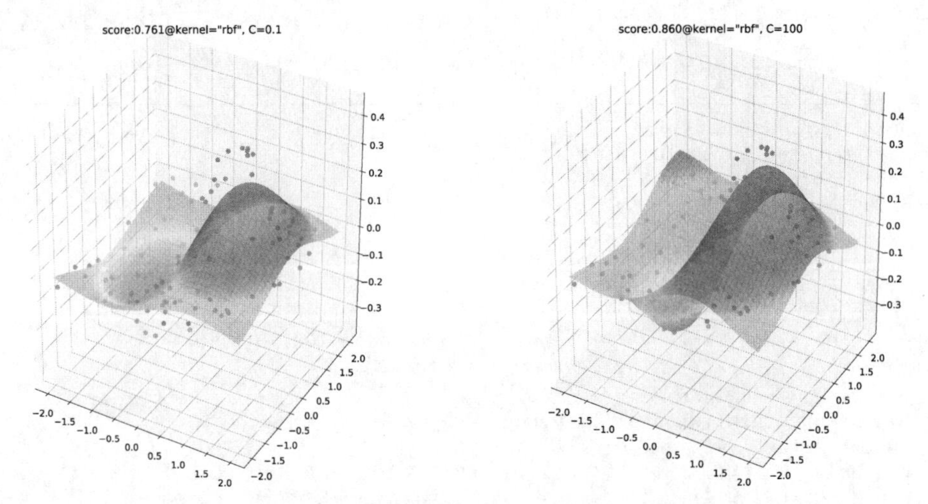

图 8-6　使用高斯核函数的支持向量机回归分析结果

如果将核函数更换为线性（linear）核函数或多项式（poly）核函数，就本例而言，回归效果明显变差。

```
>>> svr_1 = SVR(kernel='linear', C=100) # 实例化SVR模型，线性核函数，C=100
>>> svr_2 = SVR(kernel='poly', C=100) # 实例化SVR模型，多项式核函数，C=100
>>> svr_1.fit(X_train, y_train) # 模型训练
SVR(C=100, cache_size=200, coef0=0.0, degree=3, epsilon=0.1, gamma='scale',
```

```
    kernel='linear', max_iter=-1, shrinking=True, tol=0.001, verbose=False)
>>> svr_2.fit(X_train, y_train) # 模型训练
SVR(C=100, cache_size=200, coef0=0.0, degree=3, epsilon=0.1, gamma='scale',
    kernel='poly', max_iter=-1, shrinking=True, tol=0.001, verbose=False)
>>> z_1 = svr_1.predict(X_test) # 模型预测
>>> z_2 = svr_2.predict(X_test) # 模型预测
>>> score_1 = svr_1.score(X_test, y_test) # 模型评估
>>> score_2 = svr_2.score(X_test, y_test) # 模型评估
>>> score_1
0.2396389420473286
>>> score_2
0.021762800917930814
>>> ax = plt.subplot(121, projection='3d')
>>> ax.scatter3D(_x, _y, _z, c='r')
<mpl_toolkits.mplot3d.art3d.Path3DCollection object at 0x0000017EC837C348>
>>> ax.plot_surface(x,y,z_1.reshape(x.shape),cmap=plt.cm.hsv,alpha=0.5)
<mpl_toolkits.mplot3d.art3d.Poly3DCollection object at 0x0000017EC837C448>
>>> plt.title('score:%0.3f@kernel="linear", C=100'%score_1)
Text(0.5, 0.92, 'score:0.245@kernel="linear", C=100')
>>> ax = plt.subplot(122, projection='3d')
>>> ax.scatter3D(_x, _y, _z, c='r')
<mpl_toolkits.mplot3d.art3d.Path3DCollection object at 0x0000017EC837CCC8>
>>> ax.plot_surface(x,y,z_2.reshape(x.shape),cmap=plt.cm.hsv,alpha=0.5)
<mpl_toolkits.mplot3d.art3d.Poly3DCollection object at 0x0000017EC7653BC8>
>>> plt.title('score:%0.3f@kernel="poly", C=100'%score_2)
Text(0.5, 0.92, 'score:0.007@kernel="poly", C=100')
>>> plt.show()
```

上面的代码分别指定 kernel 参数为线性核函数和多项式核函数，C 值固定为 100，回归结果变得几乎不可用，效果如图 8-7 所示。

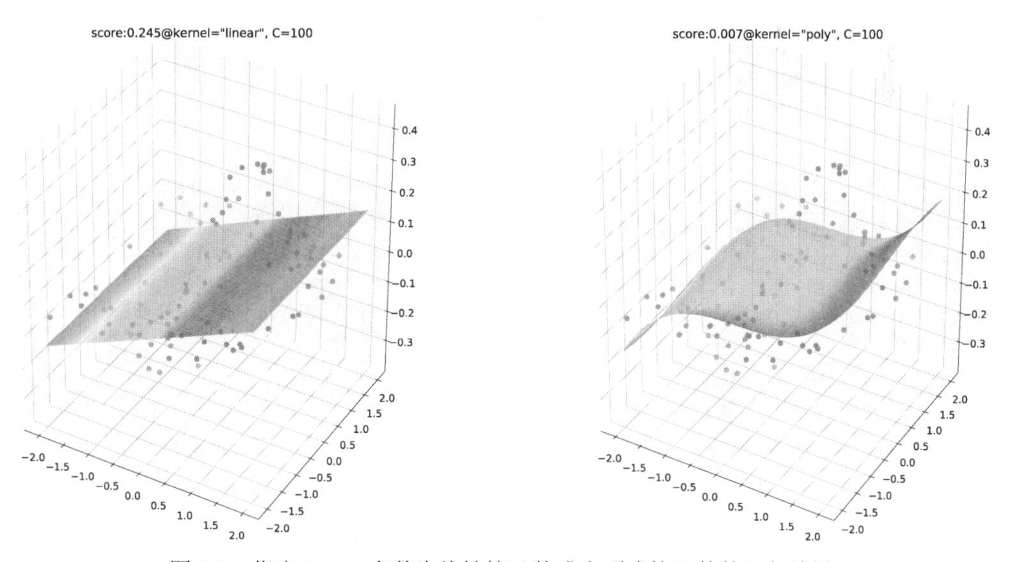

图 8-7　指定 kernel 参数为线性核函数或多项式核函数的回归结果

8.5.3 k-近邻回归

k-近邻回归和 k-近邻分类都是基于最近邻算法实现的，不同的是，k-近邻分类适用于数据标签为离散变量的情况，而 k-近邻回归适用于数据标签为连续变量的情况。k-近邻回归预测样本的标签由它最近邻标签的均值计算而来。

Scikit-learn 提供了两个不同的最近邻回归类：KneighborsRegressor 类基于每个查询点的 k 个最近邻实现，其中 k 是用户指定的整数值；RadiusNeighborsRegressor 类基于每个查询点的固定半径 r 内的邻点数量实现，其中 r 是用户指定的浮点数值。

下面的代码使用 KneighborsRegressor 类（默认参数）对已知曲面上的样本点做回归分析，取得了不错的效果，性能评分仅次于使用 rbf 核函数的支持向量机回归。

```
>>> import numpy as np
>>> from sklearn.neighbors import KNeighborsRegressor
>>> import matplotlib.pyplot as plt
>>> import mpl_toolkits.mplot3d
>>> x, y = np.mgrid[-2:2:50j,-2:2:50j] # 生成50×50的网格
>>> z = x*np.exp(-x**2-y**2) # 计算网格上每一个点的高度值
>>> _x = np.random.random(100)*4 - 2 # 随机生成区间[-2,2)内的100个x
>>> _y = np.random.random(100)*4 - 2 # 随机生成区间[-2,2)内的100个y
>>> _z = _x*np.exp(-_x**2-_y**2) + (np.random.random(100)-0.5)*0.1
>>> X_train = np.stack((_x, _y), axis=1) # 训练样本集
>>> y_train = _z # 训练标签集
>>> X_test = np.stack((x.ravel(), y.ravel()), axis=1) # 测试样本集
>>> y_test = z.ravel() # 测试标签集
>>> knr = KNeighborsRegressor() # 实例化模型
>>> knr = KNeighborsRegressor().fit(X_train, y_train) # 模型训练
>>> z_knr = knr.predict(X_test) # 模型预测
>>> score = knr.score(X_test, y_test) # 模型评估
>>> score
0.8918972416840268
>>> ax = plt.subplot(111, projection='3d')
>>> ax.scatter3D(_x, _y, _z, c='r')
<mpl_toolkits.mplot3d.art3d.Path3DCollection object at 0x0000017EC8603588>
>>> ax.plot_surface(x,y,z_knr.reshape(x.shape),cmap=plt.cm.hsv,alpha=0.5)
<mpl_toolkits.mplot3d.art3d.Poly3DCollection object at 0x0000017EC8603488>
>>> plt.show()
```

图 8-8 所示的是对三维曲面上样本点做 k-近邻回归分析的结果。显然，k-近邻回归依赖数量较多的训练样本，当训练样本数量较少时，k-近邻回归没有支持向量机回归的结果平滑。

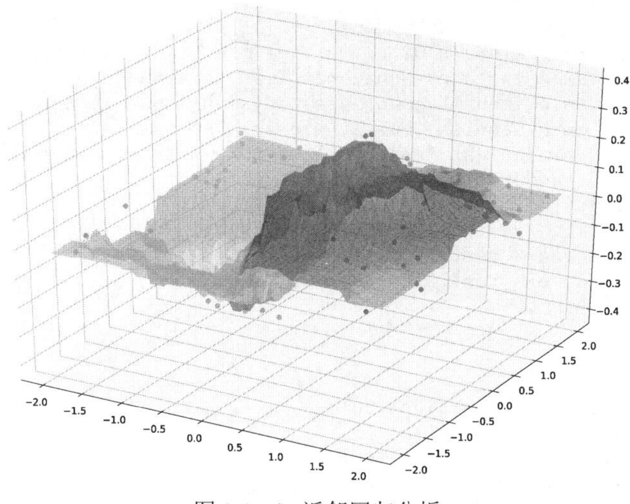

图 8-8　k- 近邻回归分析

8.5.4　决策树回归

决策树同样也可以用来做回归分析，不过有一点需要特别注意：基于决策树的回归模型不能外推，不能对训练数据范围外的样本进行预测。Scikit-learn 的决策树子模块 tree 提供了 DecisionTreeRegressor 类来解决回归问题。和分类树一样，决策树深度（max_depth）也是回归树的重要参数，决策树深度的增加虽然可以增强训练集的拟合能力，但这也可能导致其泛化能力的下降。

下面的代码使用不同的决策树深度对已知曲面上的样本点做回归分析，但效果不尽如人意。

```
>>> import numpy as np
>>> from sklearn.tree import DecisionTreeRegressor
>>> import matplotlib.pyplot as plt
>>> import mpl_toolkits.mplot3d
>>> x, y = np.mgrid[-2:2:50j,-2:2:50j] # 生成50×50的网格
>>> z = x*np.exp(-x**2-y**2) # 计算网格上每一个点的高度值
>>> _x = np.random.random(100)*4 - 2 # 随机生成区间[-2,2)内的100个x
>>> _y = np.random.random(100)*4 - 2 # 随机生成区间[-2,2)内的100个y
>>> _z = _x*np.exp(-_x**2-_y**2) + (np.random.random(100)-0.5)*0.1
>>> X_train = np.stack((_x, _y), axis=1) # 训练样本集
>>> y_train = _z # 训练标签集
>>> X_test = np.stack((x.ravel(), y.ravel()), axis=1) # 测试样本集
>>> y_test = z.ravel() # 测试标签集
>>> dtr_1 = DecisionTreeRegressor(max_depth=5) # 实例化模型，决策树深度为5
>>> dtr_2 = DecisionTreeRegressor(max_depth=10) # 实例化模型，决策树深度为10
>>> dtr_1.fit(X_train, y_train) # 模型训练
DecisionTreeRegressor(ccp_alpha=0.0, criterion='mse', max_depth=5,
                      max_features=None, max_leaf_nodes=None,
                      min_impurity_decrease=0.0, min_impurity_split=None,
                      min_samples_leaf=1, min_samples_split=2,
                      min_weight_fraction_leaf=0.0, presort='deprecated',
                      random_state=None, splitter='best')
```

```
>>> dtr_2.fit(X_train, y_train) # 模型训练
DecisionTreeRegressor(ccp_alpha=0.0, criterion='mse', max_depth=10,
                      max_features=None, max_leaf_nodes=None,
                      min_impurity_decrease=0.0, min_impurity_split=None,
                      min_samples_leaf=1, min_samples_split=2,
                      min_weight_fraction_leaf=0.0, presort='deprecated',
                      random_state=None, splitter='best')
>>> z_1 = dtr_1.predict(X_test)
>>> z_2 = dtr_2.predict(X_test) # 模型预测
>>> score_1 = dtr_1.score(X_test, y_test) # 模型评估
>>> score_2 = dtr_2.score(X_test, y_test) # 模型评估
>>> score_1
0.7901477190145176
>>> score_2
0.8205039540519313
>>> ax = plt.subplot(121, projection='3d')
>>> ax.scatter3D(_x, _y, _z, c='r')
<mpl_toolkits.mplot3d.art3d.Path3DCollection object at 0x0000017EC7733E08>
>>> ax.plot_surface(x,y,z_1.reshape(x.shape),cmap=plt.cm.hsv,alpha=0.5)
<mpl_toolkits.mplot3d.art3d.Poly3DCollection object at 0x0000017EC7733D48>
>>> plt.title('score:%0.3f@max_depth=5'%score_1)
Text(0.5, 0.92, 'score:0.779@max_depth=5')
>>> ax = plt.subplot(122, projection='3d')
>>> ax.scatter3D(_x, _y, _z, c='r')
<mpl_toolkits.mplot3d.art3d.Path3DCollection object at 0x0000017EC75C4F08>
>>> ax.plot_surface(x,y,z_2.reshape(x.shape),cmap=plt.cm.hsv,alpha=0.5)
<mpl_toolkits.mplot3d.art3d.Poly3DCollection object at 0x0000017EC75C4D88>
>>> plt.title('score:%0.3f@max_depth=10'%score_2)
Text(0.5, 0.92, 'score:0.820@max_depth=10')
>>> plt.show()
```

图 8-9 所示的是不同决策树深度对回归效果的影响。和 k- 近邻回归相比，决策树回归得到的曲面平滑性更差。这也不难理解，毕竟 k- 近邻回归结果是根据 k 个最近邻标签的均值计算而来的。

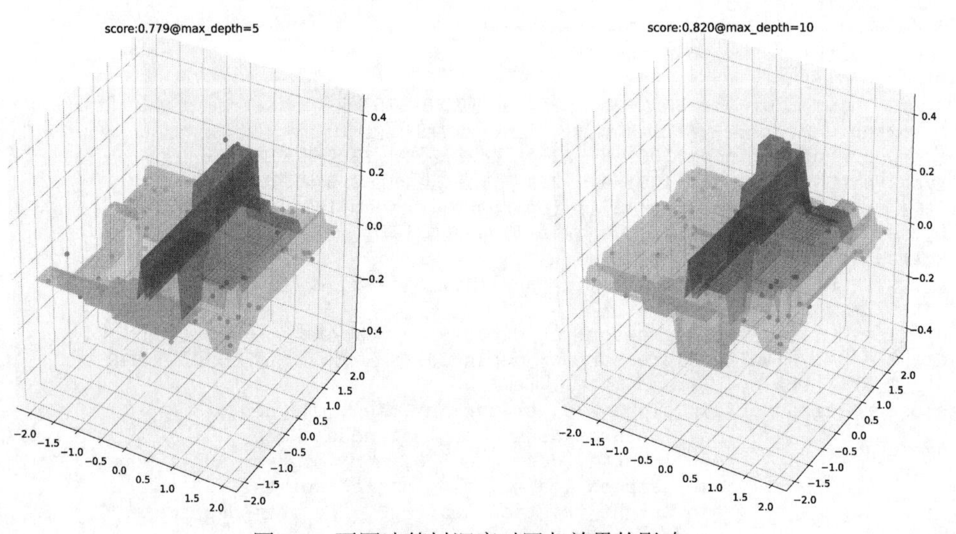

图 8-9　不同决策树深度对回归效果的影响

8.5.5 随机森林回归

单棵决策树通常具有高方差，因此容易过拟合。随机森林回归模型能够通过组合不同的决策树降低方差，但有时会略微增加偏差。在实际应用中，方差降低通常比偏差增加更加显著，所以随机森林回归模型能够取得更好的效果。随机森林回归模型需要调整的参数主要是 n_estimators 和 max_features。n_estimators 参数用于设置随机森林回归模型里决策树的数量，通常数量越大，效果越好，但是计算时间也会随之增加。当决策树的数量超过一个临界值后，算法的效果并不会很显著地变好。max_features 参数用于设置分割节点时考虑的特征的随机子集的大小。这个值越低，方差减小得越多，但是偏差的增大也越多。默认回归问题中设置 max_features 参数为 None，意为选择所有特征。

```
>>> import numpy as np
>>> from sklearn.ensemble import RandomForestRegressor
>>> import matplotlib.pyplot as plt
>>> import mpl_toolkits.mplot3d
>>> x, y = np.mgrid[-2:2:50j,-2:2:50j] # 生成50×50的网格
>>> z = x*np.exp(-x**2-y**2) # 计算网格上每一个点的高度值
>>> _x = np.random.random(100)*4 - 2 # 随机生成区间[-2,2)内的100个x
>>> _y = np.random.random(100)*4 - 2 # 随机生成区间[-2,2)内的100个y
>>> _z = _x*np.exp(-_x**2-_y**2) + (np.random.random(100)-0.5)*0.1
>>> X_train = np.stack((_x, _y), axis=1) # 训练样本集
>>> y_train = _z # 训练标签集
>>> X_test = np.stack((x.ravel(), y.ravel()), axis=1) # 测试样本集
>>> y_test = z.ravel() # 测试标签集
>>> rfr_1 = RandomForestRegressor(n_estimators=20,max_depth=10)
>>> rfr_2 = RandomForestRegressor(n_estimators=50,max_depth=10)
>>> rfr_1.fit(X_train, y_train) # 模型训练
RandomForestRegressor(bootstrap=True, ccp_alpha=0.0, criterion='mse',
                      max_depth=10, max_features='auto', max_leaf_nodes=None,
                      max_samples=None, min_impurity_decrease=0.0,
                      min_impurity_split=None, min_samples_leaf=1,
                      min_samples_split=2, min_weight_fraction_leaf=0.0,
                      n_estimators=20, n_jobs=None, oob_score=False,
                      random_state=None, verbose=0, warm_start=False)
>>> rfr_2.fit(X_train, y_train) # 模型训练
RandomForestRegressor(bootstrap=True, ccp_alpha=0.0, criterion='mse',
                      max_depth=10, max_features='auto', max_leaf_nodes=None,
                      max_samples=None, min_impurity_decrease=0.0,
                      min_impurity_split=None, min_samples_leaf=1,
                      min_samples_split=2, min_weight_fraction_leaf=0.0,
                      n_estimators=50, n_jobs=None, oob_score=False,
                      random_state=None, verbose=0, warm_start=False)
>>> z_1 = rfr_1.predict(X_test) # 模型预测
>>> z_2 = rfr_2.predict(X_test) # 模型预测
>>> score_1 = rfr_1.score(X_test, y_test) # 模型评估
>>> score_2 = rfr_2.score(X_test, y_test) # 模型评估
>>> score_1
0.8855225918778594
```

```
>>> score_2
0.8754412572343655
>>> ax = plt.subplot(121, projection='3d')
>>> ax.scatter3D(_x, _y, _z, c='r')
<mpl_toolkits.mplot3d.art3d.Path3DCollection object at 0x0000017EC7E46C08>
>>> ax.plot_surface(x,y,z_1.reshape(x.shape),cmap=plt.cm.hsv,alpha=0.5)
<mpl_toolkits.mplot3d.art3d.Poly3DCollection object at 0x0000017EC7E464C8>
>>> plt.title('score:%0.3f@n_estimators=20,max_depth=10'%score_1)
Text(0.5, 0.92, 'score:0.914@n_estimators=20,max_depth=10')
>>> ax = plt.subplot(122, projection='3d')
>>> ax.scatter3D(_x, _y, _z, c='r')
<mpl_toolkits.mplot3d.art3d.Path3DCollection object at 0x0000017EC7E46808>
>>> ax.plot_surface(x,y,z_2.reshape(x.shape),cmap=plt.cm.hsv,alpha=0.5)
<mpl_toolkits.mplot3d.art3d.Poly3DCollection object at 0x0000017EC7ED5BC8>
>>> plt.title('score:%0.3f@n_estimators=50,max_depth=10'%score_2)
Text(0.5, 0.92, 'score:0.928@n_estimators=50,max_depth=10')
>>> plt.show()
```

图 8-10 所示的是决策树数量对随机森林回归分析结果的影响。相较而言，随机森林的评估效果明显优于单独的决策树。实际上，RandomForestRegressor 默认决策树为 100 棵，但是受限于样本数量较少，决策树超过 30 棵后，回归效果不再显著改善。

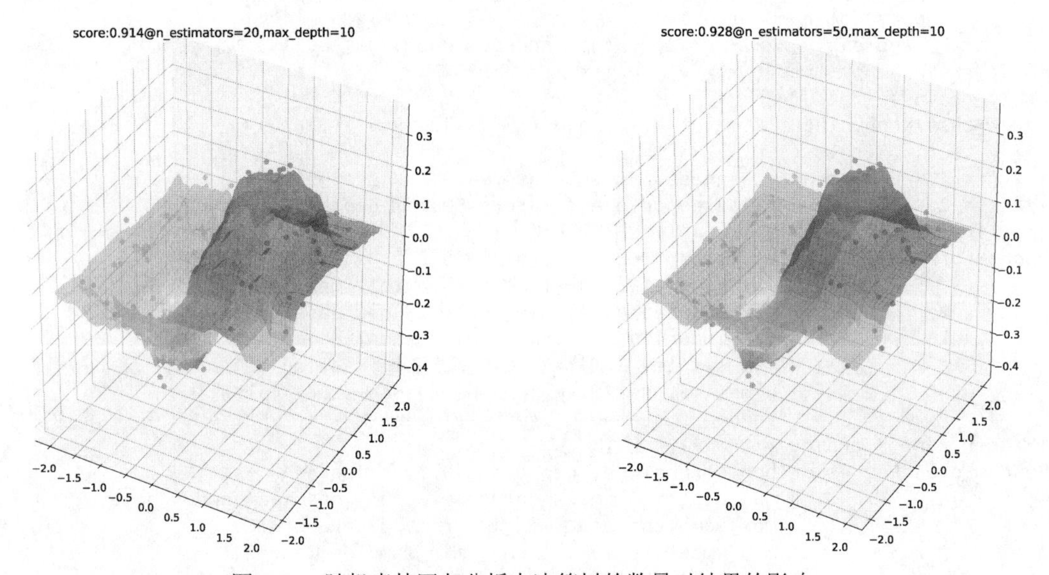

图 8-10　随机森林回归分析中决策树的数量对结果的影响

8.6　聚类

聚类是指自动识别具有相似属性的给定对象，并将具有相似属性的对象合并为同一个集合。聚类属于无监督学习的范畴，最常见的应用场景包括顾客细分和试验结果分组。根据聚类思想的不同，分为多种聚类算法，如基于质心的、基于密度的、基于分层的聚类等。Scikit-learn 中最常用的聚类算法包括 k 均值聚类、谱聚类、均值漂移聚类、层次聚类、基于密度的空间聚类等。

8.6.1　k均值聚类

k 均值（k-means）聚类通常被视为聚类的“入门算法”，其算法原理非常简单。首先从 X 数据集中选择 *k* 个样本作为质心，然后重复以下两个步骤来更新质心，直到质心不再显著移动为止：第一步将每个样本分配到距离最近的质心，第二步根据每个质心所有样本的平均值来创建新的质心。

基于质心的聚类是通过把样本分离成多个具有相同方差的类的方式来聚集数据的，因此我们总是希望簇是凸（convex）的和各向同性（isotropic）的，但这并非总是能够得到满足。例如，对细长、环形或交叉等具有不规则形状的簇，其聚类效果不佳。

KMeans 类和 MiniBatchKMeans 类是 Scikit-learn 聚类子模块 cluster 提供的基于质心的聚类算法。MiniBatchKMeans 类是 KMeans 类的变种，它使用小批量来减少计算时间，而多个批次仍然尝试优化相同的目标函数。小批量是输入数据的子集，是每次训练迭代中的随机抽样。小批量大大减少了收敛到局部解所需的计算量。与其他降低 k 均值收敛时间的算法不同，MiniBatchKMeans 类产生的结果通常只比标准算法略差。

```
>>> from sklearn import datasets as dss
>>> from sklearn.cluster import KMeans
>>> import matplotlib.pyplot as plt
>>> plt.rcParams['font.sans-serif'] = ['FangSong']
>>> plt.rcParams['axes.unicode_minus'] = False
>>> X_blob, y_blob = dss.make_blobs(n_samples=[300,400,300], n_features=2)
>>> X_circle, y_circle = dss.make_circles(n_samples=1000, noise=0.05, factor=0.5)
>>> X_moon, y_moon = dss.make_moons(n_samples=1000, noise=0.05)
>>> y_blob_pred = KMeans(init='k-means++', n_clusters=3).fit_predict(X_blob)
>>> y_circle_pred = KMeans(init='k-means++', n_clusters=2).fit_predict(X_circle)
>>> y_moon_pred = KMeans(init='k-means++', n_clusters=2).fit_predict(X_moon)
>>> plt.subplot(131)
<matplotlib.axes._subplots.AxesSubplot object at 0x00000180AFDECB88>
>>> plt.title('团状簇')
Text(0.5, 1.0, '团状簇')
>>> plt.scatter(X_blob[:,0], X_blob[:,1], c=y_blob_pred)
<matplotlib.collections.PathCollection object at 0x00000180C495DF08>
>>> plt.subplot(132)
<matplotlib.axes._subplots.AxesSubplot object at 0x00000180C493FA08>
>>> plt.title('环状簇')
Text(0.5, 1.0, '环状簇')
>>> plt.scatter(X_circle[:,0], X_circle[:,1], c=y_circle_pred)
<matplotlib.collections.PathCollection object at 0x00000180C499B888>
>>> plt.subplot(133)
<matplotlib.axes._subplots.AxesSubplot object at 0x00000180C4981188>
>>> plt.title('新月簇')
Text(0.5, 1.0, '新月簇')
>>> plt.scatter(X_moon[:,0], X_moon[:,1], c=y_moon_pred)
<matplotlib.collections.PathCollection object at 0x00000180C49DD1C8>
>>> plt.show()
```

上面的代码首先使用样本生成器生成团状簇、环状簇和新月簇，然后使用 k 均值聚类分别对其实施聚类操作。聚类的最终效果如图 8-11 所示。

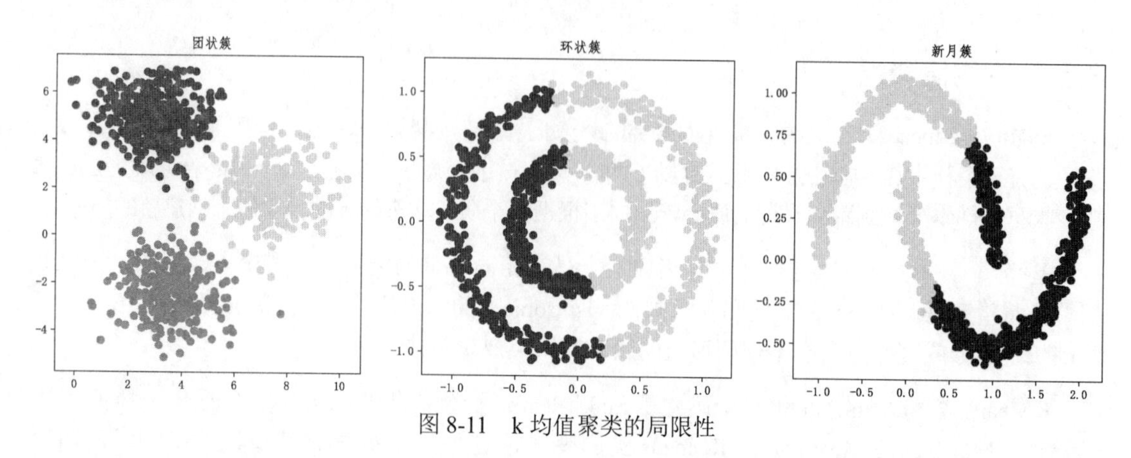

图 8-11　k 均值聚类的局限性

8.6.2　均值漂移聚类

均值漂移（Mean Shift）聚类是另一种基于质心的算法，旨在发现一个样本密度平滑的 blobs。它的工作原理与 k 均值聚类十分相似，但也存在一些明显差异。首先，均值漂移聚类不需要像 k 均值聚类那样指定集群数量；其次，均值漂移聚类会寻找密集区域并将其作为集群中心；最后，均值漂移聚类将稀疏区域视为噪声或异常点。

均值漂移类 MeanShift 包含在 Scikit-learn 聚类子模块 cluster 内。下面以 8.6.1 小节的新月数据集为例，演示 MeanShift 类的主要参数 cluster_all 和 bandwidth 对聚类结果的影响。

```
>>> from sklearn import datasets as dss
>>> from sklearn.cluster import MeanShift
>>> import matplotlib.pyplot as plt
>>> plt.rcParams['font.sans-serif'] = ['FangSong']
>>> plt.rcParams['axes.unicode_minus'] = False
>>> X, y = dss.make_moons(n_samples=1000, noise=0.05)
>>> msm_1 = MeanShift() # 默认参数
>>> msm_2 = MeanShift(cluster_all=False) # 允许噪声和异常点
>>> msm_3 = MeanShift(cluster_all=False, bandwidth=0.5) # 指定RBF内核带宽
>>> msm_1.fit(X)
MeanShift(bandwidth=None, bin_seeding=False, cluster_all=True, max_iter=300,
         min_bin_freq=1, n_jobs=None, seeds=None)
>>> msm_2.fit(X)
MeanShift(bandwidth=None, bin_seeding=False, cluster_all=False, max_iter=300,
         min_bin_freq=1, n_jobs=None, seeds=None)
>>> msm_3.fit(X)
MeanShift(bandwidth=0.5, bin_seeding=False, cluster_all=False, max_iter=300,
         min_bin_freq=1, n_jobs=None, seeds=None)
```

```
>>> cneter_x1 = msm_1.cluster_centers_[:,0] # 模型1的质心x坐标
>>> cneter_y1 = msm_1.cluster_centers_[:,1] # 模型1的质心y坐标
>>> cneter_x2 = msm_2.cluster_centers_[:,0] # 模型2的质心x坐标
>>> cneter_y2 = msm_2.cluster_centers_[:,1] # 模型2的质心y坐标
>>> cneter_x3 = msm_3.cluster_centers_[:,0] # 模型3的质心x坐标
>>> cneter_y3 = msm_3.cluster_centers_[:,1] # 模型3的质心y坐标
>>> plt.subplot(131)
<matplotlib.axes._subplots.AxesSubplot object at 0x00000180C49DDE88>
>>> plt.title('默认参数')
Text(0.5, 1.0, '默认参数')
>>> plt.scatter(X[:,0], X[:,1], c=msm_1.labels_)
<matplotlib.collections.PathCollection object at 0x00000180C4C1CC08>
>>> plt.scatter(cneter_x1, cneter_y1, marker='x', c='r')
<matplotlib.collections.PathCollection object at 0x00000180C4C1CB88>
>>> plt.subplot(132)
<matplotlib.axes._subplots.AxesSubplot object at 0x00000180C4773748>
>>> plt.title('允许噪声和异常点')
Text(0.5, 1.0, '允许噪声和异常点')
>>> plt.scatter(X[:,0], X[:,1], c=msm_2.labels_)
<matplotlib.collections.PathCollection object at 0x00000180C49B7948>
>>> plt.scatter(cneter_x2, cneter_y2, marker='x', c='r')
<matplotlib.collections.PathCollection object at 0x00000180C4C1CA48>
>>> plt.subplot(133)
<matplotlib.axes._subplots.AxesSubplot object at 0x00000180C49DA688>
>>> plt.title('允许噪声和异常点，指定内核带宽')
Text(0.5, 1.0, '允许噪声和异常点，指定内核带宽')
>>> plt.scatter(X[:,0], X[:,1], c=msm_3.labels_)
<matplotlib.collections.PathCollection object at 0x00000180C49B7CC8>
>>> plt.scatter(cneter_x3, cneter_y3, marker='x', c='r')
<matplotlib.collections.PathCollection object at 0x00000180C49B7C48>
>>> plt.show()
```

图 8-12 所示的是不同参数对于均值漂移聚类结果的影响。尽管均值漂移聚类考虑了密度因素，但其本质上属于质心算法，因此仍然无法将上弦月和下弦月分开。

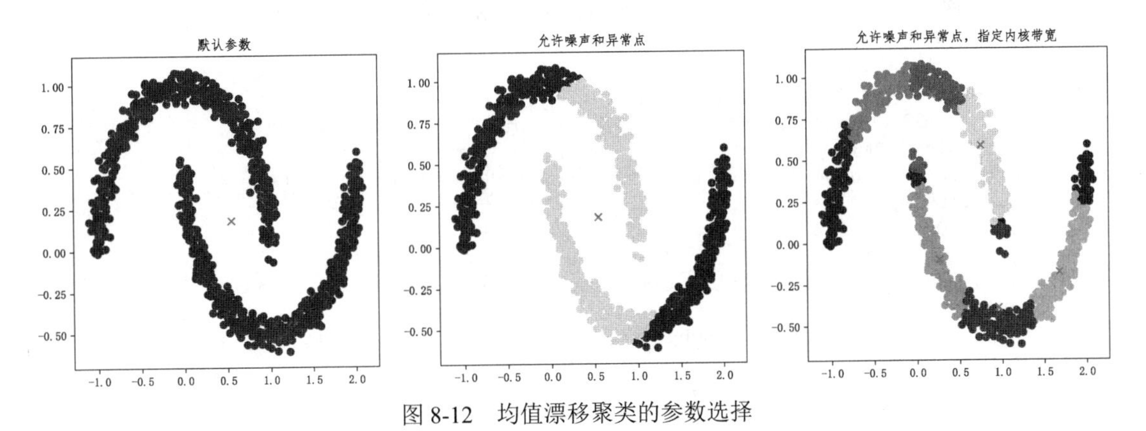

图 8-12　均值漂移聚类的参数选择

8.6.3 基于密度的空间聚类

基于密度的空间聚类全称是基于密度的带噪声的空间聚类应用算法，英文简写为 DBSCAN。DBSCAN 将簇视为被低密度区域分隔的高密度区域，这与 K 均值聚类假设簇是凸的这一条件完全不同，因此 DBSCAN 可以发现任何形状的簇。DBSCAN 的工作原理是将集群定义为紧密相连的点的最大集合。

DBSCAN 类是 Scikit-learn 聚类子模块 cluster 提供的基于密度的空间聚类算法，该类有两个重要参数 eps 和 min_samples。要理解 DBSCAN 类的参数，需要先理解核心样本。如果一个样本的 eps 距离范围内存在不少于 min_sample 个样本（包括这个样本），则该样本称为核心样本。可见，参数 eps 和 min_samples 定义了簇的稠密度。

```
>>> from sklearn import datasets as dss
>>> from sklearn.cluster import DBSCAN
>>> import matplotlib.pyplot as plt
>>> plt.rcParams['font.sans-serif'] = ['FangSong']
>>> plt.rcParams['axes.unicode_minus'] = False
>>> X, y = dss.make_moons(n_samples=1000, noise=0.05)
>>> dbs_1 = DBSCAN() # 默认核心样本半径0.5，核心样本邻居5个
>>> dbs_2 = DBSCAN(eps=0.2) # 核心样本半径0.2，核心样本邻居5个
>>> dbs_3 = DBSCAN(eps=0.1) # 核心样本半径0.1，核心样本邻居5个
>>> dbs_1.fit(X)
DBSCAN(algorithm='auto', eps=0.5, leaf_size=30, metric='euclidean',
       metric_params=None, min_samples=5, n_jobs=None, p=None)
>>> dbs_2.fit(X)
DBSCAN(algorithm='auto', eps=0.2, leaf_size=30, metric='euclidean',
       metric_params=None, min_samples=5, n_jobs=None, p=None)
>>> dbs_3.fit(X)
DBSCAN(algorithm='auto', eps=0.1, leaf_size=30, metric='euclidean',
       metric_params=None, min_samples=5, n_jobs=None, p=None)
>>> plt.subplot(131)
<matplotlib.axes._subplots.AxesSubplot object at 0x00000180C4C5D708>
>>> plt.title('eps=0.5')
Text(0.5, 1.0, 'eps=0.5')
>>> plt.scatter(X[:,0], X[:,1], c=dbs_1.labels_)
<matplotlib.collections.PathCollection object at 0x00000180C4C46348>
>>> plt.subplot(132)
<matplotlib.axes._subplots.AxesSubplot object at 0x00000180C4C462C8>
>>> plt.title('eps=0.2')
Text(0.5, 1.0, 'eps=0.2')
>>> plt.scatter(X[:,0], X[:,1], c=dbs_2.labels_)
<matplotlib.collections.PathCollection object at 0x00000180C49FC8C8>
>>> plt.subplot(133)
<matplotlib.axes._subplots.AxesSubplot object at 0x00000180C49FCC08>
>>> plt.title('eps=0.1')
Text(0.5, 1.0, 'eps=0.1')
>>> plt.scatter(X[:,0], X[:,1], c=dbs_3.labels_)
<matplotlib.collections.PathCollection object at 0x00000180C49FC4C8>
>>> plt.show()
```

以上代码使用 DBSCAN，配合适当的参数，最终将新月数据集的上弦月和下弦月分开，效果如图 8-13 所示。

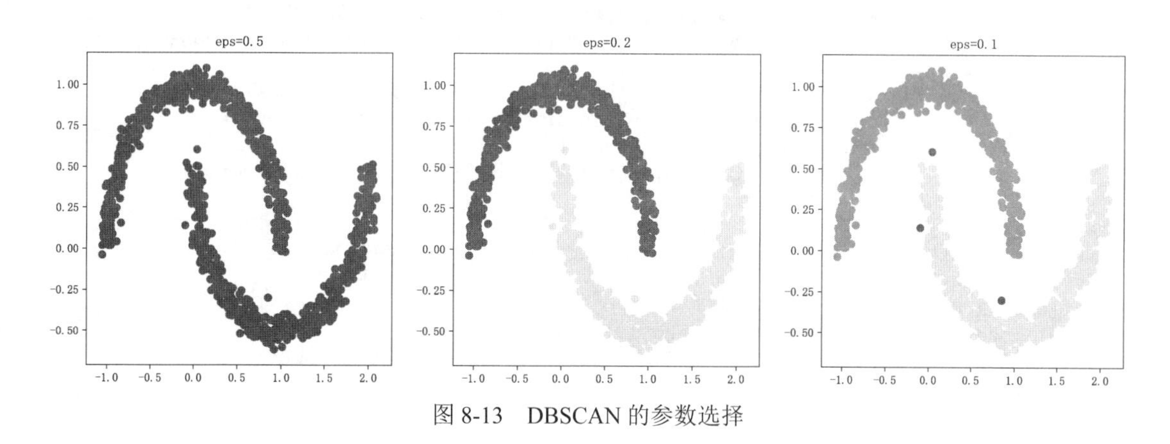

图 8-13　DBSCAN 的参数选择

8.6.4　谱聚类

谱聚类（spectral clustering）是从图论中演化出来的聚类算法，主要思想是把所有的样本看作空间中的点，点之间以线相连成为一体，以线长计算权重，线越长权重越低；将指定的簇数切分为多个子图，让不同子图间的权重和尽可能低，而各个子图内的权重和尽可能高，从而达到聚类的目的。

谱聚类和 k 均值聚类一样，也需要指定簇的数量（默认都是 8），但谱聚类对簇的形状没有特殊要求，对样本分布的适应性更强，更重要的是，它比 k 均值聚类的计算量小很多。可以说，谱聚类是一项非常优秀的聚类算法，实现起来也非常简单。Scikit-learn 聚类子模块 cluster 提供了 SpectralClustering 类来实现谱聚类。

```
>>> from sklearn import datasets as dss
>>> from sklearn.cluster import SpectralClustering
>>> import matplotlib.pyplot as plt
>>> plt.rcParams['font.sans-serif'] = ['FangSong']
>>> plt.rcParams['axes.unicode_minus'] = False
>>> X, y = dss.make_circles(n_samples=1000, noise=0.05, factor=0.5)
>>> scm_1 = SpectralClustering() # 默认参数
>>> scm_2 = SpectralClustering(n_clusters=2) # 指定簇数为2
>>> scm_3 = SpectralClustering(affinity='nearest_neighbors', n_clusters=2)
>>> scm_1.fit(X)
SpectralClustering(affinity='rbf', assign_labels='kmeans', coef0=1, degree=3,
                   eigen_solver=None, eigen_tol=0.0, gamma=1.0,
                   kernel_params=None, n_clusters=8, n_components=None,
                   n_init=10, n_jobs=None, n_neighbors=10, random_state=None)
```

```
>>> scm_2.fit(X)
SpectralClustering(affinity='rbf', assign_labels='kmeans', coef0=1, degree=3,
                   eigen_solver=None, eigen_tol=0.0, gamma=1.0,
                   kernel_params=None, n_clusters=2, n_components=None,
                   n_init=10, n_jobs=None, n_neighbors=10, random_state=None)
>>> scm_3.fit(X)
SpectralClustering(affinity='nearest_neighbors', assign_labels='kmeans',
                   coef0=1, degree=3, eigen_solver=None, eigen_tol=0.0,
                   gamma=1.0, kernel_params=None, n_clusters=2,
                   n_components=None, n_init=10, n_jobs=None, n_neighbors=10,
                   random_state=None)
>>> plt.subplot(131)
<matplotlib.axes._subplots.AxesSubplot object at 0x0000016FBEFB0CC8>
>>> plt.title('默认参数')
Text(0.5, 1.0, '默认参数')
>>> plt.scatter(X[:,0], X[:,1], c=scm_1.labels_)
<matplotlib.collections.PathCollection object at 0x0000016FBF00F5C8>
>>> plt.subplot(132)
<matplotlib.axes._subplots.AxesSubplot object at 0x0000016FBEFE8788>
>>> plt.title('指定簇数')
Text(0.5, 1.0, '指定簇数')
>>> plt.scatter(X[:,0], X[:,1], c=scm_2.labels_)
<matplotlib.collections.PathCollection object at 0x0000016FBE47C948>
>>> plt.subplot(133)
<matplotlib.axes._subplots.AxesSubplot object at 0x0000016FBF03F708>
>>> plt.title('指定簇数和亲和矩阵构造方式')
Text(0.5, 1.0, '指定簇数和亲和矩阵构造方式')
>>> plt.scatter(X[:,0], X[:,1], c=scm_3.labels_)
<matplotlib.collections.PathCollection object at 0x0000016FBF05B9C8>
>>> plt.show()
```

上面的代码使用谱聚类对圆环数据集做聚类操作。当指定 nearest_neighbors 构造亲和矩阵时，如果不是一个完全联通的图，运行会弹出警告信息，但这并不影响聚类结果。聚类结果如图 8-14 所示。

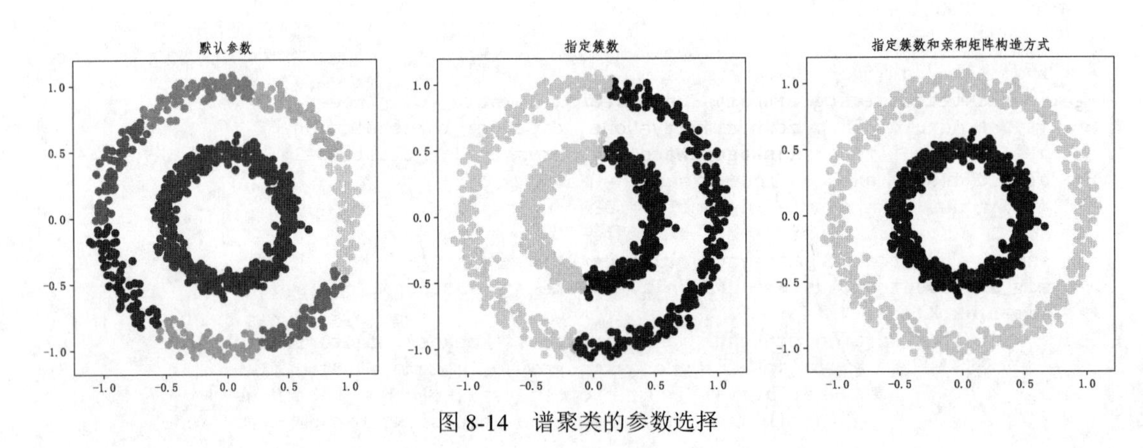

图 8-14　谱聚类的参数选择

8.6.5 层次聚类

从原理上讲，层次聚类（Hierarchical clustering）是一种非常简单、直观的聚类算法，层次聚类通过不断的合并（凝聚式）或分割（分裂式）内置聚类来构建最终聚类。以凝聚式为例，其具体实现过程如下：将每一个样本点视为一个簇，并计算各簇之间的距离，将距离最近的两个簇聚合成一个新簇。重复这个过程，直至簇数满足预设值。

当聚类样本数量巨大时，如果样本之间没有添加连接约束，AgglomerativeClustering 类的计算代价会很大，因为每一步都要考虑所有可能的合并。

AgglomerativeClustering 类是 Scikit-learn 聚类子模块 cluster 中用于凝聚式层次聚类的方法。AgglomerativeClustering 类的主要参数是 linkage，其用于指定合并策略（计算簇间距离），选项有以下 4 种。

- ward：所有聚类内的平方差总和最小。
- complete：两个聚类间最远样本距离值最小。
- average：两个聚类间平均样本距离值最小。
- single：两个聚类间最近样本距离值最小。

以下代码针对圆环数据样本演示了这 4 种合并策略的聚类效果。

```
>>> from sklearn import datasets as dss
>>> from sklearn.cluster import AgglomerativeClustering
>>> import matplotlib.pyplot as plt
>>> plt.rcParams['font.sans-serif'] = ['FangSong']
>>> plt.rcParams['axes.unicode_minus'] = False
>>> X, y = dss.make_circles(n_samples=1000, noise=0.05, factor=0.5)
>>> agg_1 = AgglomerativeClustering(n_clusters=2, linkage='ward')
>>> agg_2 = AgglomerativeClustering(n_clusters=2, linkage='complete')
>>> agg_3 = AgglomerativeClustering(n_clusters=2, linkage='average')
>>> agg_4 = AgglomerativeClustering(n_clusters=2, linkage='single')
>>> agg_1.fit(X)
AgglomerativeClustering(affinity='euclidean', compute_full_tree='auto',
                        connectivity=None, distance_threshold=None,
                        linkage='ward', memory=None, n_clusters=2)
>>> agg_2.fit(X)
AgglomerativeClustering(affinity='euclidean', compute_full_tree='auto',
                        connectivity=None, distance_threshold=None,
                        linkage='complete', memory=None, n_clusters=2)
>>> agg_3.fit(X)
AgglomerativeClustering(affinity='euclidean', compute_full_tree='auto',
                        connectivity=None, distance_threshold=None,
                        linkage='average', memory=None, n_clusters=2)
>>> agg_4.fit(X)
AgglomerativeClustering(affinity='euclidean', compute_full_tree='auto',
                        connectivity=None, distance_threshold=None,
```

```
                         linkage='single', memory=None, n_clusters=2)
>>> plt.subplot(221)
<matplotlib.axes._subplots.AxesSubplot object at 0x0000016FC1BE9448>
>>> plt.title('ward：所有聚类内的平方差总和最小')
Text(0.5, 1.0, 'ward：所有聚类内的平方差总和最小')
>>> plt.scatter(X[:,0], X[:,1], c=agg_1.labels_)
<matplotlib.collections.PathCollection object at 0x0000016FBEF622C8>
>>> plt.subplot(222)
<matplotlib.axes._subplots.AxesSubplot object at 0x0000016FBEE76908>
>>> plt.title('complete：两个聚类间最远样本距离值最小')
Text(0.5, 1.0, 'complete：两个聚类间最远样本距离值最小')
>>> plt.scatter(X[:,0], X[:,1], c=agg_2.labels_)
<matplotlib.collections.PathCollection object at 0x0000016FBEF62208>
>>> plt.subplot(223)
<matplotlib.axes._subplots.AxesSubplot object at 0x0000016FC1C18CC8>
>>> plt.title('average：两个聚类间平均样本距离值最小')
Text(0.5, 1.0, 'average：两个聚类间平均样本距离值最小')
>>> plt.scatter(X[:,0], X[:,1], c=agg_3.labels_)
<matplotlib.collections.PathCollection object at 0x0000016FC1C18448>
>>> plt.subplot(224)
<matplotlib.axes._subplots.AxesSubplot object at 0x0000016FBF070C88>
>>> plt.title('single：两个聚类间最近样本距离值最小')
Text(0.5, 1.0, 'single：两个聚类间最近样本距离值最小')
>>> plt.scatter(X[:,0], X[:,1], c=agg_4.labels_)
<matplotlib.collections.PathCollection object at 0x0000016FC1B0BD88>
>>> plt.show()
```

图 8-15 所示的是层次聚类 4 种合并策略的聚类效果。针对圆环数据集这样的样本分布情况，只有 single 模式能够分开内外圆环。

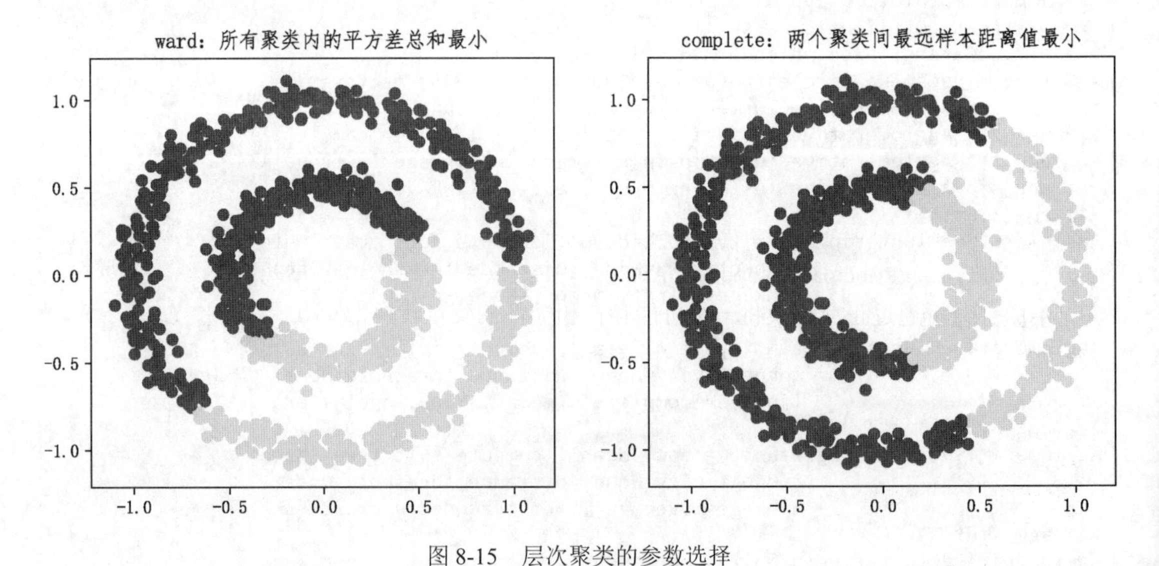

图 8-15　层次聚类的参数选择

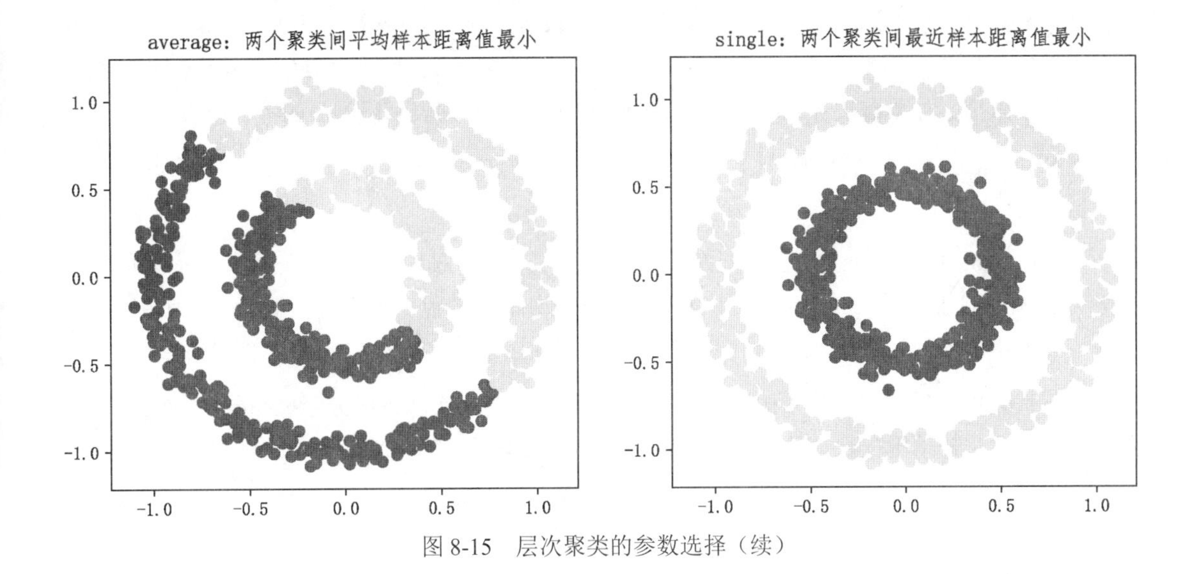

图 8-15　层次聚类的参数选择（续）

8.7　成分分解与降维

收集数据时，我们总是不想漏掉任何一个可能会影响结果的变量，这将导致数据集变得异常庞大。而实际训练模型时，我们又总想剔除那些无效的或对结果影响甚微的变量，因为更多的变量意味着更大的计算量，这将导致模型训练慢得令人无法忍受。如何才能从众多数据中剔除无效的或对结果影响甚微的变量，以降低计算复杂度，提高模型训练效率呢？答案就是降维。机器学习领域中的降维是指采用某种映射方法，将原本高维度空间中的数据点映射到低维度的空间中。

8.7.1　主成分分析

主成分分析（Principal Component Analysis，PCA）是一种统计方法，也是最常用的降维方法。主成分分析通过正交变换将一组可能存在相关性的变量转换为一组线性不相关的变量，转换后的这组变量叫主成分。显然，主成分分析的降维并不是简单地丢掉一些特征，而是通过正交变换，把具有相关性的高维变量合并为线性无关的低维变量，从而达到降维的目的。

这里可能存在一个误区，即认为主成分分析就是降维。实际上，主成分分析是根据对样本做正交变换后得到的各成分的方差值（某成分的方差值越大，说明该成分越重要），来判断是否有可以舍弃的成分；而降维则是根据分析结果取得降维后的数据。

Scikit-learn 的成分分析子模块 decomposition 提供了 PCA 类来实现主成分分析和降维。PCA

类最重要的参数是 n_components，如果没有指定该参数，则表示 PCA 类仅做主成分分析，不会自动完成降维操作；如果参数 n_components 是小于 1 的浮点数，则表示降维后主成分方差累计贡献率的下限值；如果参数 n_components 是大于 1 的整数，则表示降维后的特征维数。

和 Scikit-learn 的其他模型相比，PCA 类还多了下面这两个重要的属性，它们用来表述主成分分析。

- explained_variance_：正交变换后各成分的方差值，方差值越大，表示该成分越重要。
- explained_variance_ratio_：正交变换后各成分的方差值占总方差值的比例，比例越大，表示该成分越重要。

以下代码以鸢尾花数据集为例演示了如何使用 PCA 类来实现主成分分析和降维。已知鸢尾花数据集有 4 个特征维，分别是花萼的长度、宽度和花瓣的长度、宽度。

```
>>> from sklearn import datasets as dss
>>> from sklearn.decomposition import PCA
>>> ds = dss.load_iris()
>>> ds.data.shape # 150个样本，4个特征维
(150, 4)
>>> m = PCA() # 使用默认参数实例化PCA类，n_components=None
>>> m.fit(ds.data)
PCA(copy=True, iterated_power='auto', n_components=None, random_state=None,
    svd_solver='auto', tol=0.0, whiten=False)
>>> m.explained_variance_ # 正交变换后各成分的方差值
array([4.22824171, 0.24267075, 0.0782095 , 0.02383509])
>>> m.explained_variance_ratio_ # 正交变换后各成分的方差值占总方差值的比例
array([0.92461872, 0.05306648, 0.01710261, 0.00521218])
```

对鸢尾花数据集的主成分分析结果显示：存在一个明显的成分，其方差值占总方差值的比例超过 92%；存在一个方差值很小的成分，其方差值占总方差值的比例只有 0.52%；前两个成分贡献的方差占比超过 97.7%，数据集特征维完全可以从 4 个降至 2 个。

```
>>> m = PCA(n_components=0.97)
>>> m.fit(ds.data)
PCA(copy=True, iterated_power='auto', n_components=0.97, random_state=None,
    svd_solver='auto', tol=0.0, whiten=False)
>>> m.explained_variance_
array([4.22824171, 0.24267075])
>>> m.explained_variance_ratio_
array([0.92461872, 0.05306648])
>>> d = m.transform(ds.data)
>>> d.shape
(150, 2)
```

指定参数 n_components 不小于 0.97，即可得到原数据集的降维结果，同样是 150 个样本，但特征维只有 2 维。现在终于可以直观地画出全部样本数据了。

```
>>> import matplotlib.pyplot as plt
>>> plt.scatter(d[:,0], d[:,1], c=ds.target)
<matplotlib.collections.PathCollection object at 0x0000016FBF243CC8>
>>> plt.show()
```

图 8-16 显示只用 2 个特征维也可以分辨出 3 种鸢尾花类型。

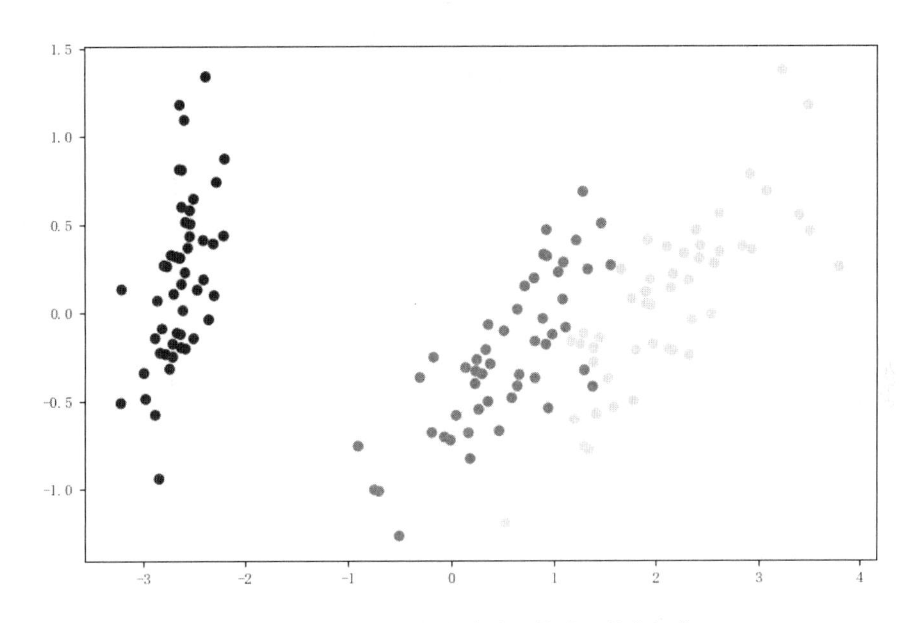

图 8-16　使用 PCA 类降维后的鸢尾花数据集

8.7.2　因子分析

因子分析（Factor Analysis，FA）是研究从变量群中提取共性因子的统计技术，主要是用来描述隐藏在一组测量到的变量中的一些更基本的、但又无法直接测量到的隐性变量。例如，老师注意到学生的各科成绩之间存在着一定的相关性，有的学生文科成绩好，理科成绩偏低，也有的学生各科成绩比较均衡。老师自然就会推想是否存在某些潜在的共性因子影响着学生的学习成绩。

因子分析又分为探索性因子分析和验证性因子分析两个方向。探索性因子分析是不确定多个自变量中有几个因子，通过各种方法试图找到这些因子。验证性因子分析是已经假设自变量中有几个因子，试图通过这种方法来验证假设是否正确。

因子分析本质上是主成分分析的扩展。相对于主成分分析，因子分析更倾向于描述原始变量之间的相关关系，也就是研究如何以最少的信息丢失，将众多原始变量浓缩成少数几个因子变量，以及如何使因子变量具有较强的可解释性的一种多元统计分析方法。

Scikit-learn 的成分分析子模块 decomposition 提供了 FactorAnalysis 类来实现因子分析，该类使用基于 SVD 的方法对加载矩阵进行最大似然估计，将潜在变量转换为观察到的变量。

此处以 Scikit-learn 的内置手写数字数据集为例。该数据集共有 1797 个样本，每个样本是一张 64 像素的手写体数字图片，也就是样本集有 64 个特征维。如果对这个高维样本集直接进行随机森林分类，虽然耗时略长，但结果是没有问题的，代码如下。

```
>>> from sklearn.datasets import load_digits
>>> from sklearn.ensemble import RandomForestClassifier
>>> from sklearn.model_selection import cross_val_score
>>> X, y = load_digits(return_X_y=True)
>>> X.shape # 64个特征维
(1797, 64)
>>> y.shape
(1797,)
>>> rfc = RandomForestClassifier()
>>> scroe = cross_val_score(rfc, X, y, cv=10) # 交叉验证10次
>>> scroe.mean()
0.9471135940409683
```

使用随机森林分类模型的交叉验证精度达到 0.94，这是不错的结果。我们可以对这个样本集做探索性因子分析，尝试转换为特征维较低的数据集，再去做分类测试。如果交叉验证精度没有明显降低，说明用因子分析的方式降维是可行的，代码如下。

```
>>> from sklearn.decomposition import FactorAnalysis
>>> fa = FactorAnalysis(n_components=16, random_state=0) # 降至16个特征维
>>> X_fa = fa.fit_transform(X)
>>> scroe = cross_val_score(rfc, X_fa, y, cv=10)
>>> scroe.mean()
0.9304593420235877
>>> fa = FactorAnalysis(n_components=8, random_state=0) # 降至8个特征维
>>> X_fa = fa.fit_transform(X)
>>> scroe = cross_val_score(rfc, X_fa, y, cv=10)
>>> scroe.mean()
0.8881967721911856
```

结果显示，从 64 个特征维降至 16 个特征维，交叉验证精度降低小于 0.02。即使降至 8 个特征维，交叉验证精度仍然大于 0.88。

8.7.3　截断奇异值分解

截断奇异值分解（Truncated Singular Value Decomposition，TSVD）是一种矩阵因式分解（factorization）技术，非常类似于 PCA，只不过 SVD 分解在数据矩阵上进行，而 PCA 在数据的协方差矩阵上进行。通常，SVD 用于发现矩阵的主成分。TSVD 与一般 SVD 不同的是，它可以产生一个指定维度的分解矩阵，从而达到降维的目的。

以 Scikit-learn 的内置手写数字数据集为例，尝试用截断奇异值分解的方法将样本集降至较低的特征维，再对其进行随机森林分类，并和 64 个特征维的随机森林分类对比交叉验证精度。

```
>>> from sklearn.datasets import load_digits
>>> from sklearn.decomposition import TruncatedSVD
>>> from sklearn.ensemble import RandomForestClassifier
>>> from sklearn.model_selection import cross_val_score
>>> X, y = load_digits(return_X_y=True)
>>> X.shape # 64个特征维
(1797, 64)
>>> y.shape
(1797,)
>>> rfc = RandomForestClassifier()
>>> scroe = cross_val_score(rfc, X, y, cv=10) # 交叉验证10次
>>> scroe.mean()
0.9471135940409683
>>> tsvd = TruncatedSVD(n_components=16) # 降至16个特征维
>>> X_tsvd = tsvd.fit_transform(X)
>>> scroe = cross_val_score(rfc, X_tsvd, y, cv=10)
>>> scroe.mean()
0.9393389199255122
>>> tsvd = TruncatedSVD(n_components=8) # 降至8个特征维
>>> X_tsvd = tsvd.fit_transform(X)
>>> scroe = cross_val_score(rfc, X_tsvd, y, cv=10)
>>> scroe.mean()
0.9182153941651148
```

结果显示，从 64 个特征维降至 16 个特征维，交叉验证精度降低小于 0.01。即使降至 8 个特征维，交叉验证精度仍然大于 0.91。在本例中，截断奇异值分解的降维效果优于因子分析降维。

8.7.4　独立成分分析（ICA）

房间里有两位演讲者在讲话，他们发出的声音分别是 s_1 和 s_2，有两台录音设备记录了他们混合在一起的声音，得到的记录是 x_1 和 x_2。

$$\begin{cases} x_1 = a_{11}s_1 + a_{12}s_2 \\ x_2 = a_{21}s_1 + a_{22}s_2 \end{cases}$$

如果能够从录音数据 x_1 和 x_2 中分离出两位演讲者各自独立的讲话声音 s_1 和 s_2，那么这将是一件美妙的事情。这就是独立成分分析（Independent Component Analysis，ICA）。不过，这并不容易实现，因为很多时候我们只有录音，并不知道房间里有几个人在讲话，因此独立成分分析又被称为盲源分离问题。

Scikit-learn 的成分分析子模块 decomposition 提供了 FastICA 类来实现独立成分分析。独立成分分析通常不用于降低维度，而用于分离叠加信号。由于 ICA 模型不包括噪声项，因此要使

模型正确，必须使用白化（whitening）。FastICA 类的 whiten 参数可以设置是否使用白化。下面用一个信号分离的例子，演示如何使用 FastICA 类实现独立成分分析。

```
>>> import numpy as np
>>> import matplotlib.pyplot as plt
>>> plt.rcParams['font.sans-serif'] = ['FangSong']
>>> plt.rcParams['axes.unicode_minus'] = False
>>> _x = np.linspace(0, 8*np.pi, 1000)
>>> k1 = np.where(np.int_(0.5*_x/np.pi)%2==0, 1, -1)/np.pi
>>> k2 = np.where(np.int_(_x/np.pi)%2==0, 1, 0)
>>> k3 = np.where(np.int_(_x/np.pi)%2==0, 0, 1)
>>> s1 = np.sin(_x) # 第1位演讲者的声音
>>> s2 = _x%(np.pi)*k1*k2 + (np.pi-_x%(np.pi))*k1*k3 # 第2位演讲者的声音
>>> x1 = 0.4*s1 + 0.5*s2 # 录音1
>>> x2 = 1.2*s1 - 0.3*s2 # 录音2
>>> plt.subplot(121)
<matplotlib.axes._subplots.AxesSubplot object at 0x000001B6D67ED288>
>>> plt.plot(_x, s1, label='s1')
[<matplotlib.lines.Line2D object at 0x000001B6D68236C8>]
>>> plt.plot(_x, s2, label='s2')
[<matplotlib.lines.Line2D object at 0x000001B6D6823188>]
>>> plt.legend()
<matplotlib.legend.Legend object at 0x000001B6D8A6DA48>
>>> plt.subplot(122)
<matplotlib.axes._subplots.AxesSubplot object at 0x000001B6D8A6FC88>
>>> plt.plot(_x, x1, label='x1')
[<matplotlib.lines.Line2D object at 0x000001B6D9506EC8>]
>>> plt.plot(_x, x2, label='x2')
[<matplotlib.lines.Line2D object at 0x000001B6D94D6C48>]
>>> plt.legend()
<matplotlib.legend.Legend object at 0x000001B6D9512A48>
>>> plt.show()
```

上面的代码用正弦波和三角波表示两位演讲者的声音 s_1 和 s_2，用两个合成信号 x_1 和 x_2 表示两台录音设备的记录数据，如图 8-17 所示。

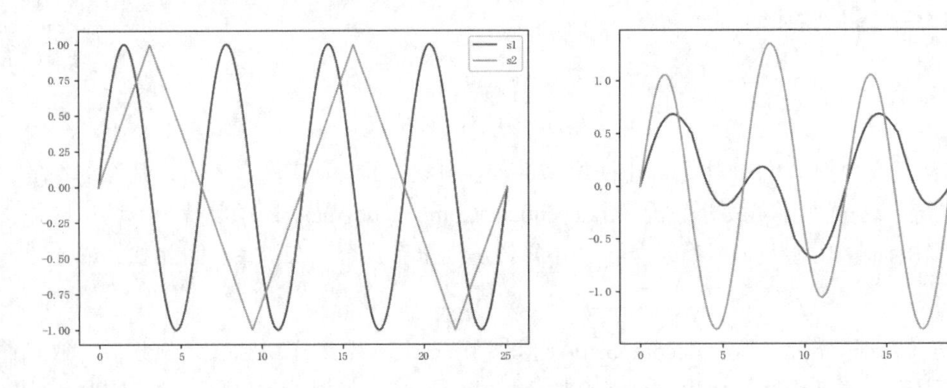

图 8-17　叠加信号

在一个真实的案例中，我们并不能预先知道 s_1 和 s_2 的存在，可用的数据只有合成信号 x_1 和 x_2，我们要做的就是从合成信号 x_1 和 x_2 中分离出 s_1 和 s_2 这样的独立音源，代码如下。

```
>>> from sklearn.decomposition import FastICA
>>> X = np.stack((x1,x2), axis=1) # 将两个信号合并成矩阵
>>> X.shape
(1000, 2)
>>> fica = FastICA(n_components=2) # 快速独立成分分析类实例化
>>> fica.fit(X)
FastICA(algorithm='parallel', fun='logcosh', fun_args=None, max_iter=200,
        n_components=2, random_state=None, tol=0.0001, w_init=None, whiten=True)
>>> X_ica = fica.transform(X) # 独立成分分析结果
>>> X_ica.shape
(1000, 2)
>>> plt.plot(_x, X_ica[:,0], label='独立成分1')
[<matplotlib.lines.Line2D object at 0x000001B6DB9508C8>]
>>> plt.plot(_x, X_ica[:,1], label='独立成分2')
[<matplotlib.lines.Line2D object at 0x000001B6DBAB7F08>]
>>> plt.legend()
<matplotlib.legend.Legend object at 0x000001B6DB90CD48>
>>> plt.show()
```

图 8-18 直观显示从录音信号经过独立成分分析获得的两个独立成分，仅初始相位和幅度与原始信号略有差异，正弦波和三角波的波形、频率以及相对关系均完全复现。

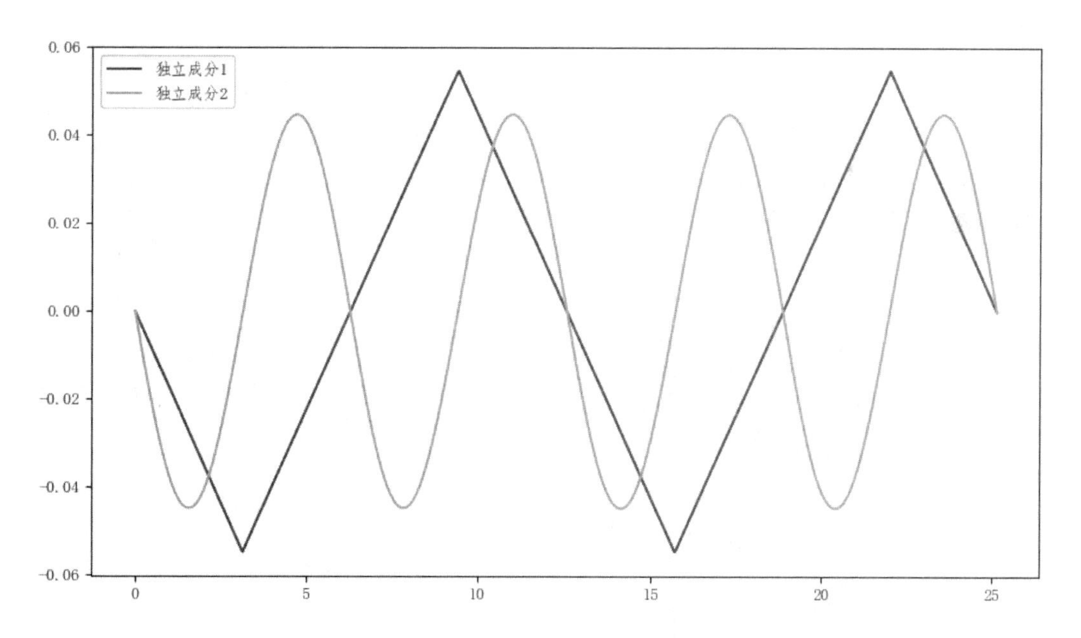

图 8-18　独立成分分析结果

8.8　模型评估与参数调优

了解了 Scikit-learn 在分类、回归、聚类、降维等领域的各种模型后，在实际应用中，我们还会面对许多新的问题：在众多可用模型中，应该选择哪一个？如何评价一个或多个模型的优劣？如何调整参数使一个模型具有更好的性能？这一类问题属于模型评估和参数调优，Scikit-learn 在模型选择子模块 model_selection 中提供了若干解决方案。

在 Scikit-learn 体系内有以下三种方法可以用来评估模型的预测质量。在讨论分类、回归、聚类、降维等算法时，我们已经多次使用过这三种方式。

（1）使用估计器（Estimator）的 score( ) 方法。在 Scikit-learn 中，估计器是一个重要的角色，分类器和回归器都属估计器，是机器学习算法的实现。score( ) 方法返回的是估计器得分。

（2）使用包括交叉验证在内的各种评估工具，如模型选择子模块 model_selection 中的 cross_val_score 和 GridSearchCV 等。

（3）使用模型评估指标子模块 metrics 提供的针对特定目的评估预测误差的指标函数，包括分类指标函数、回归指标函数和聚类指标函数等。

8.8.1　估计器得分

在本章的很多例子中，多次使用估计器的 score( ) 方法直接给出了模型的预测精度。对于分类器的评估指标，预测精度自然是分类的准确率。以鸢尾花分类为例，分别使用准确性指标评价函数 accuracy_score( ) 和估计器的 score( ) 方法，可以看出，分类估计器的得分就是分类准确率，代码如下。

```
>>> from sklearn.datasets import load_iris
>>> from sklearn.neighbors import KNeighborsClassifier
>>> from sklearn.model_selection import train_test_split as tsplit
>>> from sklearn.metrics import accuracy_score
>>> X, y = load_iris(return_X_y=True)
>>> X_train, X_test, y_train, y_test = tsplit(X, y, test_size=0.1)
>>> knn = KNeighborsClassifier()
>>> knn.fit(X_train, y_train)
KNeighborsClassifier(algorithm='auto', leaf_size=30, metric='minkowski',
                     metric_params=None, n_jobs=None, n_neighbors=5, p=2,
                     weights='uniform')
>>> y_pred = knn.predict(X_test)
>>> accuracy_score(y_test, y_pred) # 使用准确性指标评价函数
0.9333333333333333
>>> knn.score(X_test, y_test) # 直接使用测试集对训练效果做出准确性评价
0.9333333333333333
```

对于回归分析而言，估计器的 score( ) 方法得到的是什么呢？我们以糖尿病数据集的回归分析为例，分别使用均方误差、中位数绝对误差、复相关系数等三个指标评价函数以及估计器的 score( ) 方法，可以看出，回归估计器的得分就是复相关系数，代码如下。

```
>>> from sklearn.datasets import load_diabetes
>>> from sklearn.svm import SVR
>>> from sklearn.model_selection import train_test_split as tsplit
>>> from sklearn import metrics
>>> X, y = load_iris(return_X_y=True)
>>> X_train, X_test, y_train, y_test = tsplit(X, y, test_size=0.1)
>>> svr = SVR()
>>> svr.fit(X_train, y_train)
SVR(C=1.0, cache_size=200, coef0=0.0, degree=3, epsilon=0.1, gamma='scale',
    kernel='rbf', max_iter=-1, shrinking=True, tol=0.001, verbose=False)
>>> y_pred = svr.predict(X_test)
>>> metrics.mean_squared_error(y_test, y_pred) # 均方误差指标评价函数
0.0308798292687418
>>> metrics.median_absolute_error(y_test, y_pred) # 中位数绝对误差指标评价函数
0.14269629155458663
>>> metrics.r2_score(y_test, y_pred) # 复相关系数指标评价函数
0.9331926770628183
>>> svr.score(X_test, y_test) # 直接使用估计器的score()方法
0.9331926770628184
```

8.8.2　交叉验证

训练—预测，这是监督学习的标准工作模式。衡量一个监督学习模型的优劣的主要指标是模型训练的准确度。如果用全部数据进行模型训练和测试往往会导致模型过拟合，因此，通常会将全部数据分成训练集和测试集两部分，用训练集进行模型训练，用测试集来评估模型的性能。由于测试样本的准确度是一个高方差估计，因此这种准确度的评估方法会依赖不同的测试集，而交叉验证可以很好地解决这个问题。

交叉验证的原理很简单，最常用的是 k 折交叉验证，就是将样本等分为 k 份，每次用其中的 $k-1$ 份作训练集，剩余 1 份作测试集，训练 k 次，返回每次的验证结果。本章前面已经多次使用过模型选择子模块 model_selection 中的 cross_val_score 这个 k 折交叉验证器。

但是 k 折交叉验证隐含着一个风险。以葡萄酒分类数据集为例，其 150 个样本是按标签排序的，前 50 个样本是标签为 0 的，中间 50 个样本是标签为 1 的，后 50 个样本是标签为 2 的。如果使用 3 折交叉验证策略，就会出现用其中两个标签的样本训练，用另外一个标签的样本测试的极端情况，代码如下。

```
>>> from sklearn.datasets import load_wine
>>> X, y = load_wine(return_X_y=True)
>>> y.shape
(150,)
```

```
>>> y
array([0, 0, 0, 0, 0, 0, 0, 0, 0, 0, 0, 0, 0, 0, 0, 0, 0, 0, 0, 0, 0, 0,
       0, 0, 0, 0, 0, 0, 0, 0, 0, 0, 0, 0, 0, 0, 0, 0, 0, 0, 0, 0, 0, 0,
       0, 0, 0, 0, 0, 0, 1, 1, 1, 1, 1, 1, 1, 1, 1, 1, 1, 1, 1, 1, 1, 1,
       1, 1, 1, 1, 1, 1, 1, 1, 1, 1, 1, 1, 1, 1, 1, 1, 1, 1, 1, 1, 1, 1,
       1, 1, 1, 1, 1, 1, 1, 1, 1, 1, 1, 1, 2, 2, 2, 2, 2, 2, 2, 2, 2, 2,
       2, 2, 2, 2, 2, 2, 2, 2, 2, 2, 2, 2, 2, 2, 2, 2, 2, 2, 2, 2, 2, 2,
       2, 2, 2, 2, 2, 2, 2, 2, 2, 2, 2, 2, 2, 2, 2, 2, 2, 2])
```

对此，cross_val_score 通过 cv 参数提供了多种解决方案。例如，可以为 cv 参数指定一个交叉验证分离器，这个分离器是 model_selection.Kfold 类的一个实例。下面的代码使用交叉验证分离器指定一个分层的 3 折交叉验证策略。如果分离器的 shuffle 参数为 False，则退化为常规的 3 折交叉验证。

```
>>> from sklearn.tree import DecisionTreeClassifier
>>> from sklearn.model_selection import cross_val_score
>>> from sklearn.model_selection import KFold
>>> dtc = DecisionTreeClassifier() # 实例化决策树分类器
>>> cv = KFold(n_splits=3, shuffle=True, random_state=0) # 实例化交叉验证分离器
>>> cross_val_score(dtc, X, y, cv=cv) # 交叉验证
array([0.92, 0.92, 0.96])
```

另外还可以使用随机交叉分离器 ShuffleSplit 类。和 k 折交叉验证将样本等分为 *k* 份不同，ShuffleSplit 类不保证每一份都是不同的，并且还可以指定训练样本和测试样本的比例，代码如下。

```
>>> from sklearn.model_selection import ShuffleSplit
>>> cv = ShuffleSplit(n_splits=3, test_size=.25, random_state=0)
>>> cross_val_score(dtc, X, y, cv=cv) # 交叉验证
array([0.97368421, 0.92105263, 0.92105263])
```

如果 k 折交叉验证中 *k* 的取值等于样本数量，则意味着每次使用一个样本做验证，这样的交叉验证方法又称为留一法。对于样本数量巨大的数据集，这种验证方法显然不够"聪明"，但对于较小的数据集，有时可能会非常有用。

```
>>> from sklearn.model_selection import LeaveOneOut
>>> cv = LeaveOneOut()
>>> cross_val_score(dtc, X, y, cv=cv)
array([1., 1., 1., 1., 1., 1., 1., 1., 1., 1., 1., 1., 1., 1., 1., 1., 1.,
       1., 1., 1., 1., 1., 1., 1., 1., 1., 1., 1., 1., 1., 1., 1., 1., 1.,
       1., 1., 1., 1., 1., 1., 1., 1., 1., 1., 1., 1., 1., 1., 1., 1., 1.,
       1., 1., 1., 1., 1., 1., 0., 1., 1., 1., 1., 1., 1., 1., 1., 1., 1.,
       1., 1., 0., 1., 1., 1., 1., 1., 1., 0., 1., 1., 1., 1., 1., 0., 1.,
       1., 1., 1., 1., 1., 1., 1., 1., 1., 1., 1., 1., 1., 1., 1., 1., 1.,
       1., 1., 1., 1., 0., 1., 1., 1., 1., 1., 1., 1., 1., 1., 1., 1., 1.,
       0., 1., 1., 1., 1., 1., 1., 1., 1., 1., 0., 1., 1., 1., 0., 1., 1.,
       1., 1., 1., 1., 1., 1., 1., 1., 1., 1., 1., 1., 1., 1.])
>>> cross_val_score(dtc, X, y, cv=cv).mean()
0.94
```

8.8.3 评价指标

评价一个模型的性能优劣是一件非常复杂且困难的工作。尽管本章多次使用了精度这个概念来评估模型，但即便模型精度高达 0.99 也不意味着这个模型一定非常优秀。例如，从人群体检数据样本中筛查某一种疾病的患者，如果该疾病在人群中的罹患概率小于 1%，那么就算把所有样本都判为阴性（表示没有罹患目标疾病），这个模型的精度也不会低于 0.99。

对于二分类问题，习惯上把希望检测出的那一类称为正例（Positive Class），另一类称为负例（Negative Class）。在上面的例子中，阳性的样本就是正例，阴性的样本就是负例。如此一来，二分类结果就有了 4 种可能：真正例（TP）、假正例（FP）、真负例（TN）和假负例（FN）。可见，评估二分类问题的最好方法是图 8-19 所示的混淆矩阵。

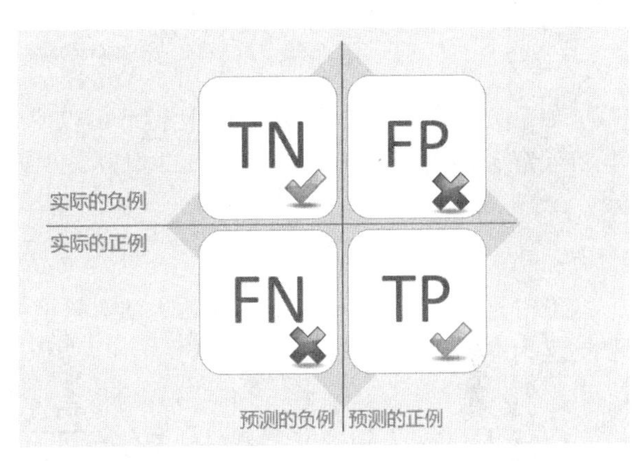

图 8-19　混淆矩阵

模型评估指标子模块 metrics 提供了 confusion_matrix 混淆矩阵类，下面用它来评估对威斯康星州乳腺癌数据集进行的二分类的结果。

```
>>> from sklearn.datasets import load_breast_cancer
>>> from sklearn.svm import SVC
>>> from sklearn.metrics import confusion_matrix
>>> from sklearn.model_selection import train_test_split as tsplit
>>> X, y = load_breast_cancer(return_X_y=True)
>>> X_train, X_test, y_train, y_test = tsplit(X, y, test_size=0.1)
>>> svc = SVC() # 实例化支持向量机分类器
>>> svc.fit(X_train, y_train) # 训练
SVC(C=1.0, break_ties=False, cache_size=200, class_weight=None, coef0=0.0,
    decision_function_shape='ovr', degree=3, gamma='scale', kernel='rbf',
    max_iter=-1, probability=False, random_state=None, shrinking=True,
    tol=0.001, verbose=False)
>>> y_pred = svc.predict(X_test) # 预测
>>> confusion_matrix(y_test, y_pred) # 返回混淆矩阵
array([[15,  5],
       [ 0, 37]], dtype=int64)
>>> svc.score(X_test, y_test) # 模型精度
0.9122807017543859
```

从结果看，模型的精度为 0.91，这不算很突出，但假负例样本为 0，假正例样本为 5，这意味着没有 1 例真正的乳腺癌样本被漏判为阴性，有 5 例样本被误判为阳性。作为筛查乳腺癌的模型，这样的表现值得信赖。

以混淆矩阵为评估手段，模型精度（accuracy）可以定义为分类正确的样本个数（真正例和真负例）占总样本的比例。

$$accuracy = \frac{TP + TN}{TP + TN + FP + FN}$$

如果关注预测正例中真正例的比例，可以使用准确率（precision）的概念。准确率被定义为真正例（TP）和预测正例（TP 和 FP）的比例。

$$precision = \frac{TP}{TP + FP}$$

如果关注真正例被正确预测的比例，可以使用召回率（recall）的概念。召回率被定义为真正例（TP）和实际正例（TP 和 FN）的比例。召回率有时也被称为命中率。

$$recall = \frac{TP}{TP + FN}$$

有时只使用准确率或者召回率，无法对模型做出全面评估。此时，可使用 f1 分值，f1 分值被定义为准确率和召回率的调和平均。

$$f1 = 2 \times \frac{precision \cdot recall}{precision + recall}$$

模型评估指标子模块 metrics 提供了若干针对特定目的评估预测误差的指标函数，包括分类指标函数、回归指标函数和聚类指标函数等。针对上面的乳腺癌数据集分类结果，下面的代码使用多个分类指标函数对这个模型做出评价。

```
>>> from sklearn.metrics import accuracy_score
>>> accuracy_score(y_test, y_pred) # 模型精度
0.9122807017543859
>>> from sklearn.metrics import precision_score
>>> precision_score(y_test, y_pred) # 模型准确率
0.8809523809523809
>>> from sklearn.metrics import recall_score
>>> recall_score(y_test, y_pred) # 模型召回率
1.0
>>> from sklearn.metrics import f1_score
>>> f1_score(y_test, y_pred) # f1分值
0.9367088607594937
```

在回归模型的评估方法中，mean_squared_error() 函数，即均方误差（MSE）最为常用；r2_score() 函数，即复相关系数（R^2）也经常被用到；median_absolute_error() 函数，即中位数绝对误差则较少被用到。关于这三个函数的使用，请参考本书 8.8.1 小节的例子。

8.8.4　参数调优

通常一个机器学习器模型会有很多参数，其中有些参数可以从学习中得到，而有些参数只

能靠经验来设定，这类参数就是超参数。选择最优的超参数是应用机器学习解决实际问题过程中至关重要的一步，一组最优参数可以显著提高模型的泛化能力。那么如何找到最优参数呢？Scikit-learn 主要有两种参数调优的方法，分别为网格搜索法和随机搜索法。

网格搜索法是遍历多个参数多个取值的全部组合，使用每一组参数组合做训练和评估测试，记录评估结果，最终找出最优评估结果，该结果对应的参数就是最优参数。显然，训练的时间与数据集大小、训练次数、参数数量以及每个参数的取值数量正相关。当数据集较大时，网格搜索法耗时非常长。因此使用网格搜索法参数调优（调参）时，应尽可能减少参与调参的参数个数，限制每一个参数的取值数量。

随机搜索法类似于网格搜索法，只是不需要给出每个参数的取值，而是给出每个参数的取值范围。该方法会在每个参数的取值范围内随机取值，得到参数组合并对其进行训练和评估。随机搜索法适用于参数取值不确定，需要在较大的范围内寻找最优参数的场合。

我们以支持向量机回归模型的参数调优为例，演示网格搜索法的调参方法。数据仍然使用本书 8.5.2 小节的曲面数据集，训练样本共 1000 个，测试样本共 2500 个。

```
>>> import numpy as np
>>> x, y = np.mgrid[-2:2:50j,-2:2:50j]
>>> z = x*np.exp(-x**2-y**2)
>>> _x = np.random.random(1000)*4 - 2
>>> _y = np.random.random(1000)*4 - 2
>>> _z = _x*np.exp(-_x**2-_y**2) + (np.random.random(1000)-0.5)*0.1
>>> X_train = np.stack((_x, _y), axis=1) # 训练样本集
>>> y_train = _z # 训练标签集
>>> X_test = np.stack((x.ravel(), y.ravel()), axis=1) # 测试样本集
>>> y_test = z.ravel() # 测试标签集
```

模型选择子模块 model_selection 提供了 GridSearchCV 类实现网格搜索法。使用网格搜索法需要事先指定参数 C 和参数 gamma 的若干取值。回归模型使用支持向量机回归模型 SVR，kernel 参数使用默认的 rbf 核函数（高斯核函数），拟对误差项的惩罚参数 C 和核系数 gamma 做参数调优。

```
>>> from sklearn.svm import SVR
>>> from sklearn.model_selection import GridSearchCV
>>> args = {
    'C': [0.001, 0.01, 0.1, 1, 10, 100, 1000], # 指定参数C的7种取值
    'gamma': [0.001, 0.01, 0.1, 1, 10, 100, 1000] # 指定参数C的7种取值
}
>>> gs = GridSearchCV(SVR(), args, cv=5) # 实例化网格搜索器
>>> gs.fit(X_train, y_train)
GridSearchCV(cv=5, error_score=nan,
             estimator=SVR(C=1.0, cache_size=200, coef0=0.0, degree=3,
                           epsilon=0.1, gamma='scale', kernel='rbf',
                           max_iter=-1, shrinking=True, tol=0.001,
                           verbose=False),
```

```
             iid='deprecated', n_jobs=None,
             param_grid={'C': [0.001, 0.01, 0.1, 1, 10, 100, 1000],
                         'gamma': [0.001, 0.01, 0.1, 1, 10, 100, 1000]},
             pre_dispatch='2*n_jobs', refit=True, return_train_score=False,
             scoring=None, verbose=0)
>>> gs.score(X_test, y_test) # 评估网格搜索器
0.9724349359564686
>>> gs.best_params_ # 当前最优参数
{'C': 1, 'gamma': 1}
```

网格搜索法的结果显示参数 C 的最优选择是 1，参数 gamma 的最优选择也是 1。使用最优参数对测试集做回归分析，并将结果直观显示出来，效果如图 8-20 所示。

```
>>> z_gs = gs.predict(X_test) # 对测试集做回归分析
>>> import matplotlib.pyplot as plt
>>> import mpl_toolkits.mplot3d
>>> ax = plt.subplot(111, projection='3d')
>>> ax.scatter3D(_x, _y, _z, c='r')
<mpl_toolkits.mplot3d.art3d.Path3DCollection object at 0x000001D8B32C2648>
>>> ax.plot_surface(x, y, z_gs.reshape(x.shape), cmap=plt.cm.hsv, alpha=0.5)
<mpl_toolkits.mplot3d.art3d.Poly3DCollection object at 0x000001D8B5590148>
>>> plt.show()
```

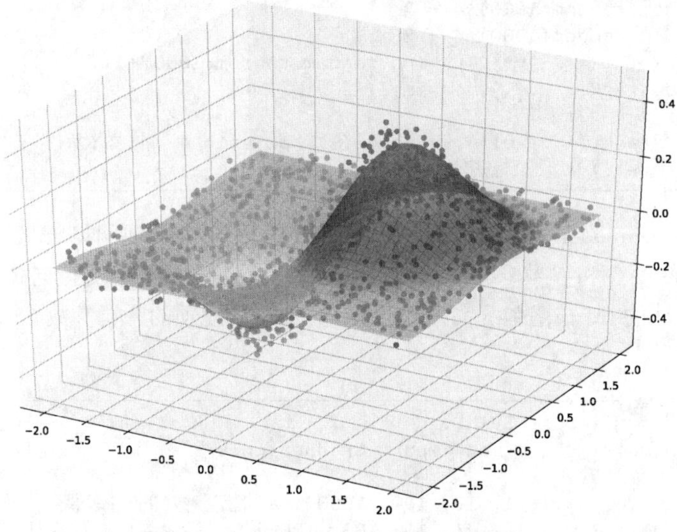

图 8-20　使用网格搜索法的参数调优

8.8.5　模型持久化

模型训练是一个耗时又耗资源的操作，一旦模型训练完成后，可以通过持久化操作将训练好的模型保存为文件，需要时再加载到内存。早期版本的 Scikit-learn 在扩展子模块 externals 中

提供了 joblib 包用于模型持久化。现在 joblib 包已经独立为一个第三方模块，因此最新版本的 Scikit-learn 已经不再包含 joblib 包。joblib 包的安装命令如下。

```
PS C:\Users\xufive> python -m pip install joblib
```

Python 内置的序列化模块 pickle 也可以实现模型的持久化，用起来也很简单。不过，pickle 模块更适合持久化 Python 原生的数据结构，其处理 NumPy 数据的效率明显低于 joblib 包。下面的代码演示了如何使用 joblib 包保存和加载学习模型。

```
>>> import joblib
>>> from sklearn.datasets import load_wine
>>> from sklearn.svm import SVC
>>> X, y = load_wine(return_X_y=True)
>>> svc = SVC()
>>> svc.fit(X, y)
SVC(C=1.0, break_ties=False, cache_size=200, class_weight=None, coef0=0.0,
    decision_function_shape='ovr', degree=3, gamma='scale', kernel='rbf',
    max_iter=-1, probability=False, random_state=None, shrinking=True,
    tol=0.001, verbose=False)
>>> joblib.dump(svc, r'D:\NumPyFamily\svc.m') # 持久化模型
['D:\\NumPyFamily\\svc.m']
>>> svc = joblib.load(r'D:\NumPyFamily\svc.m') # 加载模型
```

附录 A

Python 内置函数（类）手册

Python 的内置函数数量众多，功能强大，如果能够灵活运用它们，必将极大地提高编程效率。不过，在大家公认的内置函数里面，其实有很多并不是真的内置函数，而是内置类，只是因为使用起来和内置函数没有区别，所以也就约定俗成地统称为内置函数了。例如，我们常说的类型转换函数 int( )、str( )、float( ) 等其实都是 Python 的标准内置类，而 print( )、sorted( ) 等函数才是真正的内置函数。

这里整理出了 Python3.7 版本下的全部内置函数和内置类，共计 73 个，按照不同的功能分为 16 大类。每一个函数都附带简短的功能和参数的使用说明，并列出了内置函数应用的示例代码。下面按照字母顺序对函数（类）进行了排序，每一个函数（类）名前面的数字表示在后面分类别详细讲解的顺序编号。

(4-5) abs( )	(5-1) all( )	(5-2) any( )
(8-2) ascii( )	(6-1) bin( )	(2-3) bool( )
(10-2) breakpoint( )	(2-11) bytearray( )	(2-10) bytes( )
(14-3) callable( )	(7-1) chr( )	(15-1) classmethod( )
(8-5) compile( )	(4-8) complex( )	(16-1) copyright( )
(16-2) credits( )	(12-2) delattr( )	(2-7) dict( )
(12-5) dir( )	(4-7) divmod( )	(9-1) enumerate( )
(8-3) eval( )	(8-4) exec( )	(11-2) exit( )
(9-5) filter( )	(2-2) float( )	(3-5) format( )
(2-9) frozenset( )	(12-3) getattr( )	(12-8) globals( )
(12-1) hasattr( )	(13-3) hash( )	(13-1) help( )

A.1　输入输出功能

1-1　print( )

Python 中最常用的内置函数之一，通常用于终端的结果打印及程序调试。除了基本的打印功能之外，print( ) 函数还有 sep、end、flush、file 等参数可选。

```
>>> print('A', 'B', sep='-') # 可以改用其他字符做分隔
A-B
>>> for i in range(5):
        print('A', end='') # 改为空字符,则每次输出结束不换行

AAAAA
```

1-2　input( )

常用于程序执行过程中接收用户输入的参数，因其本身具备 IO 阻塞的功能，所以也可以在程序中当作调试断点来使用。input( ) 函数没有默认参数，只接受一个字符串作为输入提示信息。

```
>>> n = input('请输入一个正整数：')
请输入一个正整数：5
>>> print(n)
5
```

A.2 数据类型功能

2-1　int( )

用于生成和转换整数类型，当 int( ) 函数将浮点数转换为整数时，不会四舍五入，而是直接忽视小数点之后的所有数字。

```
>>> int()
0
>>> int(12.5)
12
>>> int('25', base=8)
21
>>> int('1100', base=2)
12
```

2-2　float( )

用于生成和转换浮点数类型。

```
>>> float()
0.0
>>> float(5)
5.0
>>> float(5.35)
5.35
>>> float('5.35')
5.35
```

2-3　bool( )

用于生成和转换布尔类型。布尔类型只有两个值（True 和 False），所以不同的数据类型会根据不同的规则来转换。

```
>>> bool()
False
>>> bool(0)
False
>>> bool(3)
True
```

```
>>> bool('')
False
>>> bool('False')
True
>>> bool(None)
False
>>> bool(list())
False
```

2-4　str( )

用于生成空字符串或将其他对象转换成字符串类型，布尔类型直接转为 True 或者 False 字样的字符串。

```
>>> str()
''
>>> str([2,3,4])
'[2, 3, 4]'
>>> str({'a':1, 'b':2})
"{'a': 1, 'b': 2}"
>>> str(b'xyz012')
"b'xyz012'"
>>> str('中文')
'中文'
>>> str('中文'.encode('utf8'))
"b'\\xe4\\xb8\\xad\\xe6\\x96\\x87'"
>>> str(True)
'True'
```

2-5　list( )

用于实例化 list 类。

```
>>> list()
[]
>>> list((2,3,4))
[2, 3, 4]
>>> list({'x',3,False})
[3, False, 'x']
```

2-6　tuple( )

用于实例化 tuple 类。

```
>>> tuple()
()
>>> tuple([5])
(5,)
>>> tuple([5,6,'x'])
(5, 6, 'x')
```

2-7　dict( )

用于实例化 dict 类。

```
>>> dict()
{}
>>> dict(a=1,b=2)
{'a': 1, 'b': 2}
>>> dict([('a',1),('b',2)])
{'a': 1, 'b': 2}
>>> dict({'a': 1, 'b': 2})
{'a': 1, 'b': 2}
```

2-8　set( )

用于实例化 set 类。

```
>>> set()
set()
>>> set([2,3,3,'x'])
{2, 3, 'x'}
>>> set((5,'5',6))
{'5', 5, 6}
>>> set('hello, world')
{'d', 'l', ' ', 'h', 'w', 'o', ',', 'e', 'r'}
```

2-9　frozenset( )

用于将参数转换为不可变集合类型。

```
>>> frozenset()
frozenset()
>>> frozenset([2,3,4])
frozenset({2, 3, 4})
>>> frozenset('hello, world')
frozenset({'d', 'l', ' ', 'h', 'w', 'o', ',', 'e', 'r'})
```

2-10　bytes( )

用于返回一个新的 bytes 对象，它是一个在区间 [0,255] 内的不可变整数序列。

```
>>> bytes()
b''
>>> bytes(3)
b'\x00\x00\x00'
>>> bytes('123', encoding='utf-8')
b'123'
>>> bytes([1,2,3,4])
b'\x01\x02\x03\x04'
```

2-11　bytearray( )

用于返回一个新的字节数组，它是一个在区间 [0,255] 内的可变整数序列，且支持可变序列的大多数常用方法。

```
>>> bytearray()
bytearray(b'')
>>> bytearray(3)
bytearray(b'\x00\x00\x00')
>>> bytearray('123', encoding='utf-8')
bytearray(b'123')
>>> bytearray([1,2,3,4])
bytearray(b'\x01\x02\x03\x04)
```

2-12　memoryview( )

用于返回一个由给定字节参数创建的内存视图对象。

```
>>> a = memoryview(b'123456')
>>> a[0]
49
>>> a[1:4]
<memory at 0x00000133C47161C8>
```

A.3　参数辅助功能

3-1　type( )

用于显示当前对象的类型，或通过参数创造新的类型。

```
>>> type(1)
<class 'int'>
>>> type([1,2,3,4])
<class 'list'>
```

3-2　isinstance( )

用于判断一个对象是否属于一个已知类型。

```
>>> a = 1
>>> isinstance(a, int)
True
>>> isinstance(a, (float, str, list))
False
```

3-3　len( )

用于返回当前可迭代对象的长度（元素数量）。

```
>>> len(b'123456abcd')
10
>>> len(['a','b','c','d'])
4
>>> len({'a':1})
1
>>> len({'a','b','c'})
3
>>> len(range(10))
10
```

3-4　range( )

用于返回整数序列，通常与 for 循环搭配使用。

```
>>> range(5)
range(0, 5)
>>> list(range(5))
[0, 1, 2, 3, 4]
>>> for i in range(3):
        print(i, end=', ')

0, 1, 2,
>>> for i in range(2, 6):
        print(i, end=', ')

2, 3, 4, 5,


>>> for i in range(1, 10, 2):
        print(i, end=', ')

1, 3, 5, 7, 9,
```

3-5　format( )

用于格式化字符串。

```
>>> '姓名：{}，年龄：{}'.format('Alice', 16)
'姓名：Alice，年龄：16'
>>> '苹果{0}{2}，菠萝{1}{2}'.format(12, 14, '个')
'苹果12个，菠萝14个'
>>> 'pie = {:.2f}'.format(3.14159)
'pie = 3.14'
```

A.4　数学运算功能

4-1　max( )

用于返回多个参数或可迭代对象的最大值。

```
>>> max(1,2,3,4,5)
5
>>> max([1,2,3,4,5])
5
>>> max(1,-2,5,-6, key=lambda x:abs(x)) # 比较所有参数里绝对值最大的元素
-6
```

4-2　min( )

用于返回多个参数或可迭代对象的最小值。

```
>>> min(1,2,3,4,5)
1
>>> min([1,2,3,4,5])
1

>>> max(1,-2,5,-6, key=lambda x:abs(x)) # 比较所有参数里绝对值最小的元素
1
```

4-3　sum( )

用于返回可迭代对象的总和。

```
>>> sum(range(100))
4950
>>> sum([1,2,3,4])
10
```

4-4　pow( )

进行乘方运算。参数 1 为底数，参数 2 为指数，如果有参数 3，则以乘方结果对参数 3 取余。

```
>>> pow(2, 3)
8
>>> pow(2, 3, 2)
0
>>> pow(2, 0.5)
1.4142135623730951
```

4-5　abs( )

用于返回参数的绝对值。

```
>>> abs(-20)
20
>>> abs(-20.5)
20.5
```

4-6　round( )

用于返回参数四舍五入后的结果。

```
>>> round(4.5)
5
>>> round(3.259, 2) # 返回结果精确到小数点后两位
3.26
```

4-7　divmod( )

用于以元组形式返回两个参数的商和余数。

```
>>> divmod(7, 3)
(2, 1)
```

4-8　complex( )

用于返回参数的复数形式。

```
>>> complex(1)
(1 + 0j)
>>> complex(1, 2)
(1 + 2j)
>>> complex('1')
(1 + 0j)
>>> complex('1+2j') # 字符串不能有空格
(1 + 2j)
```

A.5　条件判断功能

5-1　all( )

用于对可迭代对象内的所有元素做判断，若全部为 True，则返回 True，否则返回 False。

```
>>> all([]) # 没有内部元素返回True
True
>>> all([0,1,2])
False
>>> all(['0','1','2'])
True
>>> all(['0','1',''])
False
```

5-2 any( )

用于对可迭代对象内的所有元素做判断，若存在 True，则返回 True，不存在则返回 False。

```
>>> any([])    # 没有内部元素返回False
False
>>> any(0, '')
False
>>> any(['0','1','2'])
True
```

A.6 进制转义功能

6-1 bin( )

用于将整数转为 0b 开头的二进制字符串。

```
>>> bin(7)
'0b111'
```

6-2 oct( )

用于将整数转为 0o 开头的八进制字符串。

```
>>> oct(14)
'0o16'
```

6-3 hex( )

用于将整数转为 0x 开头的十六进制字符串。

```
>>> hex(256)
'0x100'
```

A.7 编码转义功能

7-1 chr( )

用于返回 ASCII 码值对应的字符。

```
>>> chr(65)
'A'357
```

7-2　ord( )

用于返回字符对应的 ASCII 码值。

```
>>> ord('A')
65
```

A.8　字符串相关功能

8-1　repr( )

用于返回一个包含可打印的对象表示形式的字符串，以供 Python 解释器读取。

```
>>> repr('a')
"'a'"
>>> repr(5)
'5'
>>> repr('中文'.encode('utf8'))
"b'\\xe4\\xb8\\xad\\xe6\\x96\\x87'"
>>> repr([1,2,'a','人'])
"[1, 2, 'a', '人']"
```

8-2　ascii( )

用于返回一个包含可打印的对象表示形式的字符串，以供 Python 解释器读取。遇到非 ASCII 字符将使用 \x、\u 或 \U 来转义。

```
>>> ascii('a')
"'a'"
>>> ascii(5)
'5'
>>> ascii('中文'.encode('utf8'))
"b'\\xe4\\xb8\\xad\\xe6\\x96\\x87'"
>>> ascii([1,2,'a','人'])
"[1, 2, 'a', '\u4eba']"
```

8-3　eval( )

用于运行字符串格式的 Python 表达式，返回表达式的计算结果。

```
>>> eval('1+2')
3
```

8-4　exec( )

用于运行字符串格式的 Python 语句，无返回结果。

```
>>> exec('a = 3+2')
>>> a
5
```

8-5 compile( )

用于将源代码编译成代码对象。代码对象可以由 exec( ) 或 eval( ) 函数执行。源代码可以是普通字符串或字节字符串。

```
>>> s = compile('print(1+2)', '<string>', 'exec')
>>> s
<code object <module> at 0x0000018D8AB6D150, file "<string>", line 1>
>>> exec(s)
3
```

A.9 迭代相关功能

9-1 enumerate( )

枚举函数。该函数的参数必须是序列、迭代器或其他支持迭代的对象。返回一个 tuple，其中包含一个 count（从默认值为 0 开始）和通过迭代获得的值。

```
>>> a = ['a','b','c']
>>> for index, value in enumerate(a):
    print(index, value, sep=': ')

0: a
1: b
2: c
```

9-2 reversed( )

用于返回可迭代对象的反向迭代器。

```
>>> a = [1,4,2,3]
>>> reversed(a)
<list_reverseiterator object at 0x0000022A3B3D20C8>
>>> list(reversed(a))
[3, 2, 4, 1]
```

9-3 map( )

映射函数。参数 1 为函数，参数 2 为可迭代对象。返回一个迭代器，将参数 1 所指定的函数应用于参数 2 的每一项。

```
>>> a = map(lambda x:pow(x,2), [1,2,3,4,5])
>>> list(a)
[1, 4, 9, 16, 25]
```

9-4 sorted( )

用于对输入的可迭代对象排序，返回新的列表。

```
>>> sorted([3,7,2,8,5])
[2, 3, 5, 7, 8]
>>> a = [[6, 5], [3, 7], [2, 8]]
>>> sorted(a, key=lambda x:x[0]) # 根据每一行的首元素排序，默认reverse=False
[[2, 8], [3, 7], [6, 5]]
>>> sorted(a, key=lambda x:x[-1]) # 根据每一行的尾元素排序，设置reverse=True实现逆序
[[6, 5], [3, 7], [2, 8]]
```

9-5 filter( )

用于将输入的可迭代对象根据函数筛选出结果为 True 的元素，返回一个迭代器。

```
>>> list(filter(lambda x:x<3, [5,2,0,3,4,1]))
[2, 0, 1]
>>> list(filter(None, [0,1,2,3,4])) # 函数为None，去除False元素
1,2,3,4
```

9-6 iter( )

用于生成一个迭代器对象。

```
>>> a = iter([1, 2, 3, 4])
>>> type(a)
<class list_iterator>
```

9-7 next( )

从迭代器中检索下一项，如果提供了默认值，则在迭代器耗尽时返回默认值，否则将引发 StopIteration 错误。

```
>>> a = iter([1, 2, 3, 4]) # 将一个列表使用iter()函数转换为迭代器
>>> next(a)
1
>>> next(a)

2
>>> next(a)
3
>>> a = iter([1,2]) # 将一个列表使用iter()函数转换为迭代器
```

```
>>> next(a)
1
>>> next(a)
2
>>> next(a) # 迭代器为空，且无默认值，则抛出异常
Traceback (most recent call last):
  File "<pyshell#46>", line 1, in <module>
    next(a)
StopIteration
>>> next(a, 0) # 使用默认值
0
```

9-8　slice( )

用于返回一个切片对象，由范围（start、stop、step）指定的一组索引。

```
>>> li = ['a','b','c','d','e','f','g','h','i']
>>> s = slice(3)
>>> li[s]
['a', 'b', 'c']
>>> s = slice(2, 6)
>>> li[s]
['c', 'd', 'e', 'f']
>>> s = slice(1, 9, 2)
>>> li[s]
['b', 'd', 'f', 'h']
>>> s = slice(9, 1, -2)
>>> li[s]
['i', 'g', 'e', 'c']
```

9-9　zip( )

用于聚合来自每个可迭代对象的元素，返回一个迭代器。元素按照相同下标聚合，长度不同则忽略大于最短可迭代对象长度的元素。

```
>>> a = [1, 2, 3, 4, 5]
>>> b = ['a', 'b', 'c', 'd']
>>> list(zip(a, b))
[(1, 'a'), (2, 'b'), (3, 'c'), (4, 'd')]
>>> for x, y in zip(a, b):
        print(x, y, sep='->')

1->a
2->b
3->c
4->d
```

A.10　系统相关功能

10-1　open( )

用于打开文件并返回相应的文件对象。

```
>>> with open('csv_data.csv', 'w') as fp:
        for line in [[0.468,0.975,0.446],[0.718,0.826,0.359]]:
            ok = fp.write('%s\n'%','.join([str(item) for item in line]))

>>> with open('csv_data.csv', 'r') as fp:
        print(fp.read())

0.468,0.975,0.446
0.468,0.975,0.446
```

10-2　breakpoint( )

用于在程序中设置断点。运行过程中进入断点调试，使用 pp 命令可打印变量的值，使用 c 命令继续执行后续代码。

```
>>> def factorial(n):
        result = 1
        for i in range(n):
            result *= i+1
            breakpoint()
        return result

>>> factorial(3)
> <pyshell#82>(3)factorial()
(Pdb) pp i, result
(0, 1)
(Pdb) c
> <pyshell#82>(3)factorial()
(Pdb) pp i, result
(1, 2)
(Pdb) c
> <pyshell#82>(3)factorial()
(Pdb) pp result
6
(Pdb) c
6
```

A.11　终止程序功能

11-1　quit( )

用于终止当前运行程序。

```
>>> def factorial(n):
        if n > 5:
            quit()
        result = 1
        for i in range(n):
            result *= i+1
        return result

>>> factorial(3)
6
>>> factorial(10) # 此时弹出窗口提示关闭IDLE
```

11-2　exit( )

用于终止当前运行程序。

```
>>> def factorial(n):
        if n > 5:
            exit()
        result = 1
        for i in range(n):
            result *= i+1
        return result

>>> factorial(3)
6
>>> factorial(10) # 此时弹出窗口提示关闭IDLE
```

A.12　属性相关功能

12-1　hasattr( )

用于判断由参数 1 指定的对象是否存在由参数 2 指定的属性或方法。

```
>>> class Demo:
        def __init__(self):
            self.width = 5
        def say(self):
            print('Hello')

>>> d = Demo()
>>> hasattr(d, 'width')
True
>>> hasattr(d, 'say')
True
>>> hasattr(d, 'height')
False
```

12-2　delattr( )

用于删除指定对象的属性。

```
>>> class Demo:
        def __init__(self):
            self.width = 5

>>> d = Demo()
>>> hasattr(d, 'width')
True
>>> delattr(d, 'width')
>>> hasattr(d, 'width')
False
```

12-3　getattr( )

用于返回对象的指定属性值。

```
>>> class Demo:
        def __init__(self):
            self.width = 5

>>> d = Demo()
>>> getattr(d, 'width')
5
```

12-4　setattr( )

用于设置对象的指定属性。

```
>>> class Demo:
        def __init__(self):
            self.width = 5

>>> d = Demo()
>>> getattr(d, 'width')
5
>>> setattr(d, 'width', 10)
>>> getattr(d, 'width')
10
```

12-5　dir( )

用于返回对象的有效属性列表。

```
>>> dir(list)
['__add__', '__class__', '__contains__', '__delattr__', '__delitem__', '__dir__',
'__doc__', '__eq__', '__format__', '__ge__', '__getattribute__', '__getitem__',
'__gt__', '__hash__', '__iadd__', '__imul__', '__init__', '__init_subclass__', '__iter__',
'__le__', '__len__', '__lt__', '__mul__', '__ne__', '__new__', '__reduce__', '__reduce_ex__',
'__repr__', '__reversed__', '__rmul__', '__setattr__', '__setitem__', '__sizeof__',
'__str__', '__subclasshook__', 'append', 'clear', 'copy', 'count', 'extend', 'index',
'insert', 'pop', 'remove', 'reverse', 'sort']
```

12-6　locals( )

用于返回表示作用域内有效参数的字典。

```
>>> def factorial(n):
        result = 1
        for i in range(n):
            result *= i+1
        return result, locals()

>>> factorial(3)
(6, {'n': 3, 'result': 6, 'i': 2})
```

12-7　vars( )

用于返回模块、类、实例或任何其他具有属性的对象的属性字典。

```
>>> class Demo:
        def __init__(self):
            self.width = 5
        def say(self):
            print('Hello')

>>> vars(Demo)
mappingproxy({'__module__': '__main__', '__init__': <function Demo.__init__ at
0x00000261D1D2AC18>, 'say': <function Demo.say at 0x00000261D1D2AE58>, '__dict__':
<attribute '__dict__' of 'Demo' objects>, '__weakref__': <attribute '__weakref__' of
'Demo' objects>, '__doc__': None})
```

12-8　globals( )

用于返回当前全局有效参数的字典——通常指当前模块的字典（在函数或方法中，不是调用它的模块，而是定义它的模块）。

```
>>> x, y, z = list(), dict(), tuple()
>>> globals()
{'__name__': '__main__', '__doc__': None, '__package__': None, '__loader__': <class
'_frozen_importlib.BuiltinImporter'>, '__spec__': None, '__annotations__': {},
'__builtins__': <module 'builtins' (built-in)>, 'x': [], 'y': {}, 'z': ()}
```

A.13　查看对象信息功能

13-1　help( )

调用 Python 内置的交互式帮助系统。如果没有给出参数，交互式帮助系统将在 Python 解释器控制台启动。如果参数是字符串，那么该字符串将作为模块、函数、类、方法、关键字或文档主题的名称进行查找，并在控制台上打印帮助页面。如果参数是任何其他类型的对象，则生成该对象的帮助页。

```
>>> class Demo:
        def __init__(self):
            self.width = 5
        def say(self):
            print('Hello')

>>> help(Demo)
Help on class Demo in module __main__:

class Demo(builtins.object)
 |  Methods defined here:
 |
 |  __init__(self)
 |      Initialize self.  See help(type(self)) for accurate signature.
 |
 |  say(self)
 |
 |  ----------------------------------------------------------------------
 |  Data descriptors defined here:
 |
 |  __dict__
 |      dictionary for instance variables (if defined)
 |
 |  __weakref__
 |      list of weak references to the object (if defined)
```

13-2　id( )

用于返回对象的内存地址。

```
>>> a = [3,4,5]
>>> b = a
>>> c = [3,4,5]
>>> id(a), id(b), id(c)
(2132708704136, 2132708704136, 2132708704072)
```

13-3　hash( )

用于返回对象的哈希值。

```
>>> hash('123xyzxufive')
7482598040289208751
```

A.14　类相关功能

14-1　super( )

返回一个代理对象，该对象将方法调用委托给类的父类或兄弟类。这对于访问在类中被覆盖的继承方法非常有用。

```
>>> class A:
        def __init__(self, name):
            self.name = name
        def hello(self):
            print('Name: %s'%self.name)

>>> class B(A):
        def __init__(self, name, age):
            super().__init__(name)
            self.age = age
        def hello(self):
            super().hello()
            print('Age: %d'%self.age)

>>> b = B('Youth', 18)
>>> b.hello()
Name: Youth
Age: 18
```

14-2　object( )

用于返回一个虚类的实例。object 是所有类的基类，它具有所有 Python 类实例的通用方法。这个函数不接受任何实参。

```
>>> a = object()
>>> dir(a)
['__class__', '__delattr__', '__dir__', '__doc__', '__eq__', '__format__', '__ge__',
'__getattribute__', '__gt__', '__hash__', '__init__', '__init_subclass__', '__le__',
'__lt__', '__ne__', '__new__', '__reduce__', '__reduce_ex__', '__repr__', '__setattr__',
'__sizeof__', '__str__', '__subclasshook__']
```

14-3　callable( )

如果对象参数是可调用的，则返回 True；如果不是，则返回 False。

```
>>> a = ['x', print]
>>> callable(a)
False
>>> callable(a.append)
True
>>> callable(a[0])
False
>>> callable(a[1])
True
```

14-4　issubclass( )

用于判断一个类是否是另一个类的派生类。

```
>>> class A:
        pass

>>> class B(A):
        pass

>>> class C:
        pass

>>> issubclass(B, A)
True
>>> issubclass(C, A)
False
```

A.15　装饰器相关功能

15-1　classmethod( )

装饰器函数，定义类的静态函数的方法之一。类的静态函数接收类 cls 作为隐式的第一个参数，就像实例方法接收实例一样。

```
>>> class Demo:
        @classmethod
        def hello(cls):
            print('我是静态函数')

>>> Demo.hello()
我是静态函数
```

15-2　staticmethod( )

装饰器函数，定义类的静态函数的方法之一。静态函数不接收隐式的第一个参数。

```
>>> class Demo:
        @staticmethod
        def hello():
            print('我是静态函数')

>>> Demo.hello()
我是静态函数
```

15-3　property( )

装饰器函数，将被装饰的方法返回值作为类的属性。

```
>>> class A:
        def __init__(self, age):
            self.age = age
        @property
        def old(self):
            return self.age

>>> a = A(20)
>>> a.age
20
>>> a.old
20
>>> a.old()
Traceback (most recent call last):
  File "<pyshell#59>", line 1, in <module>
    a.old()
TypeError: 'int' object is not callable
```

A.16　Python声明

16-1　copyright( )

用于打印版权通知。

```
>>> copyright()
Copyright (c) 2001-2019 Python Software Foundation.
All Rights Reserved.

Copyright (c) 2000 BeOpen.com.
All Rights Reserved.

Copyright (c) 1995-2001 Corporation for National Research Initiatives.
All Rights Reserved.

Copyright (c) 1991-1995 Stichting Mathematisch Centrum, Amsterdam.
All Rights Reserved.
```

16-2　credits( )

用于打印感谢名单。

```
>>> credits()
    Thanks to CWI, CNRI, BeOpen.com, Zope Corporation and a cast of thousands for
supporting Python development. See www.python.org for more information.
```

16-3　license( )

用于打印 Python 历史相关开发团队。

```
>>> license()
A. HISTORY OF THE SOFTWARE
==========================

Python was created in the early 1990s by Guido van Rossum at Stichting Mathematisch
Centrum (CWI, see http://www.cwi.nl) in the Netherlands as a successor of a language
called ABC. Guido remains Python's principal author, although it includes many contributions
from others.
……

Hit Return for more, or q (and Return) to quit:
```

附录 B

从新手到高手的 100 个模块

在英语中，pythoneer 是指所有使用 Python 语言来开发程序的人，通常用来指代初学者。而 pythonista 则是指那些资深的、追求质量和品位的开发者，也就是所谓的高手。从新手到高手，这是一个 Python 程序员的成长史，也是一个不断学习、使用新的模块的过程。

这里列举的 100 个模块是我过去十余年在编程实践中用过的或正在学习的。我把它们分成了以下 11 个类别。

（1）基础功能

（2）数据库接口

（3）网络通信

（4）音像游戏

（5）GUI

（6）Web 框架

（7）科学计算

（8）2D/3D

（9）数据处理

（10）机器学习

（11）工具

根据以往的工作经验，每一个模块我都标注了相应的推荐指数，从 1 星到 5 星。这是一个非常主观的判断，仅供读者参考。

（1）★☆☆☆☆：较少被用到。

（2）★★☆☆☆：重要但较少被用到。

（3）★★★☆☆：用于解决特定问题，不可或缺。

（4）★★★★☆：主流应用，建议优先学习。

（5）★★★★★：同类模块中最优的选择，其学习优先级最高。

从新手到高手的 100 个模块具体如表 B-1 所示。

表 B-1　从新手到高手的 100 个模块

序号	来源	模　块	说　明	分　类	推荐指数
1	标准库	os	文件和路径操作功能	基础功能	★★★★★
2	标准库	sys	系统和环境相关的功能	基础功能	★★★☆☆
3	标准库	time	时间库	基础功能	★★★★☆
4	标准库	datetime	日期处理库	基础功能	★★★★★
5	第三方库	dateutil	datetime 模块的扩展	基础功能	★★☆☆☆
6	标准库	math	数学函数库	基础功能	★★★★☆
7	标准库	random	随机数库	基础功能	★★★☆☆
8	标准库	re	正则表达式功能	基础功能	★★★★☆
9	标准库	queue	队列功能	基础功能	★★★☆☆
10	标准库	copy	数据复制库	基础功能	★★★☆☆
11	标准库	threading	线程接口	基础功能	★★★★★
12	标准库	multiprocessing	基于进程的“线程”接口	基础功能	★★★★★
13	标准库	configparser	INI 格式文件解析器	基础功能	★★☆☆☆
14	标准库	argparse	命令行选项、参数和子命令解析器	基础功能	★★☆☆☆
15	标准库	json	json 库	基础功能	★★★★☆
16	标准库	base16/32/64/85	Base16/32/64/85 数据编码库	基础功能	★★★☆☆
17	标准库	uuid	通用唯一识别码	基础功能	★★★☆☆
18	标准库	hashlib	md5, sha 等 hash 算法库	基础功能	★★★★☆
19	标准库	glob	文件和路径查找功能	基础功能	★☆☆☆☆
20	标准库	shutil	对文件与文件夹各种常见操作	基础功能	★★★☆☆
21	标准库	zipfile	ZIP 格式文件处理工具	基础功能	★★☆☆☆
22	标准库	tartfile	TAR 格式文件处理工具	基础功能	★★☆☆☆
23	标准库	gc	垃圾回收库	基础功能	★★☆☆☆
24	标准库	logging	日志功能	基础功能	★★★★☆

续表

序号	来源	模　　块	说　　明	分　　类	推荐指数
25	标准库	ctypes	用来调用 C 语言代码的外来函数接口	基础功能	★★★☆☆
26	标准库	struct	将字节串解读为打包的二进制数据	基础功能	★★☆☆☆
27	标准库	unittest	单元测试框架	基础功能	★★☆☆☆
28	第三方库	xlrd	读 Excel 文件（扩展名为 .xls）	基础功能	★★★★☆
29	第三方库	xlwt	写 Excel 文件（扩展名为 .xls）	基础功能	★★★★☆
30	第三方库	openpyxl	读写 Excel 文件（扩展名为 .xlsx）	基础功能	★★★★★
31	第三方库	freetype	字体文件读取库	基础功能	★★★☆☆
32	第三方库	APScheduler	进程内任务调度	基础功能	★★★★☆
33	第三方库	watchdog	文件系统事件管理工具	基础功能	★★★☆☆
34	标准库	sqlite3	文件型数据库驱动	数据库接口	★★★★★
35	标准库	PyMySQL	MySQL 数据库的连接库	数据库接口	★★★★★
36	标准库	cx_oracle	oracle 数据库的连接库	数据库接口	★★★★☆
37	标准库	pymongo	mongodb 数据库的连接库	数据库接口	★★★☆☆
38	标准库	redis	redis 数据库的连接库	数据库接口	★★☆☆☆
39	标准库	pyodbc	数据库通用接口标准连接库	数据库接口	★★☆☆☆
40	标准库	socket	socket 通信库	网络通信	★★★★☆
41	标准库	socketserver	socket 服务器	网络通信	★★★☆☆
42	标准库	xmlrpc	xmlrpc 服务器	网络通信	★★★☆☆
43	标准库	ftplib	ftp 服务连接库	网络通信	★★★☆☆
44	标准库	smtplib	邮件发送库	网络通信	★☆☆☆☆
45	标准库	email	邮件库	网络通信	★☆☆☆☆
46	标准库	urllib	网络请求库	网络通信	★★★★★
47	第三方库	pyserial	串口通信库	网络通信	★★☆☆☆
48	第三方库	paramiko	ssh2 远程安装连接库	网络通信	★★☆☆☆
49	第三方库	pycurl	多协议文件传输库	网络通信	★★★☆☆
50	第三方库	requests	http 请求的模块	网络通信	★★★★★
51	标准库	asyncio	异步 I/O、事件循环、协程以及任务	网络通信	★★☆☆☆
52	第三方库	twisted	基于事件驱动的网络引擎框架	网络通信	★★☆☆☆
53	第三方库	dispy	分布式并行计算框架	网络通信	★★☆☆☆
54	第三方库	pp	支持 SMP 和集群的并行计算框架	网络通信	★★☆☆☆
55	第三方库	pillow	图像处理库	音像游戏	★★★★★

续表

序号	来源	模　　块	说　　明	分　　类	推荐指数
56	第三方库	opencv	计算机视觉库	音像游戏	★★★★★
57	第三方库	imageio	生成 GIF、AVI 格式文件	音像游戏	★★☆☆☆
58	第三方库	pygame	Python 游戏开发模块	音像游戏	★★★★☆
59	第三方库	pyaudio	跨平台的音频 I/O 库	音像游戏	★★★☆☆
60	标准库	winsound	Windows 平台基本声音播放库	音像游戏	★★☆☆☆
61	第三方库	wxpython	GUI 图形库	GUI	★★★★★
62	第三方库	pyqt	GUI 图形库	GUI	★★★★★
63	标准库	tkinter	GUI 图形库	GUI	★★★☆☆
64	第三方库	cefpython3	将浏览器嵌入 GUI 中	GUI	★☆☆☆☆
65	第三方库	pywin32	针对 Windows 的 Python 扩展	GUI	★★★☆☆
66	第三方库	tornado	非阻塞式 Web 服务器框架	Web 框架	★★★★★
67	第三方库	django	重量级 Web 服务器框架	Web 框架	★★★★★
68	第三方库	flask	轻量级 Web 服务器框架	Web 框架	★★★★★
69	第三方库	numpy	科学计算的基础软件包	科学计算	★★★★★
70	第三方库	scipy	科学计算常用软件包	科学计算	★★★★☆
71	第三方库	sympy	科学计算库	科学计算	★★★☆☆
72	第三方库	eigen	矩阵运算库	科学计算	★★☆☆☆
73	第三方库	pyopengl	opengl 的 Python 接口	2D/3D	★★★★★
74	第三方库	vispy	交互式科学可视化的 Python 库	2D/3D	★★★☆☆
75	第三方库	vtk	三维图形学、图像处理和可视化	2D/3D	★★★☆☆
76	第三方库	mayavi	基于 VTK 的 3D 绘图库	2D/3D	★★★☆☆
77	第三方库	matplotlib	2D 绘图库	2D/3D	★★★★★
78	第三方库	basemap	Matplotlib 的地图库	2D/3D	★★★☆☆
79	第三方库	pyproj	地理投影坐标转换库	2D/3D	★★☆☆☆
80	第三方库	bokeh	针对浏览器的交互式可视化库	2D/3D	★★★★☆
81	第三方库	pyecharts	生成 Echarts 图表的类库	2D/3D	★★★☆☆
82	第三方库	h5py	HDF 格式文件读写库	数据处理	★★★☆☆
83	第三方库	netcdf4	NC 格式文件读写库	数据处理	★★★☆☆
84	第三方库	xmltodict	xml 转换成 json	数据处理	★★★☆☆
85	标准库	xml	xml 解析库	数据处理	★☆☆☆☆
86	第三方库	lxml	xml 和 html 的解析库，支持 XPath	数据处理	★★★★☆

续表

序号	来源	模　　块	说　　明	分　　类	推荐指数
87	第三方库	BeautifulSoup	xml 和 html 的解析库	数据处理	★★★★★
88	第三方库	scrapy	网络爬虫库	数据处理	★★★★☆
89	第三方库	pandas	数据分析工具包	数据处理	★★★★★
90	第三方库	scikit-learn	机器学习工具包	机器学习	★★★★★
91	第三方库	milk	机器学习工具包	机器学习	★★★☆☆
92	第三方库	tensorflow	深度学习框架	机器学习	★★★★☆
93	第三方库	keras	深度学习框架	机器学习	★★★☆☆
94	第三方库	nltk	自然语言处理工具包	机器学习	★★★☆☆
95	第三方库	pip	包和依赖关系管理工具	工具	★★★★★
96	第三方库	setuptools	包和依赖关系管理工具	工具	★★★☆☆
97	第三方库	whell	WHI 格式文件打包工具	工具	★☆☆☆☆
98	第三方库	py2exe	Python 脚本打包工具	工具	★★☆☆☆
99	第三方库	cx_freeze	Python 脚本打包工具	工具	★★★★☆
100	第三方库	pyinstaller	Python 脚本打包工具	工具	★★★★★